JN442605

전기설비자동화 I

현근호 · 이주환 · 유장환 지음

본 교재는 교육부 주관 2018년도
사회맞춤형사업(LINC+)의 지원으로 제작되었습니다.

KM 경문사

머리말

본 교재는 각종 전기설비의 자동화(automation) 기술에 대한 기본 개념을 익히고 다양한 실습을 통하여 현장실무를 이해할 수 있도록 개발되었습니다. 자동화 기술의 핵심인 시퀀스와 PLC 제어 이외에도 디지털 제어, 피드백 제어 등을 망라하여 2년제 혹은 4년제 대학교의 전기 및 자동화 전공 4학기 과정으로 학습 가능합니다.

본 교재는 관련 산업체에서 요구하는 현장실무 능력의 제고에 중점을 두고 산업체 인사와 공동으로 집필하였으며, 전체 분량이 많아 2개의 교재로 분리해서 전기설비자동화 Ⅰ에서는 디지털 제어, 시퀀스 제어 및 PLC 제어 기초 분야를, 전기설비자동화 Ⅱ에서는 PLC 제어 응용 및 피드백 제어 분야를 다루었습니다.

시퀀스 제어 부분에서는 국가기술자격증인 전기기능사의 실기시험에 대비한 전기배선 실습 예제를 제시하였고, PLC 제어 부분에서는 현재 산업 현장에서 많이 사용되고 있는 GLOFA(LS산전) 기종뿐만 아니라 최신 기종인 XGT(LS산전), 해외 인기 기종인 STEP-7300(독일 지멘스), MELSEC Q01/Q02(일본 미쓰비시) 등을 다루었습니다. 또한, 피드백 제어 부분에서는 공학 패키지로 국내외에서 독보적으로 사용되는 MATLAB을 대신하여 국산 공학 패키지인 CEMTool을 사용하였습니다.

본 교재는 교육부가 주관하는 2018년도 사회맞춤형사업(LINC+)의 지원으로 제작되었으며 관계자 여러분께 깊은 감사를 드립니다. 집필 과정 중에서 발생할 수 있는 오류 및 수정사항에 대하여 독자 여러분의 진심어린 지적을 부탁드리며, 끝으로 경문사의 출판 관계자 여러분께 진심으로 감사드립니다.

충남 당진에서

지은이

차례

1부 디지털 제어

2부 시퀀스 제어

3부 PLC 제어

강의계획서

(1학기 및 2학기, 총 32주 강의용)

구분	주차	제목 (강의 내용)	교재 범위
1학기	1	수의 체계	1부 1장
	2	논리 게이트와 논리함수	1부 2장
	3	논리함수의 간략화	1부 3장
	4	조합논리회로 (가산기, 인코더 및 디코더)	1부 4장 전반부
	5	조합논리회로 (멀티플렉서, 비교기)	1부 4장 후반부
	6	순차논리회로 (플립플롭, 비동기식 카운터)	1부 5장 전반부
	7	순차논리회로 (동기식 카운터)	1부 5장 후반부
	8	무접점제어 응용	1부 6장
	9	시퀀스 개요 및 사용 부품	2부 1장 전반부
	10	시퀀스 회로 및 배선 방법	2부 1장 후반부
	11	시퀀스 응용회로 (전동기 구동회로)	2부 1장 전반부
	12	시퀀스 응용회로 (교통신호등 제어회로)	2부 1장 중반부
	13	시퀀스 응용회로 (펌프 응용회로 등)	2부 1장 후반부
	14	전기기능사 실기 (급수설비, 전동기 제어)	2부 1장 전반부
	15	전기기능사 실기 (승강기, 자동온도 제어)	2부 1장 중반부
	16	전기기능사 실기 (자동문, 컨베이어 제어)	2부 1장 후반부
2학기	1	PLC 개요	3부 1장
	2	PLC 구조 (하드웨어)	3부 2장 전반부
	3	PLC 구조 (소프트웨어)	3부 2장 후반부
	4	LD 프로그래밍 개요	3부 3장 전반부
	5	프로그램 TOOL (도구모음)	3부 3장 후반부
	6	데이터 구성 및 입출력 접점	3부 4장 전반부
	7	연산처리 방식	3부 4장 후반부
	8	시퀀스 연산자	3부 5장 전반부
	9	펑션[F] 기능과 종류	3부 5장 중반부
	10	펑션블록[FB] 기능과 종류	3부 5장 후반부
	11	특수 프로그램과 SFC 개요	3부 6장 전반부
	12	SFC 프로그램 응용	3부 6장 후반부
	13	IL 프로그램	3부 7장
	14	PLC 실습 (입출력 및 연산자)	3부 8장 전반부
	15	PLC 실습 (각종 전동기 구동)	3부 8장 중반부
	16	PLC 실습 (응용 과제)	3부 8장 후반부

· 1부
디지털 제어

정성적인 전기자동화의 가장 기본적인 형태인 디지털 제어의 이론 및 실습 부분으로서 수(數)의 체계와 논리함수, 각종 논리 게이트의 활용, 부울대수 및 카르노맵에 의한 논리함수의 간략화, 조합논리회로 및 순차논리회로에 관한 내용을 포함하고 있다. 또한, 전기 및 전자 분야를 전공하는 학생들에게 무접점 시퀀스 제어의 개념을 심어주기 위하여 시간제어 및 시퀀스 회로의 변환방법을 제시하였다.

제1장 수(數)의 체계

1.1 수의 표현

특정한 값의 크기를 나타내기 위하여 2진법, 8진법, 16진법, 10진법 등 여러 종류의 진법체계가 사용되고 있는데, n진법의 숫자 N을 나타내기 위한 표현식은 다음과 같다.

$$N = d_{n-1}R^{n-1} + d_{n-2}R^{n-2} + \cdots\cdots + d_1R^1 + d_0R^0$$

여기에서 R은 기수(基數)로서 2진수에서는 2, 8진수에서는 8을 나타내는 수이며, d는 각 자리에서의 임의의 숫자를 나타내며 2진수에서는 0과 1, 8진수에서는 0에서 7까지 숫자 중 하나이다.

일반적으로 사용되는 수체계는 10진법에 기본을 두고 있으므로, 0, 1, 2, 3 …, 8, 9의 10가지 종류의 숫자를 이용하여 값을 표시하며 각각의 자리에 고유의 가중치(weight)를 갖는 다음과 같은 진법체계를 갖게 된다.

$$457 = 4\times10^2 + 5\times10^1 + 7\times10^0 = 4\times100 + 5\times10 + 7\times1$$

$$\begin{aligned}289.3 &= 2\times10^2 + 8\times10^1 + 9\times10^0 + 3\times10^{-1}\\ &= 2\times100 + 8\times10 + 9\times1 + 3\times0.1\end{aligned}$$

1) 2진수

컴퓨터 시스템의 기본적인 수의 체계는 참(true)과 거짓(false), 켜짐(on)과 꺼짐(off) 등의 두 가지 상태만을 나타내는 것을 기본으로 하고 있으며, 이를 수치적으로 표현하기 위하여 2진법을 기본으로 하는 2진수를 사용하고 있다.

따라서 2진수의 경우, 0과 1의 두 가지 종류의 숫자만을 사용하여 값을 표현하게 된다.

① 2진수를 10진수로 변환하는 경우

$$1011 = 1\times2^3 + 0\times2^2 + 1\times2^1 + 1\times2^0$$

$$= 1 \times 8 + 0 \times 4 + 1 \times 2 + 1 \times 1 = 11_{10}$$

$$110.01 = 1 \times 2^2 + 1 \times 2^1 + 0 \times 2^0 + 0 \times 2^{-1} + 1 \times 2^{-2}$$
$$= 1 \times 4 + 1 \times 2 + 0 \times 1 + 0 \times 0.5 + 1 \times 0.25 = 6.75_{10}$$

② 10진수를 2진수로 변환하는 경우

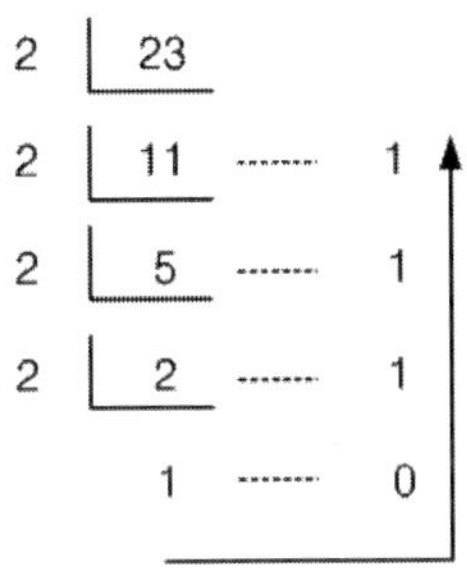

$23_{10} = 10111_2$

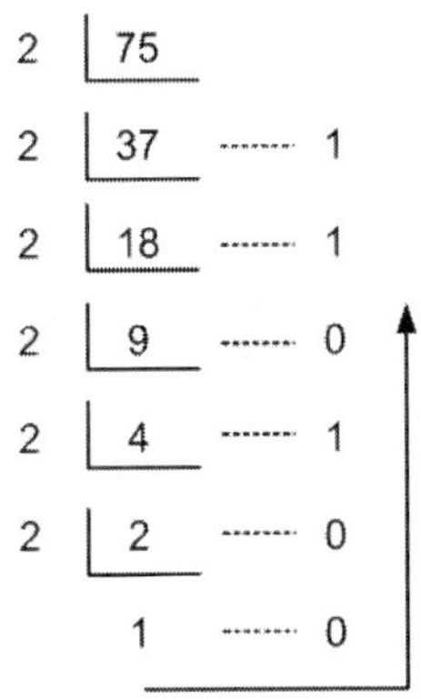

$\mathbf{75_{10} = 1001011_2}$

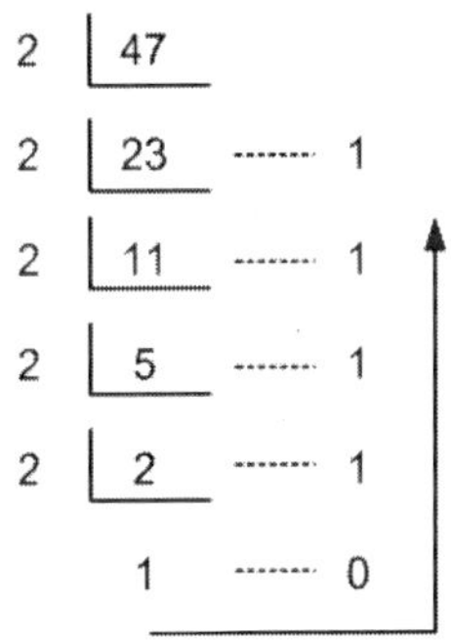

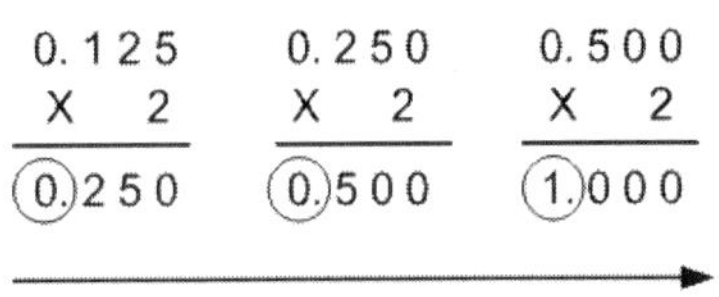

$\mathbf{47.125_{10} = 101111.001_2}$

2) 8진수

8진수의 경우, 0, 1, 2, …, 7의 8가지 숫자만을 사용하여 값을 표현하게 된다.

① 8진수를 10진수로 변환하는 경우

$$326_8 = 3\times8^2 + 2\times8^1 + 6\times8^0 = 3\times64 + 2\times8 + 6\times1 = 214_{10}$$

$$\begin{aligned}45.1_8 &= 4\times8^1 + 5\times8^0 + 1\times8^{-1}\\ &= 4\times8 + 5\times1 + 1\times0.125 = 32 + 5 + 0.125 = 37.125_{10}\end{aligned}$$

② 10진수를 8진수로 변환하는 경우

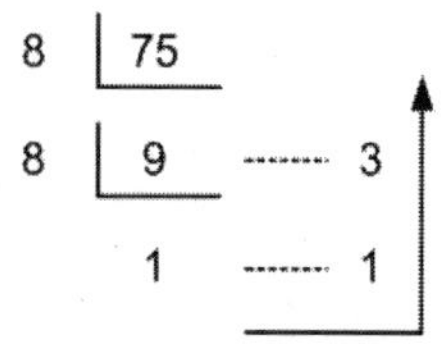

$75_{10} = 113_8$

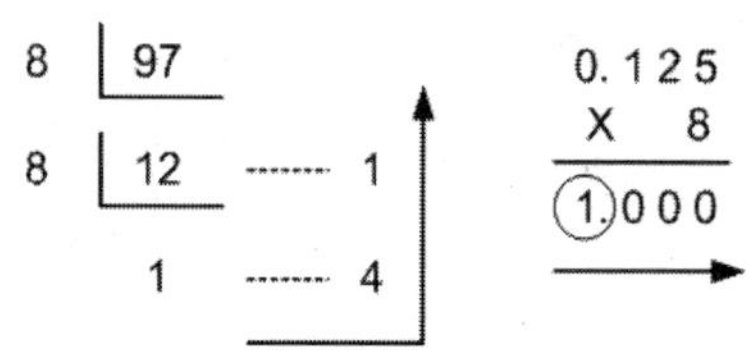

$97.125_{10} = 141.1_8$

③ 2진수를 8진수로 변환하는 경우

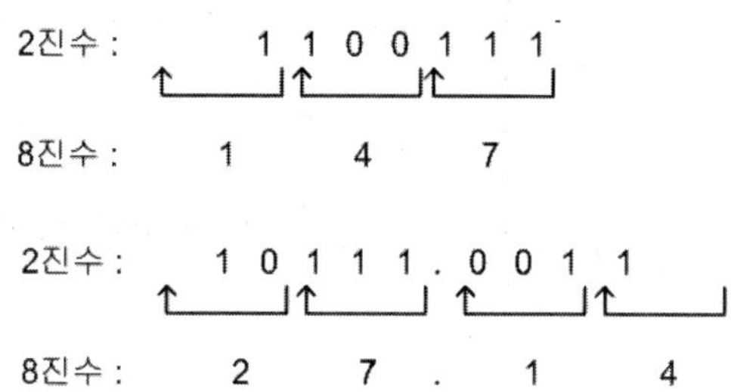

3) 16진수

16진수의 경우 모두 16가지의 숫자를 이용하여 표현하는데, 0에서 9까지의 10개 숫자와 A, B, C, D, E, F의 6가지 문자를 사용하여 값을 표현하게 된다. 2진수를 16진수로 변환하는 과정은 아래와 같다.

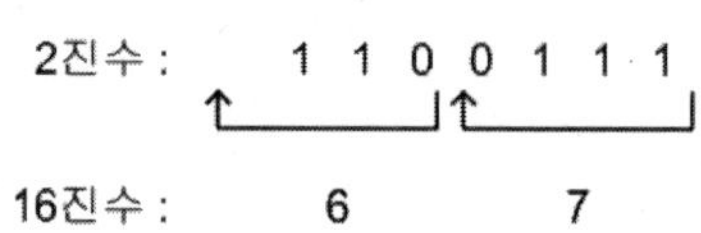

2진수 : 1 1 1 1 0 1 1 . 0 0 1 1

16진수 : 7 B . 3

‖ 표 1.1 ‖ 진법체계

10진수	2진수	8진수	16진수	10진수	2진수	8진수	16진수
0	00000	00	00	10	01010	12	0A
1	00001	01	01	11	01011	13	0B
2	00010	02	02	12	01100	14	0C
3	00011	03	03	13	01101	15	0D
4	00100	04	04	14	01110	16	0E
5	00101	05	05	15	01111	17	0F
6	00110	06	06	16	10000	20	10
7	00111	07	07	17	10001	21	11
8	01000	10	08	18	10010	22	12
9	01001	11	09	19	10011	23	13

1.2 2진수의 연산

1) 보수(complement)

컴퓨터에서 2진수의 뺄셈이 수행될 때, 컴퓨터는 이를 보수라는 개념을 도입, 덧셈으로 대치하여 실행하게 된다. 이는 보수의 개념으로 음수(陰數)를 표현할 수 있다는 것을 의미하며 2진수의 경우 1의 보수와 2의 보수라는 개념이 존재하게 된다.

① **1의 보수** : 2진수의 각 비트를 1은 0으로 0은 1로 대치하면 된다.

$$1000 \rightarrow 0111 \qquad 01011 \rightarrow 10100$$

② **2의 보수** : 2진수를 1의 보수로 변환한 후 1을 더해주면 된다.

$$1001 \rightarrow 0110 \rightarrow 0110 + 1 \rightarrow 0111$$

③ **1의 보수를 이용한 음수(陰數)의 표현** : 일반적으로 2진수의 부호를 표현하기 위하여 1개의 비트가 추가되는데, 예를 들어, 7개의 데이터 비트와 1개의 부호 비트로 구성된 2진수에서 음수를 표현하려면, 표현하려는 음수의 절댓값에 해당하는 2진수에 대해 1의 보수를 취하는 간단한 과정으로 음수 표현이 가능해지게 되는데, 이때 부호 비트의 0은 양수를 1은 음수를 나타내게 된다.

(−33)의 표현 : +3310 = 001000012 → 110111102 = −3310

2) 2진수의 덧셈

2진수	10진수	2진수	10진수
100011	35	100111	39
+ 000110	+ 6	+ 010011	+ 19
101001	41	111010	58

3) 2진수의 뺄셈

① 17 − 11 = 17 + (− 11)의 경우

$17_{10} = 00010001_2$

$11_{10} = 00001011_2$

$-11_{10} = 11110100_2$

```
   00010001
 + 11110100
 ----------
  100000101
          1
```

$00000110_2 = 6_{10}$

② 11 − 17 = 11 + (− 17)의 경우

$11_{10} = 00001011_2$

$17_{10} = 00010001_2$

$-17_{10} = 11101110_2$

```
   00001011
 + 11101110
 ----------
   11111001
```

$11111001_2 = -6_{10}$

1.3 2진 코드

1) BCD(Binary-Coded Decimal) 코드

BCD코드는 4비트의 2진수로 1자리의 10진수를 표현하는 코드로 4개의 비트가 각각 8, 4, 2, 1의 자리값(weight)을 가지므로 8421코드라고도 한다.

4비트로 만들 수 있는 경우의 수는 0000～1111의 16개가 가능하나 한 자리의 10진수는 0～9까지 0개만이 사용되므로 10진수 10～15에 해당하는 1010～1111의 6가지는 사용하지 않는다.

10진수 :	3 8 9
BCD코드 :	0011 1000 1001
2진수 :	110000101

표 1.2 BCD코드

10진수	BCD코드
0	0000
1	0001
2	0010
3	0011
4	0100
5	0101
6	0110
7	0111
8	1000
9	1001

2) 그레이(Gray) 코드

그레이 코드는 BCD코드와는 달리 연속적인 수의 변화과정에서 단 1개의 비트만이 변화되는 특징을 갖기 때문에 A/D변환에서와 같이 연속적으로 변화되는 양을 코드화하는데 적합하다.

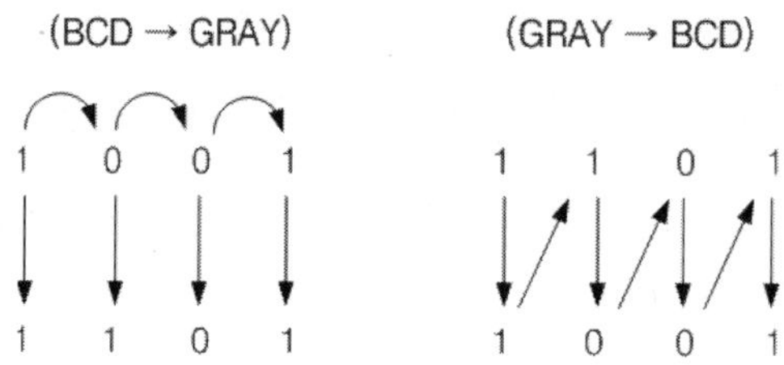

‖ 표 1.3 ‖ 그레이코드

BCD코드	그레이코드
0000	0000
0001	0001
0010	0011
0011	0010
0100	0110
0101	0111
0110	0101
0111	0100
1000	1100
1001	1101

3) ASCII 코드

ASCII(American Standard Code for Information Interchange) 코드는 알파벳 대/소문자, 숫자, 특수문자, 제어명령 등을 표현하는 7비트 표준 입출력 코드로 27 = 128개의 코드조합이 가능해지고 여기에 1비트의 패리티를 부가하여 사용한다.

‖ 표 1.4 ‖ 아스키코드

LSB \ MSB	000	001	010	011	100	101	110	111
0000	NUL	DLE	SP	0	@	P	‘	p
0001	SOH	DC1	!	1	A	Q	a	q
0010	STX	DC2	”	2	B	R	b	r
0011	ETX	DC3	#	3	C	S	c	s

0100	EOT	DC4	$	4	D	T	d	t
0101	END	NAK	%	5	E	U	e	u
0110	ACK	SYN	&	6	F	V	f	v
0111	BEL	ETB	'	7	G	W	g	w
1000	BS	CAN	(	8	H	X	h	x
1001	HT	EM	)	9	I	Y	i	y
1010	LF	SUB	*	:	J	Z	j	z
1011	VT	ESC	+	;	K	[	k	{
1100	FF	FS	,	〈	L	/	l	|
1101	CR	GS	−	=	M	]	m	}
1110	SO	RS	·	〉	N	∧	n	~
1111	SI	US	/	?	O	—	o	DEL

4) 패리티(Parity) 비트

전송 중에 발생하는 1비트의 오류를 검출하기 위해 사용하며, 데이터 집단 내에 오류가 존재함을 감지할 수 있으나 그 위치는 알 수가 없다. 따라서 오류검출코드의 일종이라 할 수 있다. 패리티 비트의 종류에는 홀수패리티와 짝수패리티가 있으며, 부가방식으로는 1차원과 2차원 방식이 있는데 2차원 방식의 경우 오류검출뿐만 아니라 정정까지도 가능해진다.

| 표 1.5 | 패리티 비트

BCD코드	홀수패리티	짝수패리티
0000	10000	00000
0001	00001	10001
0010	00010	10010
0011	10011	00011
0100	00100	10100
0101	10101	00101
0110	10110	00110
0111	00111	10111
1000	01000	11000
1001	11001	01001

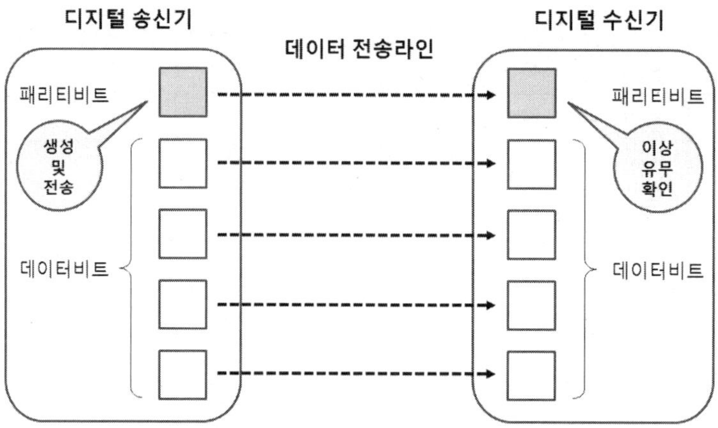

5) 해밍(Hamming) 코드

데이터의 오류 검출(detection)뿐 아니라 정정(correction)까지도 가능한 코드로, 데이터 내에 복수개의 패리티 비트를 부가시키는 방식으로 만들어진다.

오류 정정을 위해 사용되는 패리티 비트의 수는 다음 식에 의해 결정된다.

$$2^P \geq M + P + 1$$

P : 패리티 비트 수
M : 오류 정정을 위한 데이터의 비트 수

4비트의 데이터에 대해 해밍 코드(홀수패리티 사용)를 사용하여 오류 정정 과정을 수행한다고 가정하면 그 과정은 아래와 같다.

데이터 :

M1	M2	M3	M4

P1 : M1, M2, M4의 홀수패리티 비트
P2 : M1, M3, M4의 홀수패리티 비트
P4 : M2, M3, M4의 홀수패리티 비트

전송 데이터 :

P1	P2	M1	P4	M2	M3	M4

1011이라는 데이터를 전송한다고 가정할 때, 해밍 코드 부가와 오류 정정 과정을 살펴보면 다음과 같다.

P1 : M1, M2, M4의 홀수패리티 비트 = 1, 0, 1 의 홀수패리티 = 1
P2 : M1, M3, M4의 홀수패리티 비트 = 1, 1, 1 의 홀수패리티 = 0

P4 : M2, M3, M4의 홀수패리티 비트 = 0, 1, 1 의 홀수패리티 = 1

따라서 전송 데이터는

1	0	1	1	0	1	1

만약에 전송 중에 5번째 비트에 오류가 발생하여 1011111이라는 데이터가 수신되었다면,

체크포인트 1 : P1, M1, M2, M4의 홀수패리티 : 1, 1, 1, 1 : F(거짓)
체크포인트 2 : P2, M1, M3, M4의 홀수패리티 : 0, 1, 1, 1 : T(참)
체크포인트 4 : P4, M2, M3, M4의 홀수패리티 : 1, 1, 1, 1 : F(거짓)

가 되므로 5번째 비트의 오류 발생을 검출하여 1011011이라는 원래의 데이터로 정정할 수 있게 된다.

예제 1-1 해밍 코드를 사용하여 오류 제어를 행한 0100101이라는 데이터가 수신되었을 때, 수신데이터의 오류를 검출하여 정정하시오.

▸

P1	P2	M1	P4	M2	M3	M4
0	1	0	0	1	0	1

체크포인트 1 : P1, M1, M2, M4의 홀수패리티 : 0, 0, 1, 1 : F(거짓)

체크포인트 2 : P2, M1, M3, M4의 홀수패리티 : 1, 0, 0, 1 : F(거짓)

체크포인트 4 : P4, M2, M3, M4의 홀수패리티 : 0, 1, 0, 1 : F(거짓)

따라서, 1+2+4=7, 즉 7번째 비트의 오류를 검출하여 원래의 송신데이터 0100100을 추출할 수 있게 된다.

예제 1-2 해밍 코드를 사용하여 오류 제어를 행한 0011100이라는 데이터가 수신되었을 때, 수신데이터의 오류를 검출하여 정정하시오.

▸

P1	P2	M1	P4	M2	M3	M4
0	0	1	1	1	0	0

체크포인트 1 : P1, M1, M2, M4 의 홀수패리티 : 0, 1, 1, 0 : F(거짓)

체크포인트 2 : P2, M1, M3, M4 의 홀수패리티 : 0, 1, 0, 0 : T(참)

체크포인트 4 : P4, M2, M3, M4 의 홀수패리티 : 1, 1, 0, 0 : F(거짓)

따라서, 1+4=5, 즉 5번째 비트의 오류를 검출하여 원래의 송신데이터 0011000을

추출할 수 있게 된다.

5비트의 데이터에 대해 해밍 코드(홀수패리티 사용)를 사용하여 오류 정정 과정을 수행한다고 가정하면 그 과정은 아래와 같다.

데이터 :

M1	M2	M3	M4	M5

P1 : M1, M2, M4, M5의 홀수패리티 비트
P2 : M1, M3, M4의 홀수패리티 비트
P4 : M2, M3, M4의 홀수패리티 비트
P8 : M5의 홀수패리티 비트

전송 데이터 :

P1	P2	M1	P4	M2	M3	M4	P8	M5

예제 1-3 해밍 코드를 사용하여 오류 제어를 행한 101101010이라는 데이터가 수신되었을 때, 수신데이터의 오류를 검출하여 정정하시오.

▸

P1	P2	M1	P4	M2	M3	M4	P8	M5
1	0	1	1	0	1	0	1	0

체크포인트 1 : P1, M1, M2, M4, M5의 홀수패리티 : 1,1,0,0,0 : F(거짓)
체크포인트 2 : P2, M1, M3, M4의 홀수패리티 : 0,1,1,0 : F(거짓)
체크포인트 4 : P4, M2, M3, M4의 홀수패리티 : 1,0,1,0 : F(거짓)
체크포인트 8 : P8, M5 의 홀수패리티 : 1,0 : T(참)

1+2+4=7, 즉 7번째 비트의 오류를 검출하여 원래의 송신데이터 101101110을 추출할 수 있게 된다.

예제 1-4 해밍 코드를 사용하여 오류 제어를 행한 111011001이라는 데이터가 수신되었을 때, 수신데이터의 오류를 검출하여 정정하시오.

▸

P1	P2	M1	P4	M2	M3	M4	P8	M5
1	1	1	0	1	1	0	0	1

체크포인트 1 : P1, M1, M2, M4, M5의 홀수패리티 : 1,1,1,0,1 : F(거짓)
체크포인트 2 : P2, M1, M3, M4의 홀수패리티 : 1,1,1,0 : T(참)

체크포인트 4 : P4, M2, M3, M4의 홀수패리티 : 0,1,1,0 : F(거짓)
체크포인트 8 : P8, M5의 홀수패리티 : 0,1 : T(참)

1+4=5, 즉 7번째 비트의 오류를 검출하여 원래의 송신데이터 111001001을 추출할 수 있게 된다.

제2장 논리 게이트와 논리함수

2.1 논리 게이트

1) AND 게이트

모든 입력이 1일 경우에만 출력이 1이 되고, 어느 하나의 입력이라도 0이면 출력이 0이 되는 특성을 갖는 게이트(진리표로 기능 표현).

‖ 표 2.1 ‖ AND 게이트

A	B	X
0	0	0
0	1	0
1	0	0
1	1	1

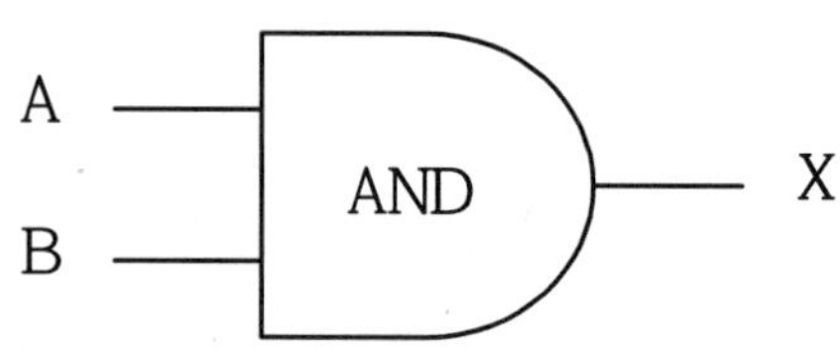

$X = AB$

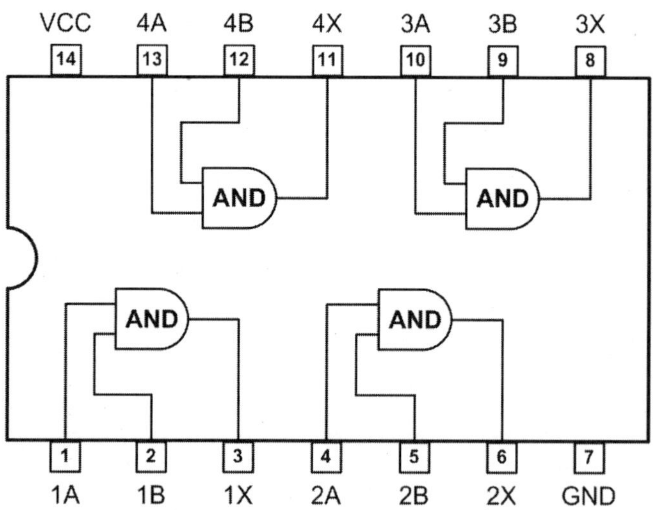

‖ 그림 2.1 ‖ AND 게이트 IC칩(74LS08)

2) OR 게이트

모든 입력 중 1개만이 1이더라도 출력이 1이 되고, 모든 입력이 0일 때만 출력이 0이 되는 게이트.

‖ 표 2.2 ‖ OR 게이트

A	B	X
0	0	0
0	1	1
1	0	1
1	1	1

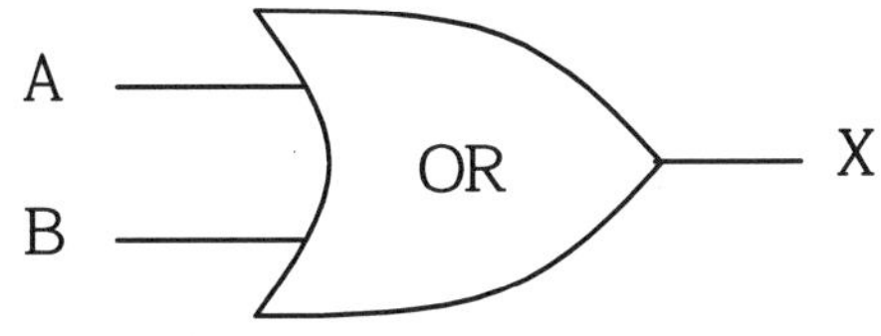

$X = A + B$

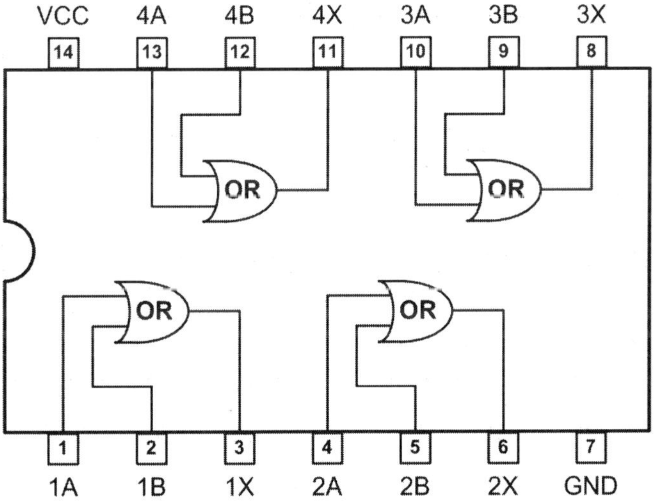

‖ 그림 2.2 ‖ OR 게이트 IC칩(74LS32)

3) NAND 게이트

모든 입력이 1일 경우에만 출력이 0이 되는 게이트로 AND 게이트의 출력값을 NOT 게이트에 통과시킨 결과와 같다.

‖ 표 2.3 ‖ NAND 게이트

A	B	X
0	0	1
0	1	1
1	0	1
1	1	0

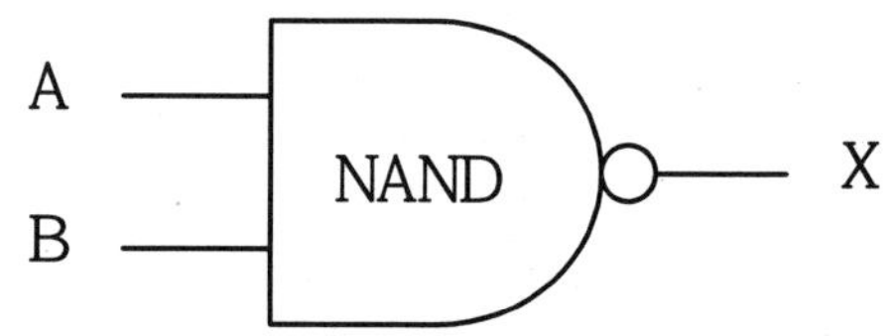

$X=\overline{AB}$

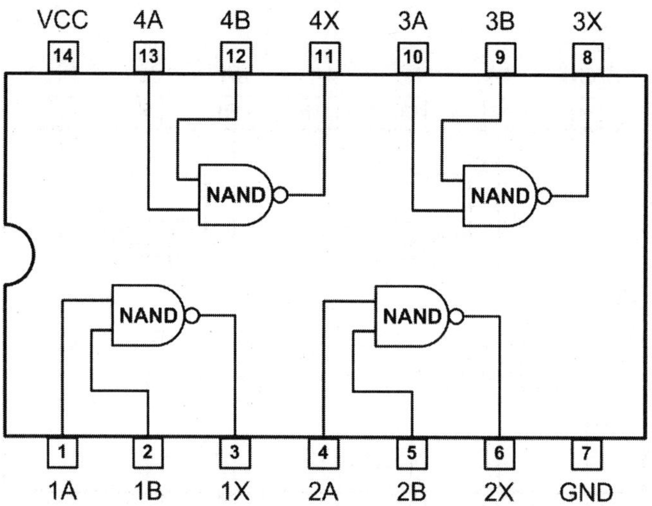

‖ 그림 2.3 ‖ NAND 게이트 IC칩(74LS00)

4) NOR 게이트

모든 입력이 0일 경우에만 출력이 1이 되는 게이트로 OR 게이트의 출력값을 NOT 게이트에 통과시킨 결과와 같다.

‖ 표 2:4 ‖ NOR 게이트

A	B	X
0	0	1
0	1	0
1	0	0
1	1	0

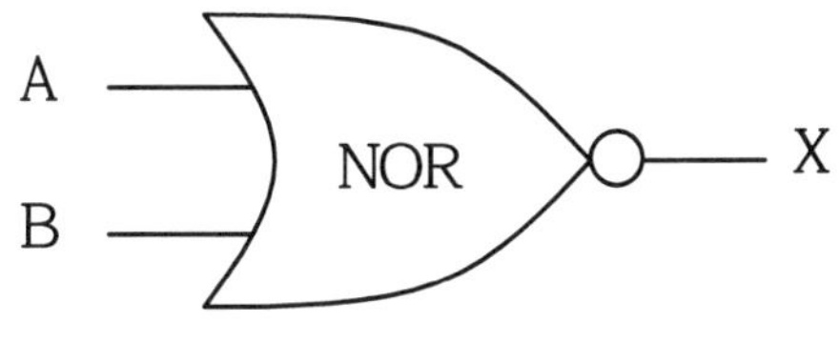

$X=\overline{A+B}$

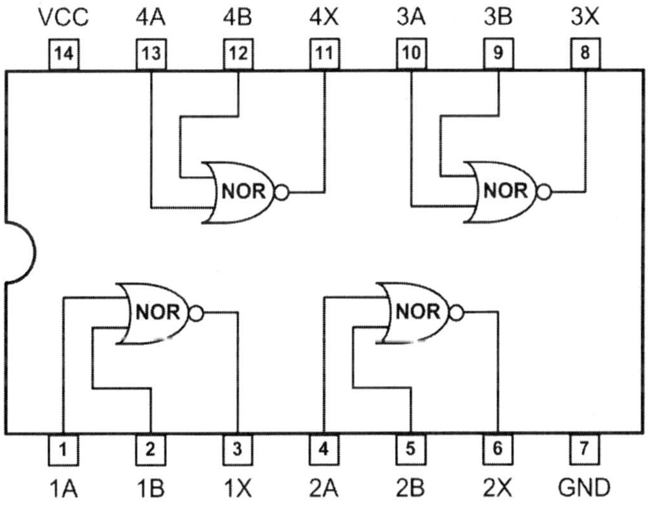

‖ 그림 2.4 ‖ NOR 게이트 IC칩(74LS02)

5) Exclusive-OR(EOR) 게이트

입력이 서로 같은 값이면 0을 출력하고, 다른 값이면 1을 출력하는 게이트.

‖ 표 2.5 ‖ EOR 게이트

A	B	X
0	0	0
0	1	1
1	0	1
1	1	0

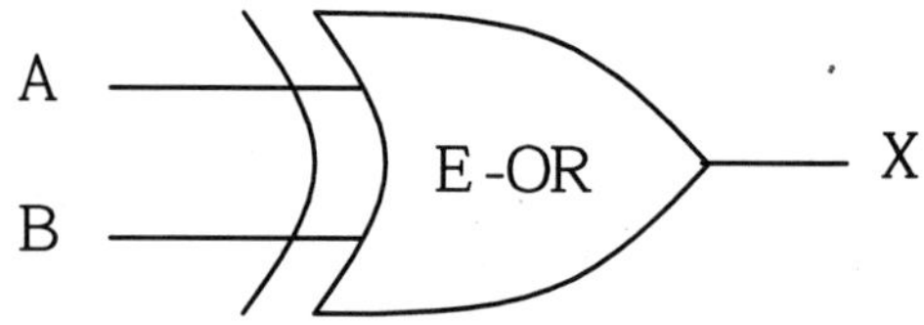

$$X = A \oplus B = A\overline{B} + \overline{A}B$$

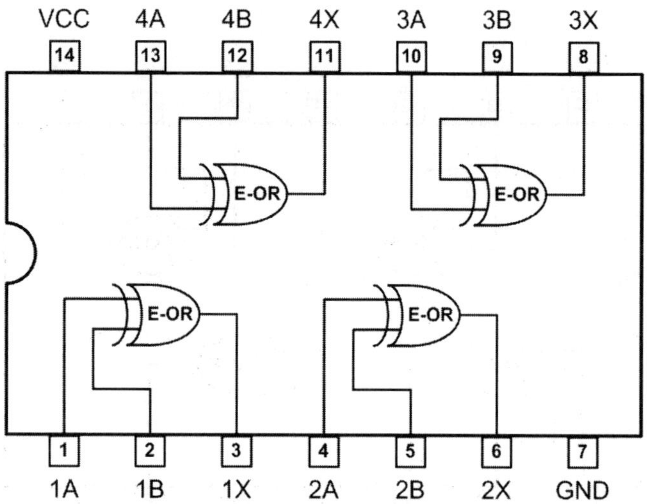

‖ 그림 2.5 ‖ E-OR 게이트 IC칩(74LS86)

6) NOT 게이트

입력이 반전되어 출력되는 게이트.

▮ 표 2.6 ▮ NOT 게이트

A	X
0	1
1	0

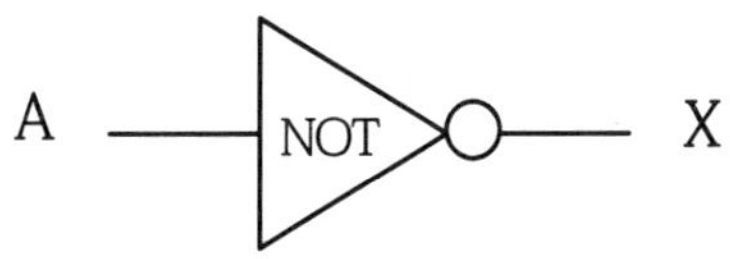

$X = \overline{A}$

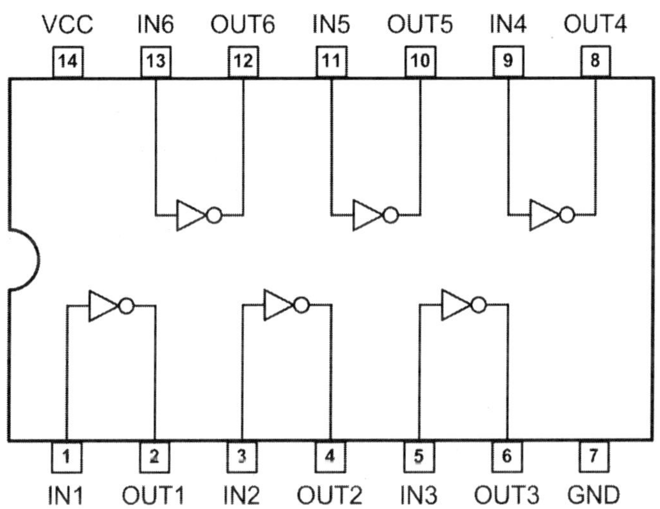

▮ 그림 2.6 ▮ NOT 게이트 IC칩(74LS04)

7) Buffer 게이트

출력값의 변화는 없고 단지 시간 지연(delay) 효과만이 있는 게이트.

| 표 2.7 | Buffer 게이트

A	X
0	0
1	1

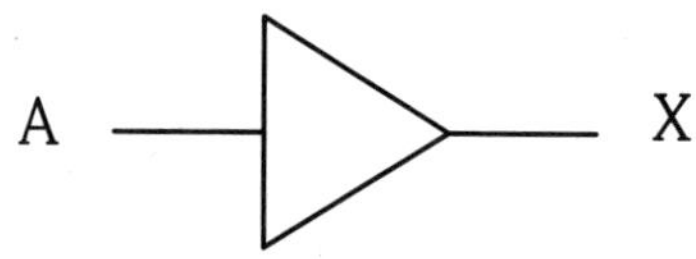

$X = A$

8) Exclusive-NOR(ENOR) 게이트

EOR 게이트의 출력값을 NOT 게이트에 통과시킨 결과와 같다.

| 표 2.8 | ENOR 게이트

A	B	X
0	0	1
0	1	0
1	0	0
1	1	1

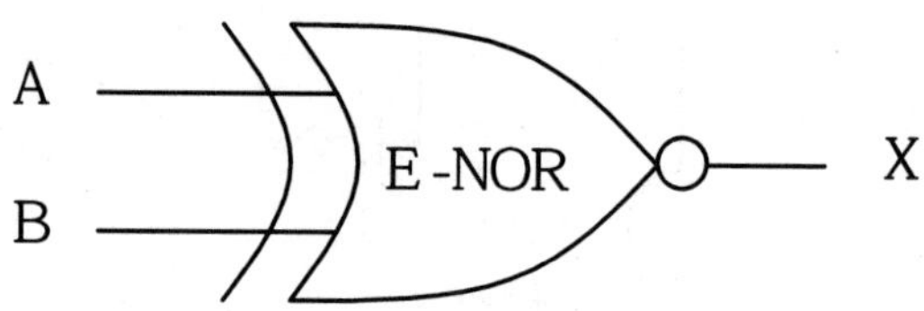

$X = \overline{A \oplus B} = A \odot B$

9) 논리회로 구현하기

다음과 같은 논리식을 논리회로로 구현하시오(설계도 활용).

1) $W = A + B\overline{C}$

2) $X = (A + \overline{B})C$

3) $Y = A\overline{B} + C\overline{D}$

4) $Z = (\overline{A} + B)(\overline{C} + D)$

▌ 디지털논리회로 설계도 ▌

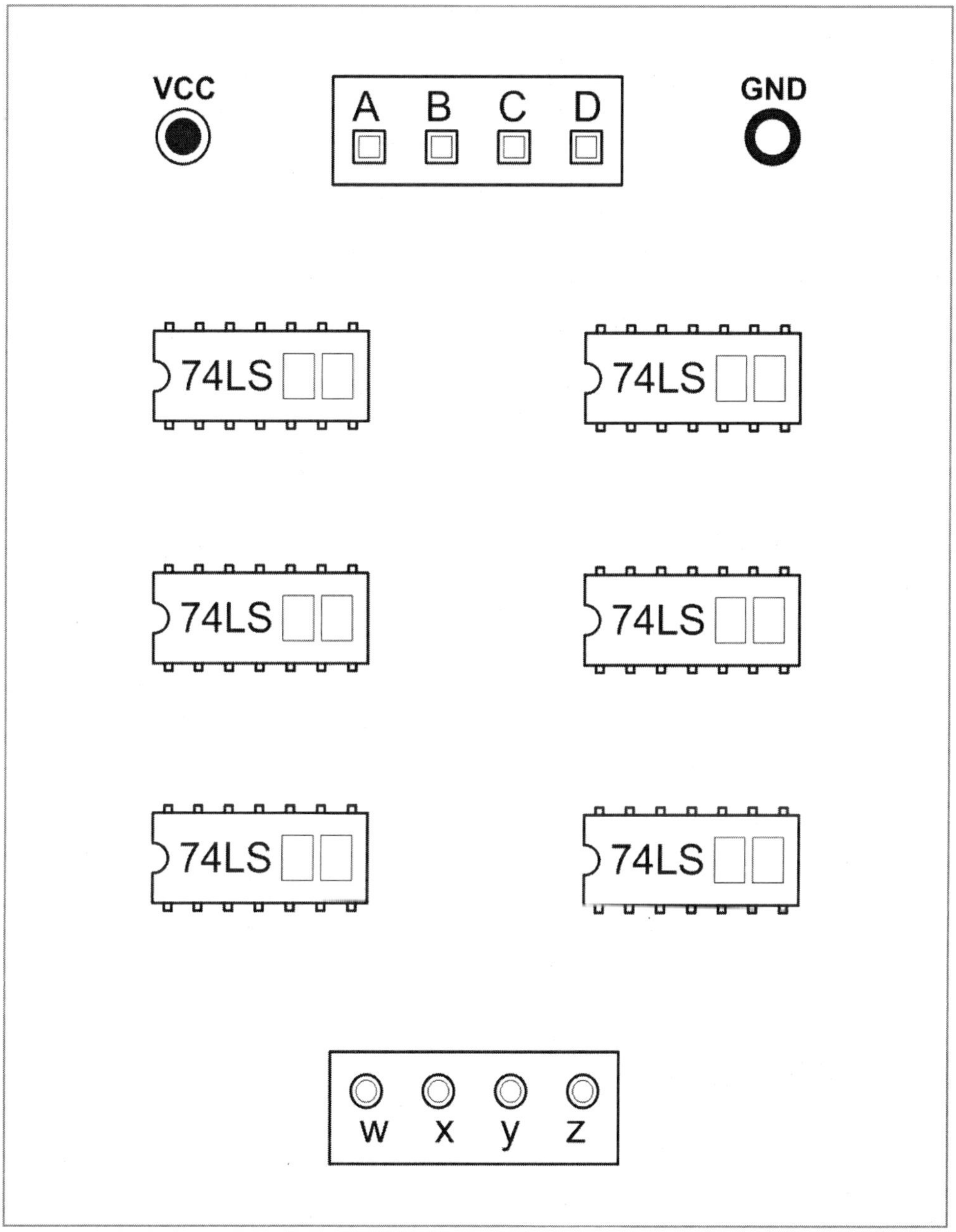

어떤 논리 게이트에 임의의 입력파형이 주어졌을 경우 출력의 파형을 구하는 방법을 연습을 통하여 익힐 수 있다.

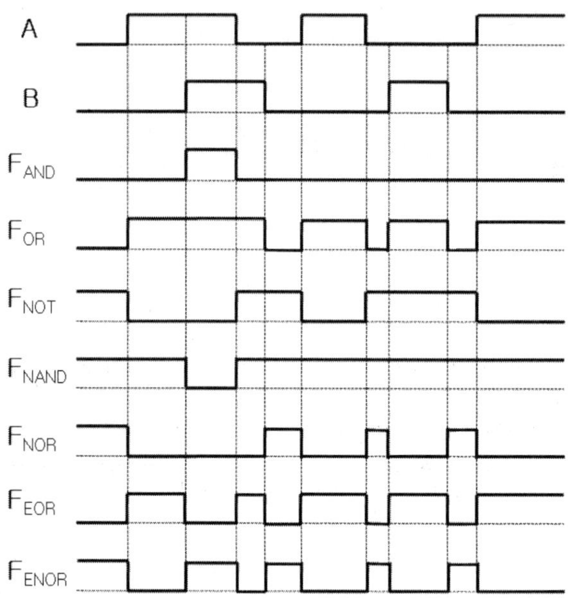

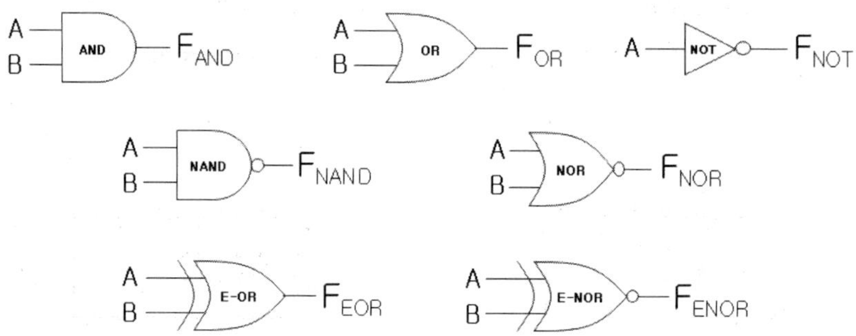

2.2 논리함수(Logic Function)

1) 논리함수의 기본 정리 : 부울대수(Boolean Algebra)

(1) $A+0=A$

A	0	X
0	0	0
1	0	1

(2) $A \cdot 0=0$

A	0	X
0	0	0
1	0	0

(3) $A+1=1$

A	1	X
0	1	1
1	1	1

(4) $A \cdot 1 = A$

A	1	X
0	1	0
1	1	1

(5) $A + A = A$

A	A	X
0	0	0
1	1	1

(6) $A + \overline{A} = 1$

A	$\overline{A}$	X
0	1	1
1	0	1

(7) $A \cdot A = A$

A	A	X
0	0	0
1	1	1

(8) $A \cdot \overline{A} = 0$

A	$\overline{A}$	X
0	1	0
1	0	0

(9) $\overline{\overline{A}} = A$

A	$\overline{A}$	X
0	1	0
1	0	1

(10) $A + B = B + A$

A	B	$A+B$	$B+A$
0	0	0	0
0	1	1	1
1	0	1	1
1	1	1	1

(11) $A \cdot B = B \cdot A$

A	B	$A \cdot B$	$B \cdot A$
0	0	0	0
0	1	0	0
1	0	0	0
1	1	1	1

(12) $(A \cdot B) \cdot C = A \cdot (B \cdot C)$

A	B	C	$A \cdot B$	$(A \cdot B) \cdot C$	$B \cdot C$	$A \cdot (B \cdot C)$
0	0	0	0	0	0	0
0	0	1	0	0	0	0
0	1	0	0	0	0	0
0	1	1	0	0	1	0
1	0	0	0	0	0	0
1	0	1	0	0	0	0
1	1	0	1	0	0	0
1	1	1	1	1	1	1

(13) $AB+AC=A(B+C)$

A	B	C	AB	AC	$AB+AC$	$B+C$	$A(B+C)$
0	0	0	0	0	0	0	0
0	0	1	0	0	0	1	0
0	1	0	0	0	0	1	0
0	1	1	0	0	0	1	0
1	0	0	0	0	0	0	0
1	0	1	0	1	1	1	1
1	1	0	1	0	1	1	1
1	1	1	1	1	1	1	1

(14) $A+BC=(A+B)(A+C)$

A	B	C	BC	$A+BC$	$A+B$	$A+C$	$(A+B)\cdot(A+C)$
0	0	0	0	0	0	0	0
0	0	1	0	0	0	1	0
0	1	0	0	0	1	0	0
0	1	1	1	1	1	1	1
1	0	0	0	1	1	1	1
1	0	1	0	1	1	1	1
1	1	0	0	1	1	1	1
1	1	1	1	1	1	1	1

(15) $A+AB=A(1+B)=A\cdot 1=A$

A	B	A	AB	$A+AB$
0	0	0	0	0
0	1	0	0	0
1	0	1	0	1
1	1	1	1	1

(16) $A+\overline{A}B=(A+\overline{A})(A+B)=1\cdot(A+B)=A+B$

A	B	A	$\overline{A}$	$\overline{A}B$	$A+\overline{A}B$
0	0	0	1	0	0
0	1	0	1	1	1
1	0	1	0	0	1
1	1	1	0	0	1

(17) $(A+B)(A+\overline{B}) = AA + A\overline{B} + BA + B\overline{B} = A + A\overline{B} + AB$

$$= A + A(\overline{B} + B) = A + A = A$$

A	B	$A+B$	$\overline{B}$	$A+\overline{B}$	$(A+B)(A+\overline{B})$
0	0	0	1	1	0
0	1	1	0	0	0
1	0	1	1	1	1
1	1	1	0	1	1

① $AB + A\overline{B}C$

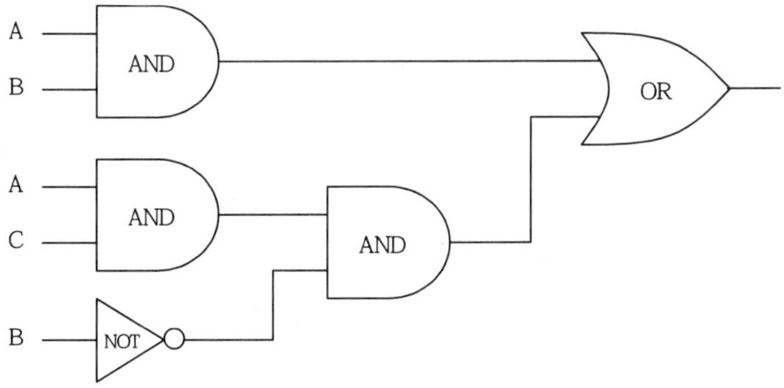

▶ $AB + A\overline{B}C = A(B + \overline{B}C) = A((B+\overline{B}) \cdot (B+C))$

$$= A(1 \cdot (B+C)) = A(B+C)$$

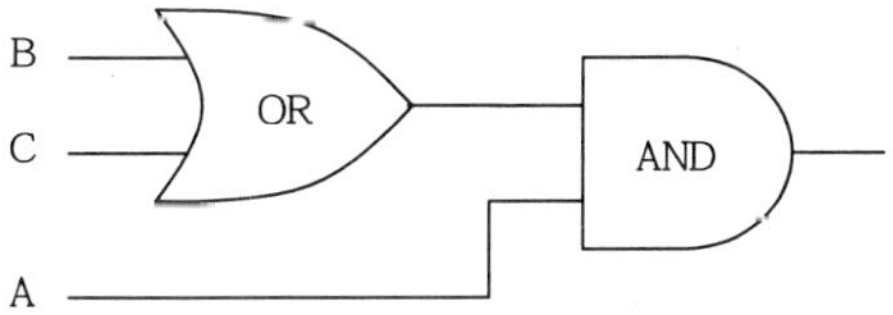

② $(A+B)(B+C)(C+\overline{A})$

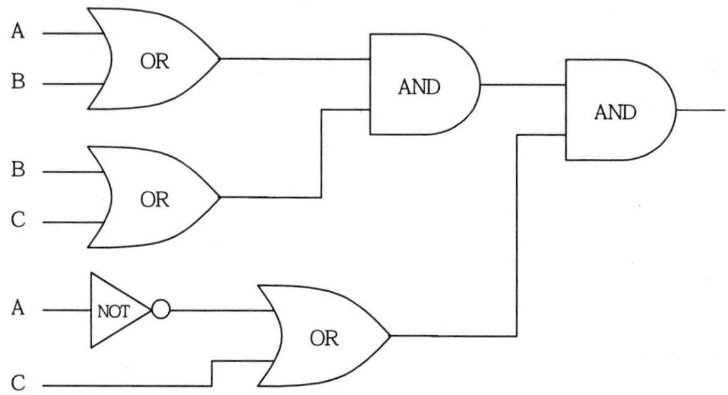

▶ $(A+B)(B+C)(C+\overline{A}) = (AB+AC+BB+BC)(C+\overline{A})$

$= (B(A+1+C)+AC)(C+\overline{A})$

$= (B+AC)(C+\overline{A}) = BC+\overline{A}B+ACC+AC\overline{A}$

$= BC+\overline{A}B+AC = BC(A+\overline{A})+\overline{A}B+AC$

$= ABC+\overline{A}BC+\overline{A}B+AC$

$= AC(1+B)+\overline{A}B(1+C) = AC+\overline{A}B$

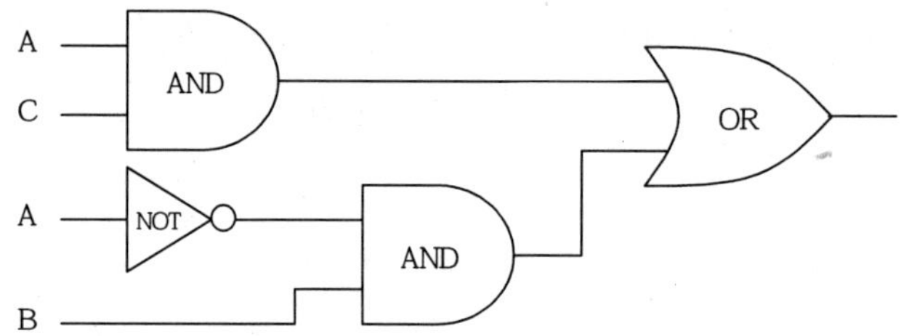

③ $BC(A+\overline{A})\overline{C}+\overline{A}B(A+\overline{A})+AB$

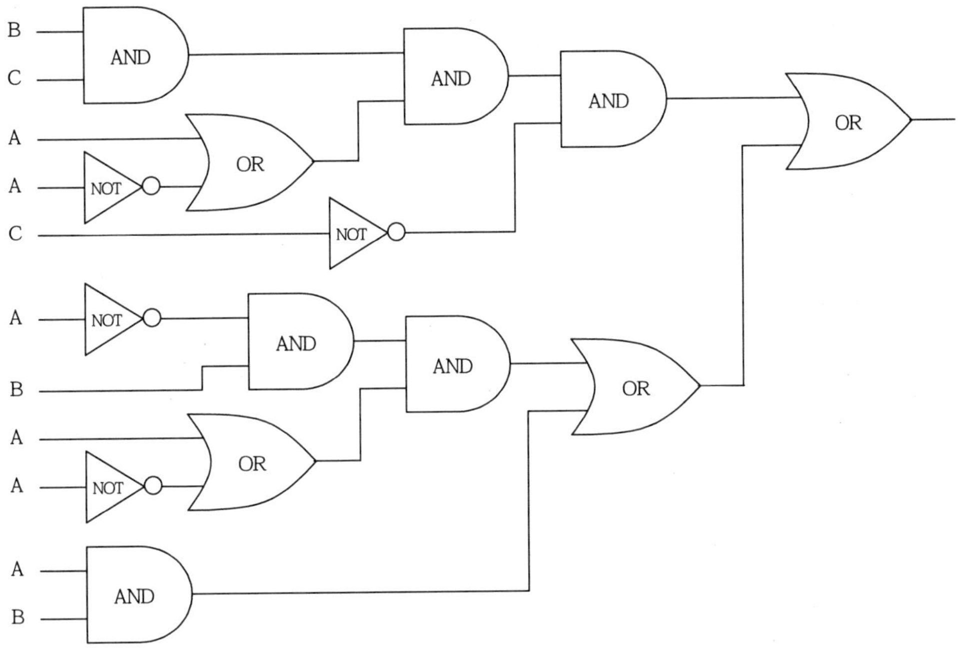

▶ $$BC(A+\overline{A})\overline{C}+\overline{A}B(A+\overline{A})+AB = BC\cdot 1\cdot \overline{C}+\overline{A}B\cdot 1+AB$$
$$= B\cdot 0+\overline{A}B+AB$$
$$= \overline{A}B+AB+0 = \overline{A}B+AB$$
$$= B(A+\overline{A}) = B\cdot 1 = B$$

④ $A+\overline{A}BC+B\overline{C}$

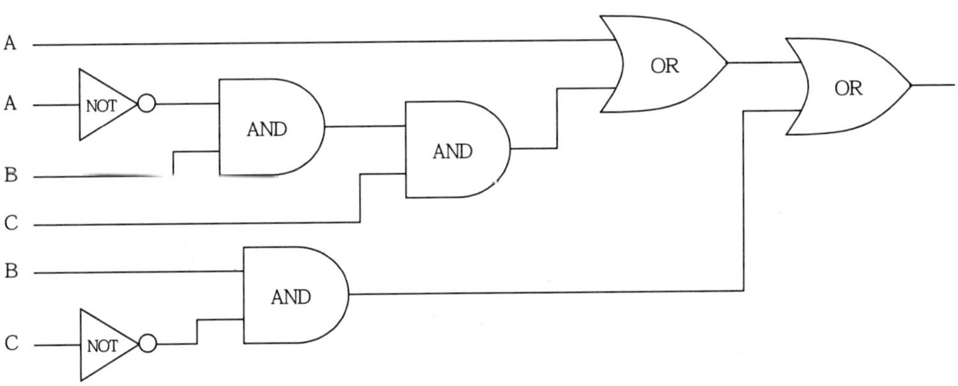

▶ $A+\overline{A}BC+B\overline{C}=(A+\overline{A})(A+BC)+B\overline{C}=1\cdot(A+BC)+B\overline{C}$

$=A+BC+B\overline{C}=A+B(C+\overline{C})=A+B\cdot 1=A+B$

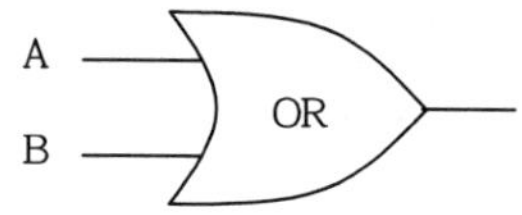

⑤ $B+\overline{A}C+BC+\overline{A}\,\overline{C}$

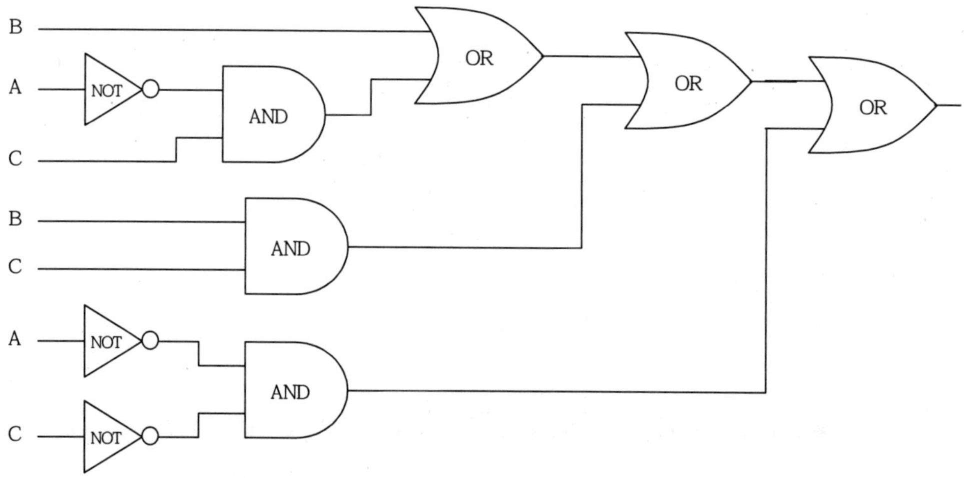

▶ $B+\overline{A}C+BC+\overline{A}\,\overline{C}=B+BC+\overline{A}C+\overline{A}\,\overline{C}=B\cdot 1+BC+\overline{A}C+\overline{A}\,\overline{C}$

$=B(1+C)+\overline{A}(C+\overline{C})=B\cdot 1+\overline{A}\cdot 1=B+\overline{A}$

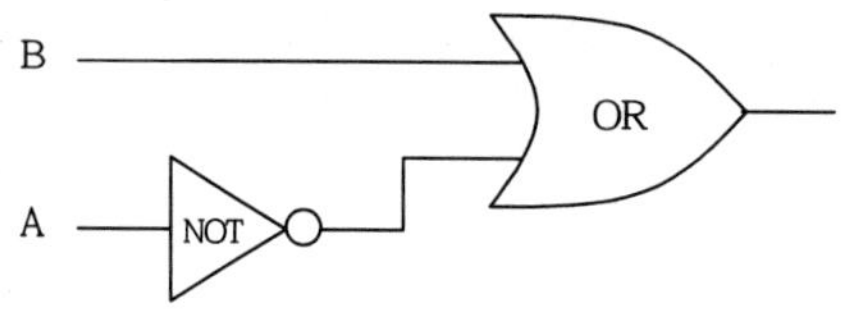

⑥ $\overline{(A+B)(\overline{A}+\overline{B})}$

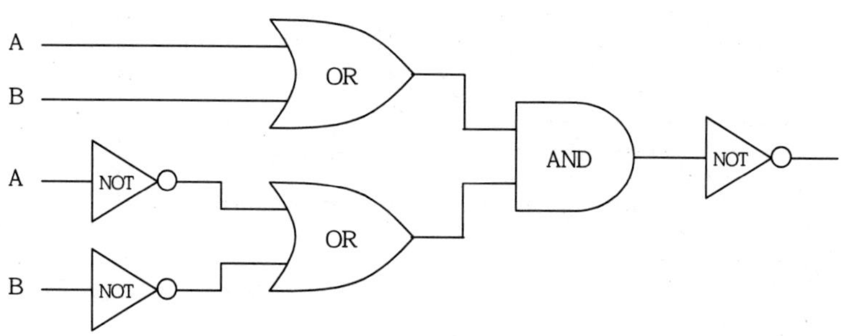

$$\blacktriangleright\ \overline{(A+B)(\overline{A}+\overline{B})} = \overline{(A+B)} + \overline{(\overline{A}+\overline{B})} = \overline{A}\,\overline{B} + \overline{\overline{A}}\,\overline{\overline{B}} = \overline{A}\,\overline{B} + AB$$

$$= A \odot B = \overline{A \oplus B}$$

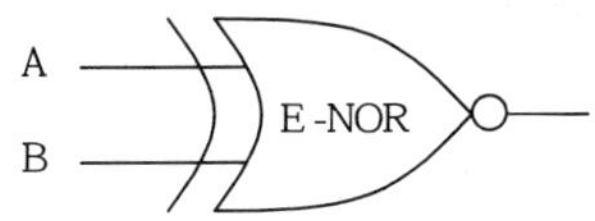

⑦ $(\overline{A}+B)(A+B+D)\overline{D}$

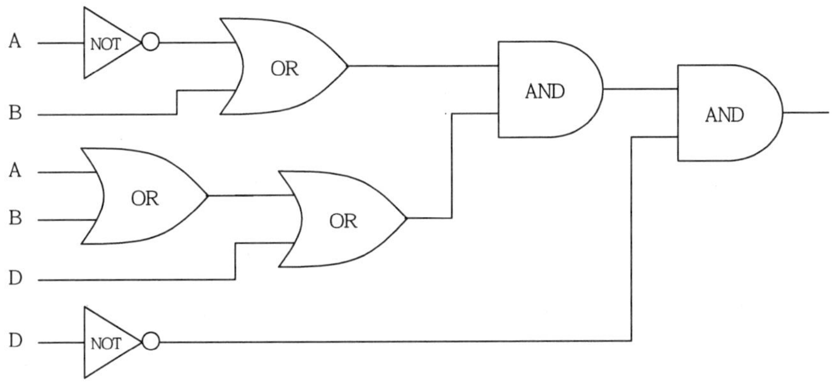

$$\blacktriangleright\ (\overline{A}+B)(A+B+D)\overline{D} = (\overline{A}+B)(A\overline{D}+B\overline{D}+D\overline{D})$$

$$= (\overline{A}+B)(A\overline{D}+B\overline{D}+0) = (\overline{A}+B)(A\overline{D}+B\overline{D})$$

$$= \overline{A}A\overline{D} + \overline{A}B\overline{D} + BA\overline{D} + BB\overline{D}$$

$$= 0 + \overline{A}B\overline{D} + BAD + B\overline{D} = \overline{A}B\overline{D} + AB\overline{D} + B\overline{D}\cdot 1$$

$$= B\overline{D}(\overline{A}+A+1) = B\overline{D}\cdot 1 = B\overline{D}$$

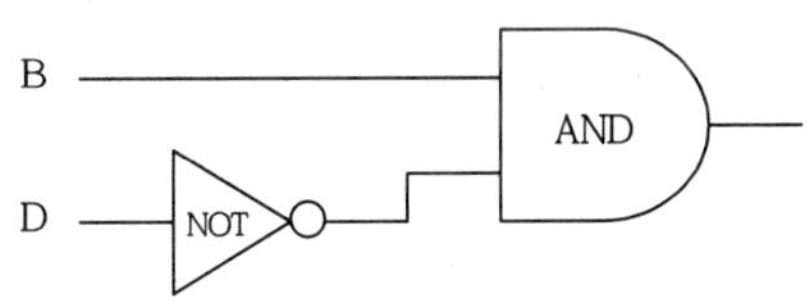

⑧ $AB+\overline{A}C+BC+\overline{A}\,\overline{C}$

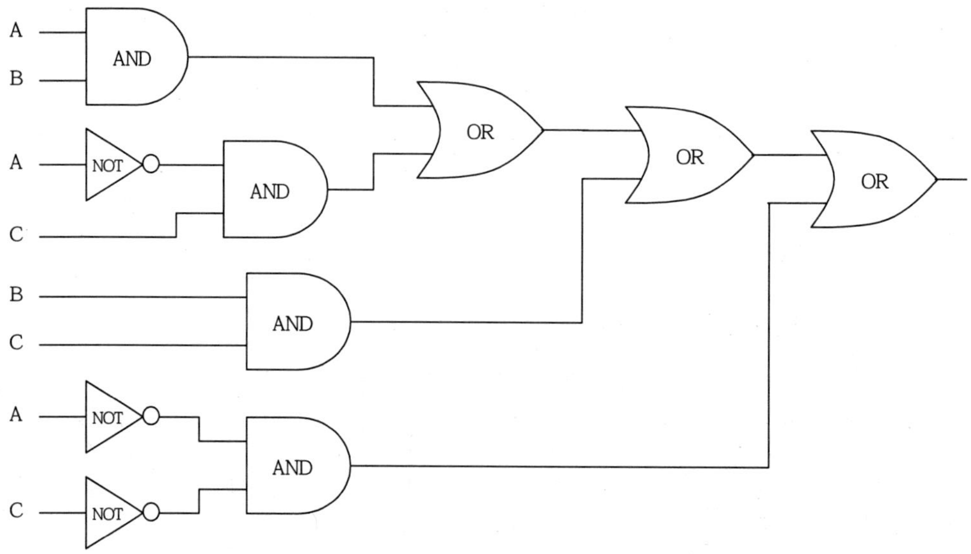

▶ $AB+\overline{A}C+BC+\overline{A}\,\overline{C}=\overline{A}C+\overline{A}\,\overline{C}+AB+BC$

$=\overline{A}(C+\overline{C})+AB+BC=\overline{A}\cdot 1+AB+BC$

$=\overline{A}+AB+BC=(\overline{A}+A)(\overline{A}+B)+BC$

$=1\cdot(\overline{A}+B)+BC=\overline{A}+B+BC$

$=\overline{A}+B\cdot 1+BC=\overline{A}+B(1+C)$

$=\overline{A}+B\cdot 1=\overline{A}+B$

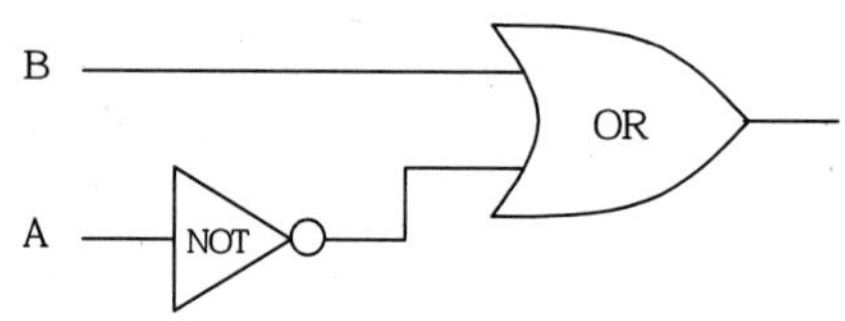

2.3 드모르간(De Morgan)의 정리

(1) $\overline{A+B} = \overline{A} \cdot \overline{B}$

A	B	$\overline{A}$	$\overline{B}$	$A+B$	$\overline{A+B}$	$\overline{A} \cdot \overline{B}$
0	0	1	1	0	1	1
0	1	1	0	1	0	0
1	0	0	1	1	0	0
1	1	0	0	1	0	0

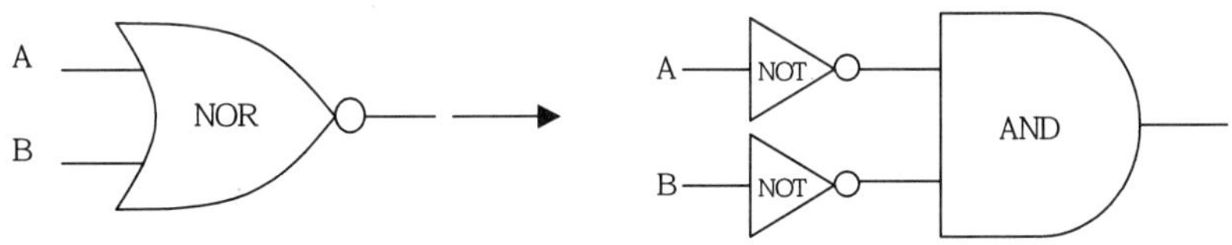

(2) $\overline{A \cdot B} = \overline{A} + \overline{B}$

A	B	$\overline{A}$	$\overline{B}$	$\overline{A}+\overline{B}$	$A \cdot B$	$\overline{A \cdot B}$
0	0	1	1	1	0	1
0	1	1	0	1	0	1
1	0	0	1	1	0	1
1	1	0	0	0	1	0

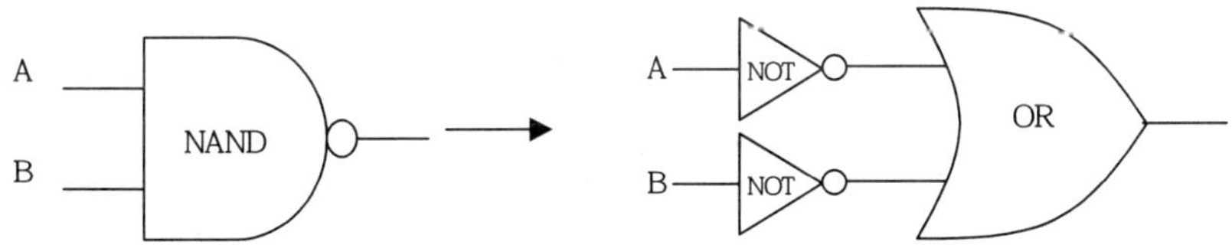

예제 2-2 다음의 게이트를 NAND 게이트만을 이용하여 표현하시오.

(1) NOT (2) AND (3) OR

(4) NOR (5) EOR (6) ENOR

▸ (1) $\overline{A}=\overline{A\cdot A}$

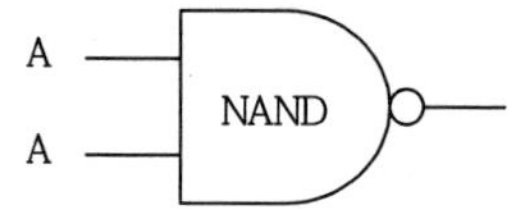

(2) $A\cdot B=\overline{\overline{A\cdot B}}$

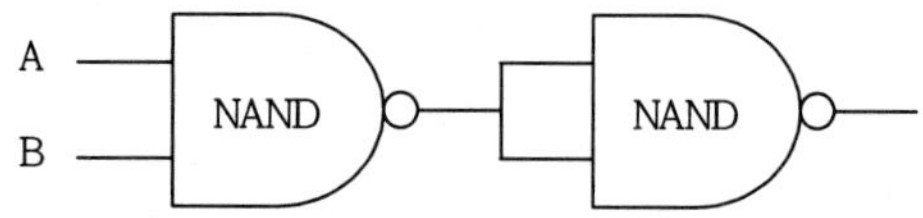

(3) $A+B=\overline{\overline{A+B}}=\overline{\overline{A}\cdot\overline{B}}=\overline{\overline{A\cdot A}\cdot\overline{B\cdot B}}$

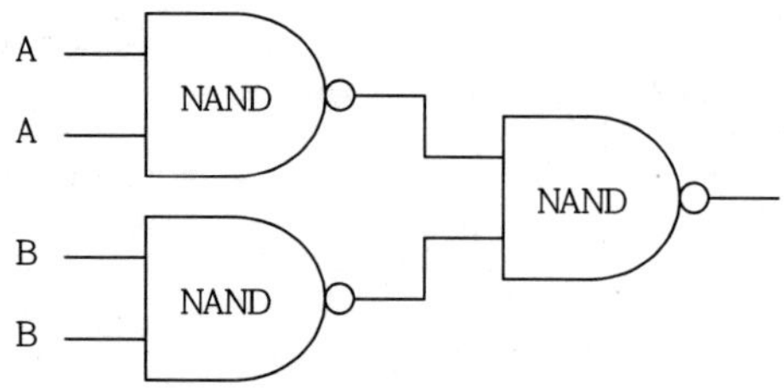

(4) $\overline{A+B}=\overline{\overline{\overline{A+B}}}=\overline{\overline{\overline{A}\cdot\overline{B}}}=\overline{\overline{\overline{A\cdot A}\cdot\overline{B\cdot B}}}$

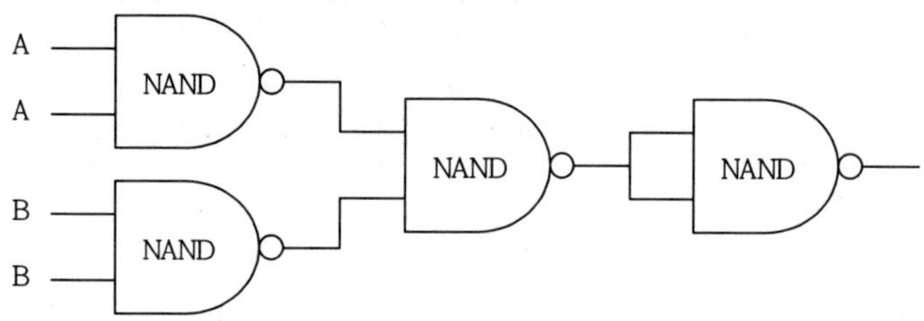

(5) $A\overline{B}+\overline{A}B=\overline{\overline{A\overline{B}+\overline{A}B}}=\overline{\overline{A\overline{B}}\cdot\overline{\overline{A}B}}=\overline{\overline{A\cdot\overline{(B\cdot B)}}\cdot\overline{\overline{(A\cdot A)}\cdot B}}$

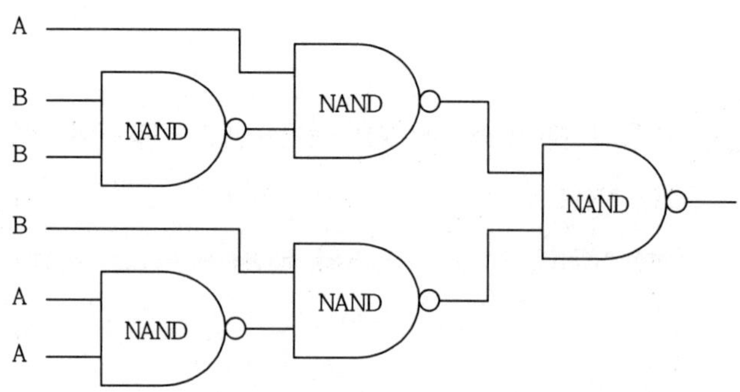

(6) $AB+\overline{A}\,\overline{B}=\overline{\overline{AB+\overline{A}\,\overline{B}}}=\overline{\overline{A\cdot B}\cdot\overline{\overline{A\cdot A}\cdot\overline{B\cdot B}}}$

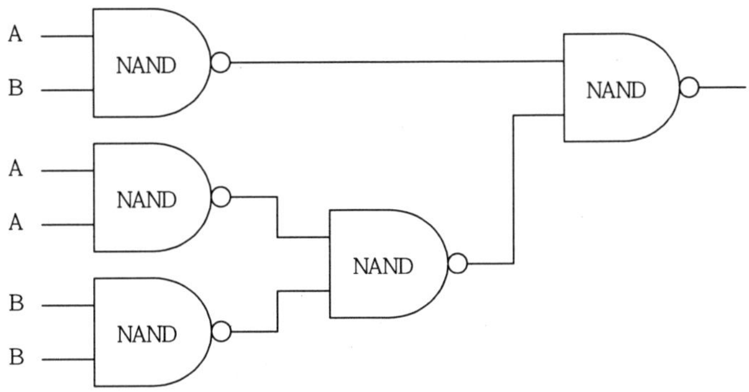

예제 2-2 다음의 게이트를 NOR 게이트만을 이용하여 표현하시오.

(1) NOT (2) OR (3) AND (4) NAND (5) EOR (6) ENOR

▶ (1) $\overline{A}=\overline{A+A}$

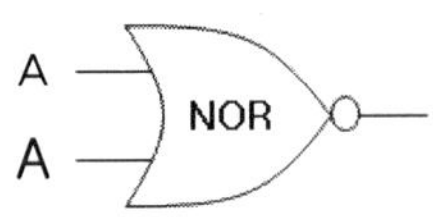

(2) $A+B=\overline{\overline{A+B}}$

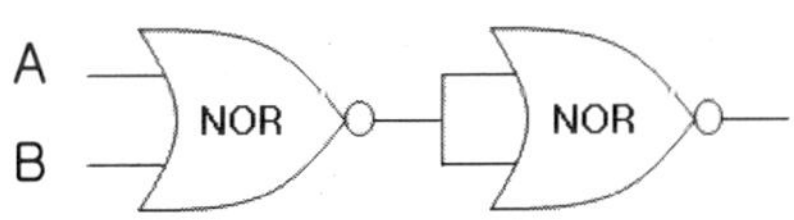

(3) $A\cdot B=\overline{\overline{A\cdot B}}=\overline{\overline{A}+\overline{B}}=\overline{\overline{A+A}+\overline{B+B}}$

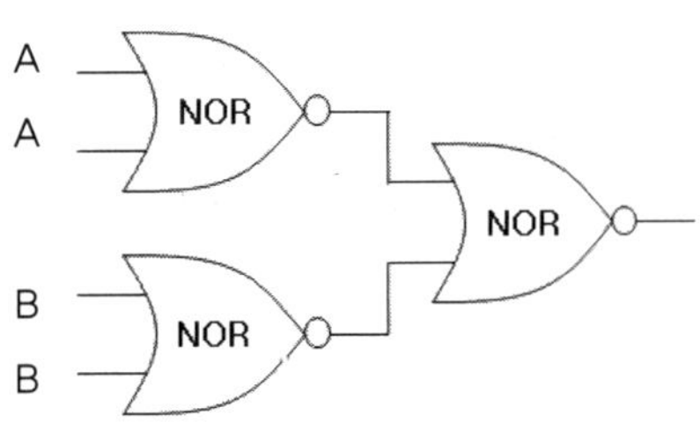

(4) $\overline{A\cdot B}=\overline{\overline{\overline{A\cdot B}}}=\overline{\overline{\overline{A}+\overline{B}}}=\overline{\overline{\overline{A+A}+\overline{B+B}}}$

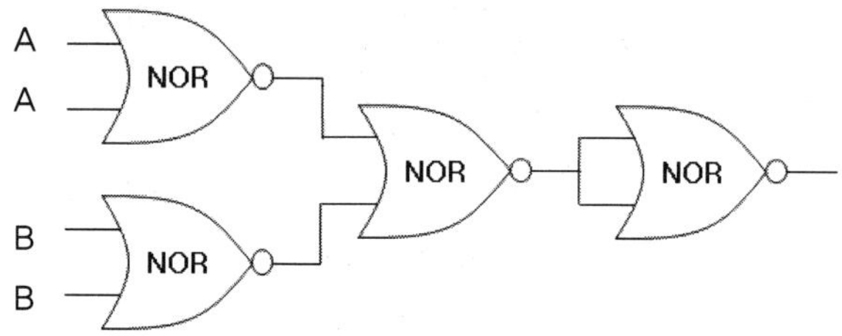

(5) $A\overline{B}+\overline{A}B=\overline{\overline{A}+B}+\overline{A+\overline{B}}=\overline{\overline{A+A}+B}+\overline{A+\overline{B+B}}$

$=\overline{\overline{\overline{\overline{A+A}+B}+\overline{A+\overline{B+B}}}}$

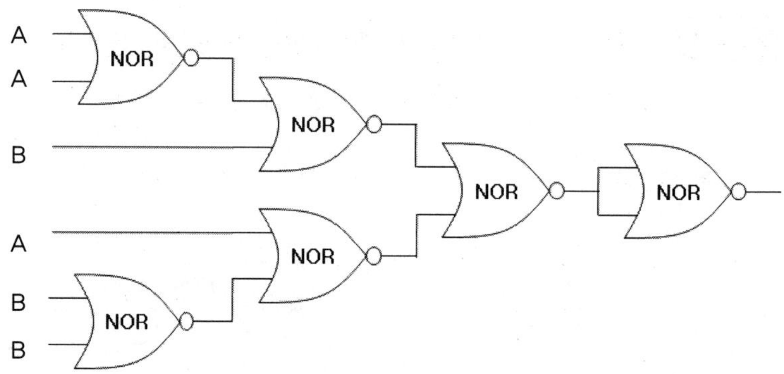

(6) $AB+\overline{A}\,\overline{B}=\overline{\overline{A}+\overline{B}}+\overline{A+B}=\overline{\overline{A+A}+\overline{B+B}}+\overline{A+B}$

$=\overline{\overline{\overline{\overline{A+A}+\overline{B+B}}+\overline{A+B}}}$

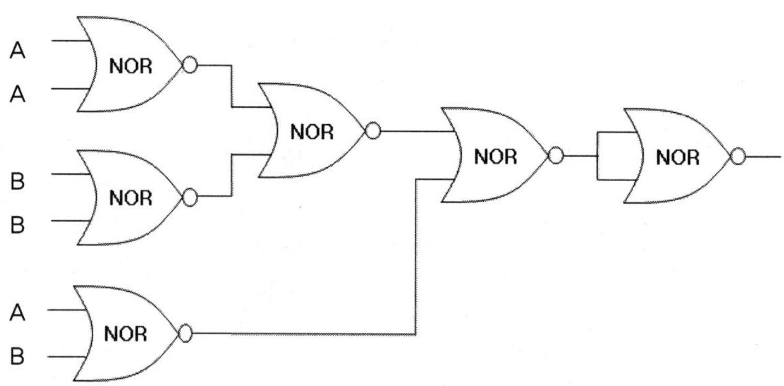

정(正)논리와 부(負)논리

정논리 (Positive Logic)	LOW 레벨 → 0 HIGH 레벨 → 1
부논리 (Negative Logic)	LOW 레벨 → 1 HIGH 레벨 → 0

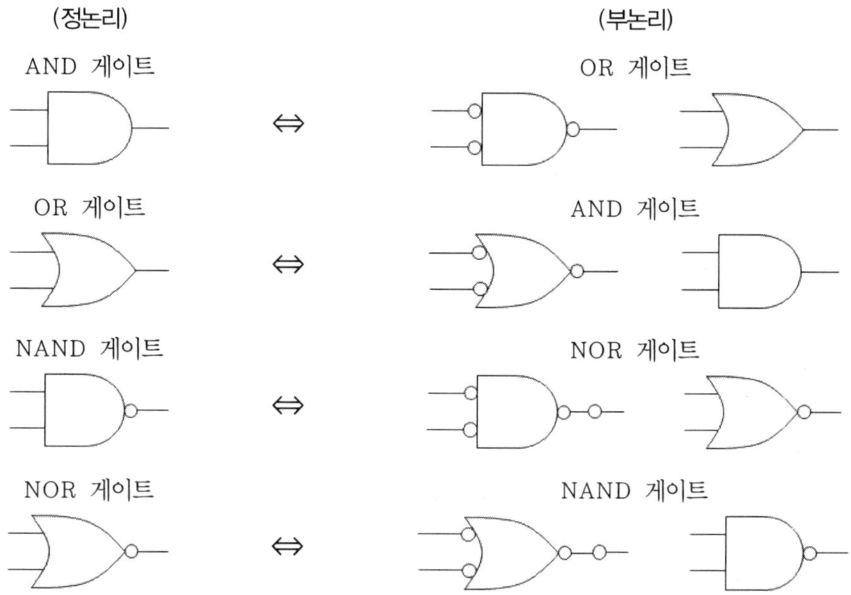

연습문제

[2-1] 부울대수를 이용하여 다음 관계식이 성립됨을 확인하시오.

(a) $\overline{A(\overline{B}\,\overline{C}+BC)}=\overline{A}+B\overline{C}+\overline{B}C$

(b) $\overline{A}\,\overline{B}\,\overline{C}+A\overline{B}\,\overline{C}+A\overline{B}C+AB\overline{C}+ABC=A+\overline{B}\,\overline{C}$

(c) $A+\overline{A}B\overline{C}+\overline{B+C}=A+\overline{C}$

(d) $\overline{\overline{X}Y+X\overline{Y}+XY}=\overline{X}\,\overline{Y}$

(e) $(A+B)(\overline{A}+C)=AC+\overline{A}B$

(f) $\overline{(A+B)(\overline{A}+B)}=\overline{B}$

(g) $\overline{X}Y+X\overline{Y}+XY+\overline{X}\,\overline{Y}=1$

[2-2] 부울대수를 이용하여 다음 논리식을 간략화하고 이에 대한 논리회로를 3가지로 구분하여 작성하시오. (일반 게이트만 사용, NAND 게이트만 사용, NOR 게이트만 사용)

(a) $(\overline{X+Y+Z})(\overline{X}+\overline{Y}+Z)$

(b) $(\overline{A}+B+\overline{C})(A+B+C)$

(c) $\overline{X}\,\overline{Y}+XY+\overline{X}Y+Z$

(d) $\overline{A\overline{B}\,\overline{C}+AC}$

(e) $(X+\overline{Y}+Z)(\overline{X}+\overline{Y})$

(f) $\overline{A}\,\overline{B}\,\overline{C}+\overline{B}C\overline{D}+\overline{A}BC\overline{D}+A\overline{B}\,\overline{C}$

(g) $\overline{W}X\overline{Y}Z+\overline{W}XYZ+\overline{W}\,\overline{X}YZ+WX\overline{Y}Z+WXYZ+W\overline{X}YZ$

제3장 논리함수의 간략화

3.1 카르노맵(Karnaugh Map)

여러 개의 변수 간의 함수관계는 진리표로 유일하게 정의되지만 그 함수관계를 표현하는 논리방정식은 여러 가지가 가능하며 그 중에서 대표적인 것(표준형)이 "곱(積)의 합(合) : 최소항" 형식과 "합(合)의 곱(積) : 최대항" 형식이다.

▎표준형(곱의 합 – 최소항)

X	Y	Z	최소항	표시
0	0	0	$\overline{X}\,\overline{Y}\,\overline{Z}$	m_0
0	0	1	$\overline{X}\,\overline{Y}Z$	m_1
0	1	0	$\overline{X}Y\overline{Z}$	m_2
0	1	1	$\overline{X}YZ$	m_3
1	0	0	$X\overline{Y}\,\overline{Z}$	m_4
1	0	1	$X\overline{Y}Z$	m_5
1	1	0	$XY\overline{Z}$	m_6
1	1	1	XYZ	m_7

▎표준형 (합의 곱 – 최대항)

X	Y	Z	최소항	표시
0	0	0	$X+Y+Z$	n_0
0	0	1	$X+Y+\overline{Z}$	n_1
0	1	0	$X+\overline{Y}+Z$	n_2
0	1	1	$X+\overline{Y}+\overline{Z}$	n_3
1	0	0	$\overline{X}+Y+Z$	n_4
1	0	1	$\overline{X}+Y+\overline{Z}$	n_5
1	1	0	$\overline{X}+\overline{Y}+Z$	n_6
1	1	1	$\overline{X}+\overline{Y}+\overline{Z}$	n_7

예를 들어, 동일한 출력도 다음과 같이 곱의 합 및 합의 곱으로 표현할 수 있다.

곱의 합 : $F(X,\ Y,\ Z) = \overline{X}\,\overline{Z} + Y\overline{Z} + X\overline{Y}Z$

$$= \overline{X}\,\overline{Y}\,\overline{Z} + \overline{X}Y\overline{Z} + X\overline{Y}Z + XY\overline{Z}$$

$$= \sum m(0,\ 2,\ 5,\ 6)$$

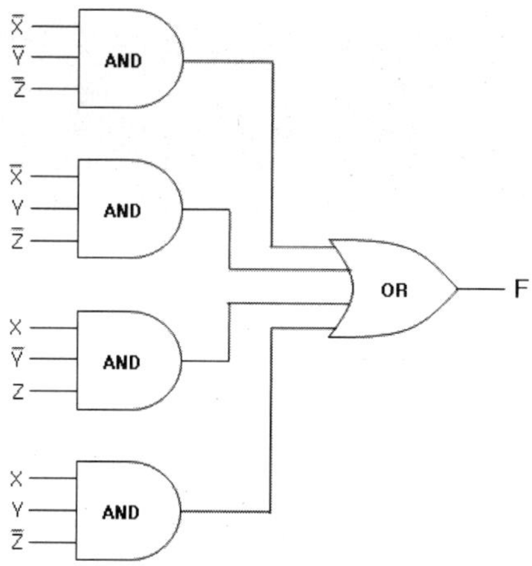

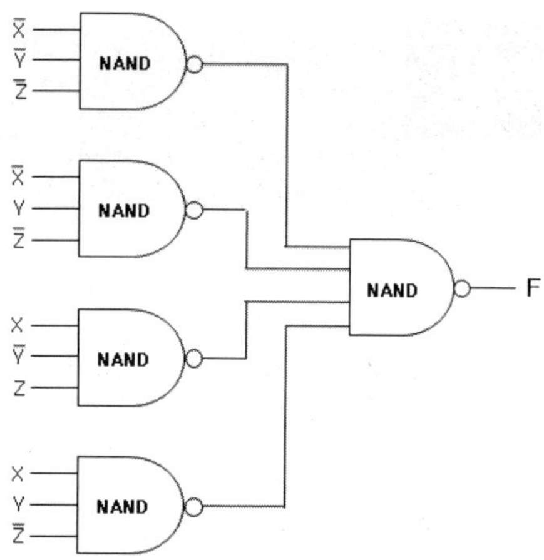

합의 곱 : $F(X,\ Y,\ Z) = \overline{X}\,\overline{Z} + Y\overline{Z} + X\overline{Y}Z$

$$= (X + Y + \overline{Z})(X + \overline{Y} + \overline{Z})(\overline{X} + Y + Z)(\overline{X} + \overline{Y} + \overline{Z})$$

$$= \prod n(1,\ 3,\ 4,\ 6)$$

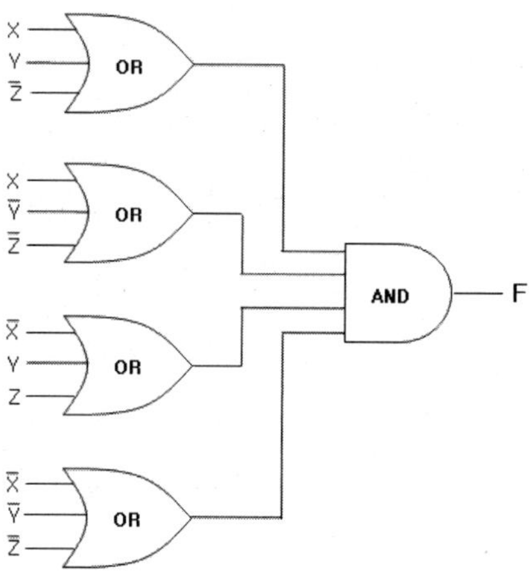

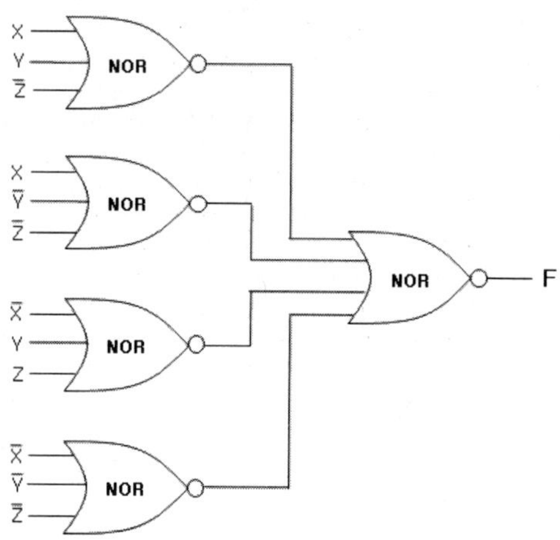

일정한 규칙에 의해 논리함수를 간략화하는 방법으로 대수적 방법에 비해 대부분 간단하게 간략화가 행해지는 장점이 있는 반면에 논리변수가 5개 이상이 되면 적용에 어려움이 따르게 된다.

카르노맵은 사용되는 논리변수의 개수가 2개, 3개, 4개에 따라 4, 8, 16칸 크기가 사용되며, 진리표에서 출력이 1인 경우의 입력조건에 해당하는 위치에 1을 표시한 후 인접하는 1들을 2, 4, 8, 16개 등으로 묶어서 간략화를 행하게 되는데, 이때 간략화의 근거는 $A + \overline{A} = 1$이라는 기본정리이다.

B \ A	0	1
0	0	2
1	1	3

(논리변수가 2개)

C \ AB	00	01	11	10
0	0	2	6	4
1	1	3	7	5

(논리변수가 3개)

CD \ AB	00	01	11	10
00	0	4	12	8
01	1	5	13	9
11	3	7	15	11
10	2	6	14	10

(논리변수가 4개)

3.2 카르노맵을 이용한 논리함수의 간략화

① 입력변수의 개수에 따라 적당한 크기의 카르노맵을 선택한다.

② 진리표 또는 함수식으로 주어진 입출력 조건에서 출력이 1인 부분에 해당하는 곳에만 1을 표시한다.

③ 인접하는 1들을 최대한 크게 묶는다.
(2개, 4개, 8개, 16개 가능, 대각선 방향 제외)

④ 묶음 사이에 겹치는 부분이 있어도 상관없지만, 1개의 묶음에는 적어도 1개 이상의 독립적인 1이 존재해야 한다.

⑤ 주어진 입력조건 중 사용하지 않는 부분(BCD 코드에서의 1010～1111과 같은 경우)이 있는 경우는 무정의(don't care) 항으로 하여 d로 표시한다.

⑥ 무정의항 d는 묶음을 크게 하기 위하여 필요하면 1로 사용할 수 있다.

⑦ 묶음에서 변수 값의 변화(0 → 1, 1 → 0)가 있으면 그 변수는 생략된다.

1) 논리변수가 2개인 경우

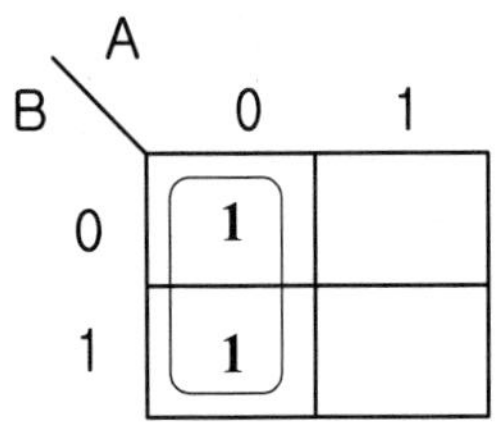

$\overline{A}$

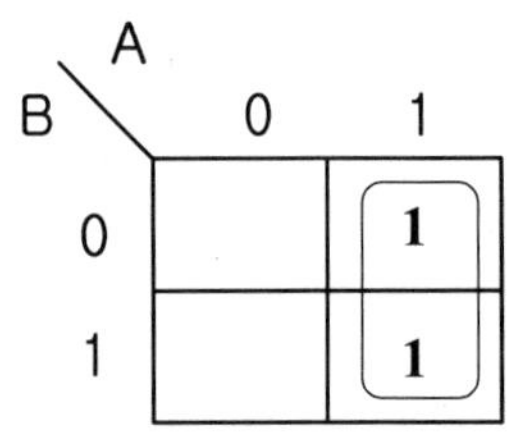

A

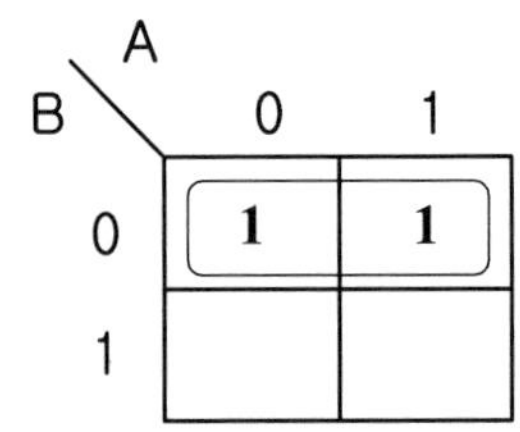

$\overline{B}$

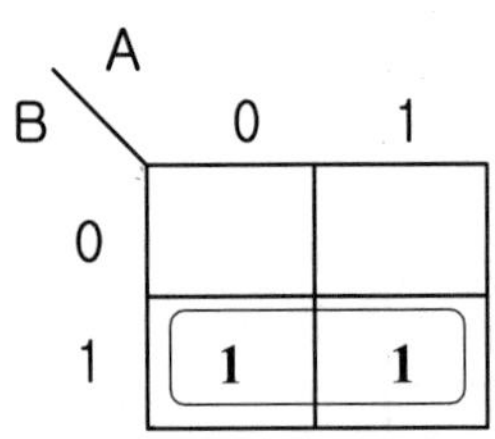

B

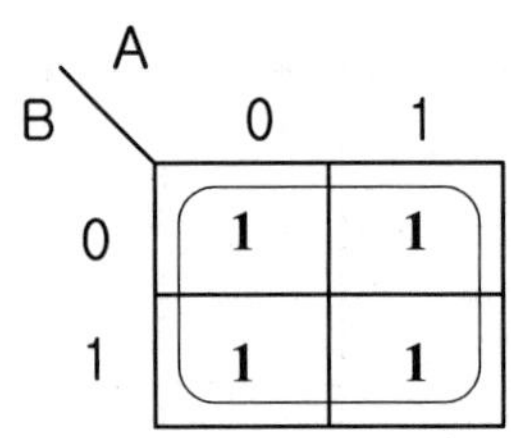

1

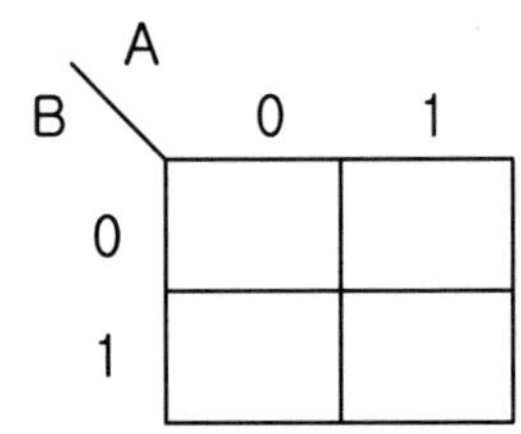

0

2) 논리변수가 3개인 경우

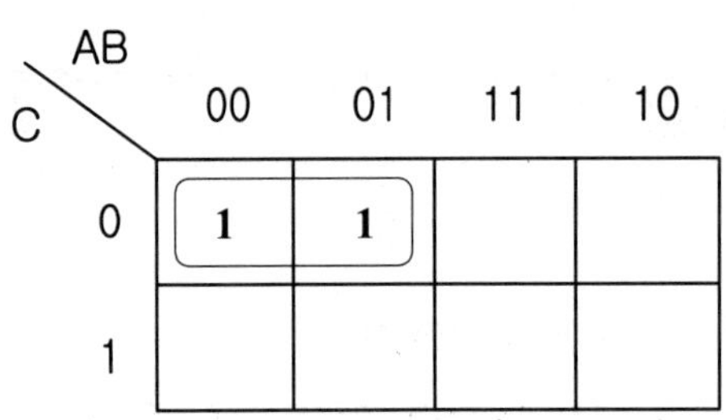

$\overline{A}\,\overline{C}$

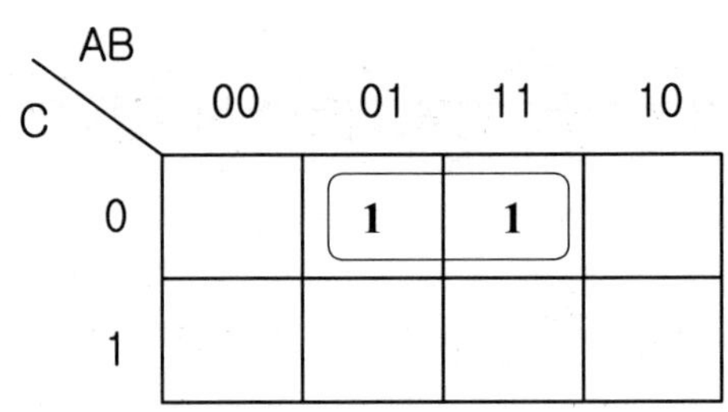

$B\overline{C}$

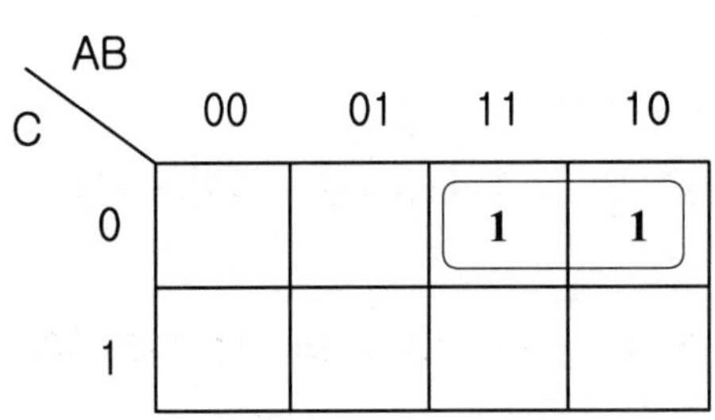

$A\overline{C}$

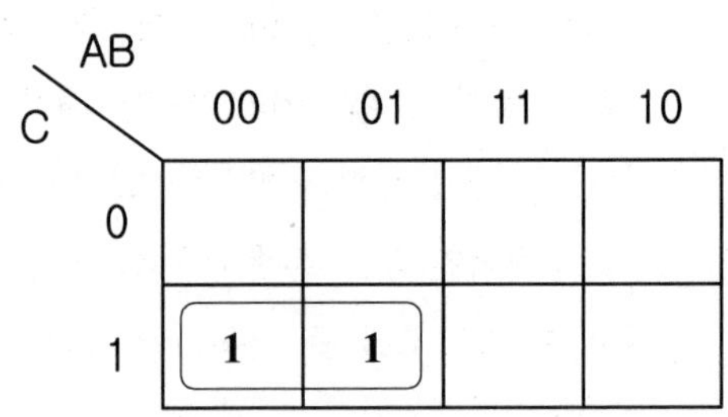

$\overline{A}C$

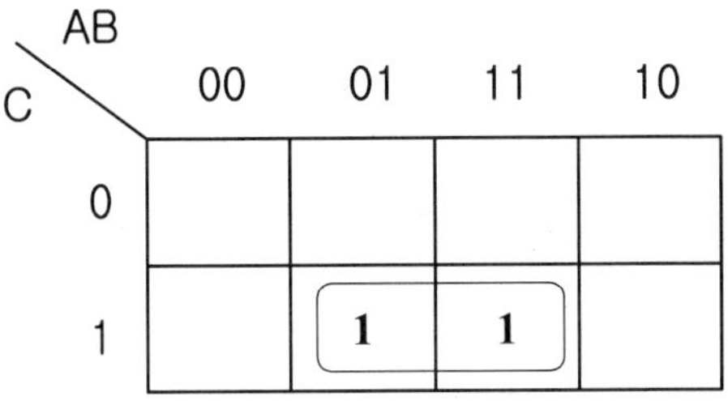

BC

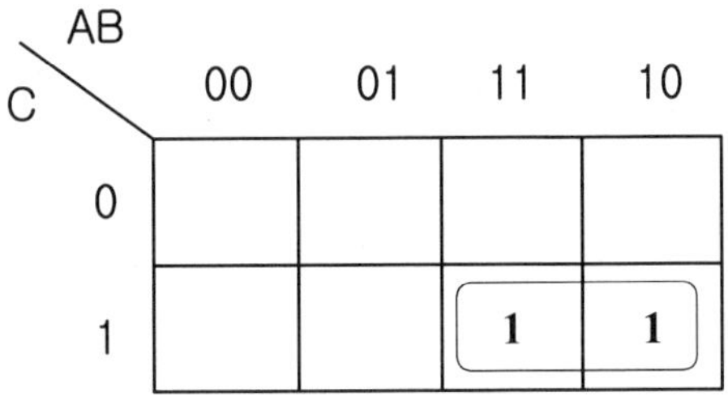

AC

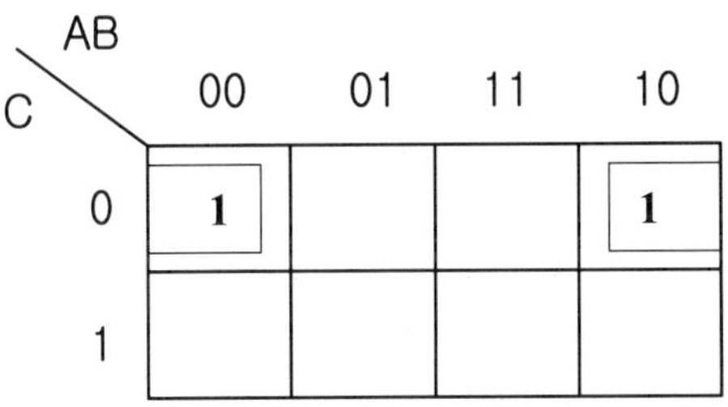

$\overline{B}\,\overline{C}$

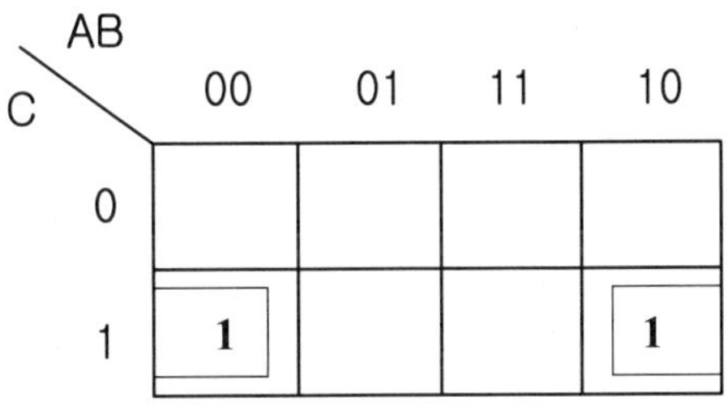

$\overline{B}C$

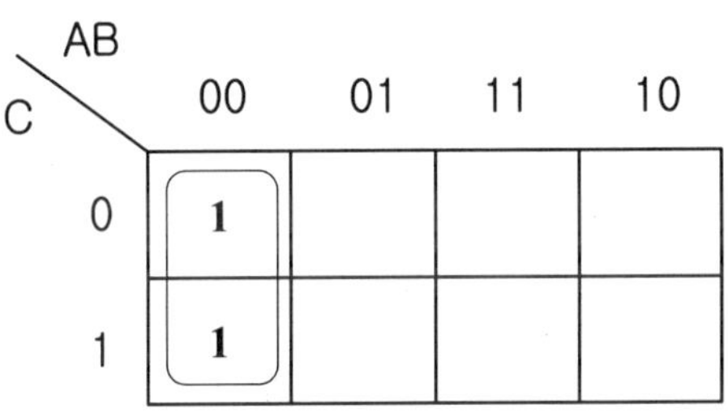

$\overline{A}\,\overline{B}$

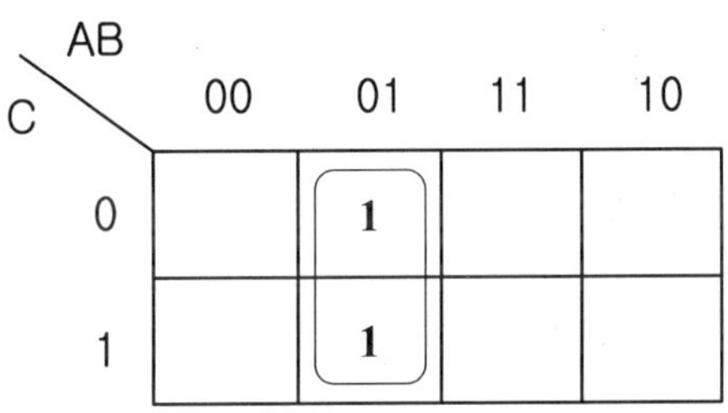

$\overline{A}B$

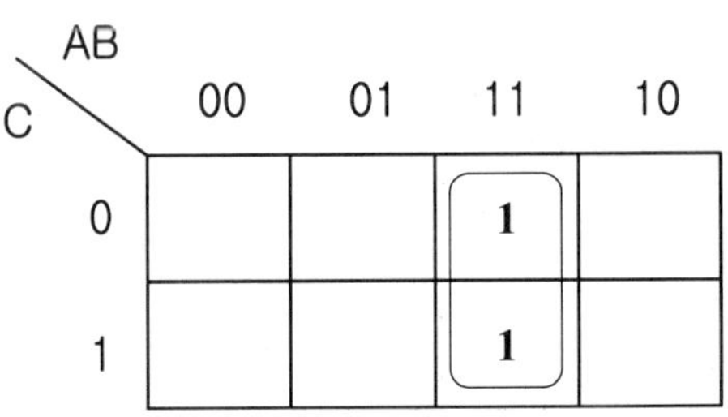

AB

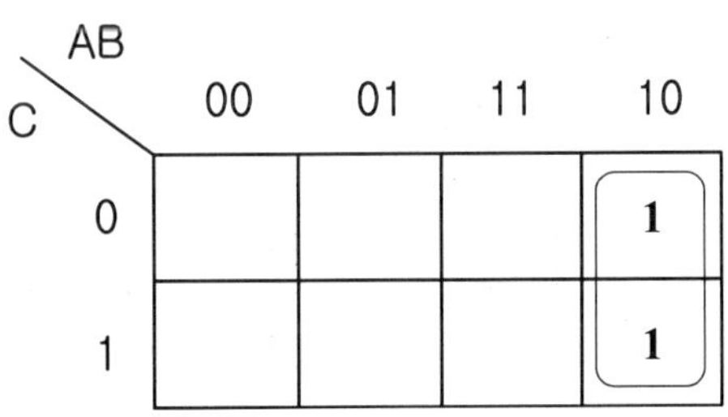

$A\overline{B}$

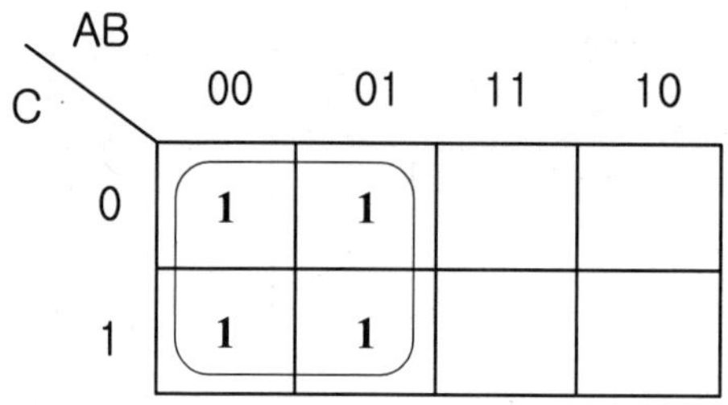

$\overline{A}$

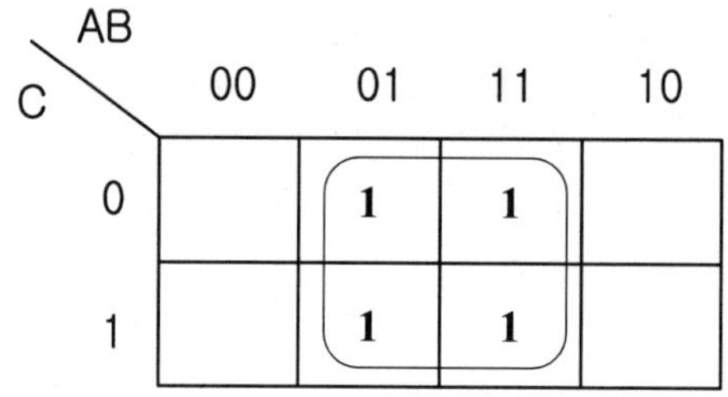

B

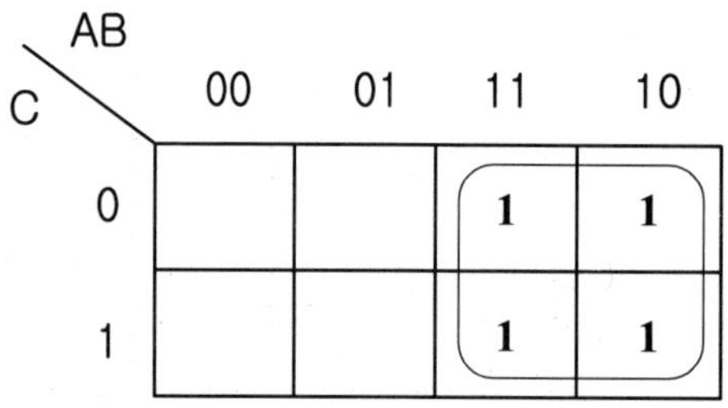

A

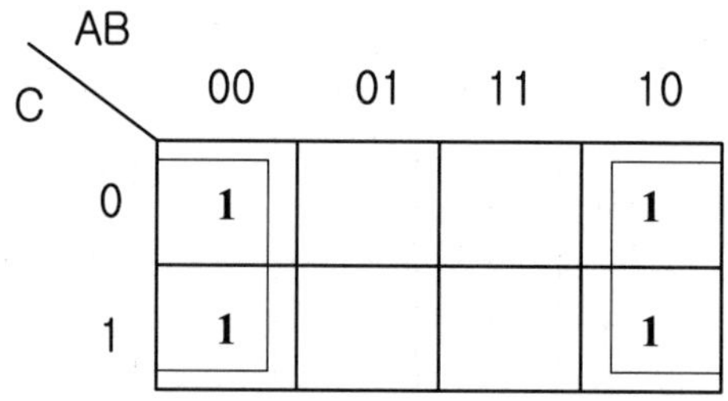

$\overline{B}$

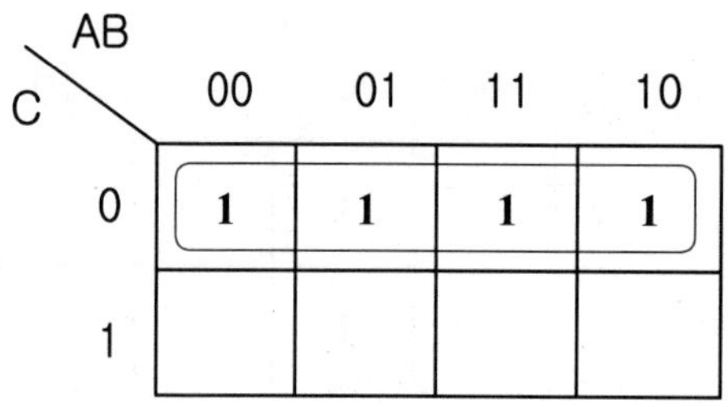

$\overline{C}$

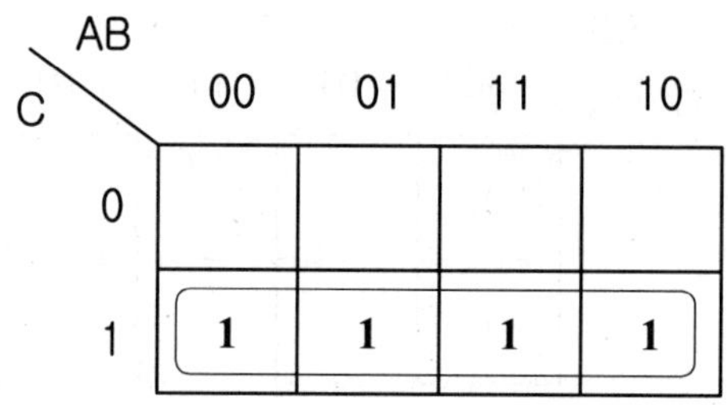

C

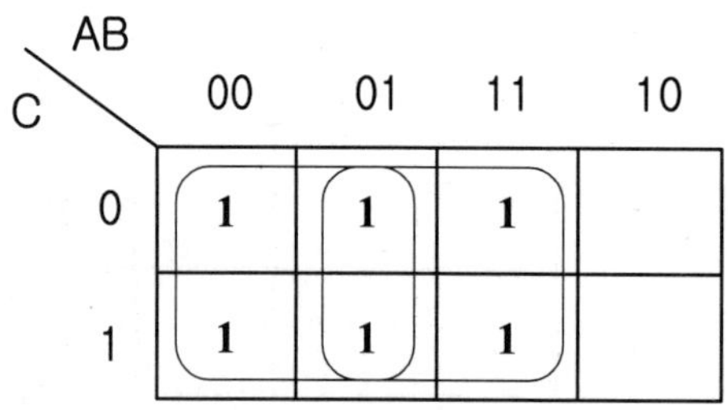

$\overline{A}+B$

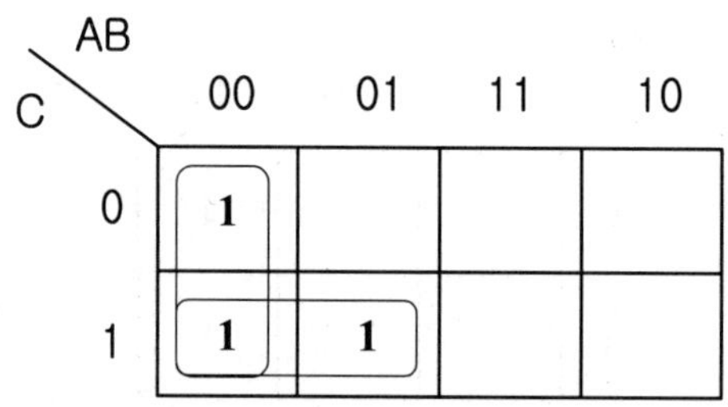

$\overline{A}\,\overline{B}+\overline{A}C=\overline{A}(\overline{B}+C)$

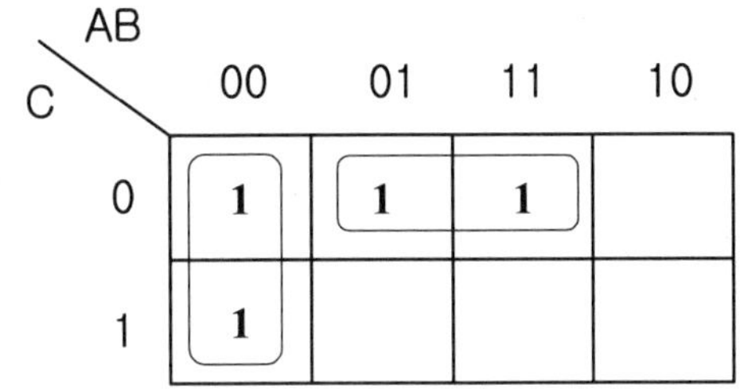

$\overline{A}\,\overline{B}+B\overline{C}$

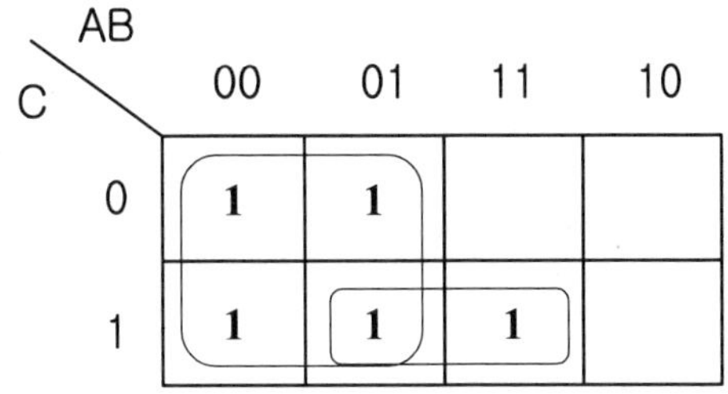

$\overline{A}+BC$

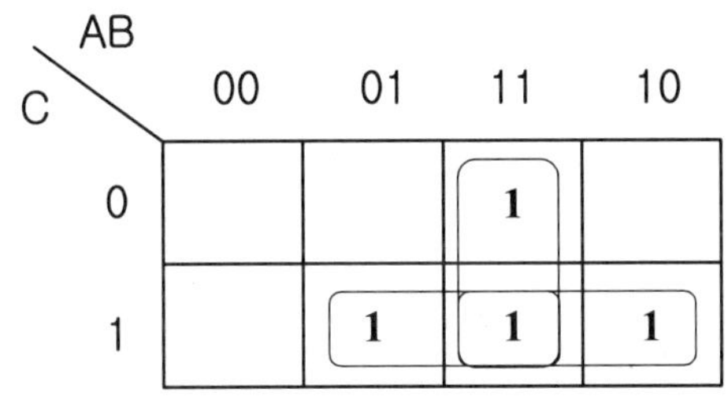

$AB+BC+AC$

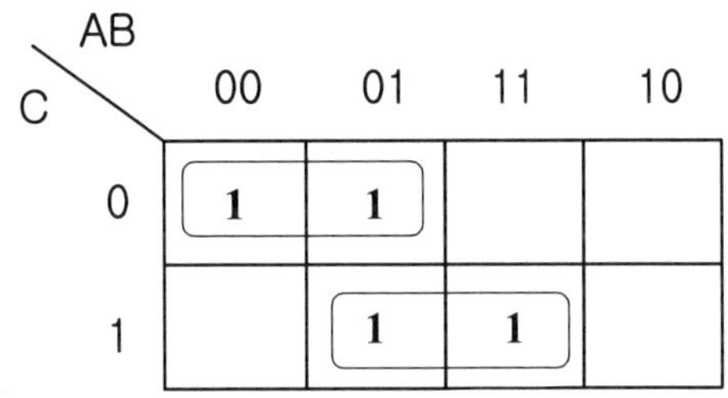

$\overline{A}\,\overline{C}+BC$

3) 논리변수가 4개인 경우

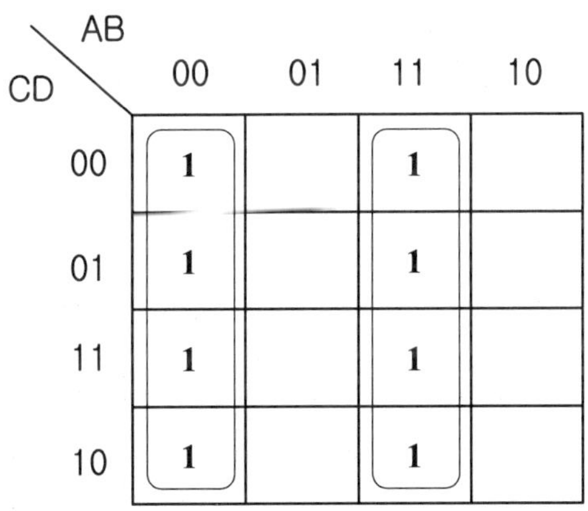

$\overline{A}\,\overline{B}+AB$

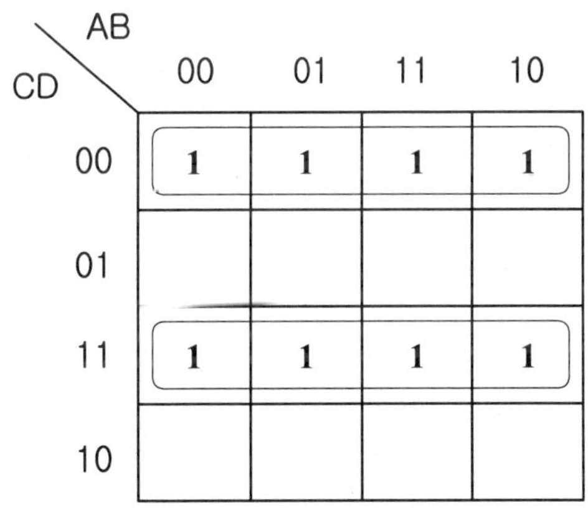

$\overline{C}\,\overline{D}+CD$

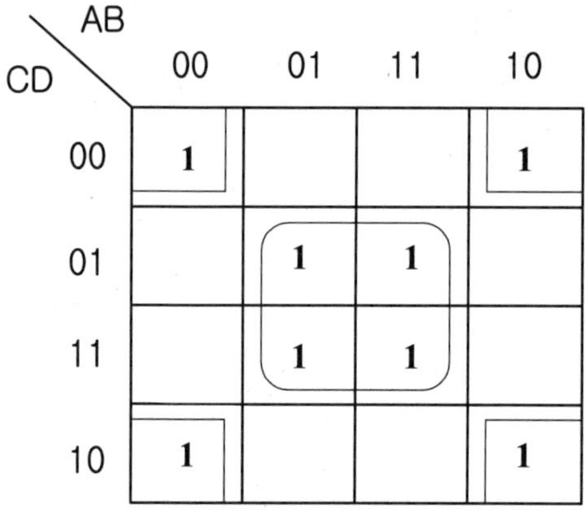

$\overline{B}\,\overline{D}+BD$

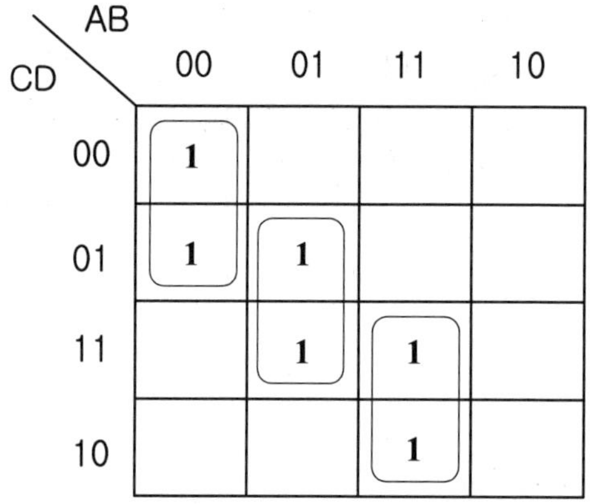

$\overline{A}\,\overline{B}\,\overline{C}+\overline{A}BD+ABC$

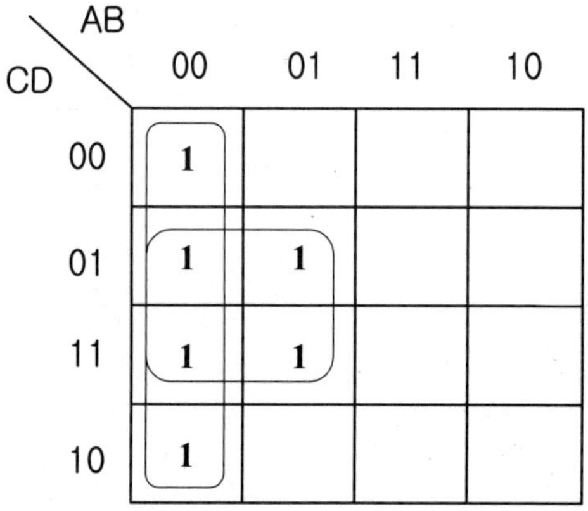

$\overline{A}\,\overline{B}+\overline{A}D=\overline{A}(\overline{B}+D)$

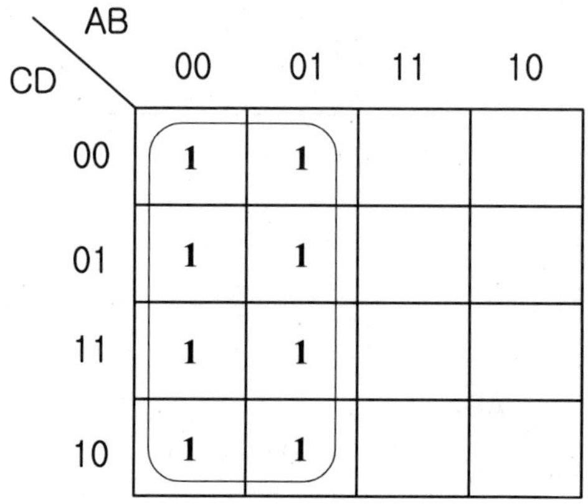

$\overline{A}$

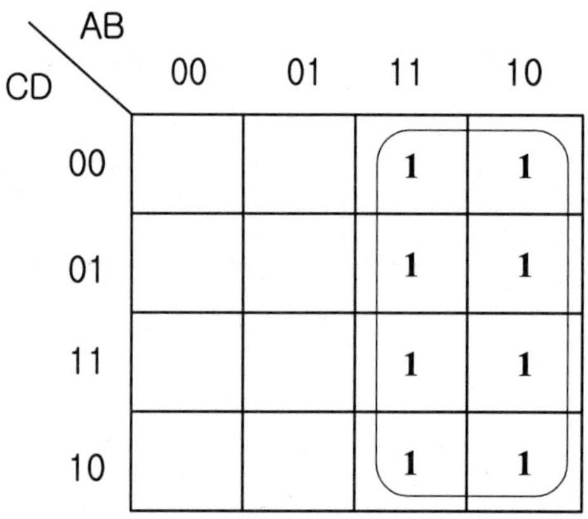

A

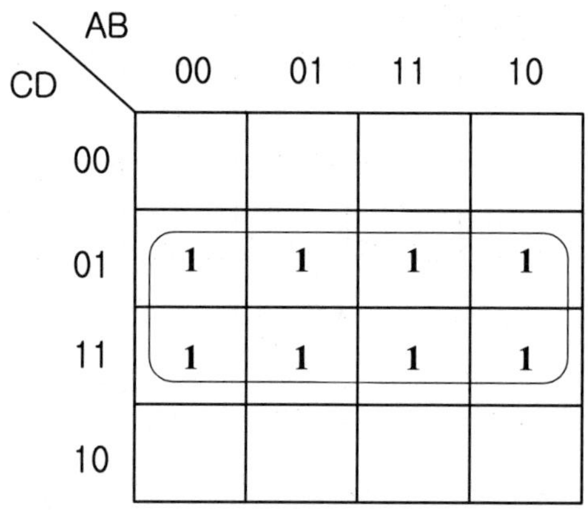

D

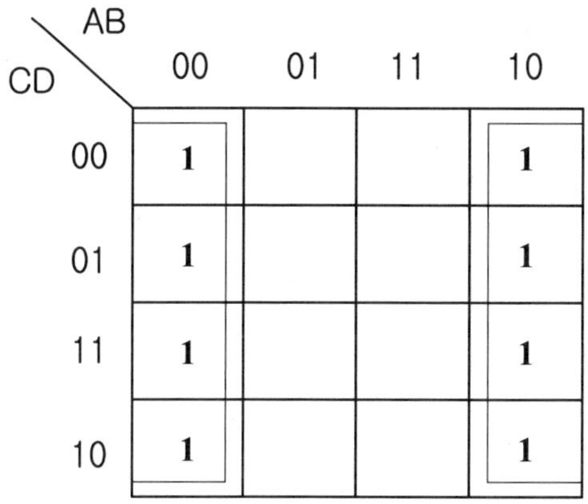

$\overline{B}$

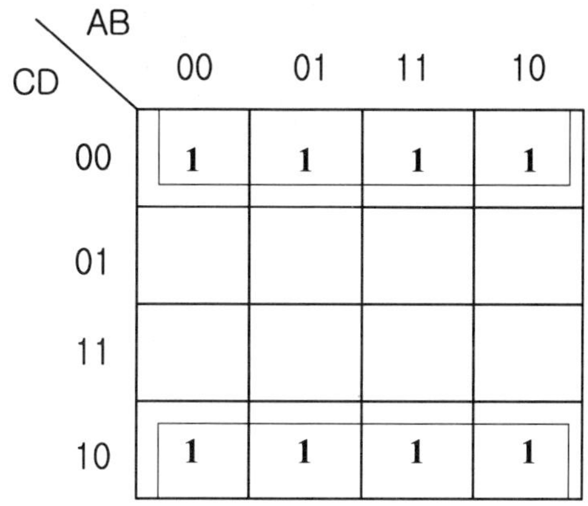

$\overline{D}$

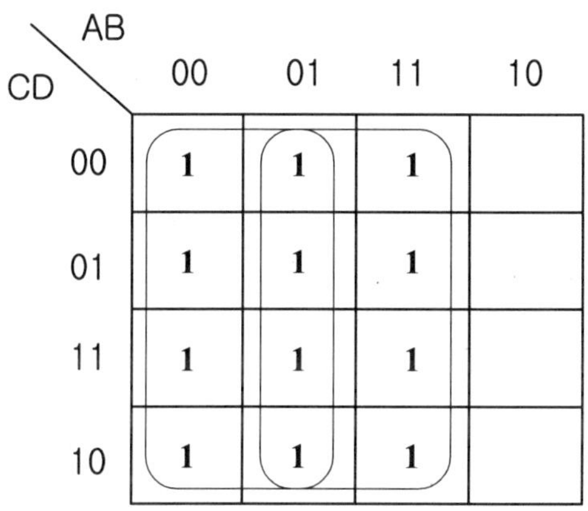

$\overline{A}+B$

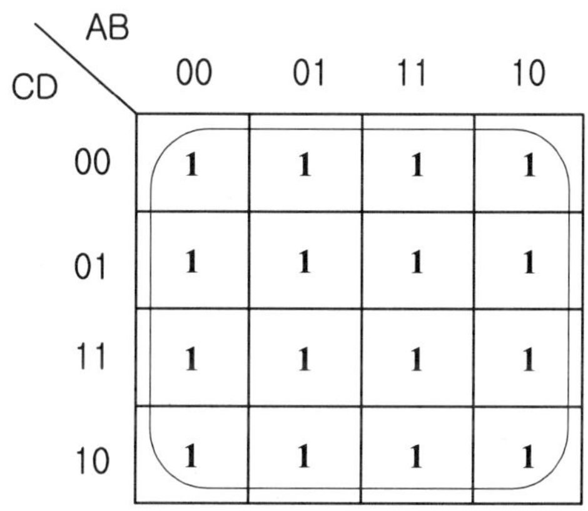

1

예제 3-1 $F(A\ ,B,\ C)=\sum m(0,\ 1,\ 2)$

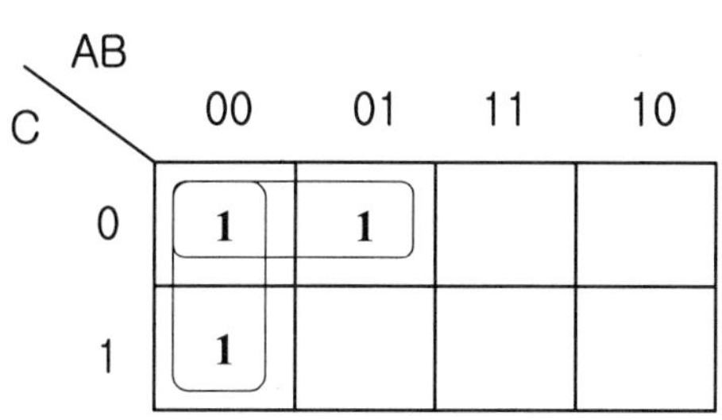

$$F=\overline{A}\,\overline{B}+\overline{A}\,\overline{C}=\overline{A}(\overline{B}+\overline{C})$$

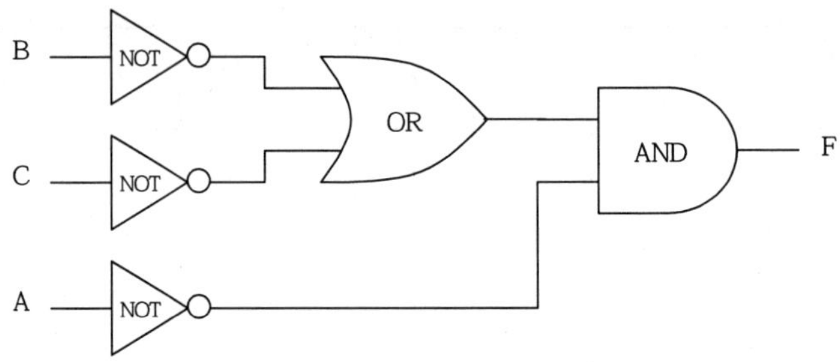

예제 3-2 $F(A,\ B,\ C)=\sum m(2,\ 3,\ 6,\ 7)$

C \ AB	00	01	11	10
0		**1**	**1**	
1		**1**	**1**	

$F=B$

예제 3-3 $F(A,\ B,\ C)=\sum m(0,\ 1,\ 2)+\sum d(3,\ 7)$

C \ AB	00	01	11	10
0	**1**	**1**		
1	**1**	**d**	**d**	

$F=\overline{A}$

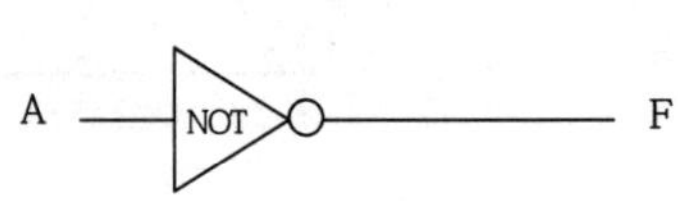

예제 3-4 $F(A, B, C) = \sum m(0, 2, 4, 5, 6)$

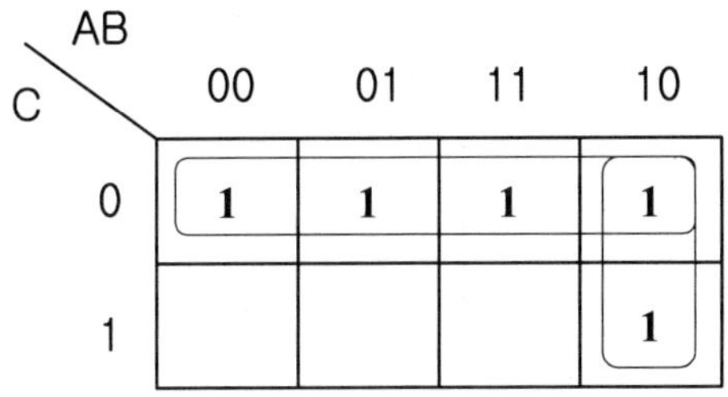

$F = A\overline{B} + \overline{C}$

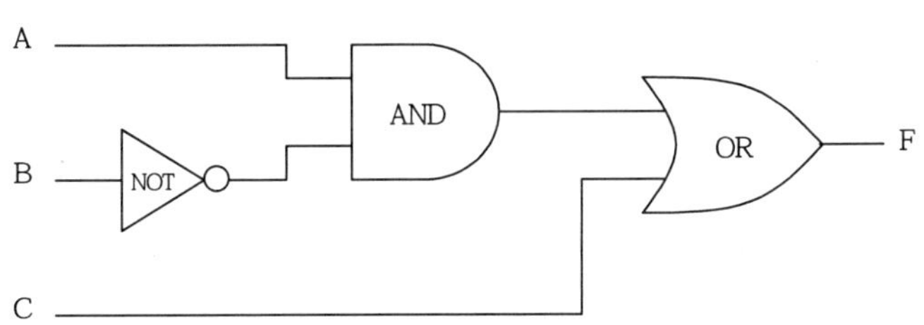

예제 3-5 $F(A, B, C, D) = \sum m(0, 1, 4, 5, 6, 8, 9, 12, 13)$

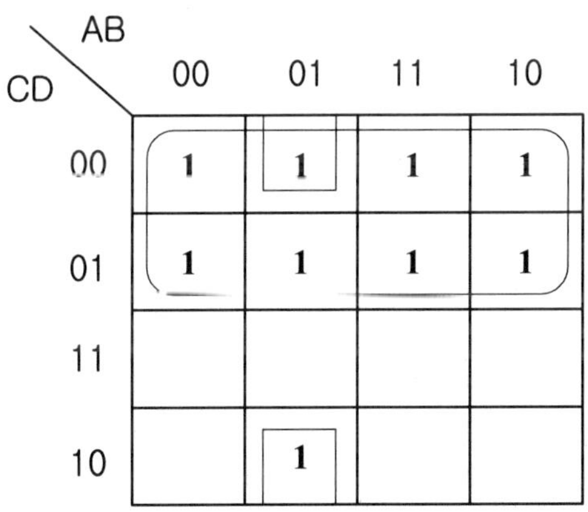

$F = \overline{C} + \overline{A}\,B\,\overline{D}$

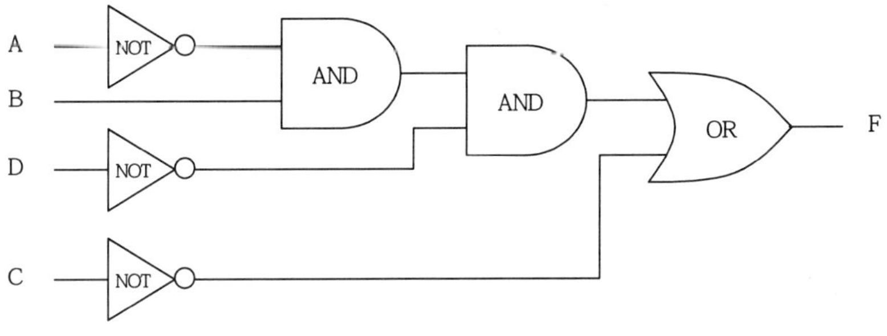

예제 3-6 $F(A,\ B,\ C,\ D) = \sum m(5,\ 7,\ 9,\ 11) + \sum d(13,\ 15)$

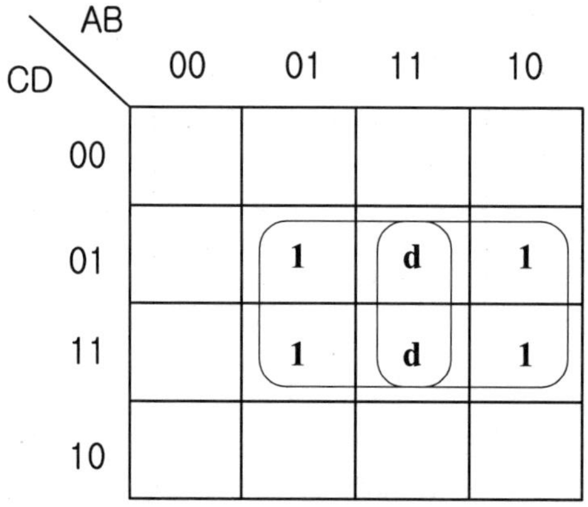

$F = AD + BD = D(A+B)$

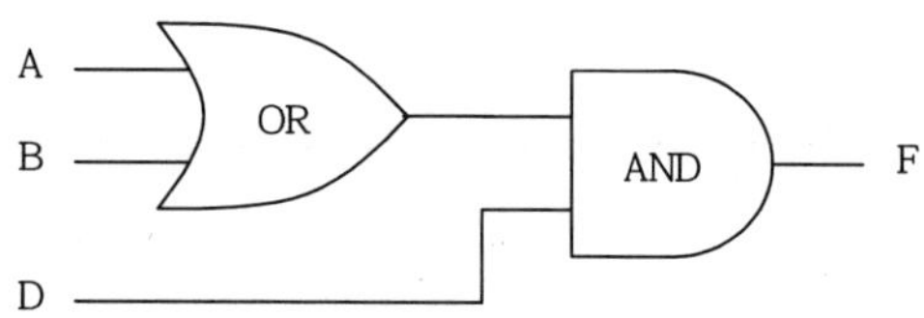

예제 3-7 $F(A,\ B,\ C,\ D) = \sum m(0,\ 2,\ 3,\ 5,\ 6,\ 7,\ 8,\ 10,\ 11,\ 14,\ 15)$

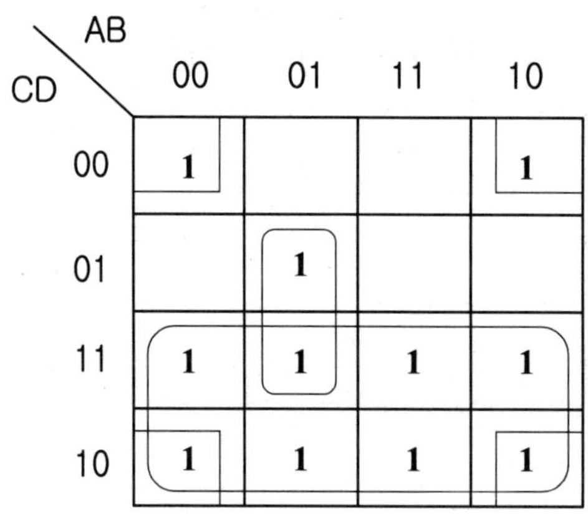

$F = C + \overline{B}\,\overline{D} + \overline{A}BD$

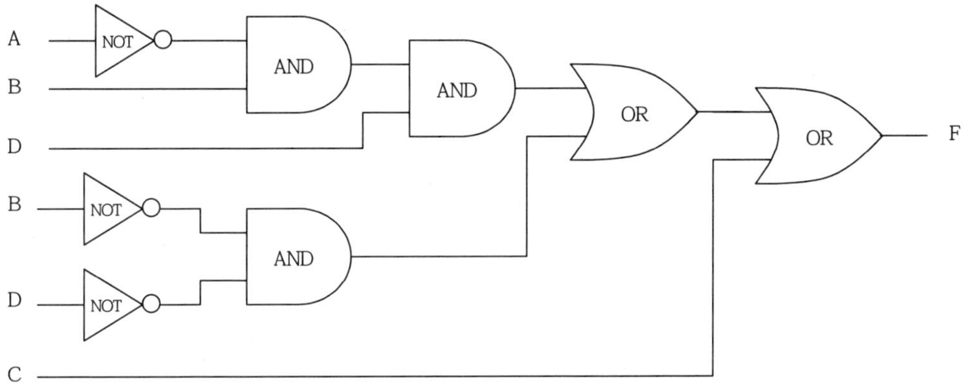

예제 3-8 $F = A + A \cdot B$

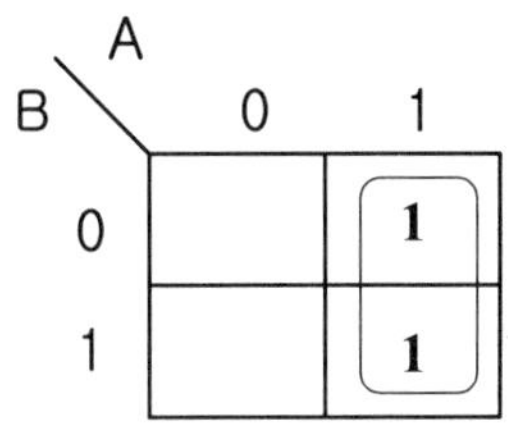

$F = A$

예제 3-9 $F = A + \overline{A}B$

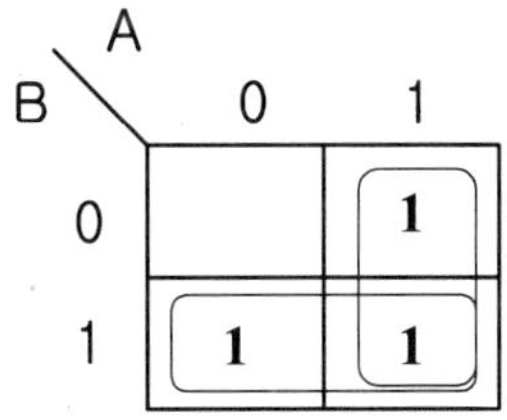

$F = A + B$

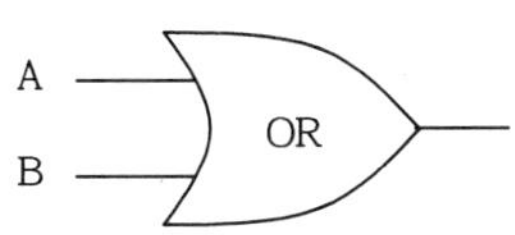

예제 3-10 $F = AB + A\overline{B}C$

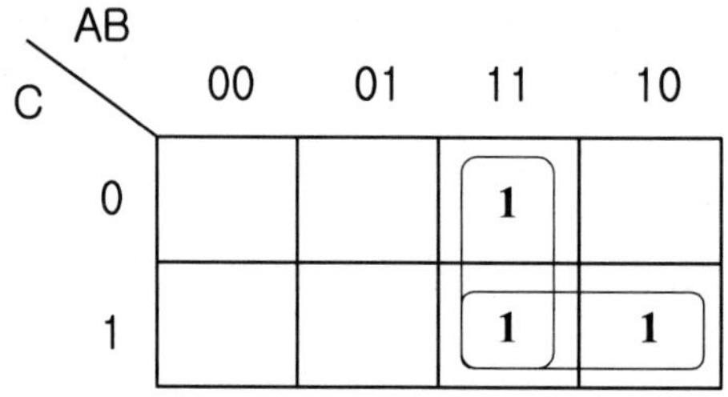

$F = AB + AC = A(B + C)$

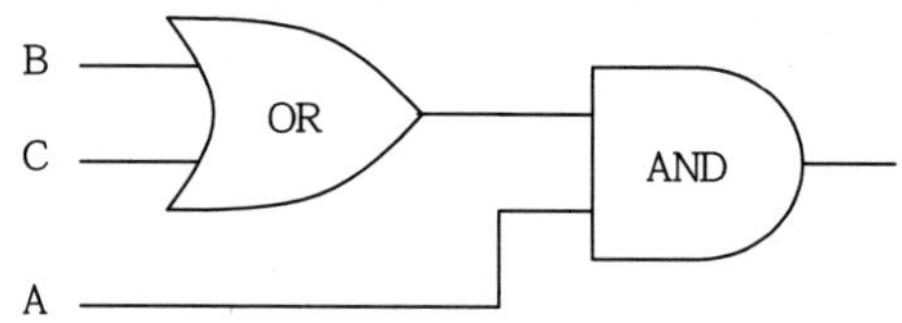

예제 3-11 $F = AB + ABC$

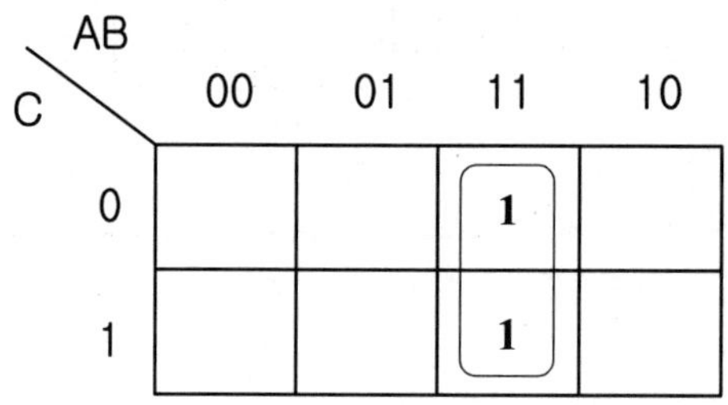

$F = AB$

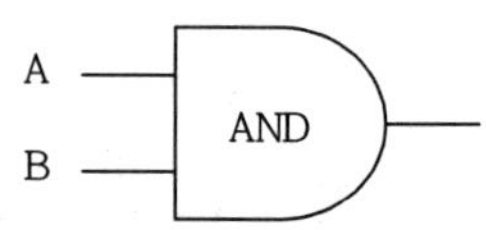

예제 3-12 $F = \overline{A} + \overline{A}B + BC\overline{D} + B\overline{D}$

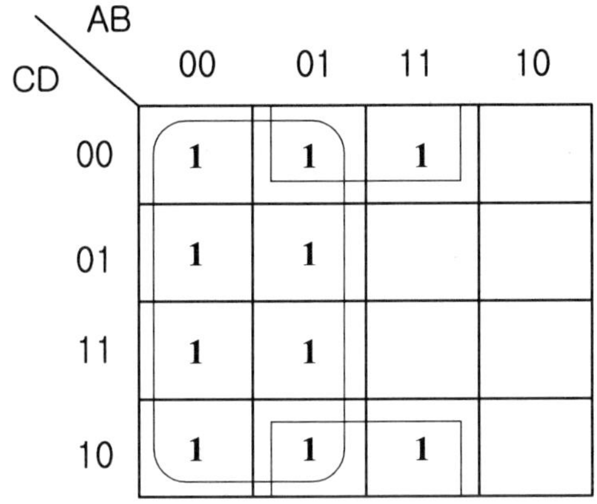

$F = \overline{A} + B\overline{D}$

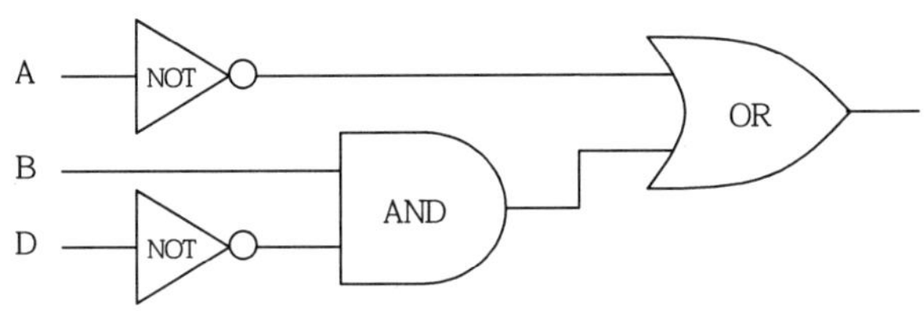

예제 3-13 $F = AB + \overline{A}B + \overline{B}C$

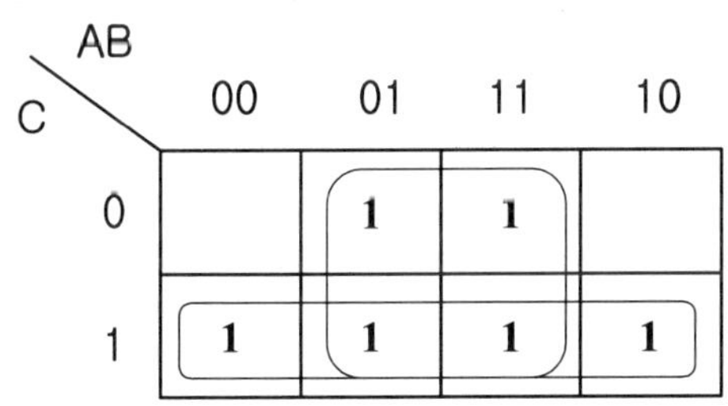

$F = B + C$

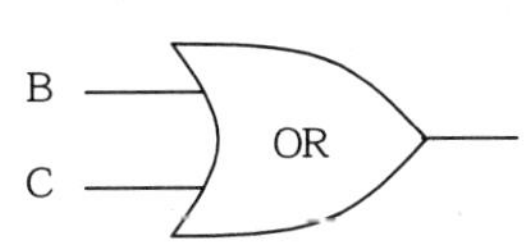

예제 3-14 $F = A + \overline{A}BC + B\overline{C}$

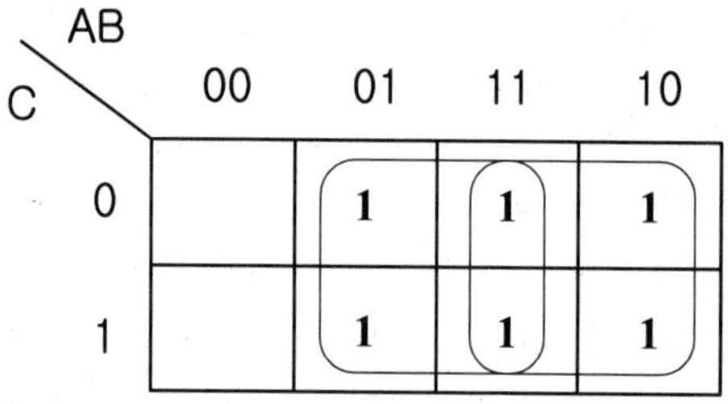

$F = A + B$

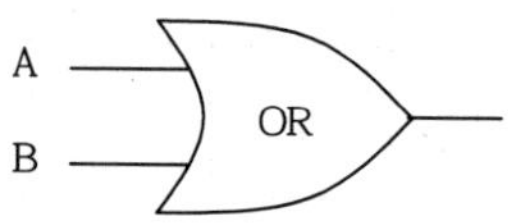

예제 3-15 $F = A + \overline{A}BC + \overline{A}$

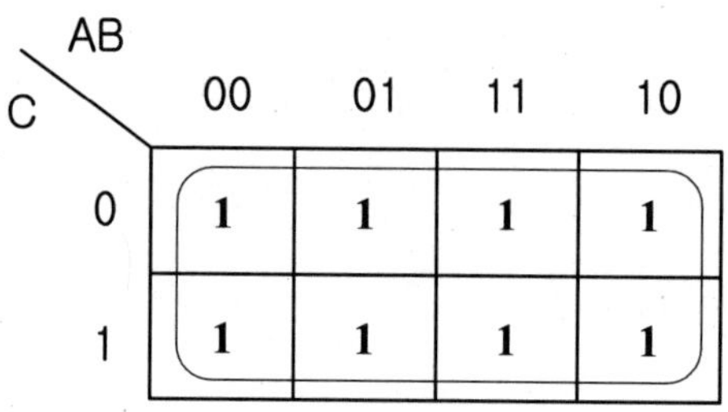

$F = 1$

예제 3-16 $F = A + \overline{A}C + B\overline{C}$

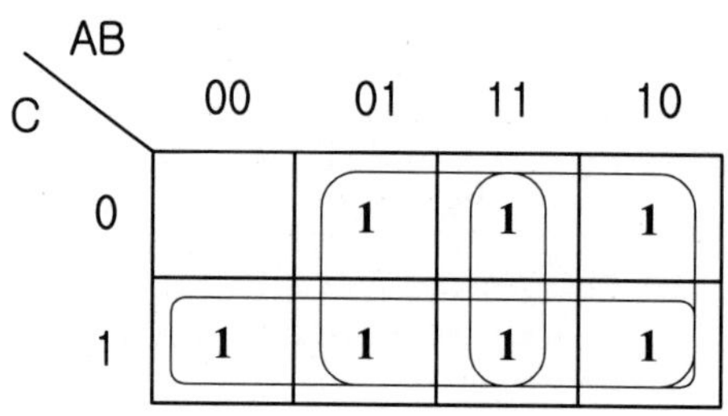

$F = A + B + C$

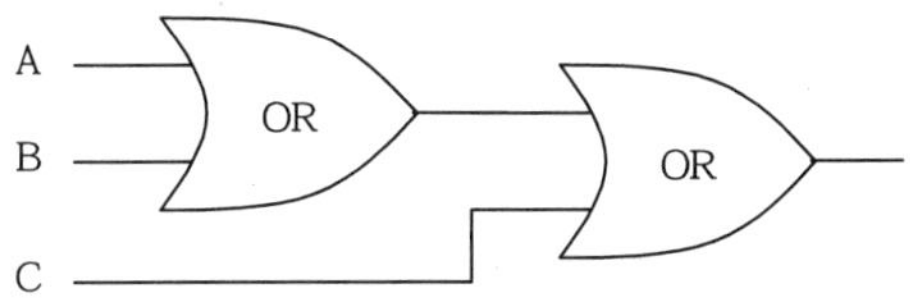

예제 3-17 $F = B + \overline{A}C + BC + \overline{A}\,\overline{C}$

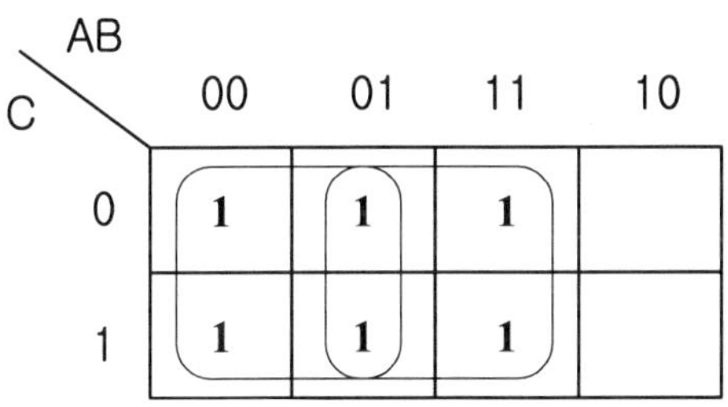

$F = B + \overline{A}$

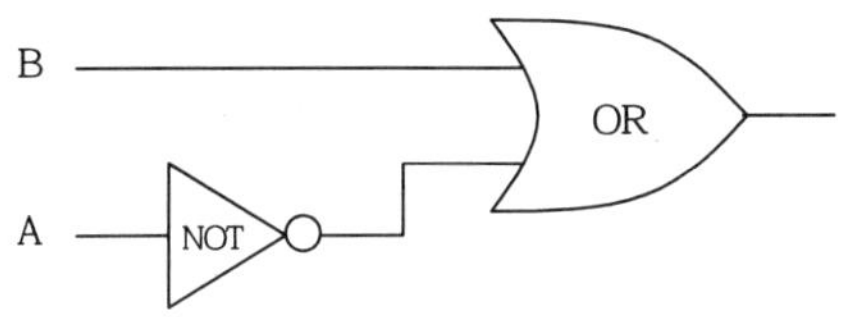

예제 3-18 $F = AB + \overline{A}C + BC + \overline{A}\,\overline{C}$

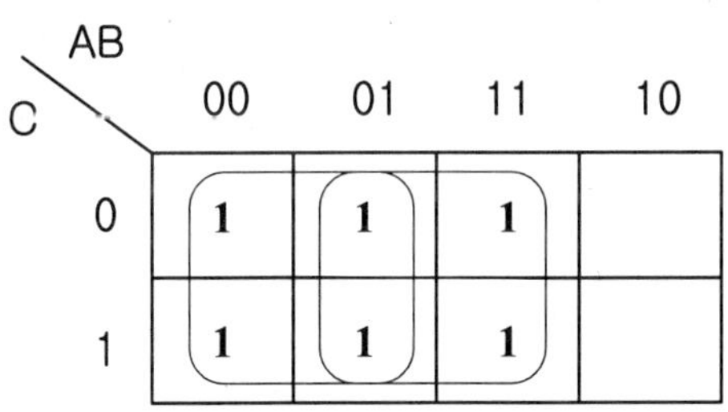

$F = \overline{A} + B$

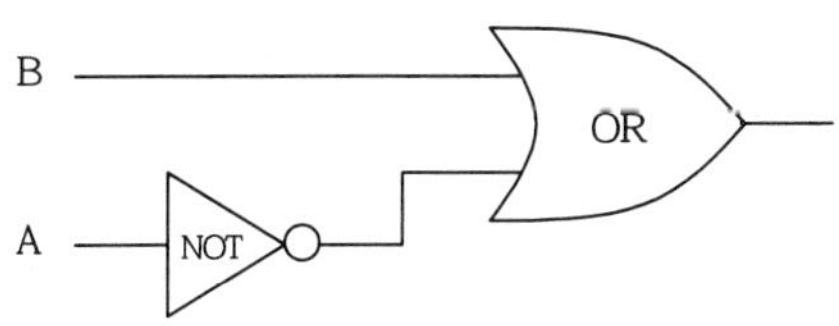

예제 3-19 $F = \overline{A}B + AC + BC$

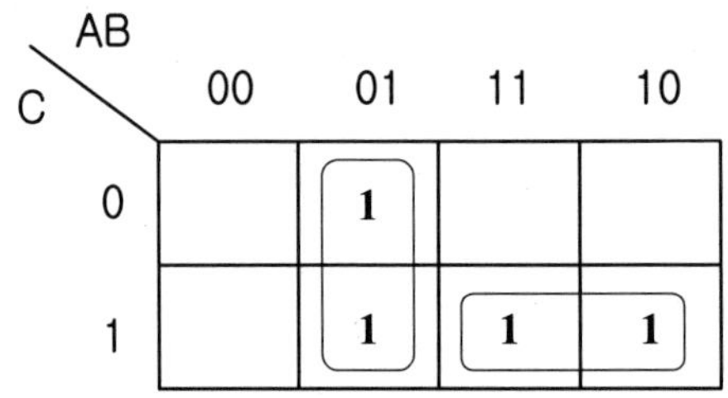

$F = \overline{A}B + AC$

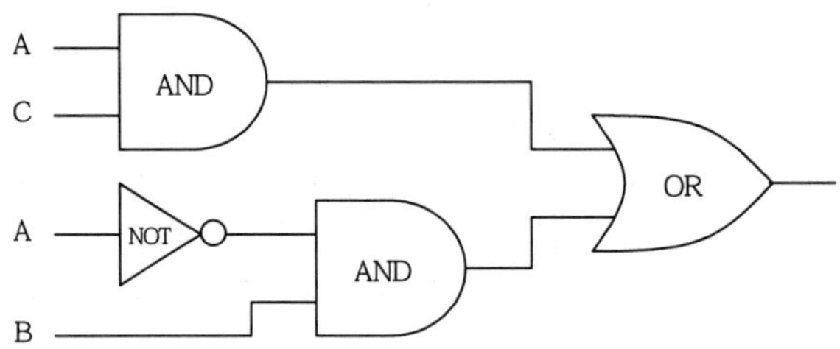

예제 3-20 $F = \overline{A}B + AC + BCD$

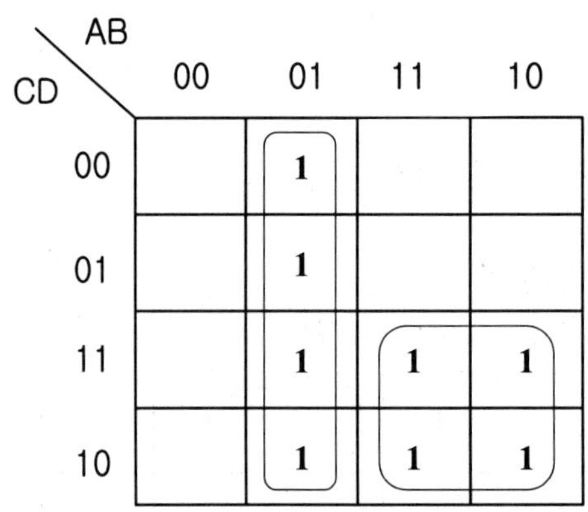

$F = \overline{A}B + AC$

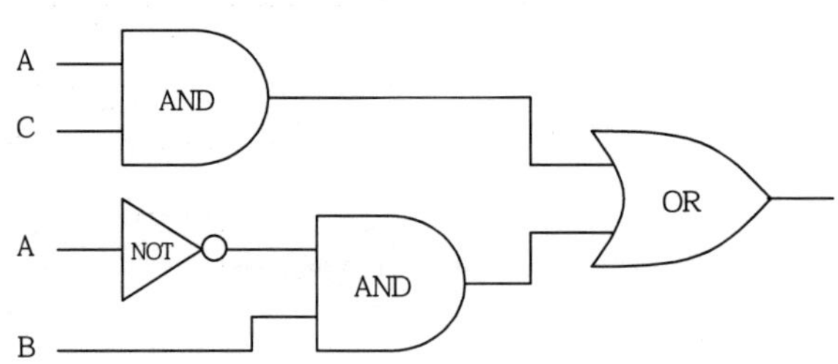

합의 곱 형태를 이용한 카르노맵 간략화

$F = (A + B)(\overline{B} + C)(\overline{A} + B + \overline{C})(A + \overline{B} + C)$

$\quad = \prod n(0,\ 1,\ 2,\ 5,\ 6)$

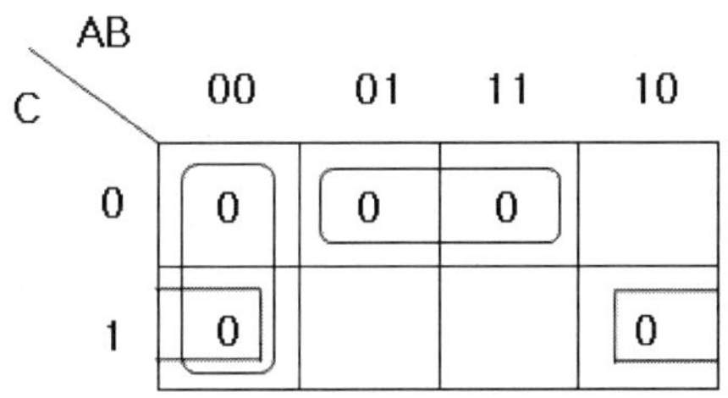

간략화 결과 : $F = (A + B)(\overline{B} + C)(B + \overline{C})$

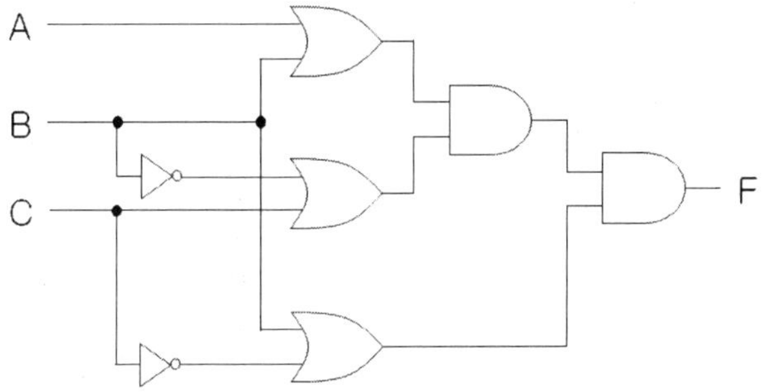

제4장 조합논리회로

4.1 조합논리회로의 설계

논리 게이트를 활용한 논리회로는 크게 조합(組合)논리회로와 순차(順次)논리회로로 구분되며 그 차이는 조합논리회로의 경우 현재 주어진 입력에 대하여 출력이 동시에 결정되는 반면 순차논리회로는 조합논리회로와 이에 더하여 기억소자(Memory)를 활용하여 출력이 결정된다는 것이다.

▮ 조합논리회로 ▮

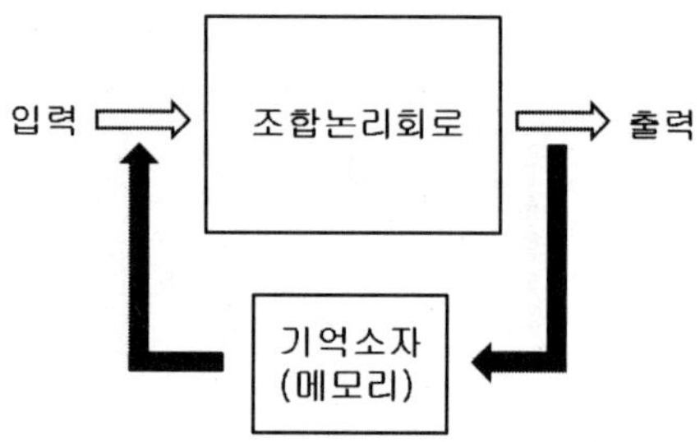

▮ 순차논리회로 ▮

어떤 특수한 용도를 갖는 조합논리회로를 설계하는 순서는 일반적으로 다음과 같다.

① 주어진 문제로부터 요구되는 입력 및 출력의 개수를 결정하고 각각을 적당한 기호로 표시하여 블록 다이어그램을 그린다.

② 입출력 변수 사이의 진리표를 작성하며, 입력이 n개라면 $0 \sim 2^{n-1}-1$개까지의 2진수를 1씩 증가되는 순서로 나열한다.

③ 각각의 출력을 입력변수의 함수로 표시하며 이때 부울대수 및 카르노맵 등을 활용하여 최대한 간략화시킨다.

④ 논리 게이트를 이용하여 논리회로를 작성한다.

예제 4-1 3비트 2진수가 4보다 클 경우 출력이 "0"이 되고, 나머지에서는 출력이 "1"이 되는 조합논리회로를 설계하시오.

▸ ① 블록 다이어그램

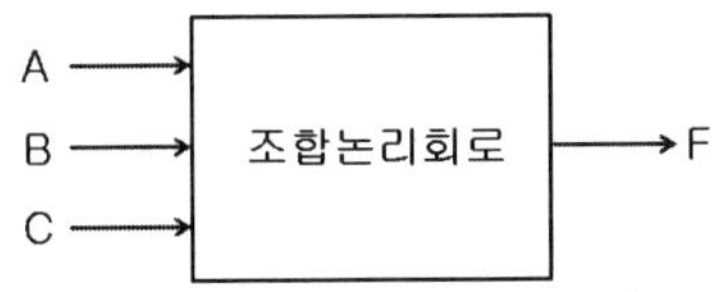

입력 3개

출력 1개

② 진리표

A	B	C	F
0	0	0	1
0	0	1	1
0	1	0	1
0	1	1	1
1	0	0	1
1	0	1	0
1	1	0	0
1	1	1	0

③ 카르노맵

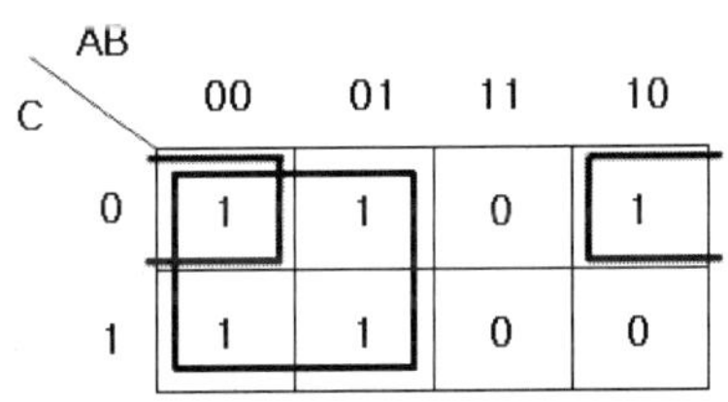

$$F = \overline{A} + \overline{B}\,\overline{C}$$

④ 설계 결과

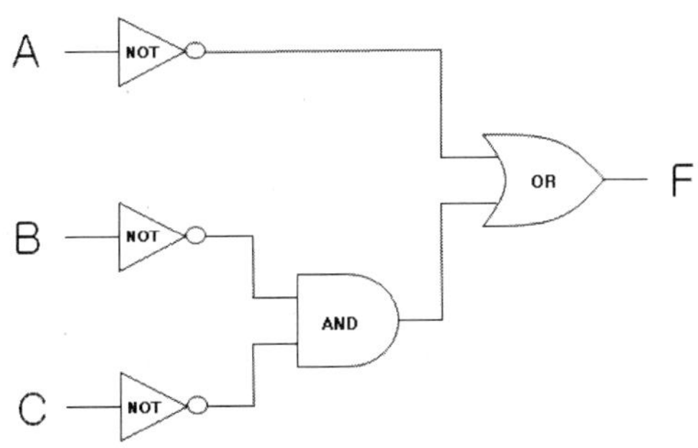

예제 4-2 3비트 2진수 중에서 십진수로서 짝수인 것은 그대로 출력으로 통과시키고, 반면에 홀수인 것은 출력을 모두 "101"로 하도록 하는 조합논리회로를 구현하시오.

▸ ① 블록 다이어그램

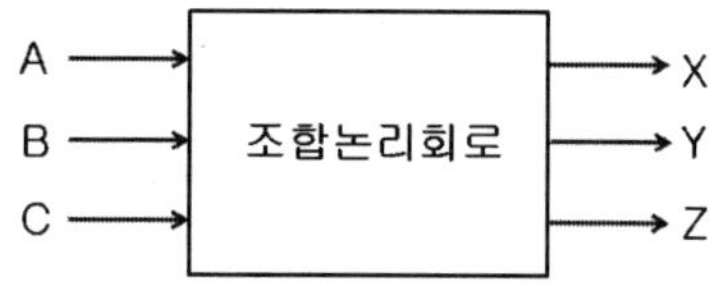

입력 3개

출력 3개

② 진리표

A	B	C	X	Y	Z
0	0	0	0	0	0
0	0	1	1	0	1
0	1	0	0	1	0
0	1	1	1	0	1
1	0	0	1	0	0
1	0	1	1	0	1
1	1	0	1	1	0
1	1	1	1	0	1

③ 카르노맵

C \ AB	00	01	11	10
0	0	0	1	1
1	1	1	1	1

$X = A + C$

C \ AB	00	01	11	10
0	0	1	1	0
1	0	0	0	0

$Y = B\overline{C}$

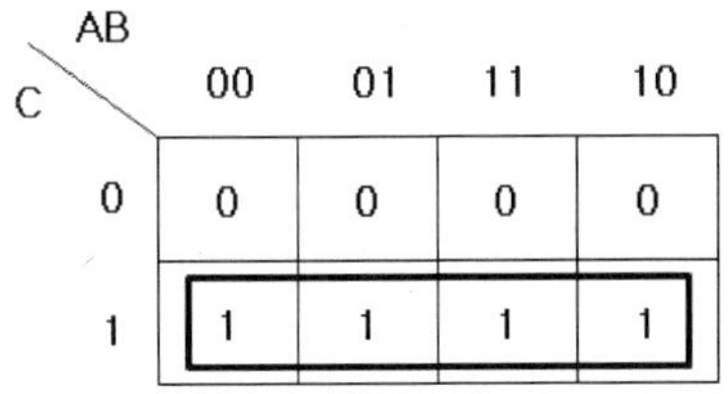

$Z = C$

④ 설계 결과

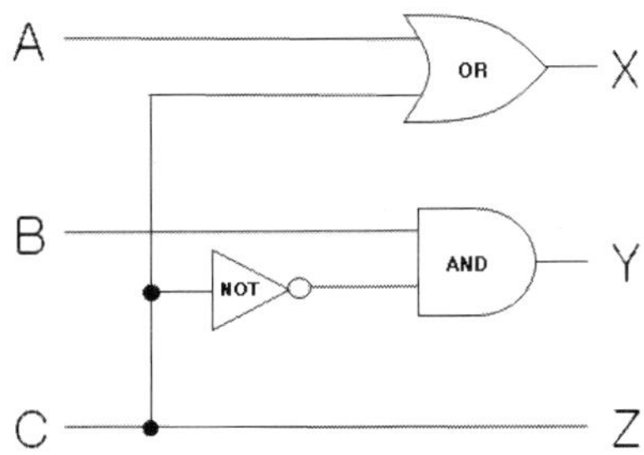

4.2 가감산 회로

1) 반가산기(Half Adder)

2비트의 2진수를 더할 수 있는 회로로 2개의 입력과 2개의 출력(합계 S, 자리올림수 C)을 갖는다.

▌표 4.1 ▌반가산기 진리표

A	B	Sum	Carry
0	0	0	0
0	1	1	0
1	0	1	0
1	1	0	1

$$S = \overline{A}B + A\overline{B} = A \oplus B$$

$$C = AB$$

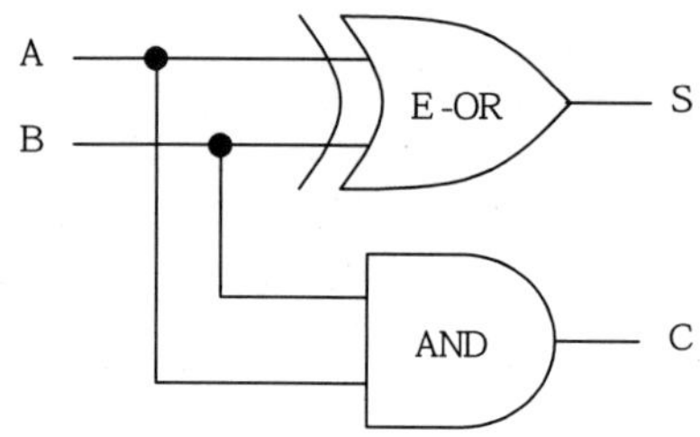

‖ 그림 4.1 ‖ 반가산기 회로도

2) 전가산기(Full Adder)

2비트의 2진수와 앞단에서의 자리올림수까지 더할 수 있는 회로로 3개의 입력과 2개의 출력을 갖는다.

‖ 표 4.2 ‖ 전가산기 진리표

A	B	C_n	S	C_{n+1}
0	0	0	0	0
0	0	1	1	0
0	1	0	1	0
0	1	1	0	1
1	0	0	1	0
1	0	1	0	1
1	1	0	0	1
1	1	1	1	1

$$S=\overline{A}\,\overline{B}C+\overline{A}B\overline{C}+A\overline{B}\,\overline{C}+ABC=A(BC+\overline{B}\,\overline{C})+\overline{A}(\overline{B}C+B\overline{C})$$
$$=A(\overline{B\oplus C})+\overline{A}(B\oplus C)(B\oplus C=W\text{로 치환})$$

$$C_{n+1}=\overline{A}BC_n+A\overline{B}C_n+AB\overline{C_n}+ABC_n=C_n(\overline{A}B+A\overline{B})+AB(C_n+\overline{C_n})$$
$$=AB+C_n(\overline{A}B+A\overline{B})=AB+C_n(A\oplus B)$$

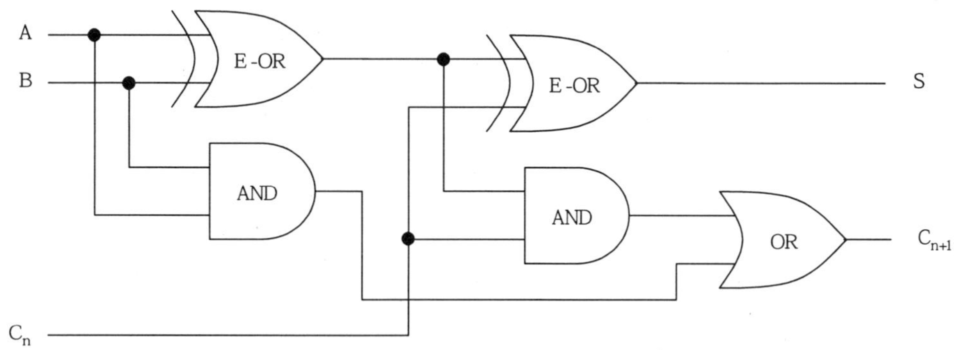

‖ 그림 4.2 ‖ 전가산기(FA) 회로도

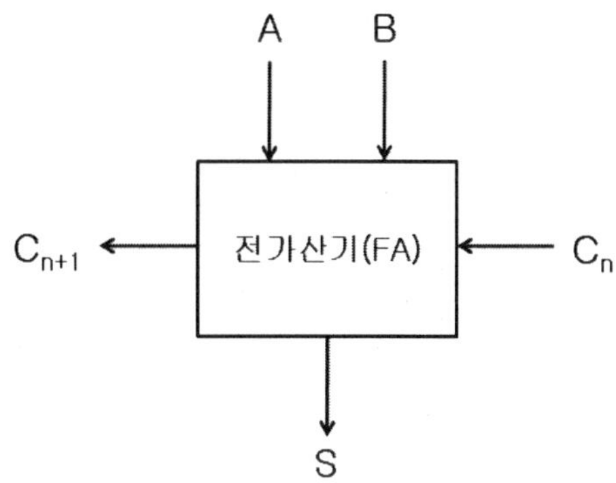

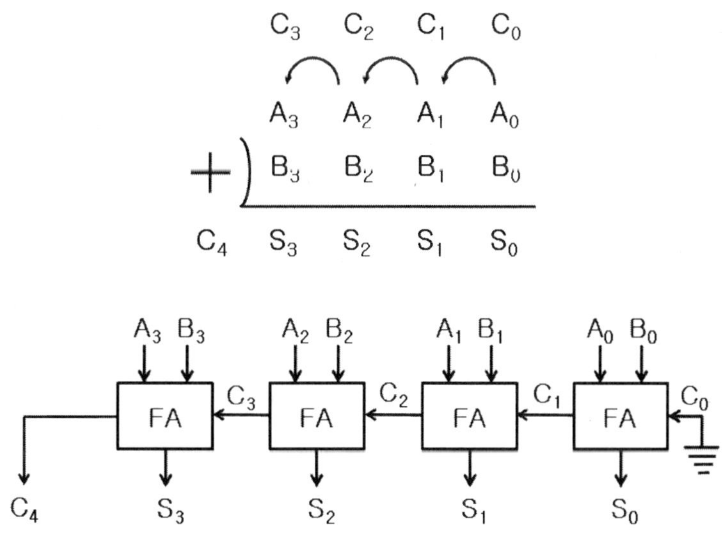

‖ 전가산기를 이용한 4비트 2진 병렬가산기의 세부구조 ‖

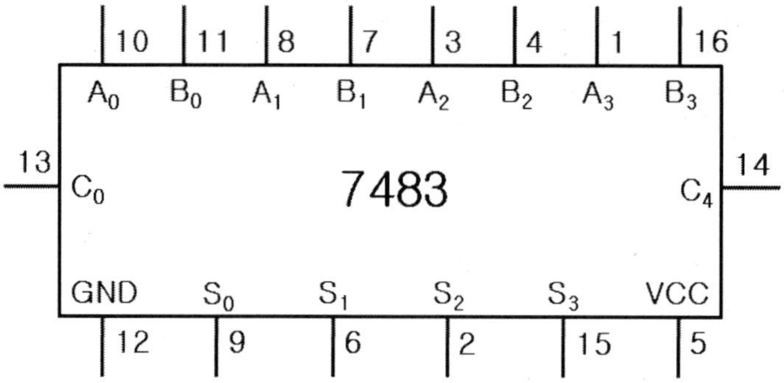

‖ 4비트 가산기 (7483)의 핀 구성도 ‖

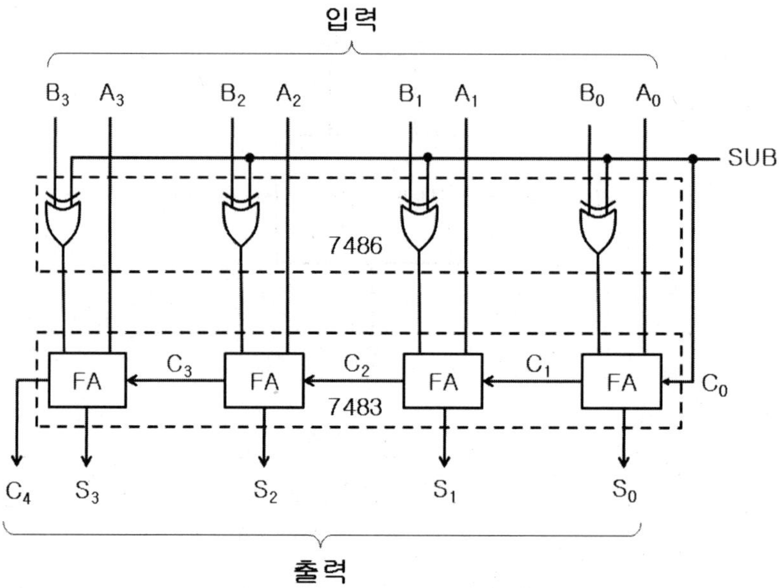

‖ 7483을 이용한 가감산기 ‖
($SUB=0$이면 가산기, $SUB=1$이면 감산기로 사용)

3) 반감산기(Half Subtractor)

2비트의 2진수를 감할 수 있는 회로로 2개의 입력과 2개의 출력(차 D, 빌림수 B)을 갖는다.

‖ 표 4.3 ‖ 반감산기 진리표

A	B	D	B
0	0	0	0
0	1	1	1
1	0	1	0
1	1	0	0

$$D = \overline{A}B + A\overline{B} = A \oplus B$$

$$B = \overline{A}B$$

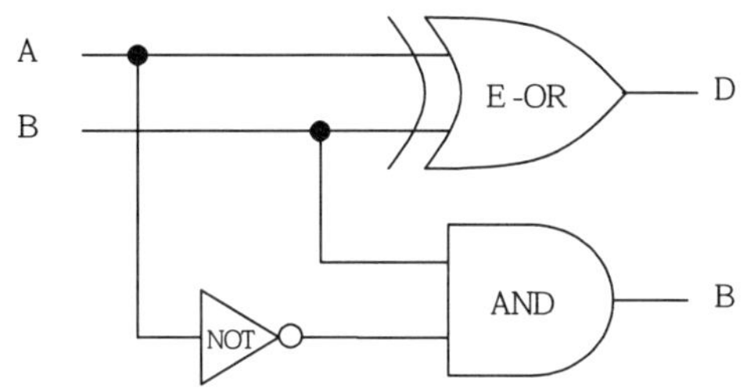

‖ 그림 4.3 ‖ 반감산기 회로도

4.3 코드변환 회로

1) 인코더(Encoder)

10진수나 문자코드의 입력에 대해 2진 코드를 출력하는 회로로 디코더 회로의 역으로 회로가 동작된다. 좁은 의미에서 인코더는 $m(2^n)$개의 입력신호 중에서 1개 만이 1이 되면 그 신호에 대응하여 n비트의 부호가 출력되는 조합논리회로이다.

‖ 인코더 개념도 $(m > n)$ ‖

입력				출력	
D_0	D_1	D_2	D_3	A	B
1	0	0	0	0	0
0	1	0	0	0	1
0	0	1	0	1	0
0	0	0	1	1	1

‖ 4×2 인코더의 진리표 ‖

입력								출력		
D_0	D_1	D_2	D_3	D_4	D_5	D_6	D_7	A	B	C
1	0	0	0	0	0	0	0	0	0	0
0	1	0	0	0	0	0	0	0	0	1
0	0	1	0	0	0	0	0	0	1	0
0	0	0	1	0	0	0	0	0	1	1
0	0	0	0	1	0	0	0	1	0	0
0	0	0	0	0	1	0	0	1	0	1
0	0	0	0	0	0	1	0	1	1	0
0	0	0	0	0	0	0	1	1	1	1

‖ 8×3 인코더의 진리표 ‖

‖ 표 4.4 ‖ 10진-BCD 인코더 진리표

입력										출력			
D_0	D_1	D_2	D_3	D_4	D_5	D_6	D_7	D_8	D_9	A	B	C	D
1	0	0	0	0	0	0	0	0	0	0	0	0	0
0	1	0	0	0	0	0	0	0	0	0	0	0	1
0	0	1	0	0	0	0	0	0	0	0	0	1	0
0	0	0	1	0	0	0	0	0	0	0	0	1	1
0	0	0	0	1	0	0	0	0	0	0	1	0	0
0	0	0	0	0	1	0	0	0	0	0	1	0	1
0	0	0	0	0	0	1	0	0	0	0	1	1	0
0	0	0	0	0	0	0	1	0	0	0	1	1	1
0	0	0	0	0	0	0	0	1	0	1	0	0	0
0	0	0	0	0	0	0	0	0	1	1	0	0	1

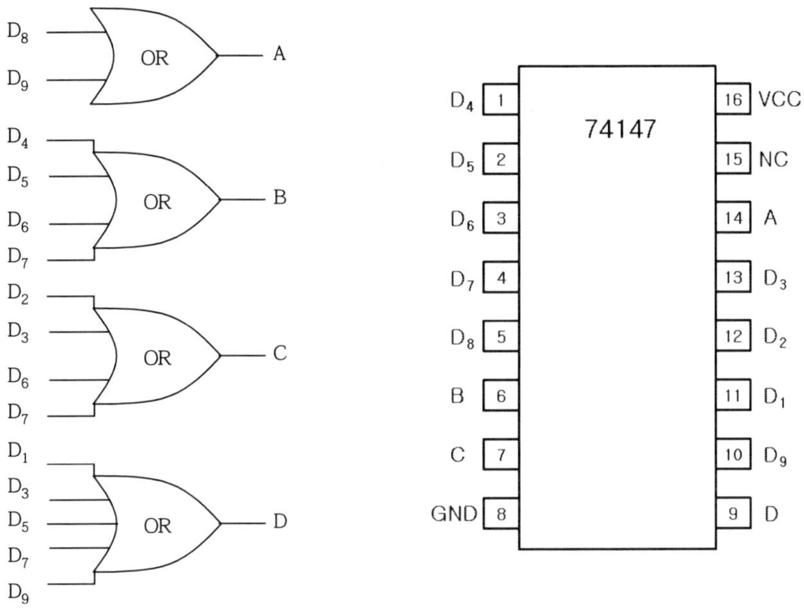

‖ 그림 4.4 ‖ 10진-BCD인코더 회로도와 전용IC(74147)

2) 디코더(Decoder)

입력단자의 2진 코드를 10진수나 문자로 표시하거나 코드끼리의 변환을 위한 회로이다. 일반적으로 입력의 개수가 n개이면 출력은 2^n개가 된다.

‖ 표 4.5 ‖ 2×4 디코더

A	B	Z_0	Z_1	Z_2	Z_3
0	0	1	0	0	0
0	1	0	1	0	0
1	0	0	0	1	0
1	1	0	0	0	1

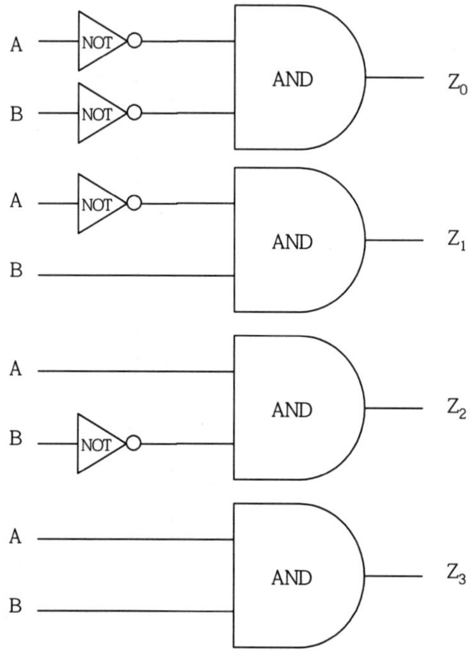

‖ 그림 4.5 ‖ 2×4 디코더

예제 4-1을 3×8 디코더로 재구현

논리식 : $F(A,\ B,\ C) = \overline{A} + \overline{B}\,\overline{C} = \sum m(0,\ 1,\ 2,\ 3,\ 4)$

① 일반 논리 게이트로 구현한 결과

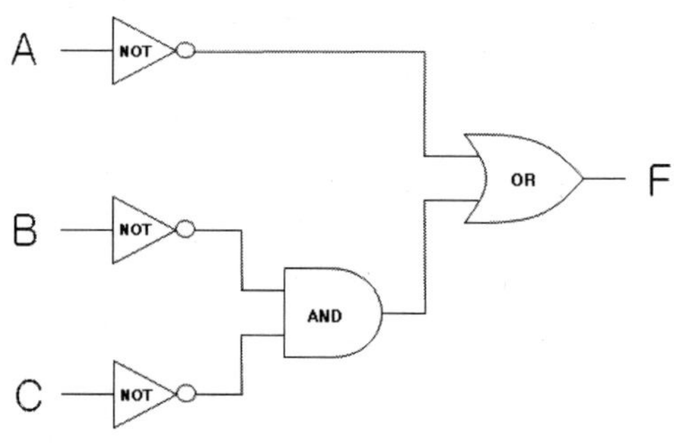

② 3×8 디코더로 구현한 결과

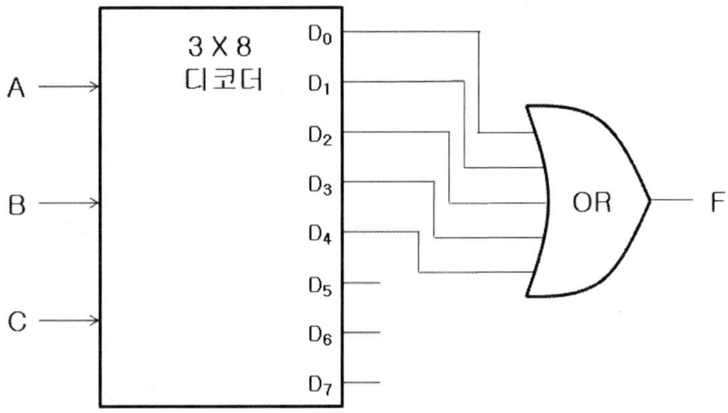

예제 4-2를 3×8 디코더로 재구현

논리식 : $X(A,\ B,\ C) = A + C = \sum m(1,\ 3,\ 4,\ 5,\ 6,\ 7)$

$Y(A,\ B,\ C) = B\overline{C} = \sum m(2,\ 6)$

$Z(A,\ B,\ C) = C = \sum m(1,\ 3,\ 5,\ 7)$

① 일반 논리 게이트로 구현한 결과

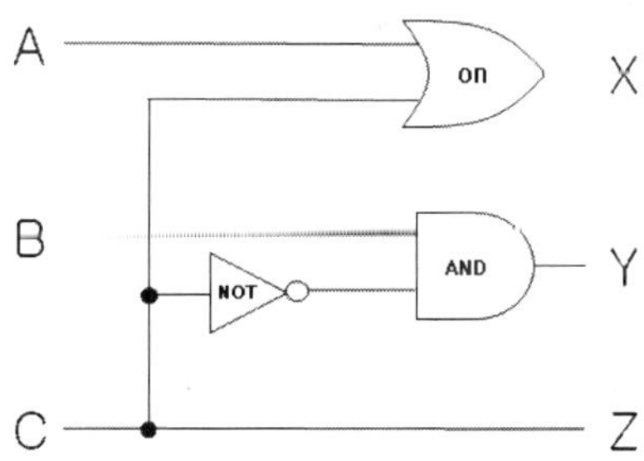

② 3×8 디코더로 구현한 결과

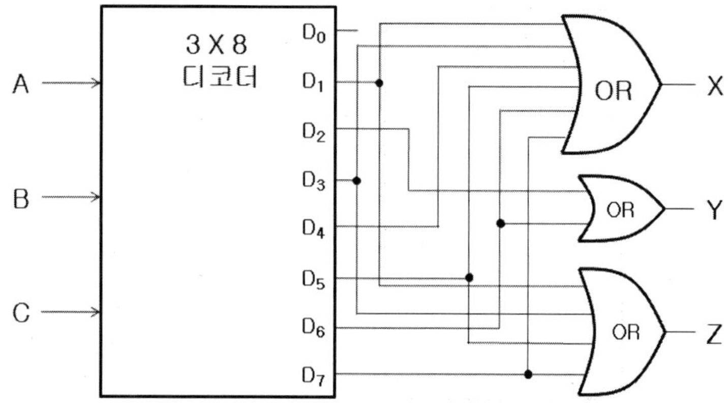

입력				출력									
A	B	C	D	D_0	D_1	D_2	D_3	D_4	D_5	D_6	D_7	D_8	D_9
0	0	0	0	1	0	0	0	0	0	0	0	0	0
0	0	0	1	0	1	0	0	0	0	0	0	0	0
0	0	1	0	0	0	1	0	0	0	0	0	0	0
0	0	1	1	0	0	0	1	0	0	0	0	0	0
0	1	0	0	0	0	0	0	1	0	0	0	0	0
0	1	0	1	0	0	0	0	0	1	0	0	0	0
0	1	1	0	0	0	0	0	0	0	1	0	0	0
0	1	1	1	0	0	0	0	0	0	0	1	0	0
1	0	0	0	0	0	0	0	0	0	0	0	1	0
1	0	0	1	0	0	0	0	0	0	0	0	0	1

‖ BCD−10진 디코더의 진리표 ‖

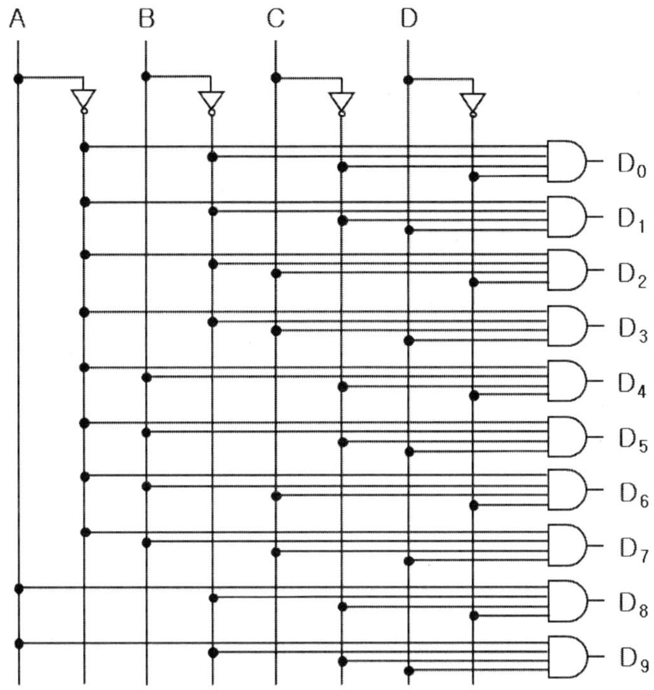

‖ BCD-10진 디코더의 논리회로 구성 ‖

3) BCD-3초과 코드 변환기

‖ 표 4.6 ‖ BCD코드와 3초과 코드

BCD코드				3초과 코드			
A	*B*	*C*	*D*	*a*	*b*	*c*	*d*
0	0	0	0	0	0	1	1
0	0	0	1	0	1	0	0
0	0	1	0	0	1	0	1
0	0	1	1	0	1	1	0
0	1	0	0	0	1	1	1
0	1	0	1	1	0	0	0
0	1	1	0	1	0	0	1
0	1	1	1	1	0	1	0
1	0	0	0	1	0	1	1
1	0	0	1	1	1	0	0

a

CD \ AB	00	01	11	10
00			d	1
01		1	d	1
11		1	d	d
10		1	d	d

$$a = A + BD + BC = A + B(C + D)$$

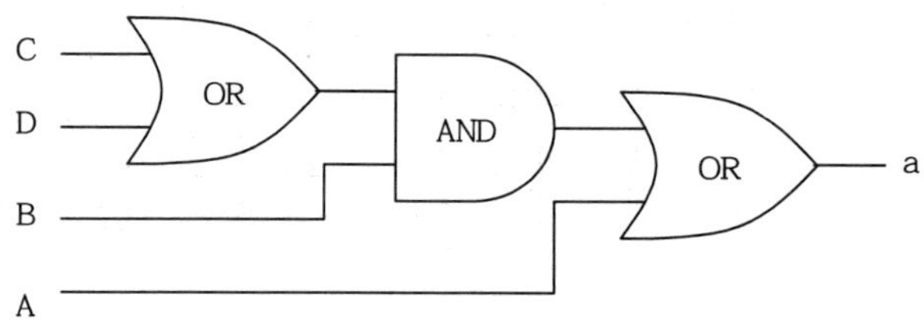

b

CD \ AB	00	01	11	10
00		1	d	
01	1		d	1
11	1		d	d
10	1		d	d

$$b = B\overline{C}\,\overline{D} + \overline{B}C + \overline{B}D = B\overline{(C+D)} + \overline{B}(C+D) = B \oplus (C+D)$$

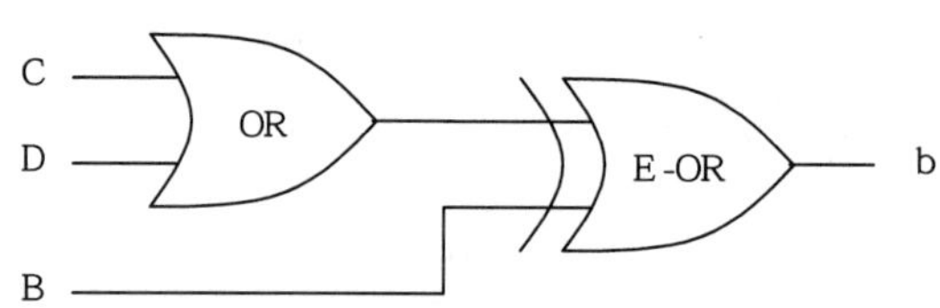

c

CD \ AB	00	01	11	10
00	**1**	**1**	**d**	**1**
01			**d**	
11	**1**	**1**	**d**	**d**
10			**d**	**d**

$$c = CD + \overline{C}\,\overline{D} = \overline{(C \oplus D)} = C \odot D$$

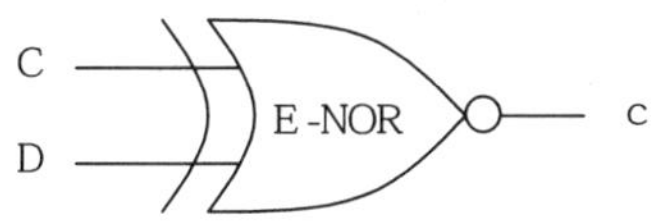

d

CD \ AB	00	01	11	10
00	**1**	**1**	**d**	**1**
01			**d**	
11			**d**	**d**
10	**1**	**1**	**d**	**d**

$$d = \overline{D}$$

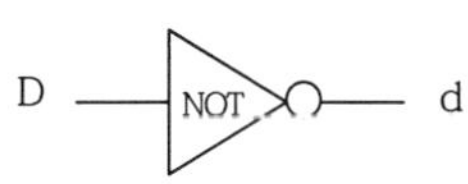

4) BCD-7세그먼트 변환기

정해진 위치의 소자를 발광시켜 0에서 9까지의 10진수 1자리를 표현하는 코드로 아래의 그림 4.6과 같이 위치를 고정시켜 사용한다.

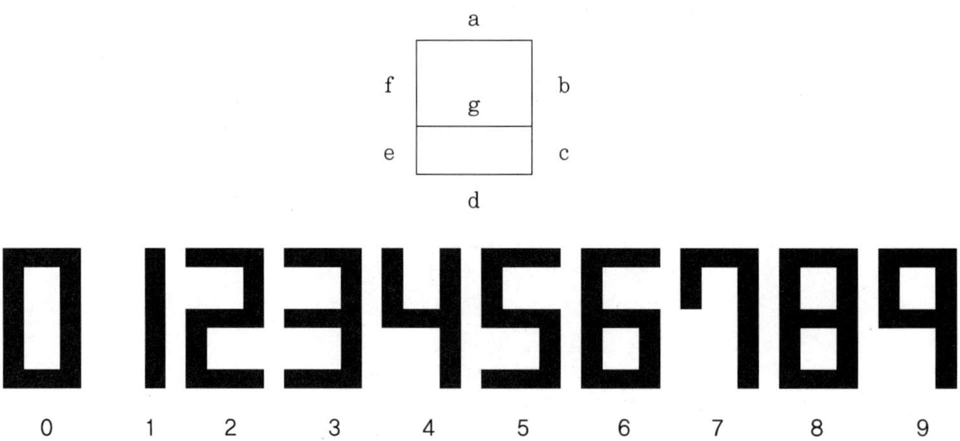

‖ 그림 4.6 ‖ 7-세그먼트 표시기를 이용한 10진수의 표시

‖ 표 4.7 ‖ BCD코드와 7-세그먼트 표시기

BCD코드				7-세그먼트						
A	B	C	D	a	b	c	d	e	f	g
0	0	0	0	1	1	1	1	1	0	1
0	0	0	1	0	1	1	0	0	0	0
0	0	1	0	1	1	0	1	1	0	1
0	0	1	1	1	1	1	1	0	0	1
0	1	0	0	0	1	1	0	0	1	1
0	1	0	1	1	0	1	1	0	1	1
0	1	1	0	1	0	1	1	1	1	1
0	1	1	1	1	1	1	0	0	1	0
1	0	0	0	1	1	1	1	1	1	1
1	0	0	1	1	1	1	0	0	1	1

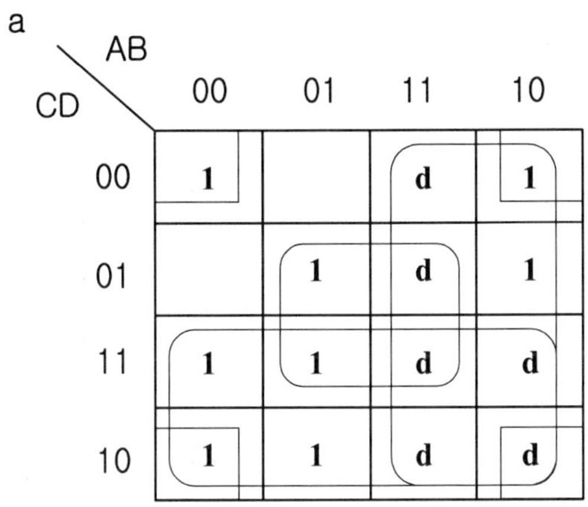

$$a = A + C + BD + \overline{B}\,\overline{D} = A + C + B \odot D$$

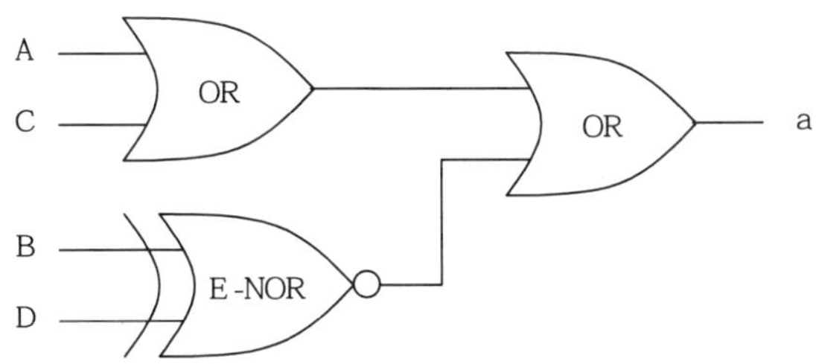

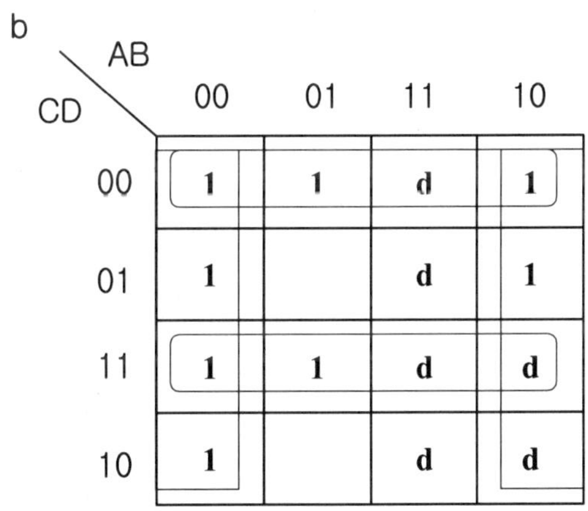

$$b = \overline{B} + CD + \overline{C}\,\overline{D} = \overline{B} + C \odot D$$

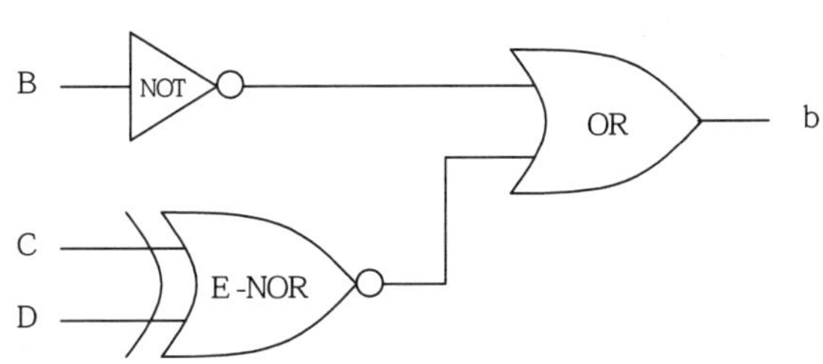

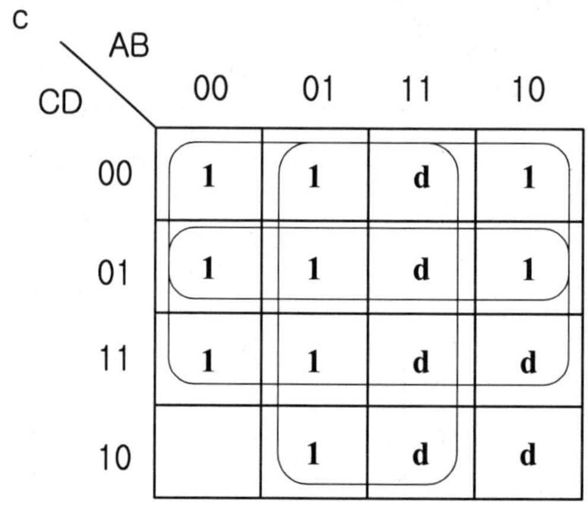

$$c = B + D + \overline{C}$$

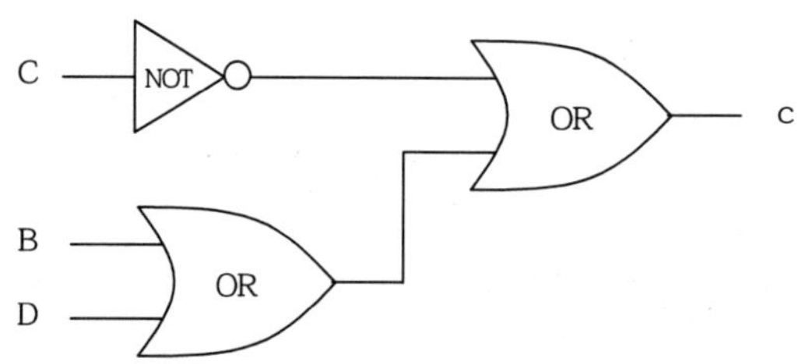

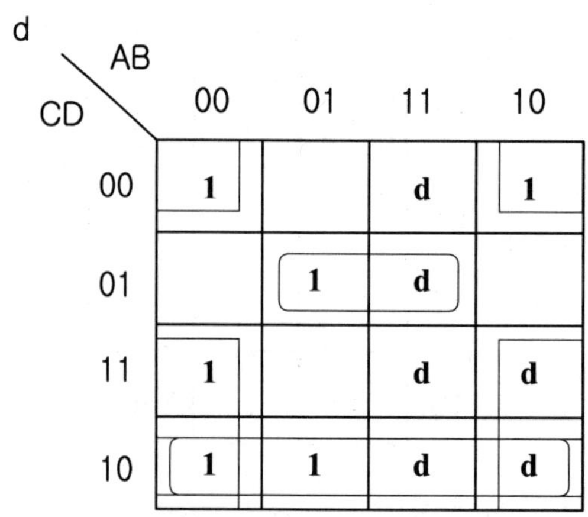

$$d = C\overline{D} + \overline{B}\,\overline{D} + \overline{B}C + B\overline{C}D = C\overline{D} + \overline{B}(C + \overline{D}) + B\overline{C}D = C\overline{D} + B \oplus (C + \overline{D})$$

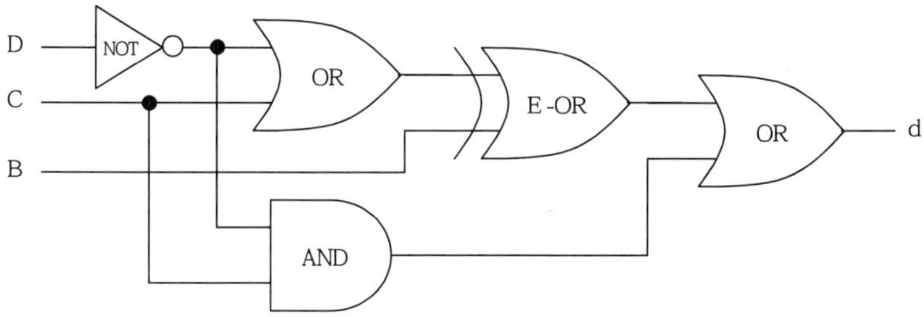

e

CD \ AB	00	01	11	10
00	**1**		**d**	**1**
01			**d**	
11			**d**	**d**
10	**1**	**1**	**d**	**d**

$$e = C\overline{D} + \overline{B}\,\overline{D} = \overline{D}(C + \overline{B})$$

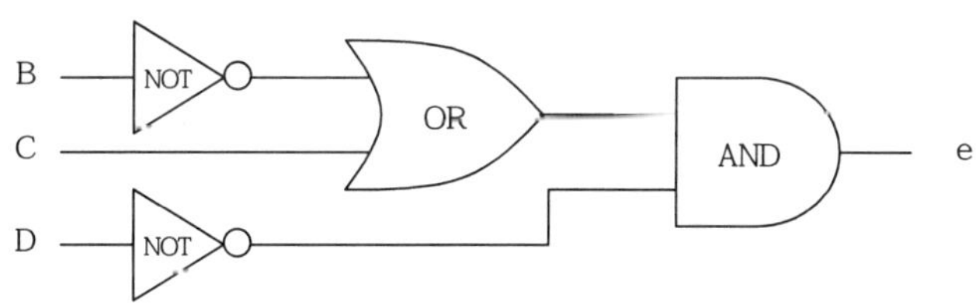

f

CD \ AB	00	01	11	10
00		**1**	**d**	**1**
01		**1**	**d**	**1**
11		**1**	**d**	**d**
10		**1**	**d**	**d**

$$f = A + B$$

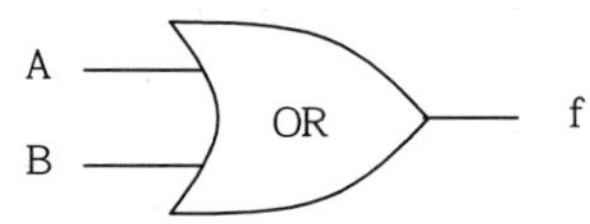

g

CD \ AB	00	01	11	10
00	**1**	**1**	**d**	**1**
01		**1**	**d**	**1**
11	**1**		**d**	**d**
10	**1**	**1**	**d**	**d**

$$g = A + \overline{D} + B\overline{C} + \overline{B}C = A + \overline{D} + (B \oplus C)$$

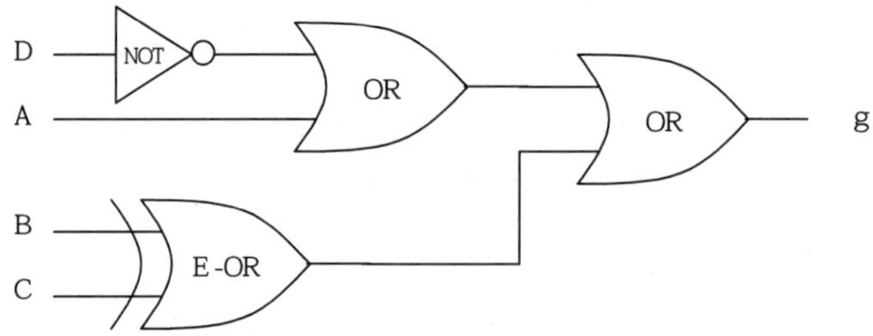

5) BCD–Gray 코드 변환기

‖ 표 4.8 ‖ BCD코드와 GRAY코드

BCD코드				GRAY코드			
A	B	C	D	a	b	c	d
0	0	0	0	0	0	0	0
0	0	0	1	0	0	0	1
0	0	1	0	0	0	1	1
0	0	1	1	0	0	1	0
0	1	0	0	0	1	1	0
0	1	0	1	0	1	1	1
0	1	1	0	0	1	0	1
0	1	1	1	0	1	0	0
1	0	0	0	1	1	0	0
1	0	0	1	1	1	0	1

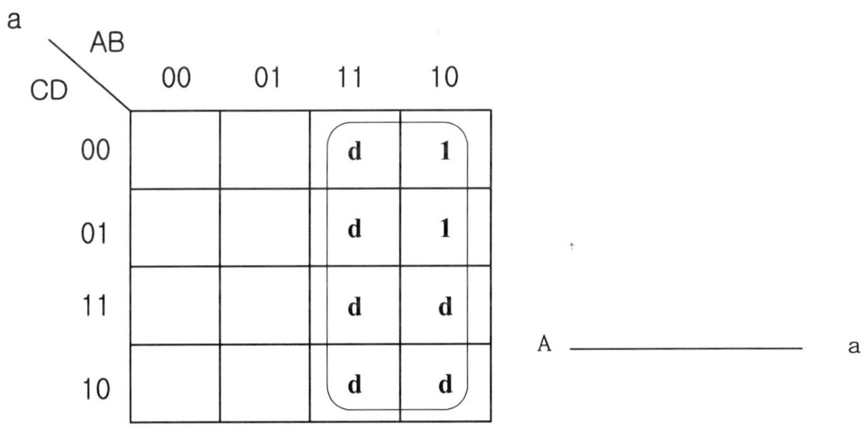

$a = A$

b

CD \ AB	00	01	11	10
00		1	d	1
01		1	d	1
11		1	d	d
10		1	d	d

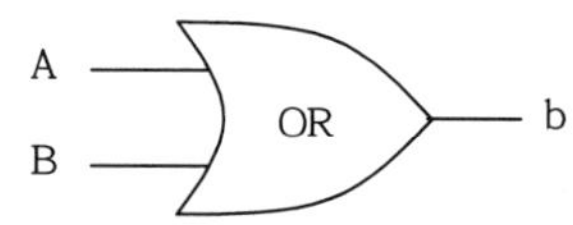

$$b = A + B$$

c

CD \ AB	00	01	11	10
00		1	d	
01		1	d	
11	1		d	d
10	1		d	d

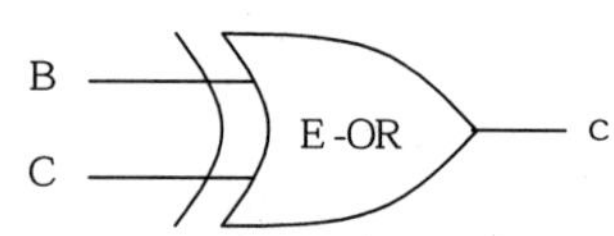

$$c = B\overline{C} + \overline{B}C = B \oplus C$$

d

CD \ AB	00	01	11	10
00			d	
01	1	1	d	1
11			d	d
10	1	1	d	d

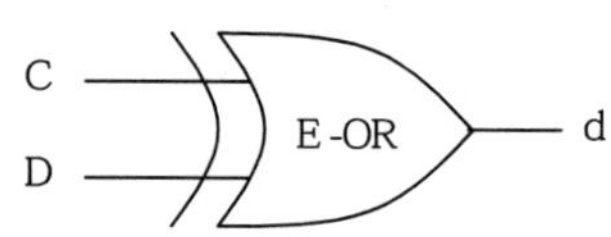

$$d = C\overline{D} + \overline{C}D = C \oplus D$$

4.4 다중화 회로

1) 멀티플렉서(Multiplexer : MUX)

복수개의 입력회선 중에서 하나를 선택하여 출력선을 통하여 출력하는 회로로 다중화기라고도 부른다. 그림 4.7과 같이 n개의 선택선을 갖는 멀티플렉서는 2^n개의 입력선과 1개의 출력선을 갖는다.

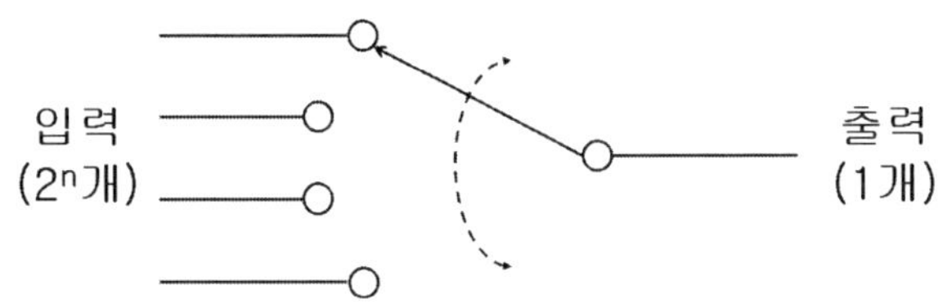

또한 멀티플렉서를 이용하면 부울함수를 구성할 수도 있는데 3변수 부울함수일 경우 4×1 MUX를, 4변수일 경우에는 8×1 MUX를 사용하여, 논리 게이트를 이용하여 회로를 구성하였을 때와 같은 결과를 얻을 수 있는데, 방법은 다음 예제와 같다.

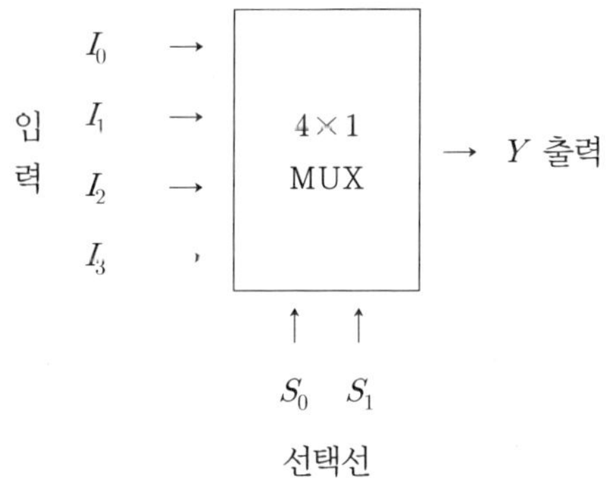

‖ 그림 4.7 ‖ 4×1멀티플렉서

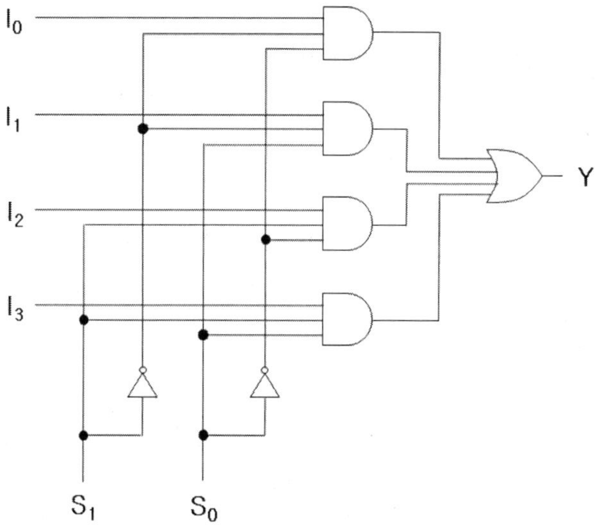

▌4X1 멀티플렉서의 내부회로 ▌

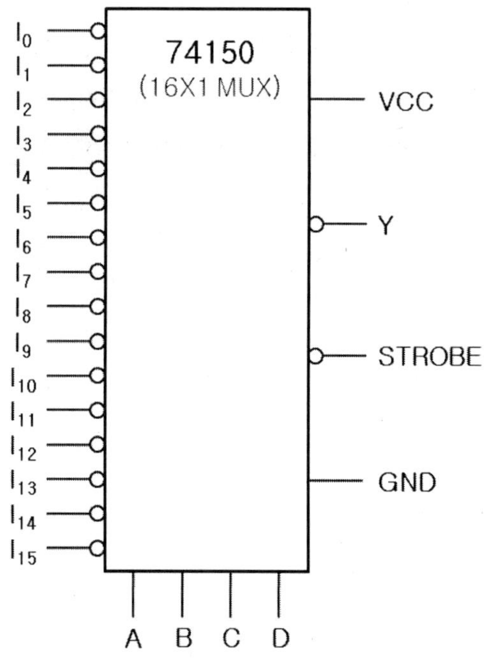

▌16X1 멀티플렉서인 74150의 구성 ▌

예제 4-3 $F(A,\ B,\ C) = \sum m(2,\ 3,\ 6,\ 7)$로 주어지는 부울함수를 MUX를 이용하여 표현하시오.

▸ 3개의 변수가 사용되므로 4×1 MUX를 사용하여 변수 B, C는 선택선으로 이용하고 A는 입력단자에 연결하기로 한 후 다음과 같은 과정을 거쳐 입력단자의 상태를 결정한다.

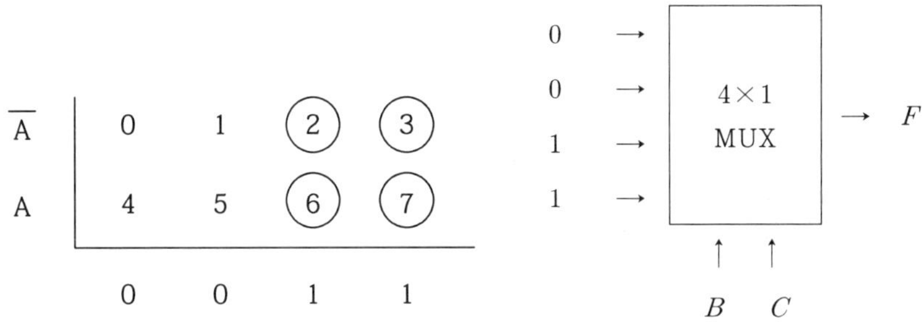

예제 4-4 $F(A,\ B,\ C) = \sum m(0,\ 2,\ 4,\ 5,\ 6)$로 주어지는 부울함수를 MUX를 이용하여 표현하시오.

▸ 3개의 변수가 사용되므로 4×1 MUX를 사용하여 변수 B, C는 선택선으로 이용하고 A는 입력단자에 연결한다.

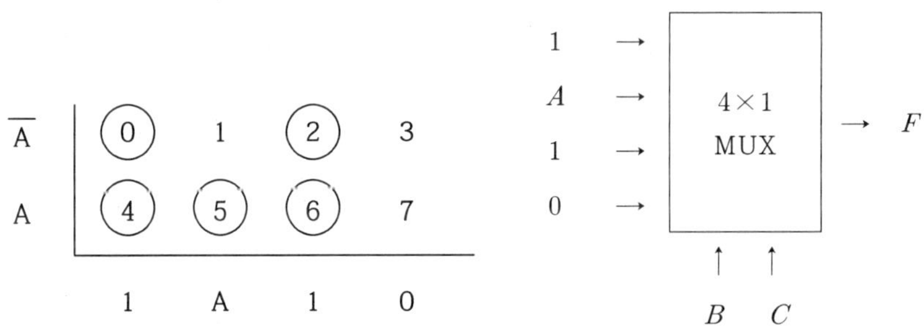

예제 4-1을 4×1 멀티플렉서 1개로 재구현

논리식 : $F(A,\ B,\ C) = \overline{A} + \overline{B}\,\overline{C} = \sum m(0,\ 1,\ 2,\ 3,\ 4)$

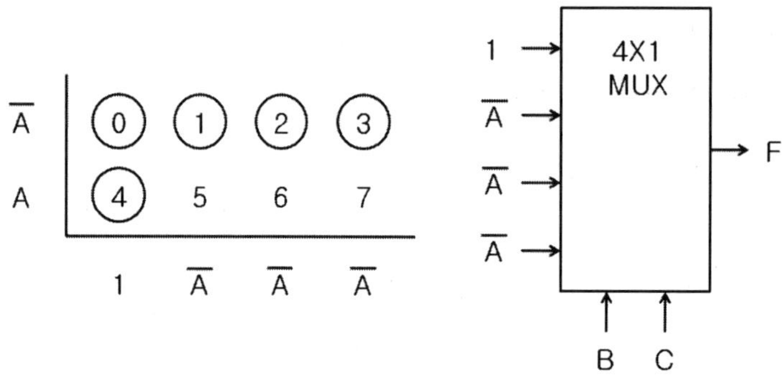

예제 4-2를 4×1 멀티플렉서 3개로 재구현

$$\text{논리식}: X(A,\ B,\ C) = A + C = \sum m(1,\ 3,\ 4,\ 5,\ 6,\ 7)$$

$$Y(A,\ B,\ C) = B\overline{C} = \sum m(2,\ 6)$$

$$Z(A,\ B,\ C) = C = \sum m(1,\ 3,\ 5,\ 7)$$

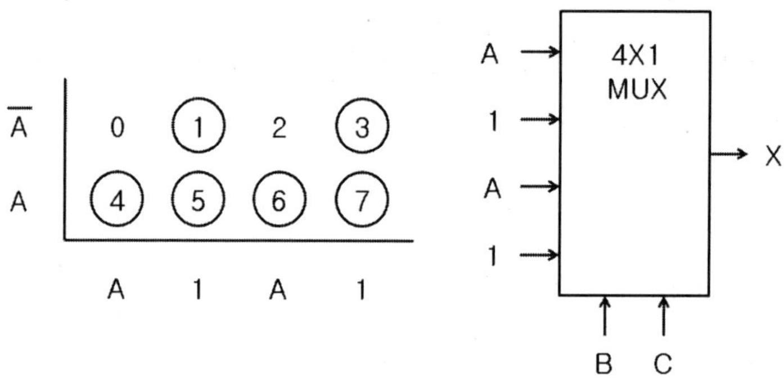

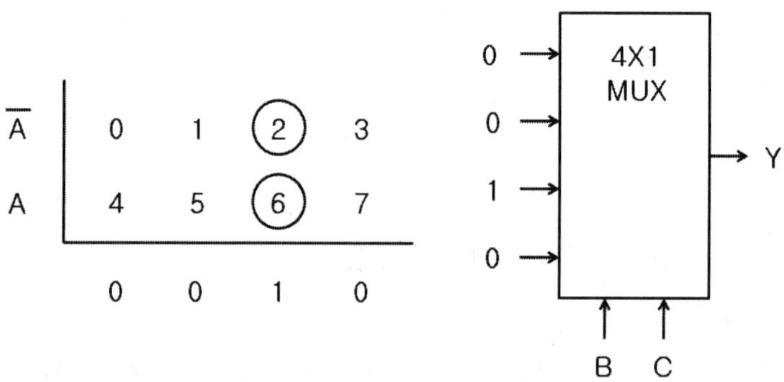

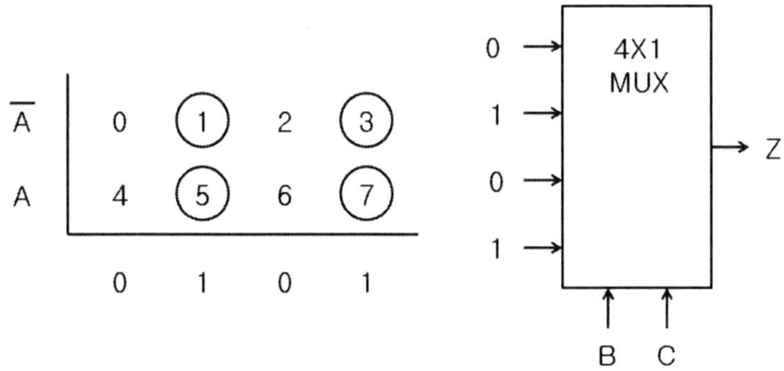

예제 4-5 $F(A,\ B,\ C,\ D) = \sum m(0,\ 1,\ 4,\ 5,\ 6,\ 8,\ 9,\ 12,\ 13)$로 주어지는 부울함수를 MUX를 이용하여 표현하시오.

▸ 4개의 변수가 사용되므로 8×1 MUX를 사용하여 변수 B, C, D는 선택선으로 이용하고 A는 입력단자에 연결한다.

$\overline{A}$	(0)	(1)	2	3	(4)	(5)	(6)	7
A	(8)	(9)	10	11	(12)	(13)	14	15
	1	1	0	0	1	1	$\overline{A}$	0

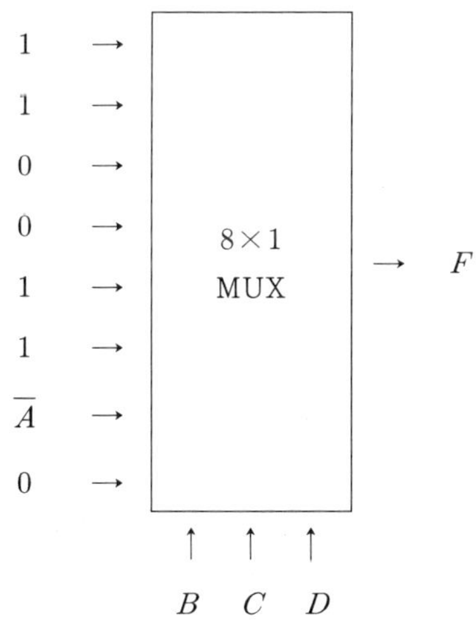

예제 4-6 $F(A,\ B,\ C,\ D) = \sum m(0,\ 2,\ 3,\ 5,\ 6,\ 7,\ 8,\ 10,\ 11,\ 14,\ 15)$로 주어지는 부울함수를 MUX를 이용하여 표현하시오.

▸

$\overline{A}$	⓪	1	②	③	4	⑤	⑥	⑦
A	⑧	9	⑩	⑪	12	13	⑭	⑮
	1	0	1	1	0	$\overline{A}$	1	1

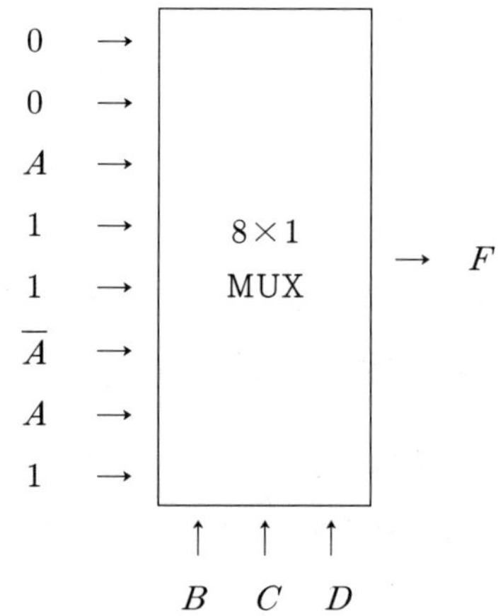

예제 4-6 $F(A,\ B,\ C,\ D) = \sum m(3,\ 4,\ 5,\ 7,\ 10,\ 11,\ 12,\ 14,\ 15)$로 주어지는 부울 함수를 MUX를 이용하여 표현하시오.

▸

$\overline{A}$	0	1	2	③	④	⑤	6	⑦
A	8	9	⑩	⑪	⑫	13	⑭	⑮
	0	0	A	1	1	$\overline{A}$	A	1

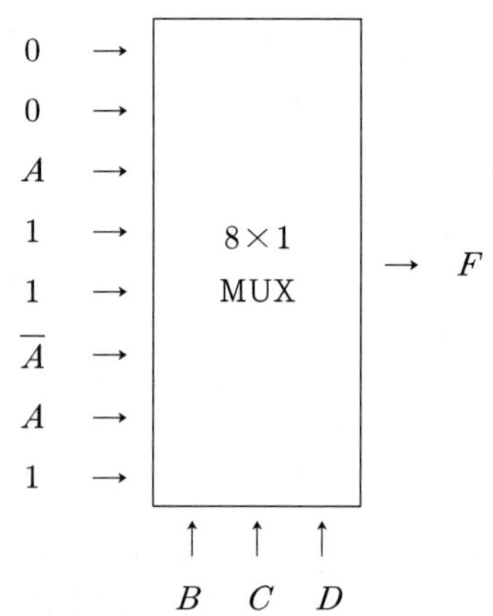

2) 디멀티플렉서(Demultiplexer : DEMUX)

1개의 입력신호가 복수개의 출력선 중 하나를 선택하여 출력하는 회로로 그림 4.8과 같이 n개의 선택선을 갖는 디멀티플렉서는 2^n개의 출력선과 1개의 입력선을 갖게 된다.

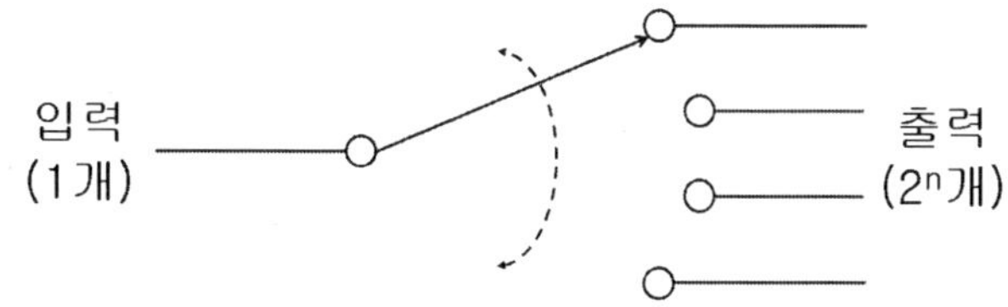

‖ 일반적인 디멀티플렉서의 개념 ‖

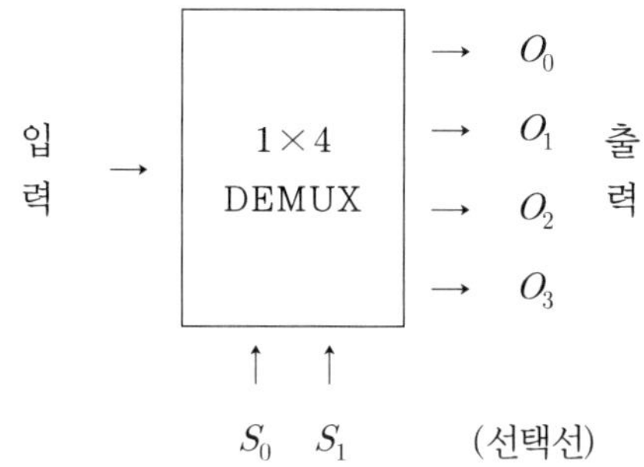

‖ 그림 4.8 ‖ 1×4 DEMUX 구조

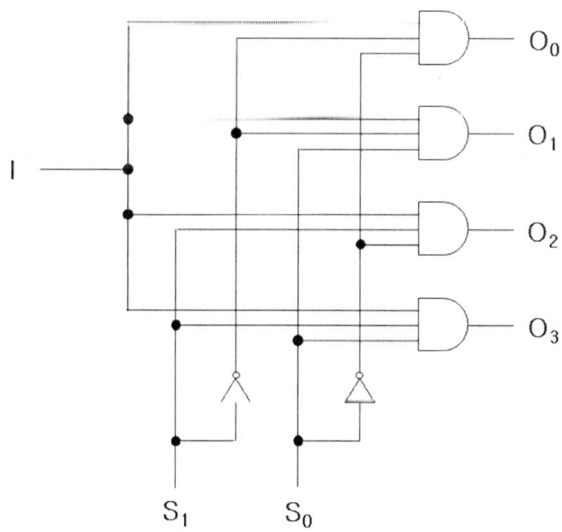

‖ 1X4 디멀티플렉서의 내부회로 ‖

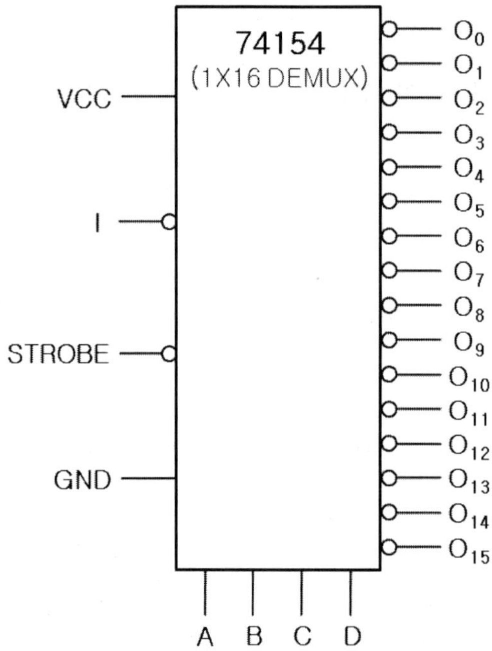

‖ 1X16 디멀티플렉서인 74154의 구성 ‖

4.5 비교기 회로

2개의 수에 대한 비교는 하나의 수가 다른 수보다 작은 수인가, 큰 수인가 또는 같은 크기인가를 나타내는 동작이다.

크기 비교기 회로는 2개의 수 A, B를 비교하여 이들의 대소를 결정하는 조합논리회로이고, 이들의 결과는 $A > B$, $A = B$ 또는 $A < B$를 나타내는 3개의 출력에 의해 결정된다.

1) A=B일 경우의 회로

1개의 비트로 이루어진 두 2진수 A, B에 있어서 $A = B$인 경우에 대한 진리표는 표 4.9와 같다.

‖ 표 4.9 ‖ $A=B$일 경우의 진리표

A	B	X	논리식
0	0	1	$X=AB+\overline{A}\overline{B}$ $=A\odot B$
0	1	0	
1	0	0	
1	1	1	

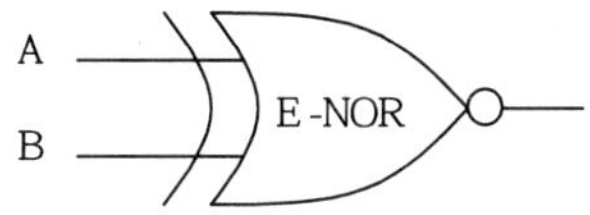

2) $A>B$일 경우의 회로

1개의 비트로 이루어진 두 2진수 A, B에 있어서 $A>B$인 경우에 대한 진리표는 표 4.10과 같다.

‖ 표 4.10 ‖ $A>B$일 경우의 진리표

A	B	X	논리식
0	0	0	$X=A\overline{B}$
0	1	0	
1	0	1	
1	1	0	

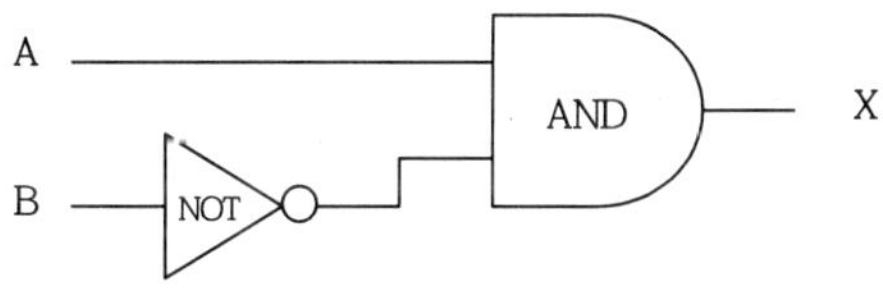

3) $A<B$일 경우의 회로

1개의 비트로 이루어진 두 2진수 A, B에 있어서 $A<B$인 경우에 대한 진리표는 표 4.11과 같다.

‖ 표 4.11 ‖ $A < B$일 경우의 진리표

A	B	X	논리식
0	0	0	$X = \overline{A}B$
0	1	1	
1	0	0	
1	1	0	

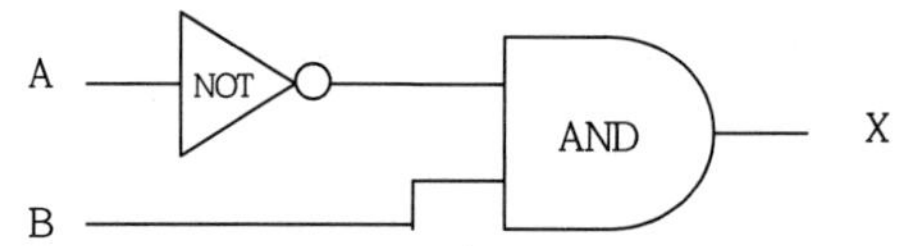

‖ 표 4.12 ‖ 1비트 두 2진수의 비교

입력		출력		
A	B	$A > B$	$A = B$	$A < B$
0	0	0	1	0
0	1	0	0	1
1	0	1	0	0
1	1	0	1	0

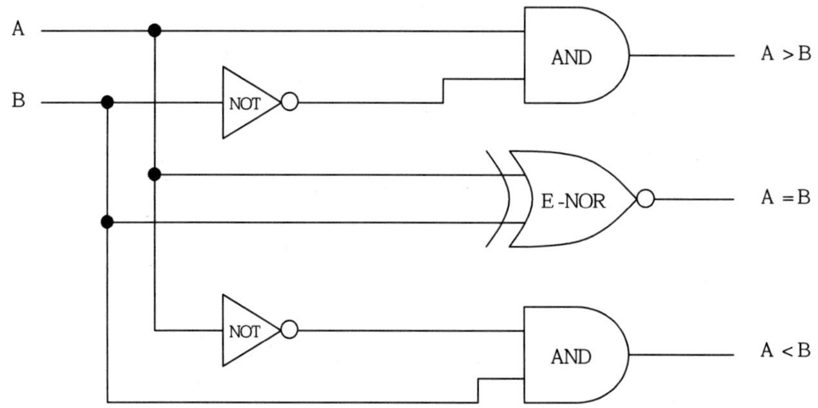

‖ 그림 4.9 ‖ 1비트 두 2진수의 비교회로

2비트 2진수의 비교기 설계

① 블록 다이어그램 (입력 4개, 출력 3개)

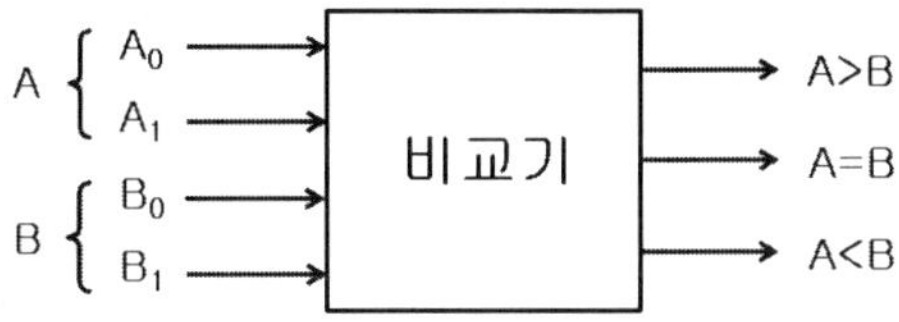

② 진리표

입력				출력		
A_1	A_0	B_1	B_0	$A>B$	$A=B$	$A<B$
0	0	0	0	0	1	0
0	0	0	1	0	0	1
0	0	1	0	0	0	1
0	0	1	1	0	0	1
0	1	0	0	1	0	0
0	1	0	1	0	1	0
0	1	1	0	0	0	1
0	1	1	1	0	0	1
1	0	0	0	1	0	0
1	0	0	1	1	0	0
1	0	1	0	0	1	0
1	0	1	1	0	0	1
1	1	0	0	1	0	0
1	1	0	1	1	0	0
1	1	1	0	1	0	0
1	1	1	1	0	1	0

③ 카르노맵

B_1B_0 \ A_1A_0	00	01	11	10
00	1	0	0	0
01	0	1	0	0
11	0	0	1	0
10	0	0	0	1

$$[A > B] = A_1\overline{B_1} + A_0\overline{B_1}\,\overline{B_0} + A_1A_0\overline{B_0}$$

B_1B_0 \ A_1A_0	00	01	11	10
00	0	1	1	1
01	0	0	1	1
11	0	0	0	0
10	0	0	1	0

$$[A = B] = \overline{(A_0 \oplus B_0) + (A_1 \oplus B_1)}$$

B_1B_0 \ A_1A_0	00	01	11	10
00	0	0	0	0
01	1	0	0	0
11	1	1	0	1
10	1	1	0	0

$$[A < B] = \overline{A_1}B_1 + \overline{A_0}B_1B_0 + \overline{A_1}\,\overline{A_0}B_0$$

④ 논리회로 설계 결과

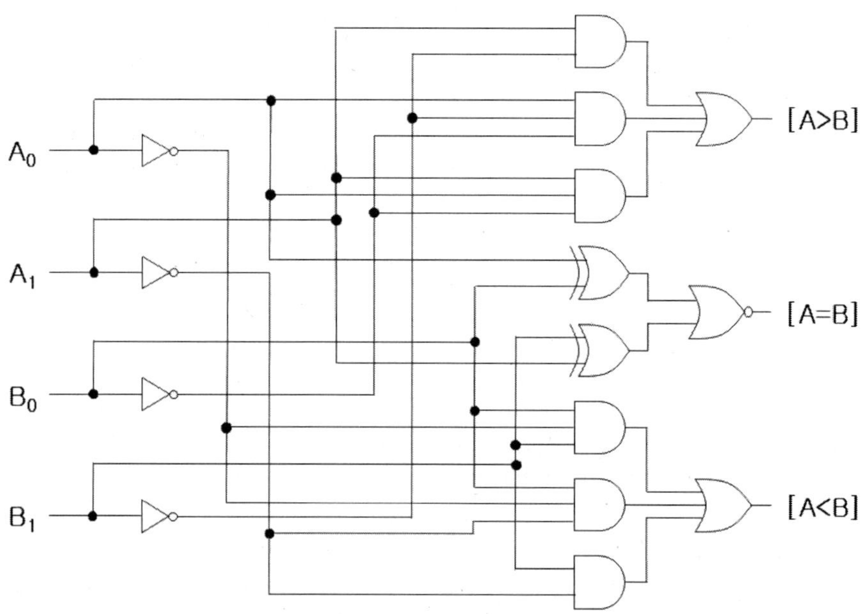

제5장 순차논리회로

조합논리회로는 회로의 이전 상태에 상관없이 현재의 입력상태에 의해서만 출력이 결정되는 회로인 반면에, 순차논리회로는 이전의 결과가 현재의 결과에 영향을 미치는 점이 다르다고 할 수 있다. 따라서, 순차논리회로는 기억능력을 갖는 회로소자를 필요로 하게 되고, 이를 위하여 플립플롭(flip-flop)이라는 기억소자를 사용하게 된다.

5.1 플립플롭(Flip-Flop)

플립플롭은 1비트의 정보를 기억할 수 있는 소자로, 구성 형태에 따라 레벨 트리거(level trigger) 플립플롭, 주종(master-slave) 플립플롭, 에지 트리거(edge trigger) 플립플롭 등으로 분류되며, 동작 특성에 따라 S-R플립플롭, J-K플립플롭, T플립플롭, D플립플롭으로 분류된다.

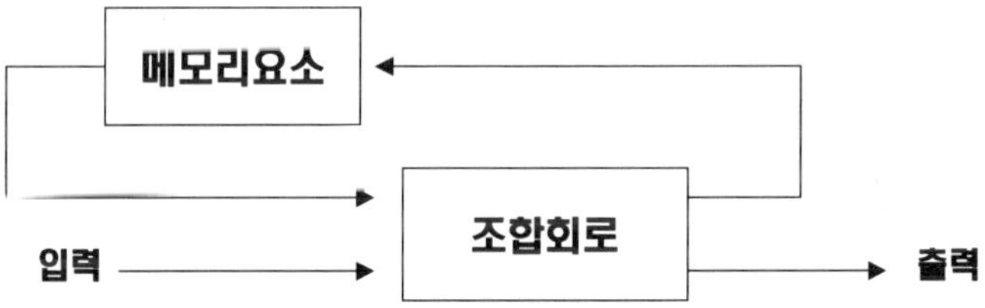

‖ 그림 5.1 ‖ 순차논리회로의 블록선도

1) 기억소자와 래치회로

디지털 논리회로에서 데이터의 기억기능은 그림 5.2와 같이 OR 게이트의 출력을 입력 측으로 되돌려주는 것에 의하여 얻을 수 있다.

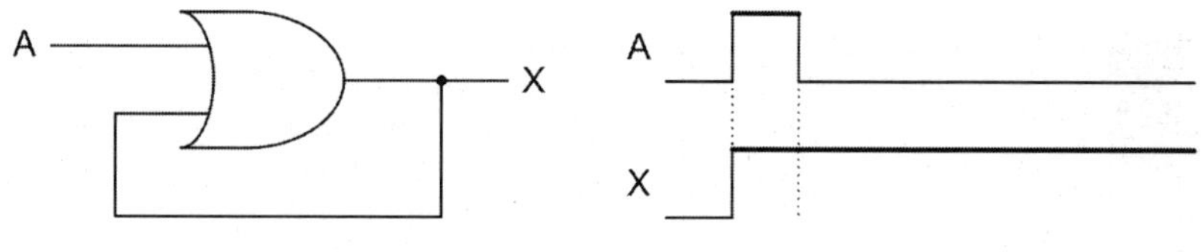

‖ 그림 5.2 ‖ 데이터의 기억기능

기억기능을 해제하기 위해 그림 5.3과 같이 회로를 구성하면 입력 A, B로 출력을 제어할 수 있으며 이와 같은 회로를 기억회로라고 한다.

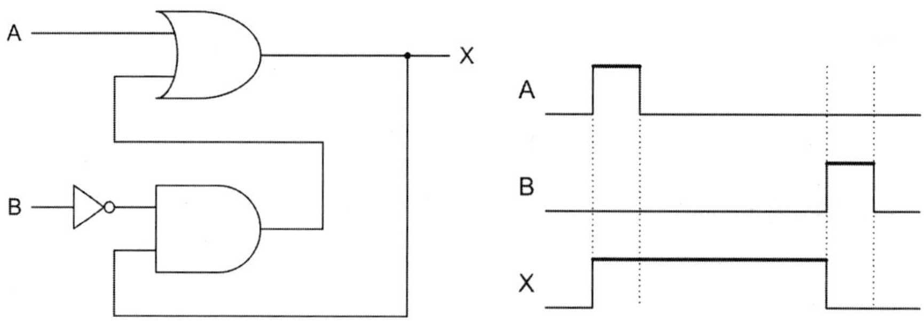

‖ 그림 5.3 ‖ 기억회로의 구성과 타임차트

기억기능을 갖는 그림 5.4와 같은 회로를 래치(latch)회로라고 한다. 출력에는 기호 Q를 사용하고 이 출력 Q를 1로 하기 위한 입력단자를 세트(S)입력, 출력 Q를 본래의 0으로 되돌리기 위한 입력단자를 리셋(R)입력이라고 한다.

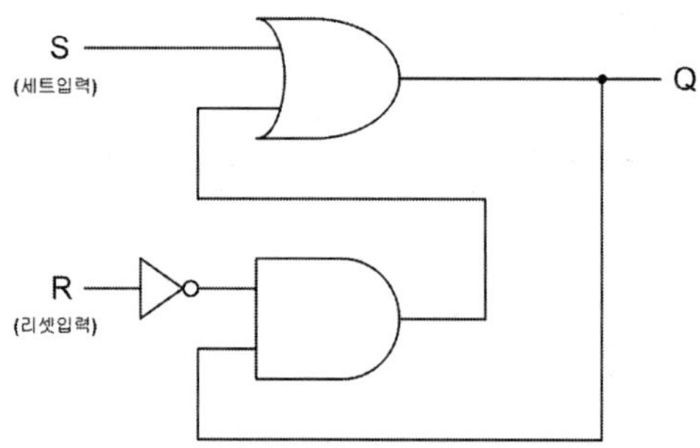

SR래치의 진리표

S	R	$Q(t+1)$
0	0	$Q(t)$
0	1	0
1	0	1
1	1	불확실

‖ 그림 5.4 ‖ SR래치회로의 구성과 타임차트

래치회로는 NAND 및 NOT 게이트를 사용하여 그림 5.5와 같이 표현할 수 있으며 일반적으로 이러한 형태로 플립플롭을 구현한다. 또한, 정상출력(Q)에 대응하는 반전출력($\overline{Q}$)도 얻을 수 있도록 하였다.

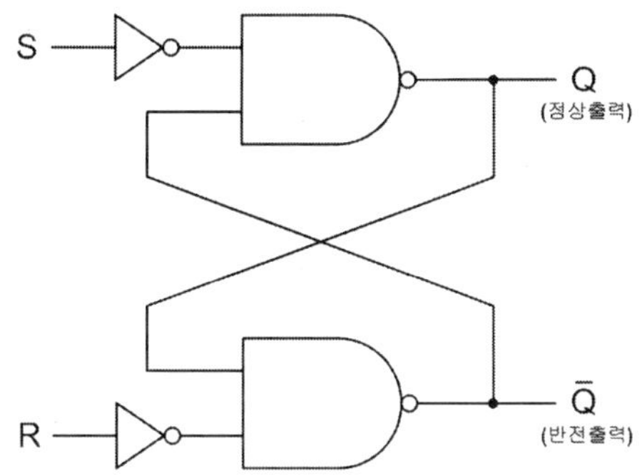

‖ 그림 5.5 ‖ 일반적인 SR래치회로의 구성

플립플롭은 그림 5.6과 같은 클럭펄스(CP: Clock Pulse)에 의해 구동되며, 상승(OFF → ON)클럭과 하강(ON → OFF)클럭으로 구분된다.

레벨 트리거 플립플롭의 경우 그림 5.6의 ①과 같이 클럭펄스가 "1"이 유지되는 동안에 동작되도록 설계되었기 때문에 클럭펄스의 "1"인 구간이 길어지면 플립플롭의 입력상태가 변화되어 잘못된 출력이 나타날 확률이 높아지는 이른바 "Racing" 현상이 발생하게 된다. 이러한 현상을 방지하기 위하여 주(master)와 종(slave)이라는 2단의 플립플롭을 연결하여 서로 반전된 형태의 클럭펄스를 공급하는 방법으로 문제를 해결하는 주종(master-slave) 플립플롭의 개념과 그림 5.6의 ②부분(PGT : Positive Going Transition) 또는 ③부분(NGT : Negative Going Transition)에서만 동작하도록 설계하는 에지 트리거(edge trigger) 플립플롭의 개념이 도입되는데, 앞으로는 특별한 언급이 없는 한 에지 트리거 플립플롭으로 간주하여 사용하도록 한다.

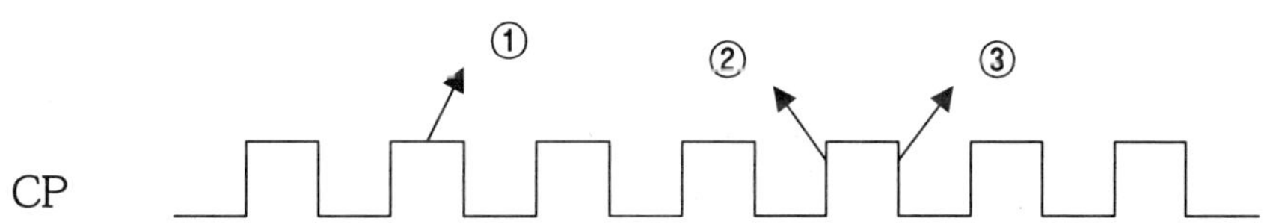

‖ 그림 5.6 ‖ 클럭 펄스(Clock Pulse)

2) 플립플롭의 종류와 기능

(1) S-R 플립플롭

S(Set)와 R(Reset)의 두 가지 입력과 Q, $\overline{Q}$의 두 가지 출력을 갖는 회로로 00, 01, 10의 입력 상태에 따른 결과값은 갖지만 입력조건 11은 사용되지 않는 제한이 있다.

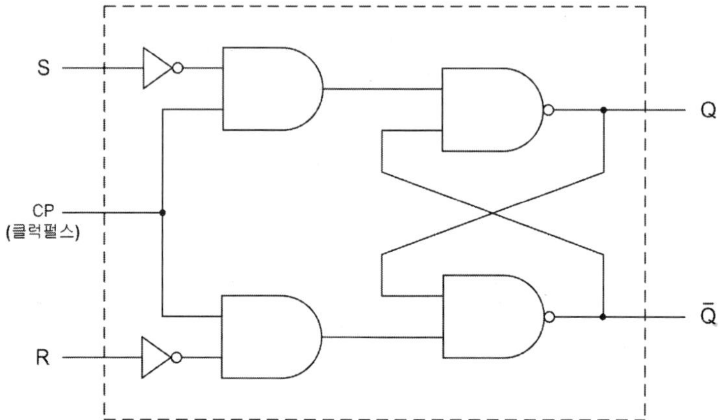

입력			출력
CP	S	R	$Q(t+1)$
↑	0	0	$Q(t)$: 변화 없음
↑	0	1	0 : Reset
↑	1	0	1 : Set
↑	1	1	X : 불확실

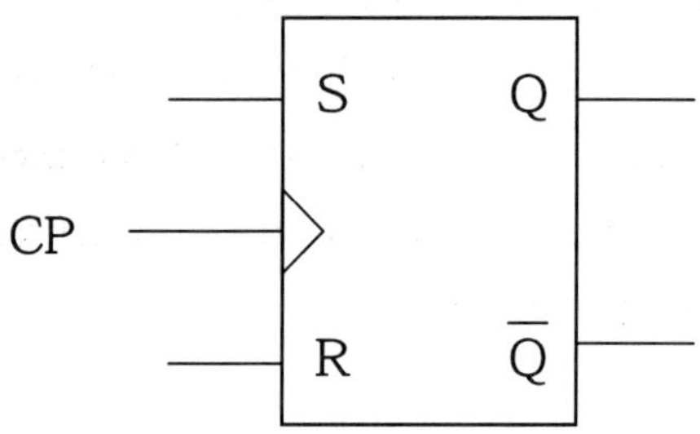

입력			출력
CP	S	R	$Q(t+1)$
↓	0	0	$Q(t)$: 변화 없음
↓	0	1	0 : Reset
↓	1	0	1 : Set
↓	1	1	X : 불확실

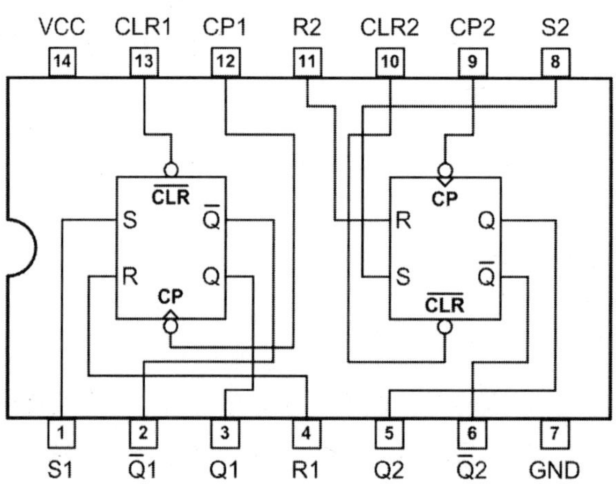

▌그림 5.7 ▌S-R 플립플롭의 구성과 IC칩(14핀)

(2) J-K 플립플롭

J와 K의 두가지 입력과 Q, $\overline{Q}$의 두 가지 출력을 갖는 회로로 00, 01, 10의 입력상태에 따른 결과값뿐만 아니라 입력조건 11에서의 결과값도 사용한다.

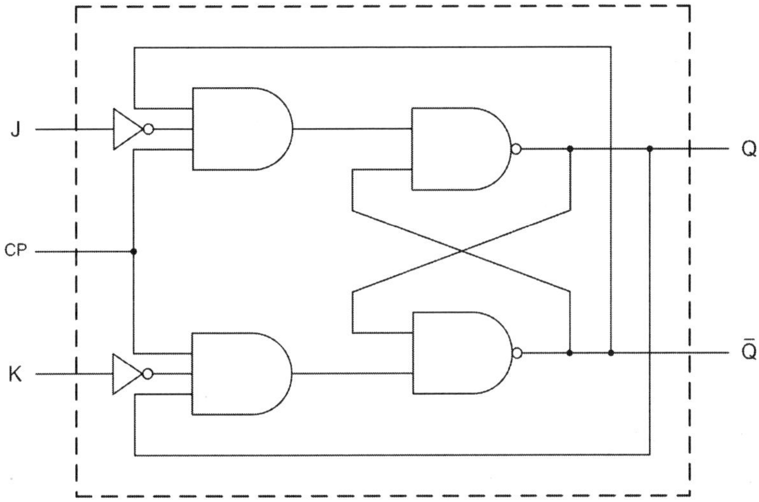

입력			출력
CP	J	K	$Q(t+1)$
↑	0	0	$Q(t)$: 변화 없음
↑	0	1	0 : Reset
↑	1	0	1 : Set
↑	1	1	$\overline{Q(t)}$: Toggle

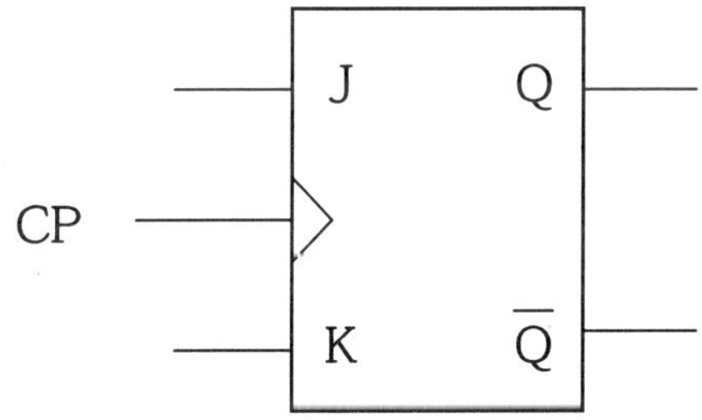

입력			출력
CP	J	K	$Q(t+1)$
↓	0	0	$Q(t)$: 변화 없음
↓	0	1	0 : Reset
↓	1	0	1 : Set
↓	1	1	$\overline{Q(t)}$: Toggle

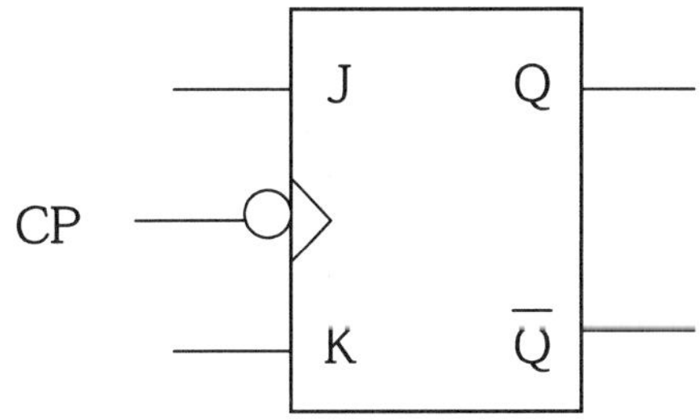

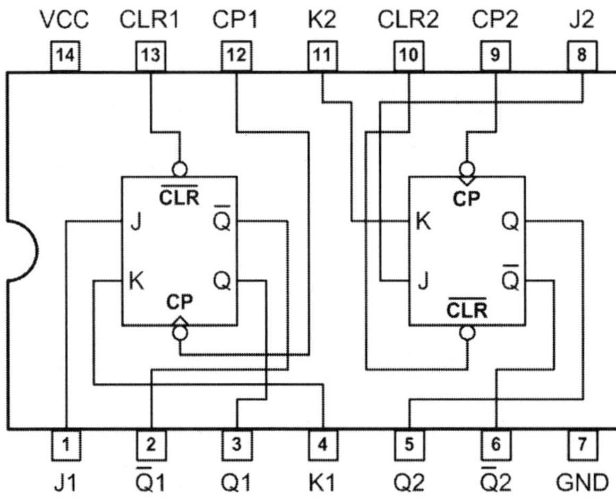

‖ 그림 5.8 ‖ J-K 플립플롭의 구성과 IC칩(14핀)

(3) T 플립플롭

T라는 1개의 입력과 Q, $\overline{Q}$의 두 가지 출력을 가지는 회로로, 입력이 1개이므로 0, 1의 조건만이 존재하게 된다. $J-K$ 플립플롭에서 입력조건 00과 11의 경우만을 취한 상태라 생각할 수 있다.

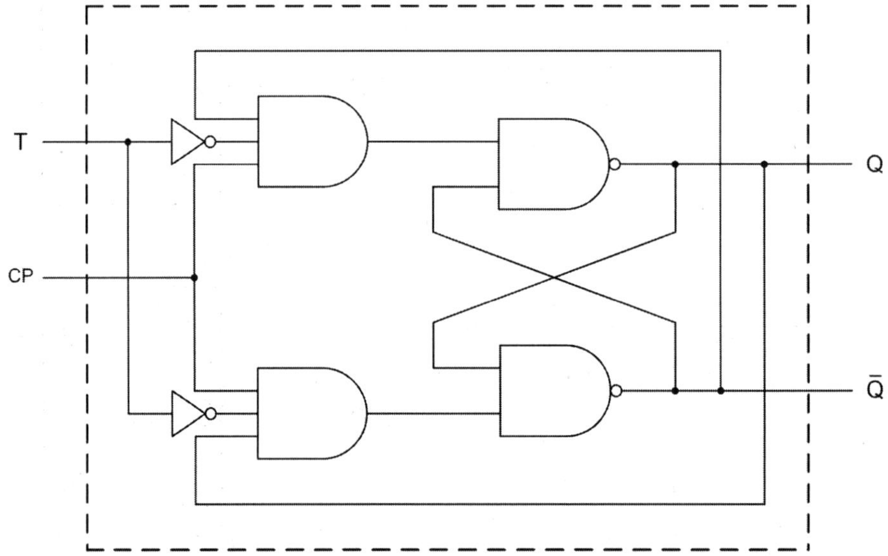

입력		출력
CP	T	$Q(t+1)$
↑	0	$Q(t)$: 변화 없음
↑	1	$\overline{Q(t)}$: Toggle

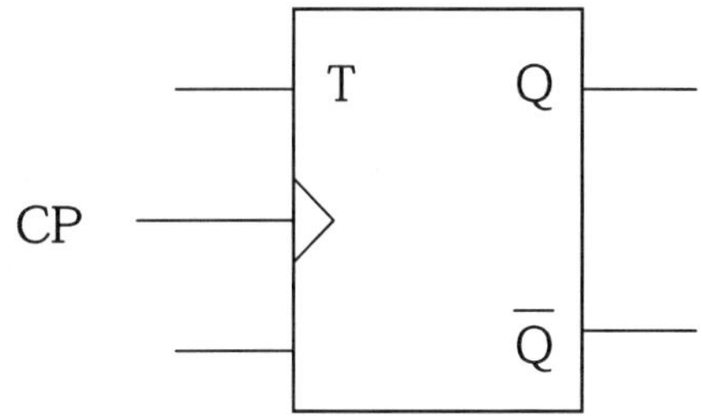

입력		출력
CP	T	$Q(t+1)$
↓	0	$Q(t)$: 변화 없음
↓	1	$\overline{Q(t)}$: Toggle

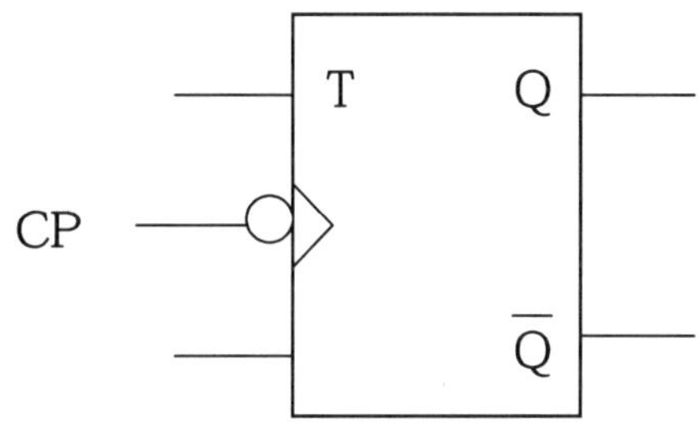

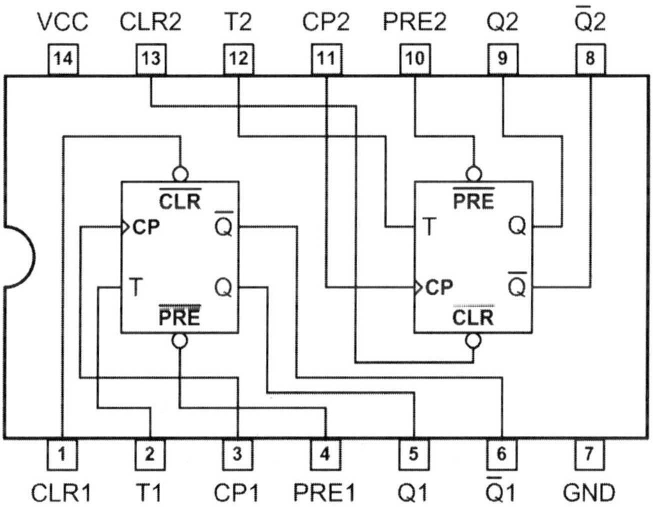

‖ 그림 5.9 ‖ T 플립플롭의 구성과 IC칩(14핀)

(4) D 플립플롭

D라는 1개의 입력과 Q, $\overline{Q}$의 두 가지 출력을 가지는 회로로, 입력이 1개이므로 0, 1의 조건만이 존재하고, 이에 따른 출력도 0, 1로 결정되므로 논리 게이트에서의 버퍼와 같이 지연(Delay)의 의미를 갖는다고 할 수 있다.

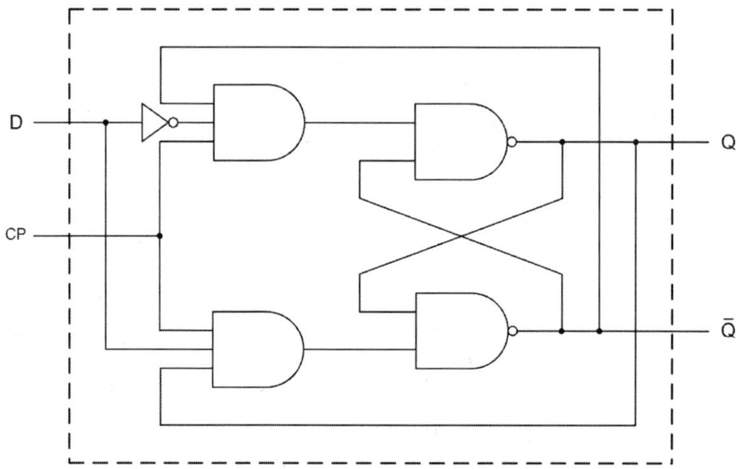

입력		출력
CP	D	$Q(t+1)$
↑	0	0
↑	1	1

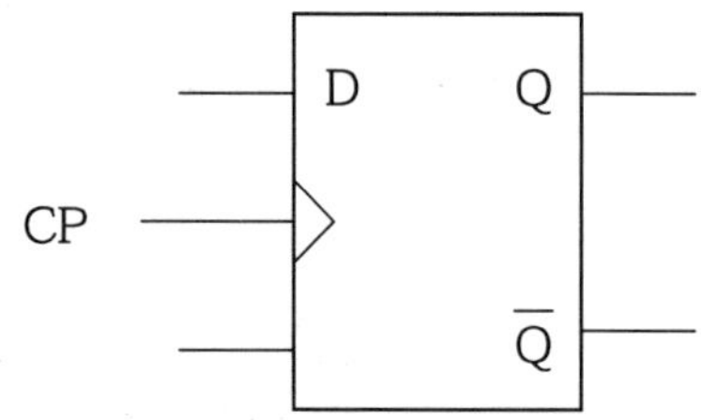

입력		출력
CP	D	$Q(t+1)$
↓	0	0
↓	1	1

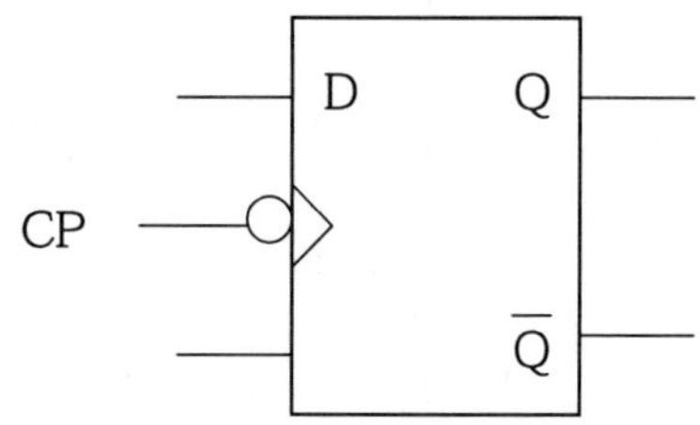

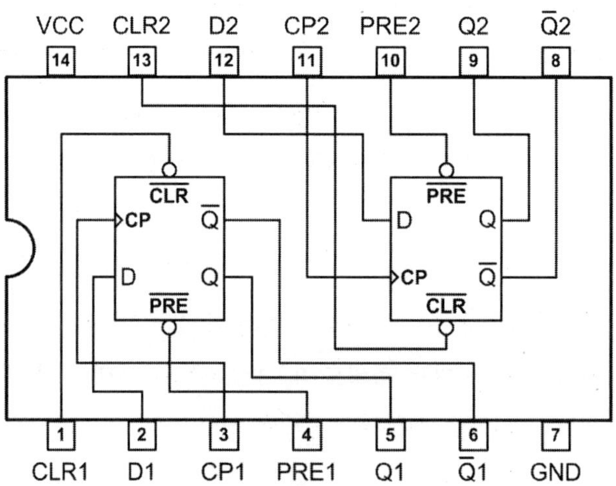

‖ 그림 5.10 ‖ D플립플롭의 구성과 IC칩(14핀)

| SR 플립플롭의 입출력 파형 연습 |

상승 클럭	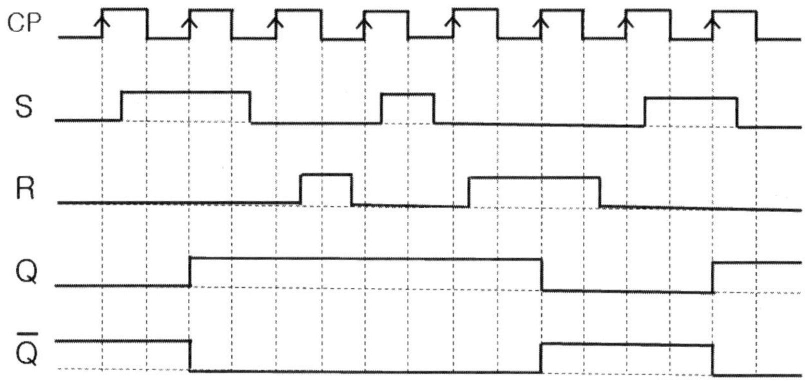
하강 클럭	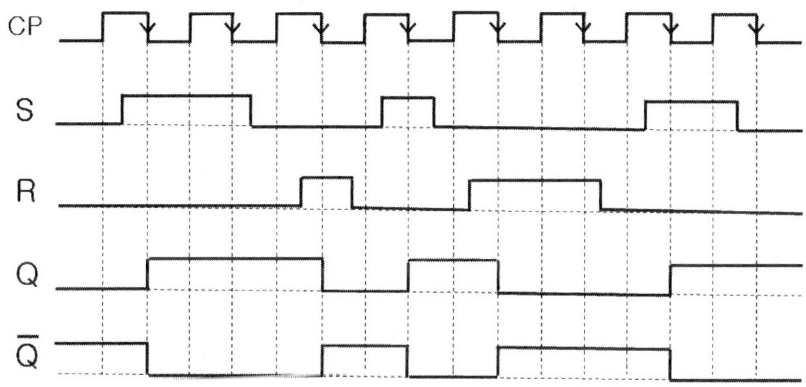

| JK 플립플롭의 입출력 파형 연습 |

상승 클럭	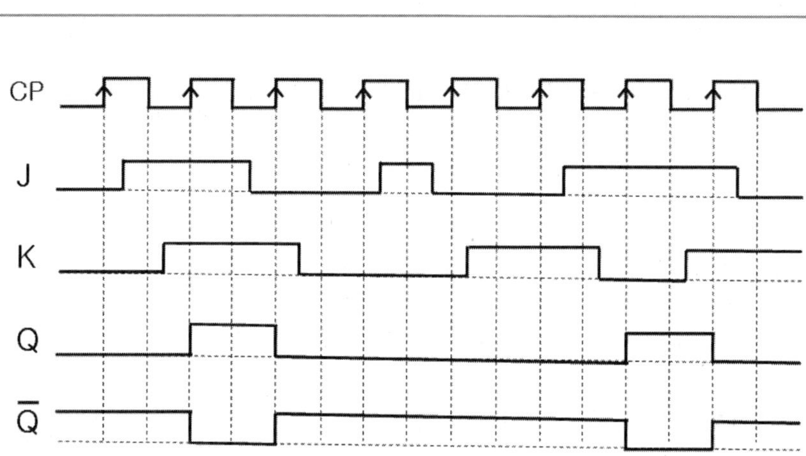
하강 클럭	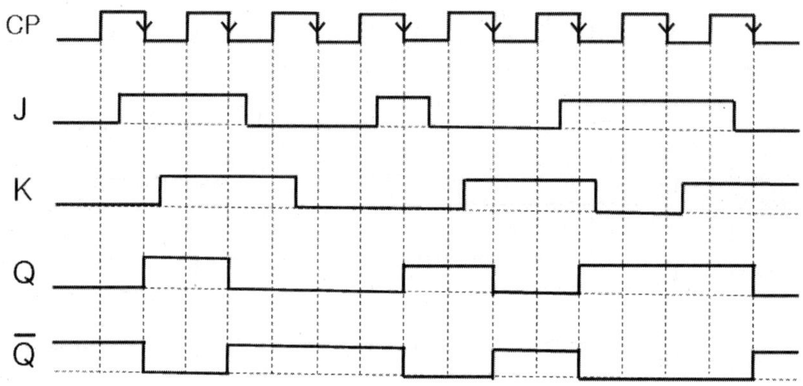

| T 플립플롭의 입출력 파형 연습 |

상승 클럭	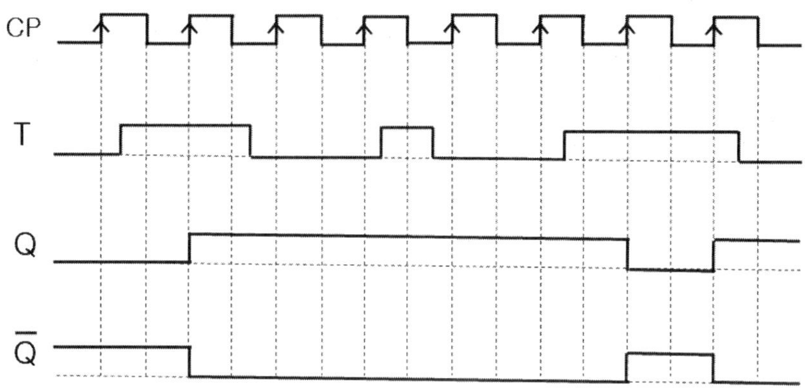
하강 클럭	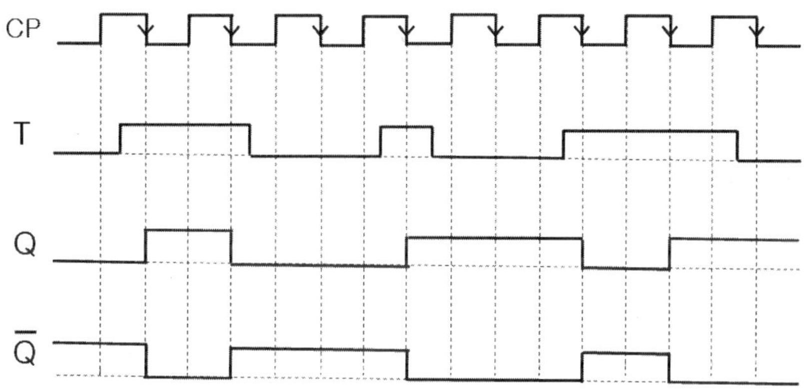

| D 플립플롭의 입출력 파형 연습 |

상승 클럭	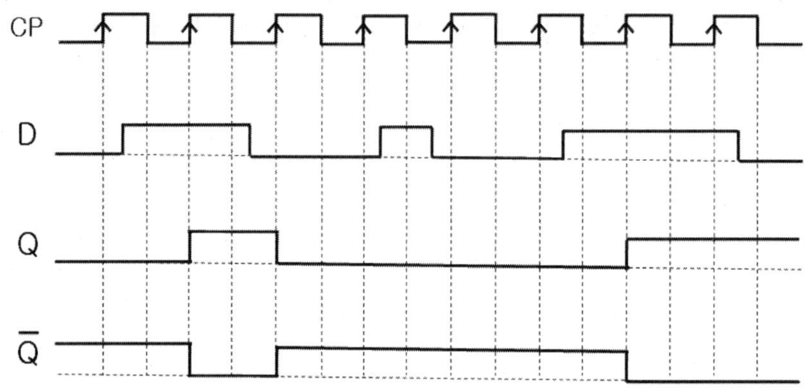
하강 클럭	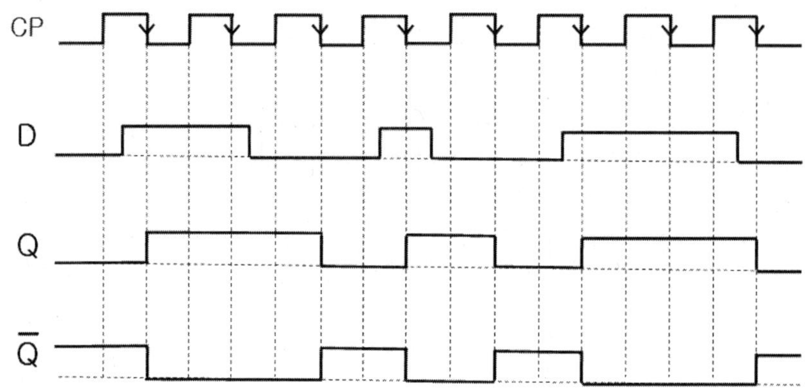

3) 주종 플립플롭과 프리셋/클리어 기능

주종 플립플롭은 그림 5.11과 같은 형태이며 2개의 플립플롭으로 구성된다. 한 회로(왼쪽)는 주인의 역할을 하며, 또 다른 회로(오른쪽)는 종의 역할을 맡는데 트리거형 플립플롭에서 발생되는 경합조건을 해결하는데 이용된다.

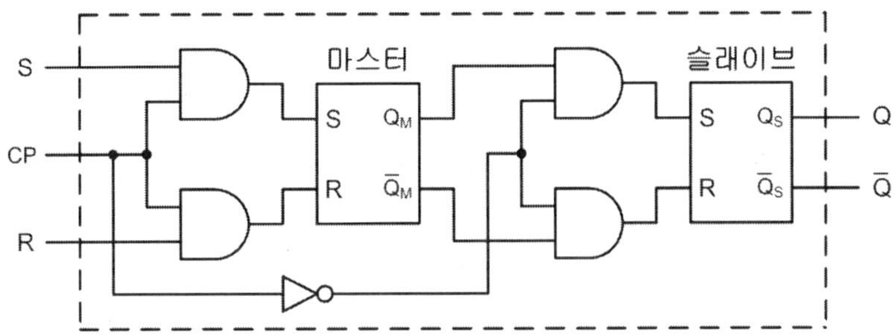

‖ 그림 5.11 ‖ 주종 플립플롭 구성의 예

프리셋과 클리어 기능은 플립플롭 입력단자 및 클록펄스와 상관없이 출력으로 순간적으로 바꾸어주는 역할을 한다. 그림 5.12와 같이 프리셋은 출력 Q를 1로 만들어주고 클리어는 출력 Q를 0으로 만들어준다.

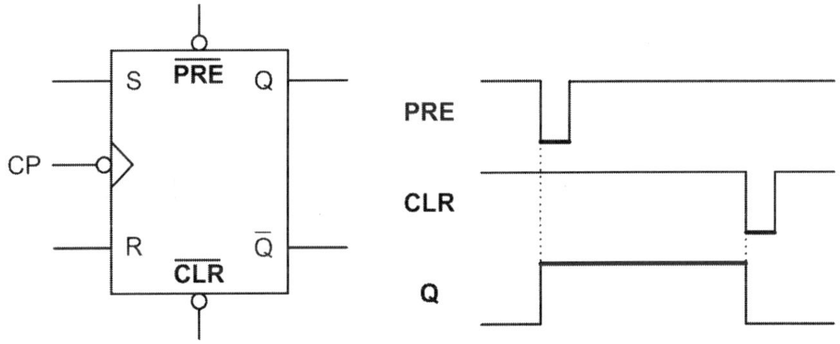

‖ 그림 5.12 ‖ 프리셋과 클리어 단자

4) 비동기 입력

기본적으로 플립플롭의 출력은 입력조건에 의해 결정되고, 이 출력은 플립플롭이 클럭펄스에 의해서 활성화되는 시점에 출력단에 나타나게 되므로, 동기입력이라 할 수 있는 반면에 클럭펄스나 입력조건에 관계없이 독립적으로 플립플롭의 상태를 "0" 또는 "1"의 상태로 조정할 수 있는 경우의 입력을 비동기 입력이라 하며, "CLR"과 "PRE"의 2가지가 사용된다.

입력					출력
CP	$\overline{PRE}$	$\overline{CLR}$	J	K	$Q(t+1)$
X	0	1	X	X	1
X	1	0	X	X	0
↓	1	1	0	0	$Q(t)$
↓	1	1	0	1	0
↓	1	1	1	0	1
↓	1	1	1	1	$\overline{Q(t)}$

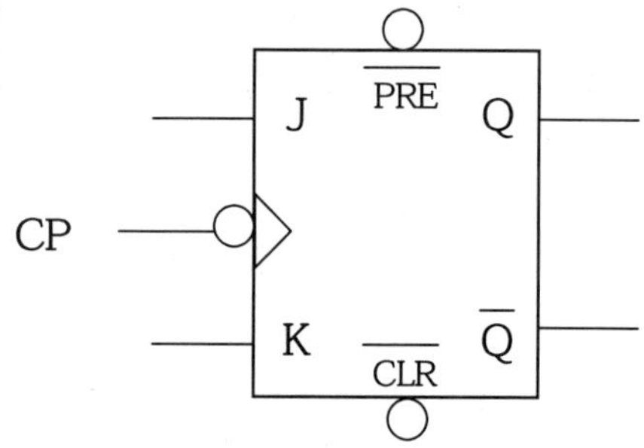

▌그림 5.13 ▌ 플립플롭의 비동기 입력

5.2 플립플롭 변환회로

1) S－R에서 D플립플롭으로의 변환

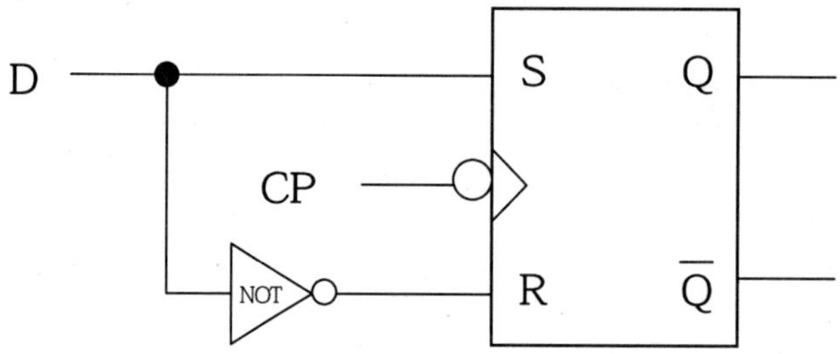

▌그림 5.14 ▌ S-R플립플롭에서 D플립플롭으로의 변환

입력 $D=0$일 때 : 입력 $S=0$, $R=1$

: $S-R$ 플립플롭의 출력은 "0"이 되므로 이는 D 플립플롭의 입력이 "0"일 때 출력이 "0"이 되는 경우와 같다.

입력 $D=1$일 때 : 입력 $S=1$, $R=0$

: $S-R$ 플립플롭의 출력은 "1"이 되므로 이는 D 플립플롭의 입력이 "1"일 때 출력이 "1"이 되는 경우와 같다.

$S-R$ 플립플롭의 R 입력에 연결된 인버터는 $S-R$ 플립플롭에 "00" 또는 "11"의 값이 입력되는 것을 막아주기 때문에, 이전 상태에 의해 현재의 결과가 결정되는 경우와 불확실한 출력을 발생시키는 "11"이라는 입력의 사용을 방지하는 역할을 한다.

2) S－R플립플롭에서 J－K플립플롭으로의 변환

$S-R$ 플립플롭을 이용하여 $J-K$ 플립플롭의 동작이 가능하도록 하기 위해서는 그림 5.15에서와 같이 이전 상태의 출력이 2개의 AND 게이트를 통하여 귀환(feedback) 되도록 구성한다.

‖ 표 5.1 ‖ S-R플립플롭의 J-K플립플롭으로의 변환

$J-K$ 플립플롭		이전 상태	$S-R$ 플립플롭		출력
J	K		S	R	
0	0	0	0	0	0
		1	0	0	1
0	1	0	0	0	0
		1	0	1	0
1	0	0	1	0	1
		1	0	0	1
1	1	0	1	0	1
		1	0	1	0

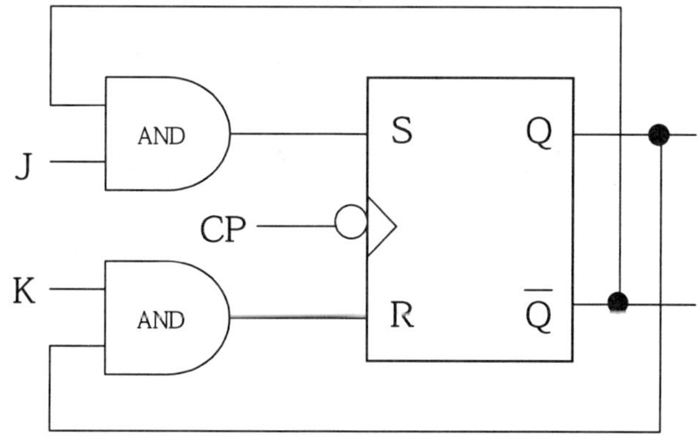

‖ 그림 5.15 ‖ S-R플립플롭에서 J-K플립플롭으로의 변환

5.3 카운터(Counter)

카운터(계수기 : Counter)는 플립플롭을 직렬 또는 병렬로 연결하여 2진수를 셈하는 회로로 순차논리회로의 특성을 이해하는데 유용하게 사용될 수 있다.

사용하는 플립플롭을 직렬로 연결하여 클럭 펄스를 첫 번째 플립플롭에만 공급하고 다음 플립플롭의 클럭 펄스는 앞단에서의 출력을 사용하도록 구성한 경우를 비동기식 카운터라 하는데, 회로가 간단한 반면 각 단에서의 전달지연 시간이 누적되어 전체 회로의 속도가 떨어져 고속의 카운터 구성에는 어려움이 있는 단점을 가진다.

반면 동기식 카운터는 각각의 플립플롭에 클럭 펄스를 별도로 공급하는 병렬형으로 구성되어 고속 동작이 가능하나 이에 따른 부가회로가 상대적으로 복잡해지게 된다.

1) 비동기식 카운터

비동기식 카운터의 설계과정은 다음과 같다.

① 사용할 플립플롭의 종류를 결정한다.
대부분의 경우, $J-K$, T 플립플롭의 토글(Toggle) 특성을 이용한다.

② 카운터의 MOD 수에 따라 플립플롭의 개수를 결정한다.
예를 들어, MOD 4인 경우에는 $2^2=4$이므로 2개의 플립플롭이 MOD 7인 경우에는 $2^3=8$이므로 3개의 플립플롭이 필요하게 된다.

③ 사용되는 플립플롭을 직렬로 연결한 후, 첫 단에는 클럭 펄스를 연결하고 둘째 단부터는 앞단의 출력을 클럭 펄스로 사용한다.

④ MOD 수가 $2n$의 수가 아닐 경우에는 비동기 입력 "CLR"나 "PRE"를 사용하여 회로를 구성한다.

⑤ 구성된 회로에 대한 출력파형을 그려, 결과를 확인한다.

예제 5-1 MOD-2의 비동기식 카운터를 설계하시오.

▶

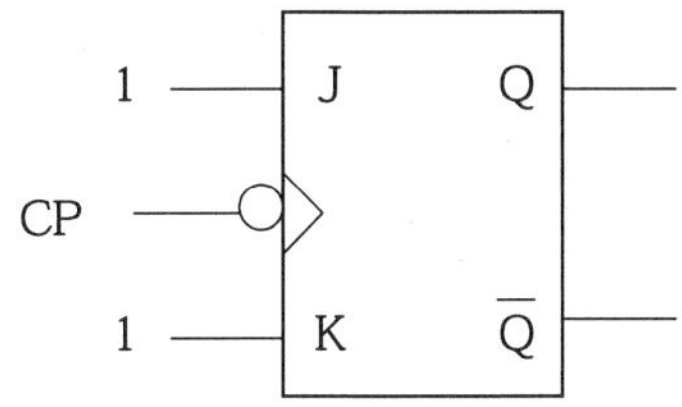

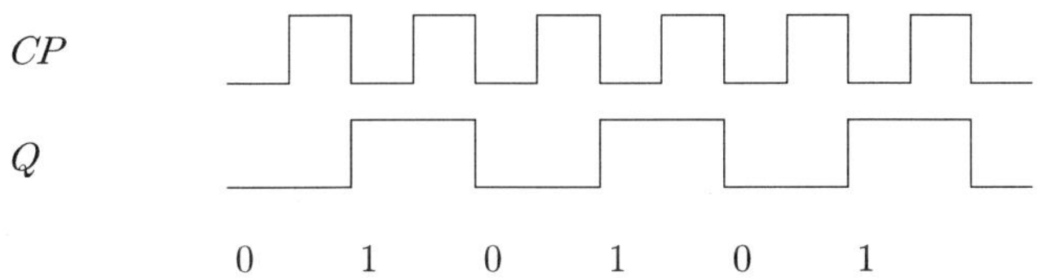

예제 5-2 MOD-4의 비동기식 카운터를 설계하시오.

▶

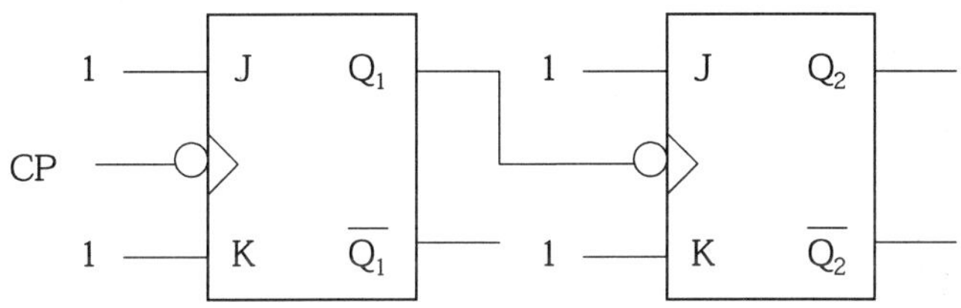

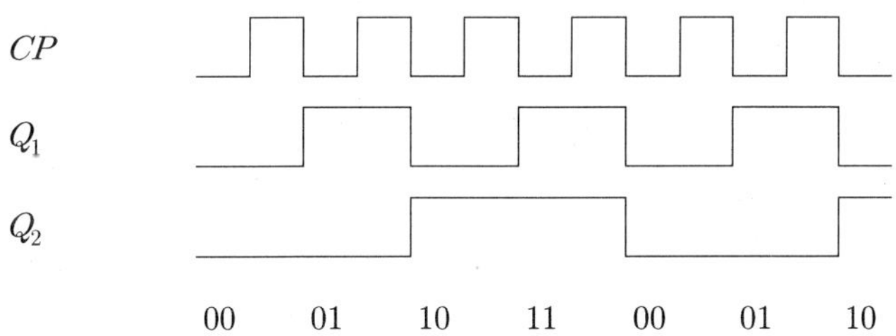

| 카운터회로 설계도 |

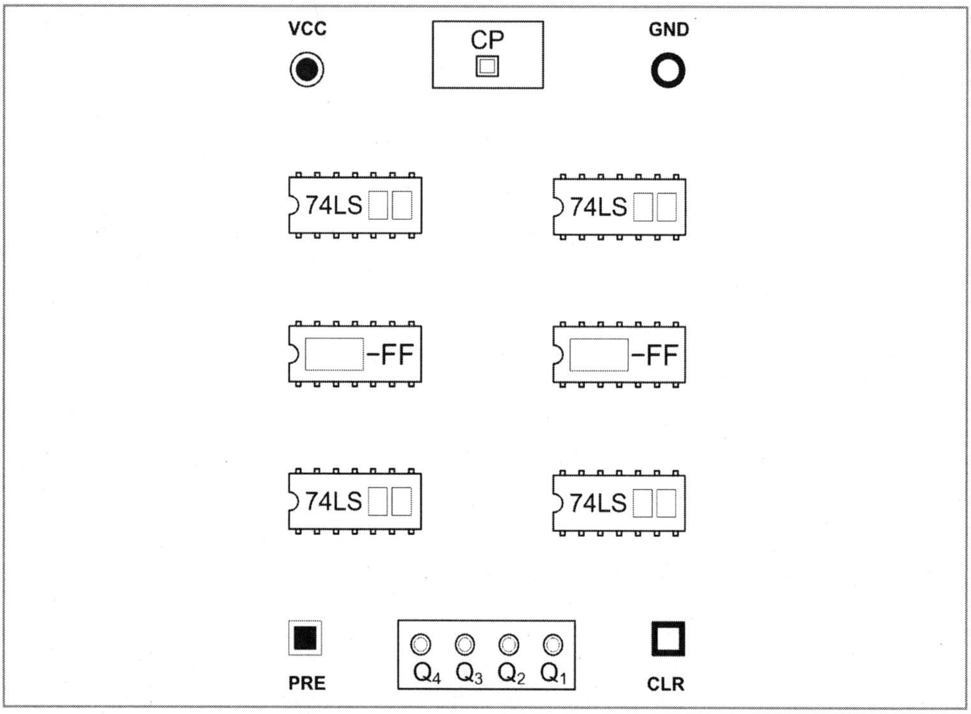

예제 5-3 MOD-8의 비동기식 카운터를 설계하시오.

▶

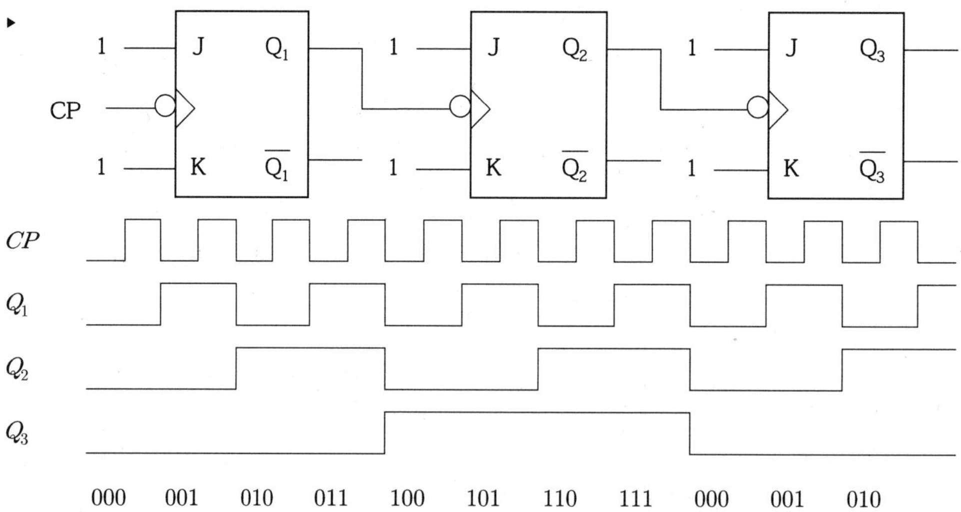

예제 5-4 MOD-3의 비동기식 카운터를 설계하시오.

▸ MOD-3의 카운터는 MOD-4의 카운터에서 00, 01, 10의 출력만을 사용하고 11의 출력이 나타나지 않도록 비동기 입력 $\overline{CLR}$를 사용하여 설계하는데, $\overline{CLR}$는 "1"에서는 동작하지 않고 "0"에서 플립플롭에 영향을 주도록 하여야 하는 조건을 만족시키기 위해서는 NAND 게이트가 필요하게 된다.

따라서, 출력 Q_1과 Q_2를 NAND 게이트에 연결하여 이 출력을 플립플롭의 $\overline{CLR}$ 단자에 연결하면 원하는 결과를 얻게 된다.

Q_2	Q_1	$\overline{CLR}$
0	0	1
0	1	1
1	0	1
1	1	0

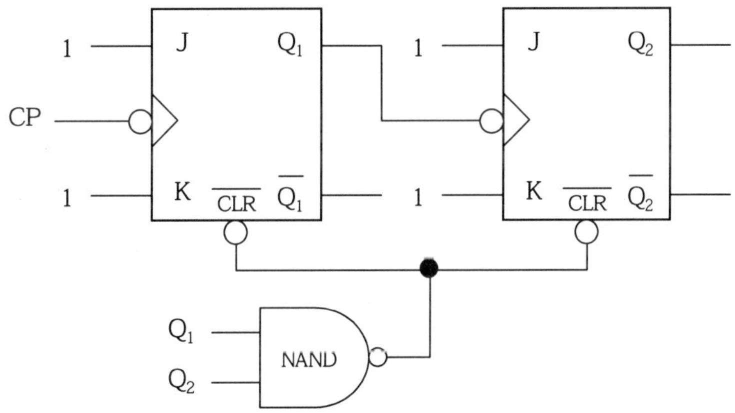

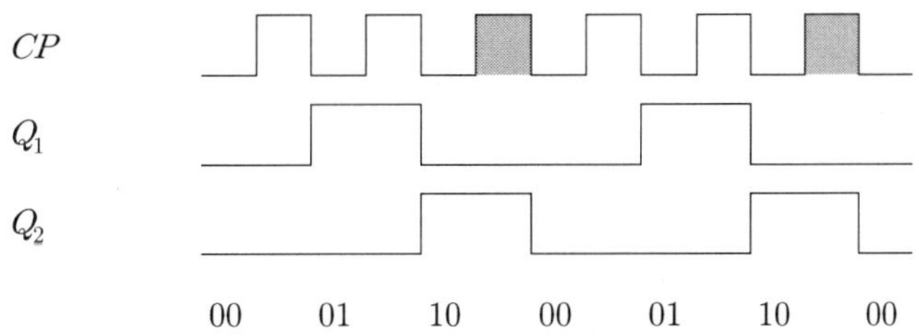

예제 5-5 MOD-5의 비동기식 카운터를 설계하시오.

▸ MOD-5의 카운터는 MOD-8의 카운터에서 000에서 100까지의 출력만을 사용하고 101의 출력이 나타나지 않도록 비동기 입력 $\overline{CLR}$를 사용하여 설계하는데, $\overline{CLR}$는 "1"에서서는 동작하지 않고 "0"에서 플립플롭에 영향을 주도록 하여야 하므로, 왼쪽의 조건을 만족시키기 위해서 출력 Q_1과 Q_3를 NAND 게이트에 연결하여 이 출력을 플립플롭의 $\overline{CLR}$ 단자에 연결하면 원하는 결과를 얻게 된다.

Q_3	Q_2	Q_1	$\overline{CLR}$
0	0	0	1
0	0	1	1
0	1	0	1
0	1	1	1
1	0	0	1
1	0	1	0

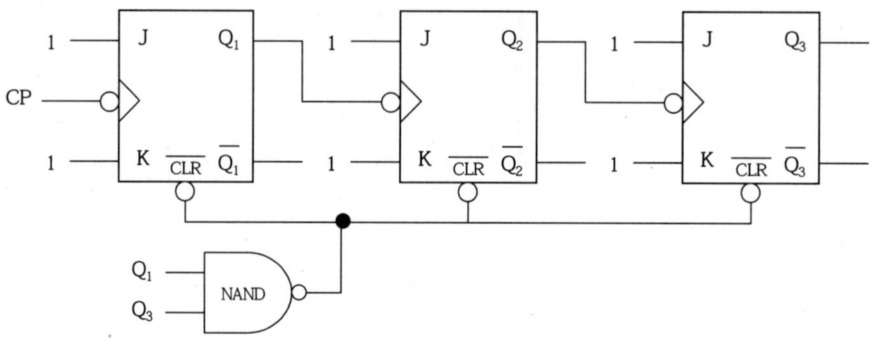

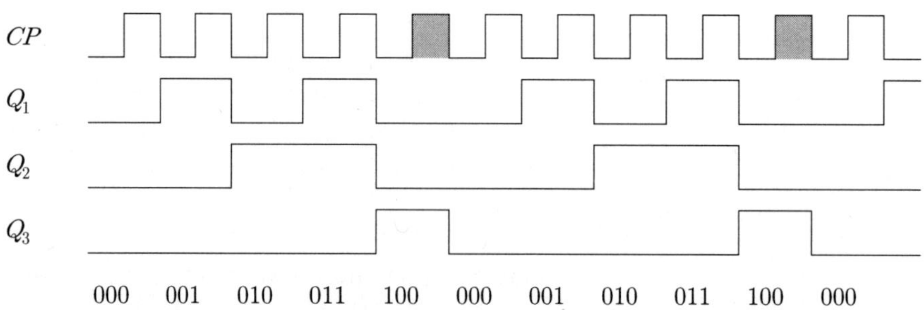

예제 5-6 MOD-6의 비동기식 카운터를 설계하시오.

▸ MOD-6의 카운터는 MOD-8의 카운터에서 000에서 101까지의 출력만을 사용하고 110의 출력이 나타나지 않도록 비동기 입력 $\overline{CLR}$를 사용하여 설계하는데, $\overline{CLR}$는 "1"에서는 동작하지 않고 "0"에서 플립플롭에 영향을 주도록 하여야 하므로, 왼쪽의 조건을 만족시키기 위해서 출력 Q_2와 Q_3를 NAND 게이트에 연결하여 이 출력을 플립플롭의 $\overline{CLR}$ 단자에 연결하면 원하는 결과를 얻게 된다.

Q_3	Q_2	Q_1	$\overline{CLR}$
0	0	0	1
0	0	1	1
0	1	0	1
0	1	1	1
1	0	0	1
1	0	1	1
1	1	0	0

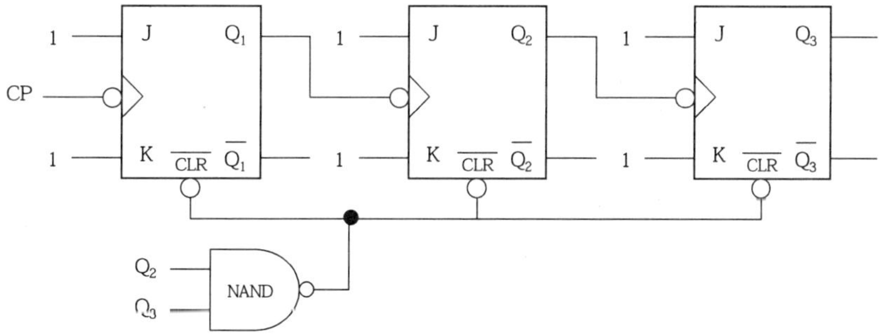

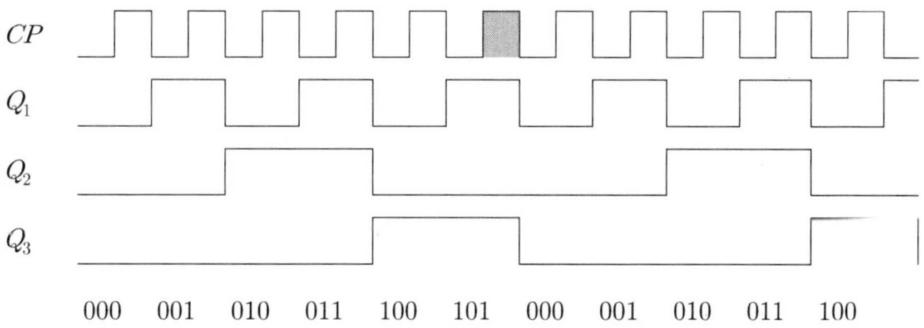

예제 5-7 MOD−7의 비동기식 카운터를 설계하시오.

▸ MOD−7의 카운터는 MOD−8의 카운터에서 000에서 101까지의 출력만을 사용하고 111의 출력이 나타나지 않도록 비동기 입력 $\overline{CLR}$를 사용하여 설계하는데, $\overline{CLR}$는 "1"에서는 동작하지 않고 "0"에서 플립플롭에 영향을 주도록 하여야 하므로, 왼쪽의 조건을 만족시키기 위해서 출력 Q_1, Q_2, Q_3를 NAND 게이트에 연결하여 이 출력을 플립플롭의 $\overline{CLR}$ 단자에 연결하면 원하는 결과를 얻게 된다.

Q_3	Q_2	Q_1	$\overline{CLR}$
0	0	0	1
0	0	1	1
0	1	0	1
0	1	1	1
1	0	0	1
1	0	1	1
1	1	0	1
1	1	1	0

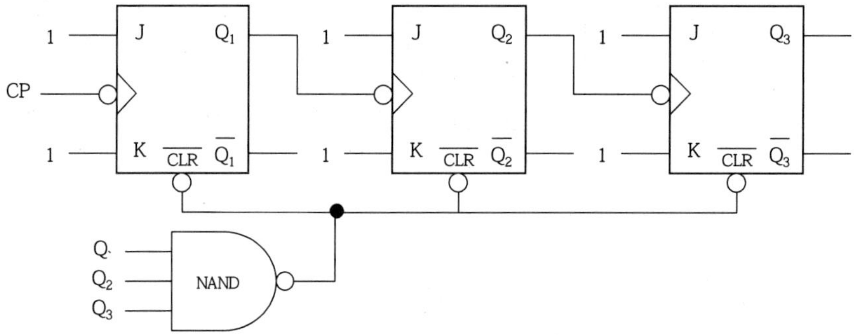

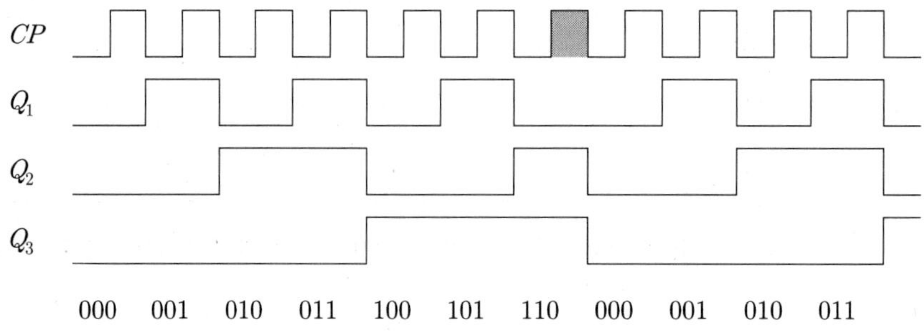

예제 5-8 MOD-9의 비동기식 카운터를 설계하시오.

▸ MOD-9의 카운터는 MOD-16의 카운터에서 0000에서 1000까지의 출력만을 사용하고 1001의 출력이 나타나지 않도록 비동기 입력 $\overline{CLR}$를 사용하여 설계하는데, $\overline{CLR}$는 "1"에서는 동작하지 않고 "0"에서 플립플롭에 영향을 주도록 하여야 하므로, 왼쪽의 조건을 만족시키기 위해서 출력 Q_1, Q_4를 NAND 게이트에 연결하여 이 출력을 플립플롭의 $\overline{CLR}$ 단자에 연결하면 원하는 결과를 얻게 된다.

Q_4	Q_3	Q_2	Q_1	$\overline{CLR}$
0	0	0	0	1
0	0	0	1	1
0	0	1	0	1
0	0	1	1	1
0	1	0	0	1
0	1	0	1	1
0	1	1	0	1
0	1	1	1	1
1	0	0	0	1
1	0	0	1	0

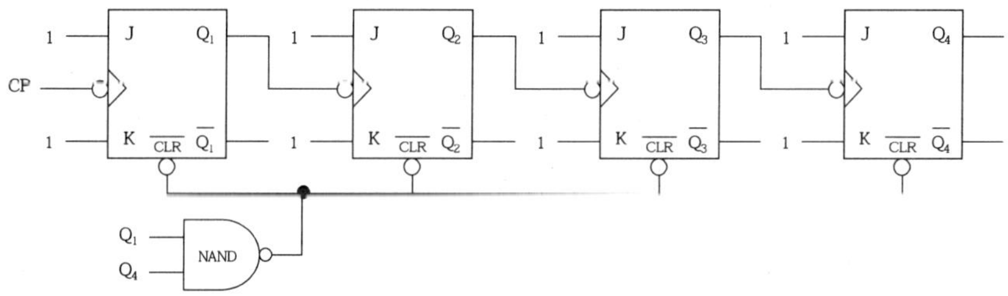

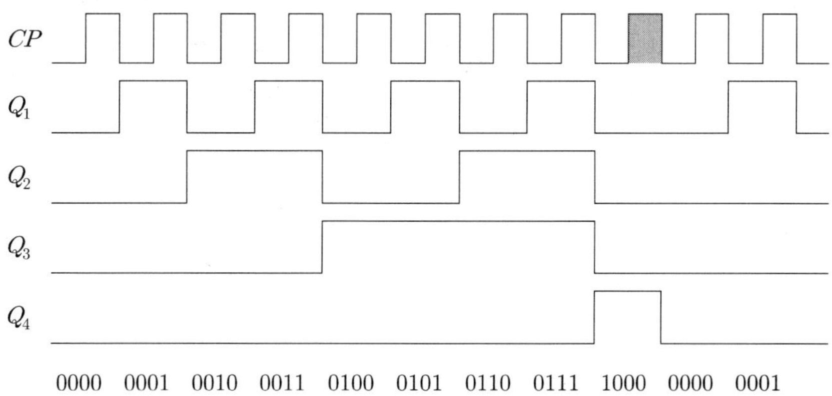

2) 동기식 카운터

동기식 카운터의 설계는 다음과 같은 절차를 따르게 된다.

① 사용할 플립플롭의 종류를 결정한다.
② 사용할 플립플롭의 수를 결정한다.
③ 카운터의 계수 순서에 따라 각 클럭펄스에서의 현재 상태와 다음 상태를 표시하는 상태표를 작성한다.
④ 상태표에 의해 각 플립플롭의 입력조건을 결정한다.
⑤ 카르노맵을 이용하여 각 플립플롭 입력의 결선조건을 간략화한다. 이때 카운터의 상태에서 빠져 있는 입력조건은 무정의항으로 처리한다.

‖ 표 5.2 ‖ 플립플롭의 출력변화에 따른 플립플롭 입력(× : 무정의항)

현재 상태	다음 상태	*SR* 플립플롭		*JK* 플립플롭		*T* 플립플롭	*D* 플립플롭
		S	*R*	*J*	*K*	*T*	*D*
0	0	0	×	0	×	0	0
0	1	1	0	1	×	1	1
1	0	0	1	×	1	1	0
1	1	×	0	×	0	0	1

예제 5-9 0 → 2 → 4 → 6의 순서로 카운트되는 동기식 카운터를 *SR* 플립-플롭, *JK* 플립플롭, *T* 플립플롭을 이용하여 설계하시오.

▸ (1) *SR* 플립플롭

현재 상태			다음 상태			플립플롭 입력					
A	*B*	*C*	*A*	*B*	*C*	S_A	R_A	S_B	R_B	S_C	R_C
0	0	0	0	1	0	0	×	1	0	0	×
0	1	0	1	0	0	1	0	0	1	0	×
1	0	0	1	1	0	×	0	1	0	0	×
1	1	0	0	0	0	0	1	0	1	0	×

S_A

C \ AB	00	01	11	10
0		1		d
1	d	d	d	d

$S_A = \overline{A}B$

R_A

C \ AB	00	01	11	10
0	d		1	
1	d	d	d	d

$R_A = AB$

S_B

C \ AB	00	01	11	10
0	1			1
1	d	d	d	d

$S_B = \overline{B}$

R_B

C \ AB	00	01	11	10
0		1	1	
1	d	d	d	d

$R_B = B$

S_C

C \ AB	00	01	11	10
0				
1	d	d	d	d

$S_C = 0$

R_C

C \ AB	00	01	11	10
0	d	d	d	d
1	d	d	d	d

$R_C = 1$

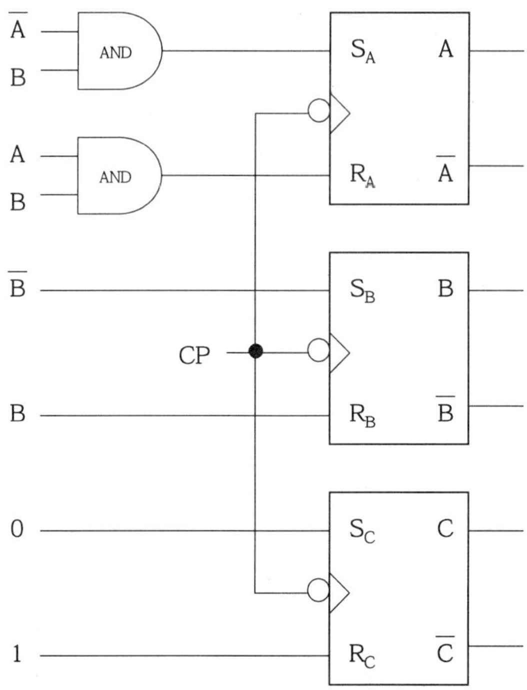

(2) JK 플립플롭

현재 상태			다음 상태			플립플롭 입력					
A	B	C	A	B	C	J_A	K_A	J_B	K_B	J_C	K_C
0	0	0	0	1	0	0	×	1	×	0	×
0	1	0	1	0	0	1	×	×	1	0	×
1	0	0	1	1	0	×	0	1	×	0	×
1	1	0	0	0	0	×	1	×	1	0	×

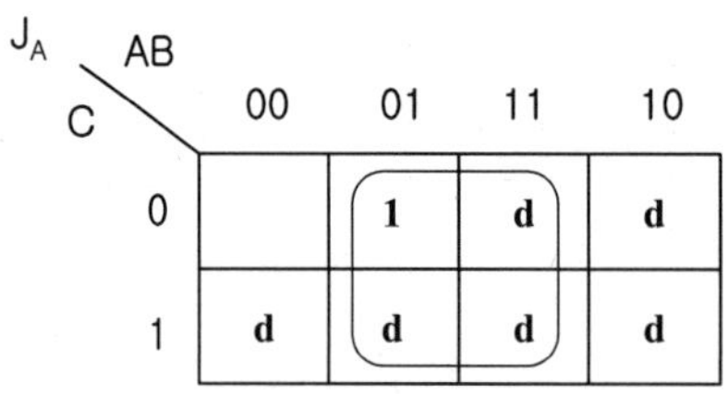

$J_A = B$

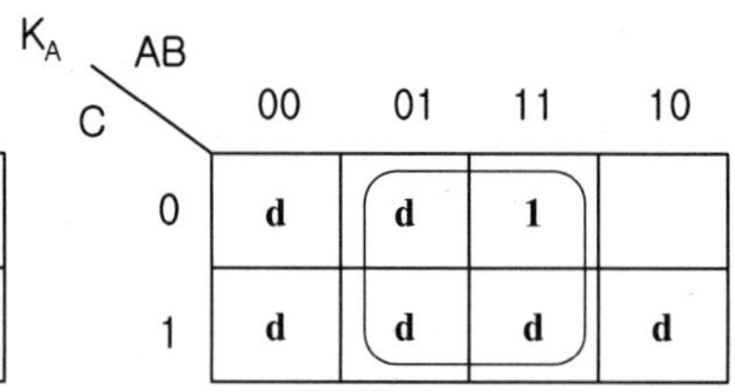

$K_A = B$

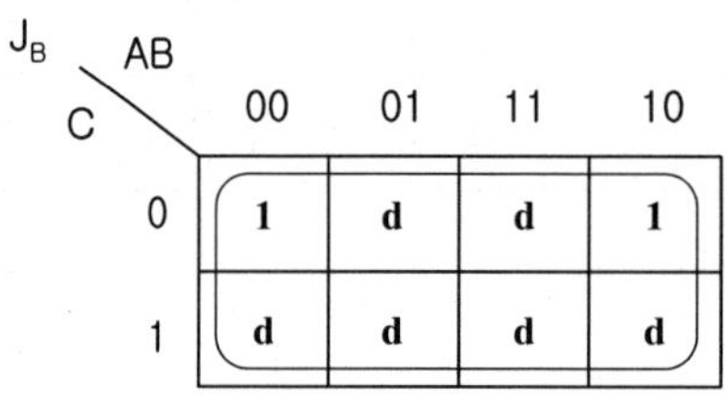

$J_B = 1$

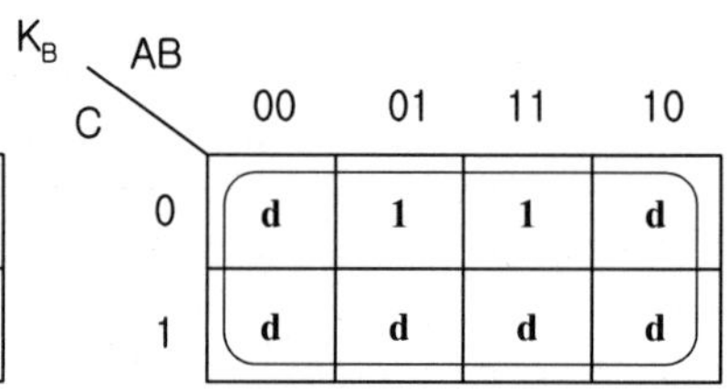

$K_B = 1$

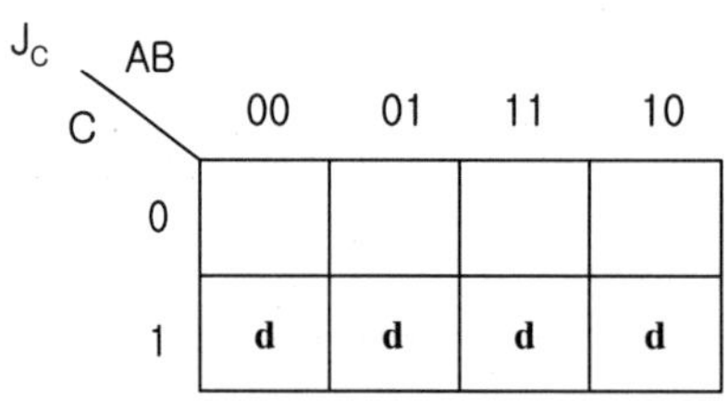

$J_C = 0$

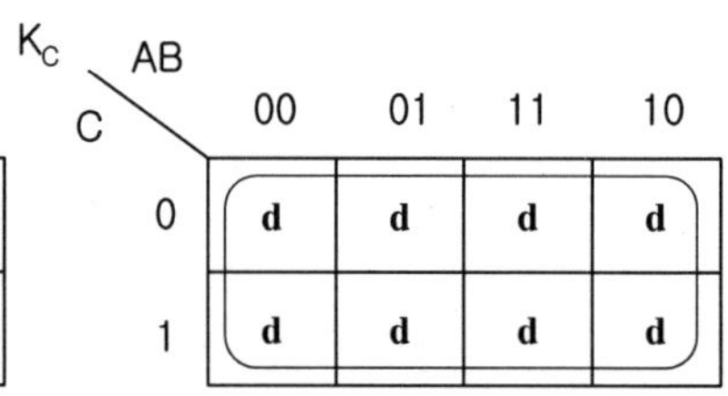

$K_C = 1$

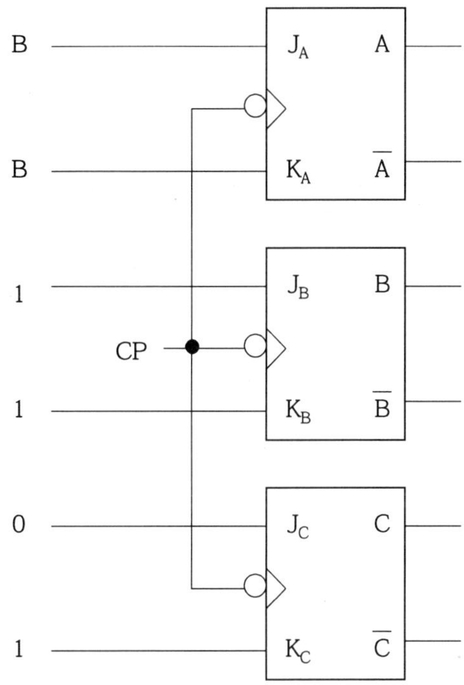

(3) T 플립플롭

현재 상태			다음 상태			플립플롭 입력		
A	B	C	A	B	C	T_A	T_B	T_C
0	0	0	0	1	0	0	1	0
0	1	0	1	0	0	1	1	0
1	0	0	1	1	0	0	1	0
1	1	0	0	0	0	1	1	0

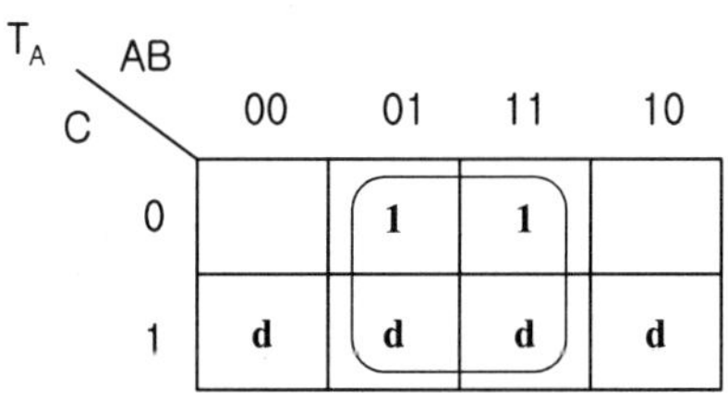

$T_A = B$

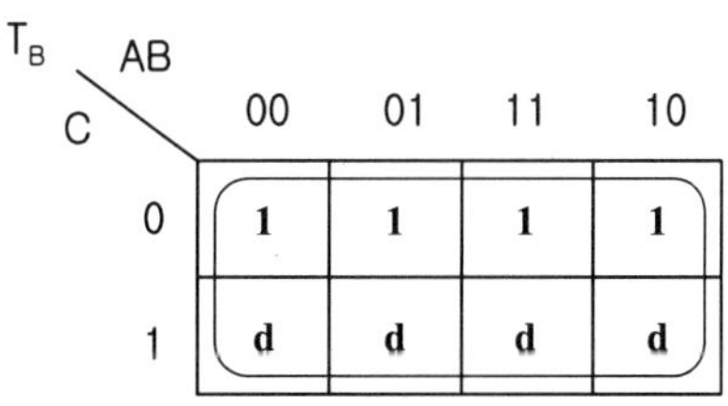

$T_B = 1$

T_C (C \ AB)	00	01	11	10
0				
1	**d**	**d**	**d**	**d**

$T_C = 0$

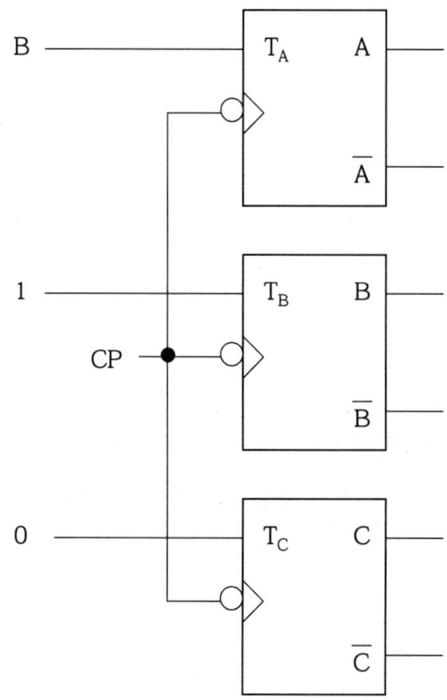

예제 5-10 $1 \rightarrow 3 \rightarrow 5 \rightarrow 7$의 순서로 카운트되는 동기식 카운터를 *SR* 플립-플롭, *JK* 플립플롭, *T* 플립플롭을 이용하여 설계하시오.

▸ (1) *SR* 플립플롭

현재 상태			다음 상태			플립플롭 입력					
A	B	C	A	B	C	S_A	R_A	S_B	R_B	S_C	R_C
0	0	1	0	1	1	0	×	1	0	×	0
0	1	1	1	0	1	1	0	0	1	×	0
1	0	1	1	1	1	×	0	1	0	×	0
1	1	1	0	0	1	×	1	0	1	×	0

S_A (C \ AB)	00	01	11	10
0	d	d	d	d
1		1		d

$$S_A = \overline{A}B$$

R_A (C \ AB)	00	01	11	10
0	d	d	d	d
1	d		1	

$$R_A = AB$$

S_B (C \ AB)	00	01	11	10
0	d	d	d	d
1	1			1

$$S_B = \overline{B}$$

R_B (C \ AB)	00	01	11	10
0	d	d	d	d
1		1	1	

$$R_B = B$$

S_C (C \ AB)	00	01	11	10
0	d	d	d	d
1	d	d	d	d

$$S_C = 1$$

R_C (C \ AB)	00	01	11	10
0	d	d	d	d
1				

$$R_C = 0$$

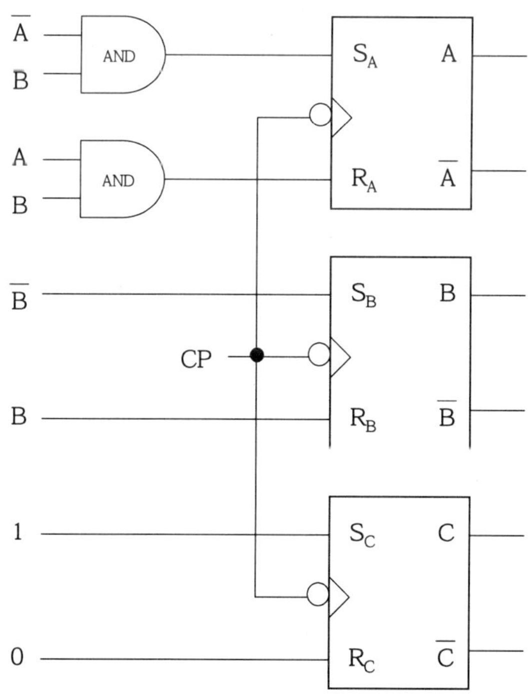

(2) JK 플립플롭

현재 상태			다음 상태			플립플롭 입력					
A	B	C	A	B	C	J_A	K_A	J_B	K_B	J_C	K_C
0	0	1	0	1	1	0	×	1	×	×	0
0	1	1	1	0	1	1	×	×	1	×	0
1	0	1	1	1	1	×	0	1	×	×	0
1	1	1	0	0	1	×	1	×	1	×	0

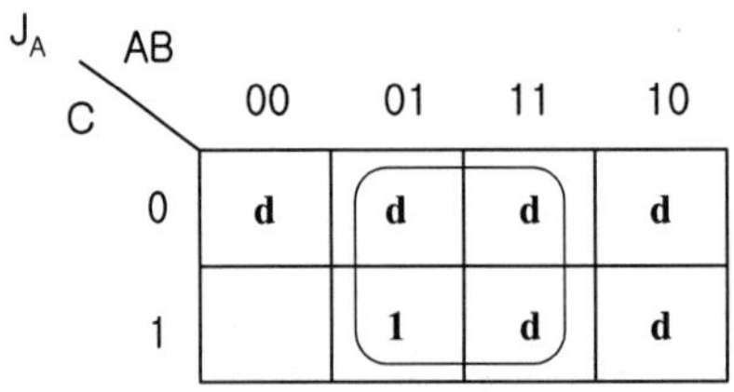

$J_A = B$

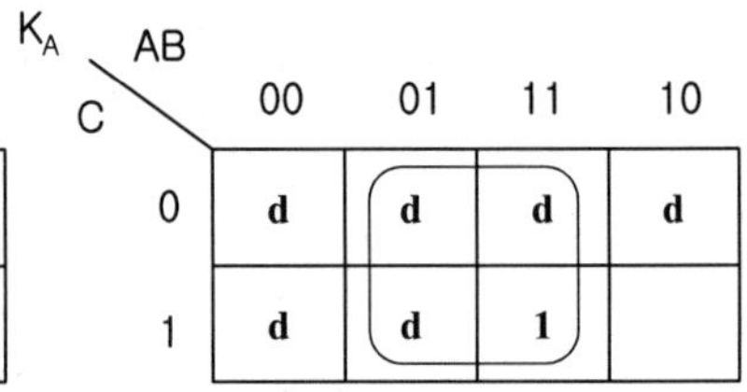

$K_A = B$

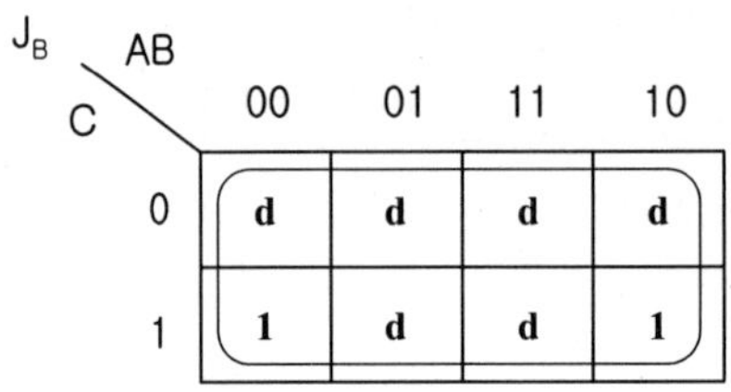

$J_B = 1$

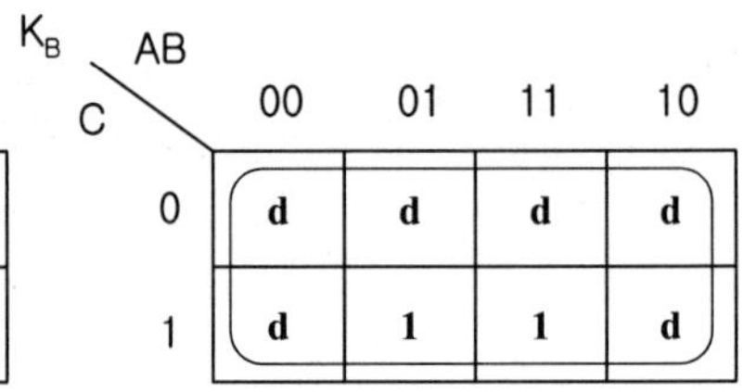

$K_B = 1$

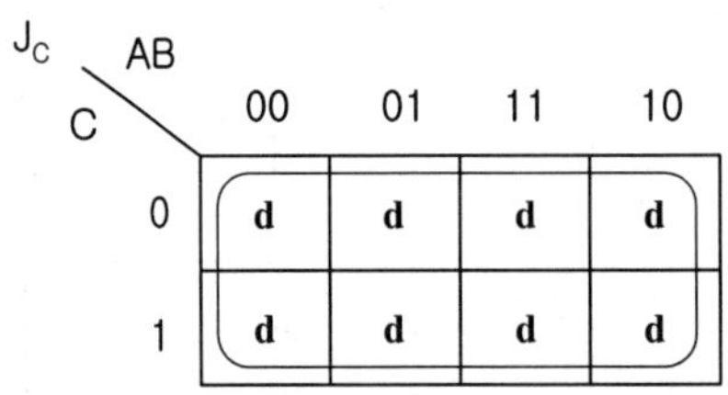

$J_C = 1$

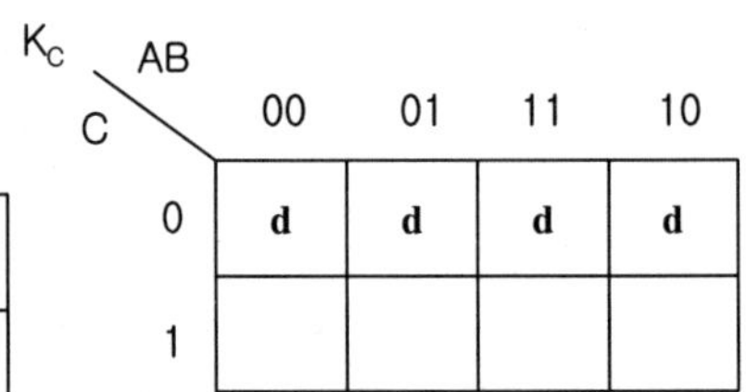

$K_C = 0$

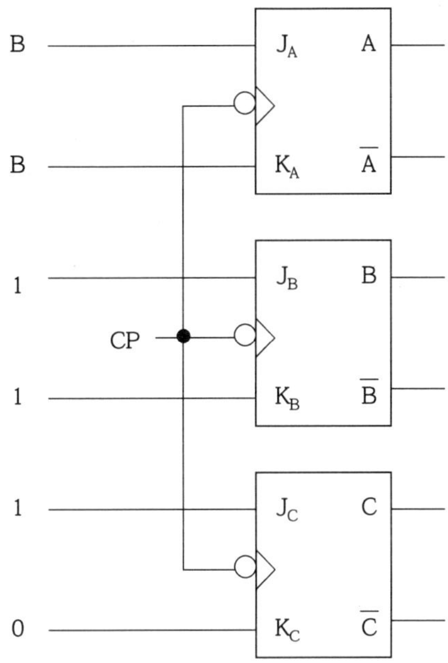

(3) T 플립플롭

현재 상태			다음 상태			플립플롭 입력		
A	B	C	A	B	C	T_A	T_B	T_C
0	0	1	0	1	1	0	1	0
0	1	1	1	0	1	1	1	0
1	0	1	1	1	1	0	1	0
1	1	1	0	0	1	1	1	0

T_A C \ AB	00	01	11	10
0	d	d	d	d
1		1	1	

$T_A = B$

T_B C \ AB	00	01	11	10
0	d	d	d	d
1	1	1	1	1

$T_B = 1$

T_C C \ AB	00	01	11	10
0	d	d	d	d
1				

$T_C = 0$

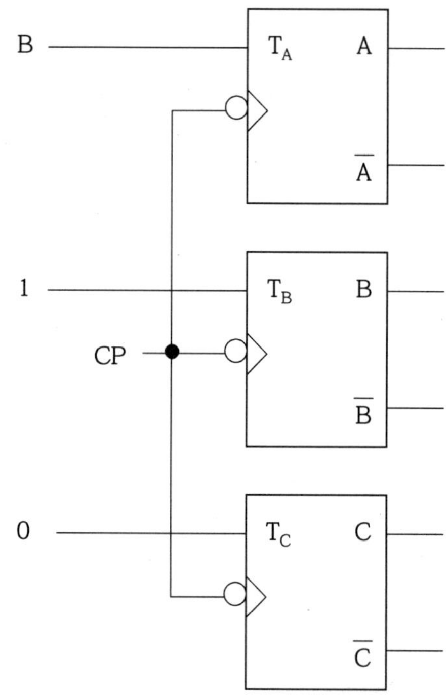

예제 5-11 $0 \rightarrow 1 \rightarrow 3 \rightarrow 2 \rightarrow 6 \rightarrow 4 \rightarrow 5 \rightarrow 7$의 순서로 카운트되는 동기식 카운터를 *SR* 플립플롭, *JK* 플립플롭, *T* 플립플롭을 이용하여 설계하시오.

▸ (1) *SR* 플립플롭

현재 상태			다음 상태			플립플롭 입력					
A	B	C	A	B	C	S_A	R_A	S_B	R_B	S_C	R_C
0	0	0	0	0	1	0	×	0	×	1	0
0	0	1	0	1	1	0	×	1	0	×	0
0	1	1	0	1	0	0	×	×	0	0	1
0	1	0	1	1	0	1	0	×	0	0	×
1	1	0	1	0	0	×	0	0	1	0	×
1	0	0	1	0	1	×	0	0	×	1	0
1	0	1	1	1	1	×	0	1	0	×	0
1	1	1	0	0	1	0	1	0	1	0	1

S_A

C \ AB	00	01	11	10
0		1	d	d
1				d

$S_A = B\overline{C}$

R_A

C \ AB	00	01	11	10
0	d			
1	d	d	1	

$R_A = BC$

S_B

C \ AB	00	01	11	10
0		d		
1	1	d		1

$S_B = \overline{B}C$

R_B

C \ AB	00	01	11	10
0	d		1	d
1			1	

$R_B = AB$

S_C

C \ AB	00	01	11	10
0	1			1
1	d			d

$S_C = \overline{B}$

R_C

C \ AB	00	01	11	10
0		d	d	
1		1	1	

$R_C = B$

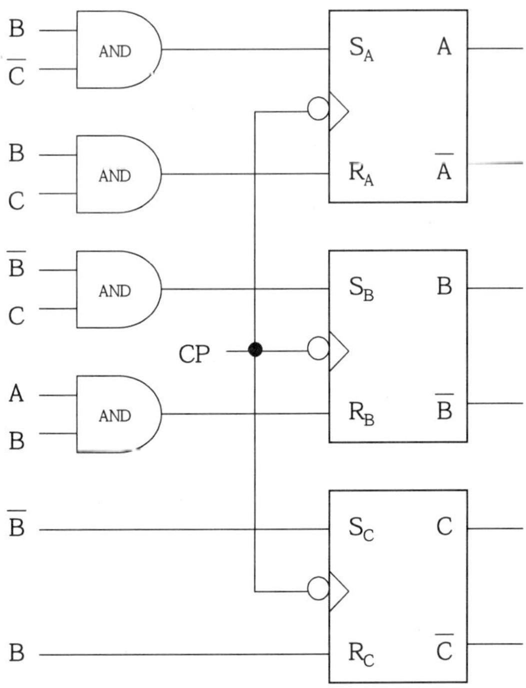

(2) JK 플립플롭

현재 상태			다음 상태			플립플롭 입력					
A	B	C	A	B	C	J_A	K_A	J_B	K_B	J_C	K_C
0	0	0	0	0	1	0	×	0	×	1	×
0	0	1	0	1	1	0	×	1	×	×	0
0	1	1	0	1	0	0	×	×	0	×	1
0	1	0	1	1	0	1	×	×	0	0	×
1	1	0	1	0	0	×	0	×	1	0	×
1	0	0	1	0	1	×	0	0	×	1	×
1	0	1	1	1	1	×	0	1	×	×	0
1	1	1	0	0	1	×	1	×	1	×	1

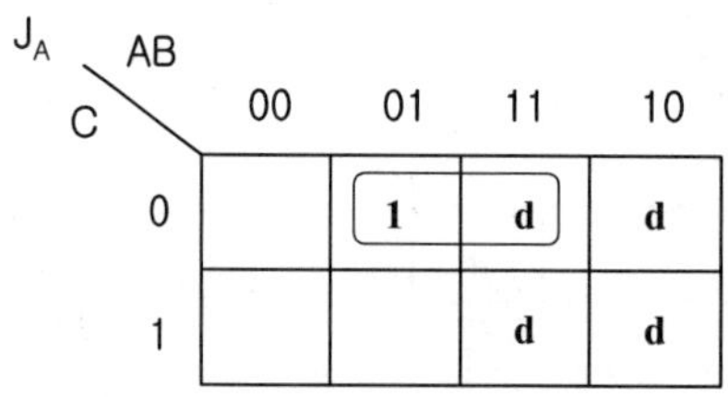

$J_A = B\overline{C}$

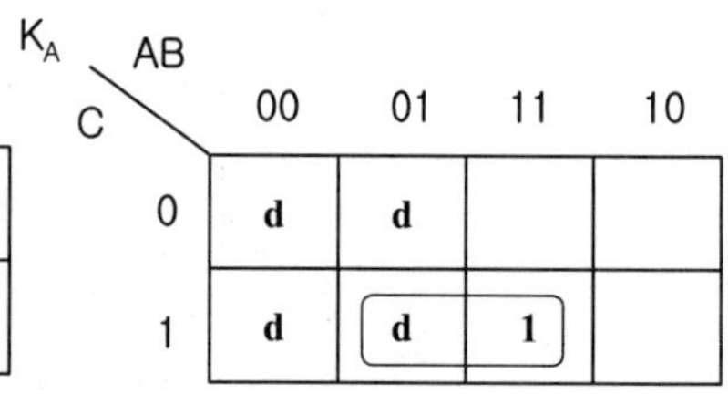

$K_A = BC$

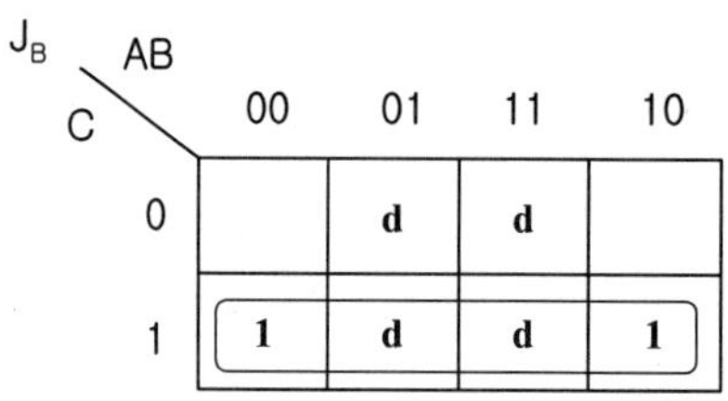

$J_B = C$

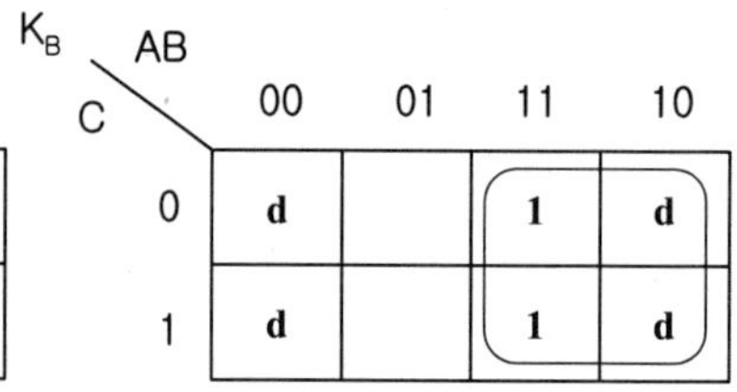

$K_B = A$

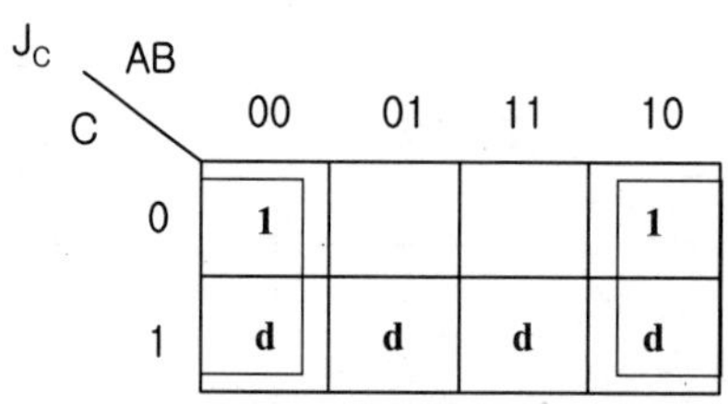

$J_C = \overline{B}$

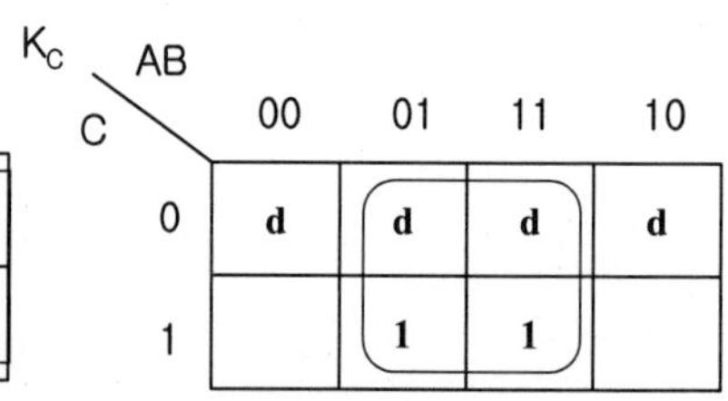

$K_C = B$

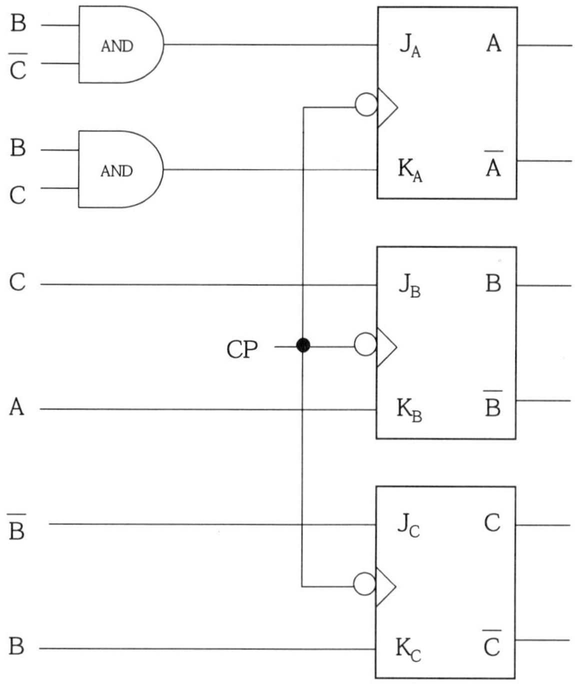

(3) T 플립플롭

현재 상태			다음 상태			플립플롭 입력		
A	B	C	A	B	C	T_A	T_B	T_C
0	0	0	0	0	1	0	0	1
0	0	1	0	1	1	0	1	0
0	1	1	0	1	0	0	0	1
0	1	0	1	1	0	1	0	0
1	1	0	1	0	0	0	1	0
1	0	0	1	0	1	0	0	1
1	0	1	1	1	1	0	1	0
1	1	1	0	0	1	1	1	1

T_A (C \ AB)	00	01	11	10
0		1		
1			1	

$$T_A = ABC + \overline{A}B\overline{C} = B(AC + \overline{A}\,\overline{C})$$

T_B (C \ AB)	00	01	11	10
0			1	
1	1		1	1

$$T_B = AB + \overline{B}C$$

T_C (C \ AB)	00	01	11	10
0	1			1
1		1	1	

$$T_C = BC + \overline{B}\,\overline{C}$$

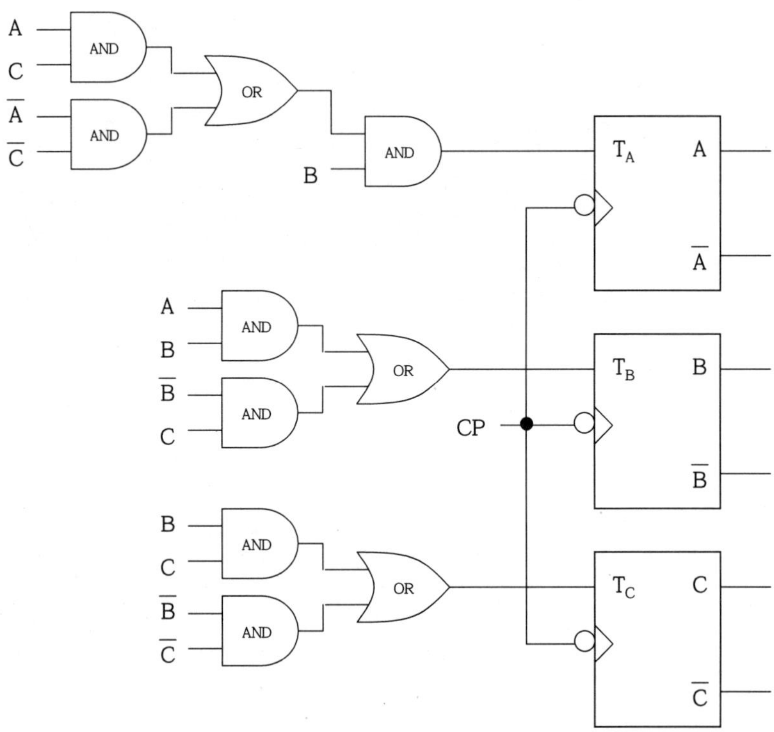

제6장 무접점 제어 응용

유접점(有接點) 시퀀스 제어는 릴레이, 타이머 등의 전자기기(電磁器機)를 사용하여 주어진 회로를 구현하지만, 무접점(無接點) 시퀀스 제어는 논리 게이트, 플립플롭 등의 전자소자(電子素子)를 사용하여 논리회로를 구현한다. 본 장에서는 시퀀스 회로를 무접점 논리회로로 변환하는 방법을 학습한다.

6.1 시간제어

시간제어(Timing Control)는 시퀀스 제어의 기본 기능 중 하나이다. 적분회로를 응용하여 시간적인 요소를 갖도록 하는 *IC*를 단안정 멀티바이브레이터(MMV : Monostable Multivibrator)라고 한다. 그림 6.1과 같이 기본 동작으로 입력 A를 0에서 1로 변화시키면 이것에 대응하여 *IC*의 단자에 연결된 R과 C의 곱으로 정해지는 시간만큼 출력을 1로 유지한다.

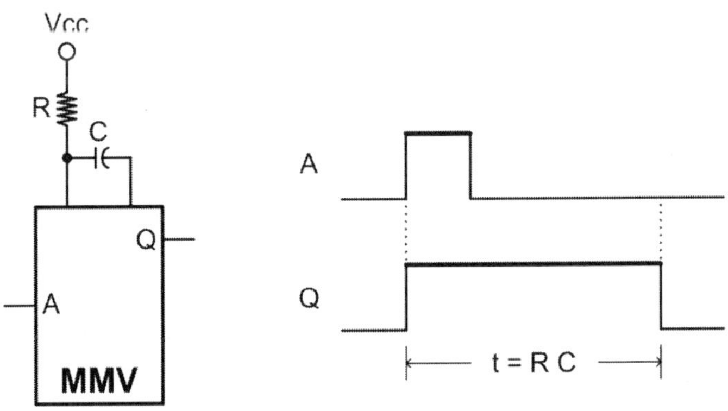

‖ 그림 6.1 ‖ MMV의 구성과 타임챠트

실제로 사용되는 MMV용 *IC*의 구성 예(14핀)를 그림 6.2에 표현하였으며 입력단자에 AND나 OR가 접속된 것, 클리어(CLR)단자가 붙어 있는 것, 반전출력($\overline{Q}$)을 내도록 한 것 등이 있다.

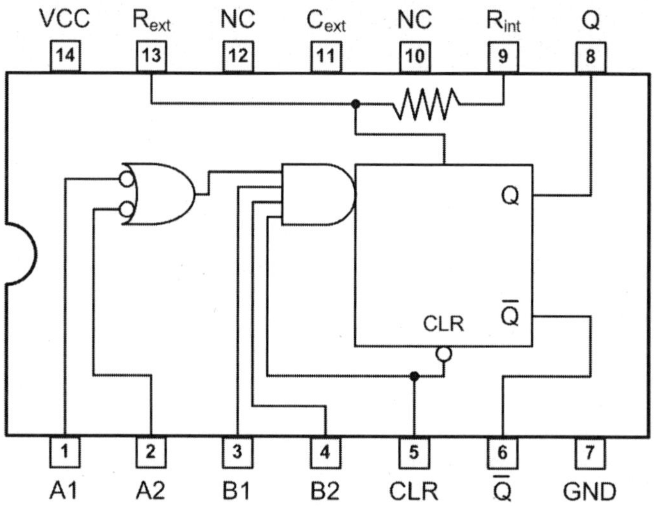

‖ 그림 6.2 ‖ MMV용 IC의 구성 예(14핀)

MMV의 활용 예를 그림 6.3에서 보여주고 있으며 입력이 인가되고 나서 일정시간 t 만큼 출력을 1로 유지한다. 이것은 제품을 검출하고 나서 일정한 시간만큼 실린더를 구동시켜서 제품을 밀어내는 경우 등에 이용된다.

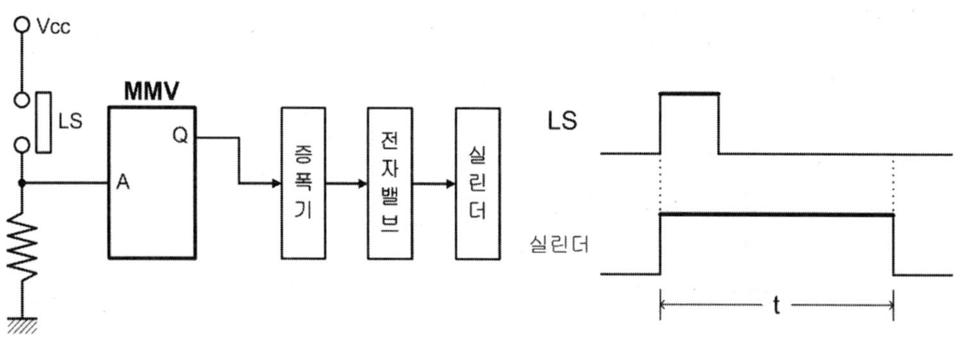

‖ 그림 6.3 ‖ MMV의 활용 예

그림 6.4와 같이 MMV에서 미분회로를 거쳐 $SR-FF$을 접속하면 입력을 인가하고 나서 일정시간 후에 출력에 1을 내는 지연동작을 시킬 수도 있다.

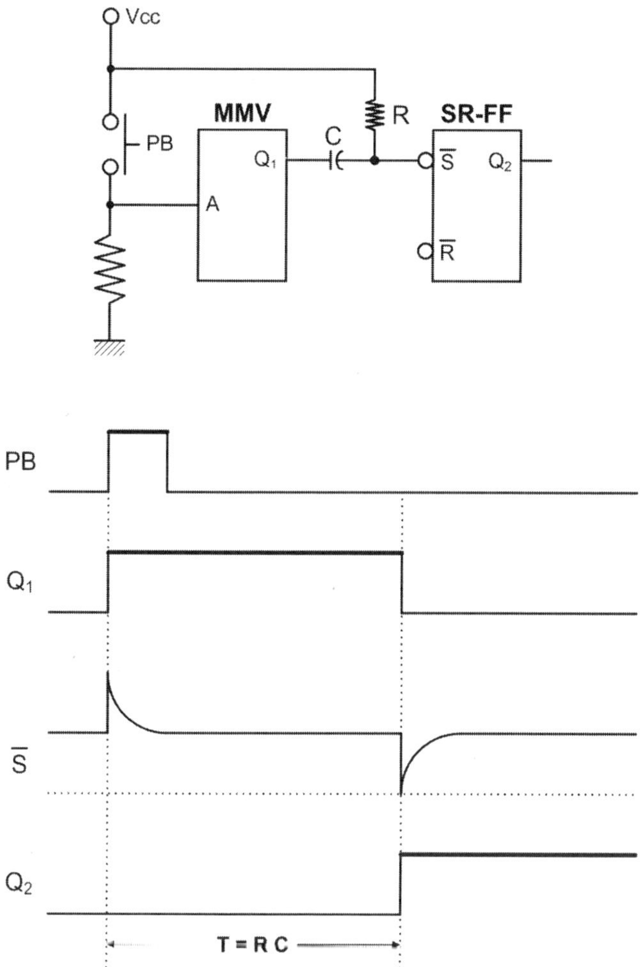

▍그림 6.4 ▍ 미분회로에 의한 지연동작

또한, 그림 6.5와 같이 MMV를 2단으로 접속하면 입력을 인가하고 나서 일정시간(t_1) 후에 일정시간(t_2)만큼 출력을 얻을 수 있다.

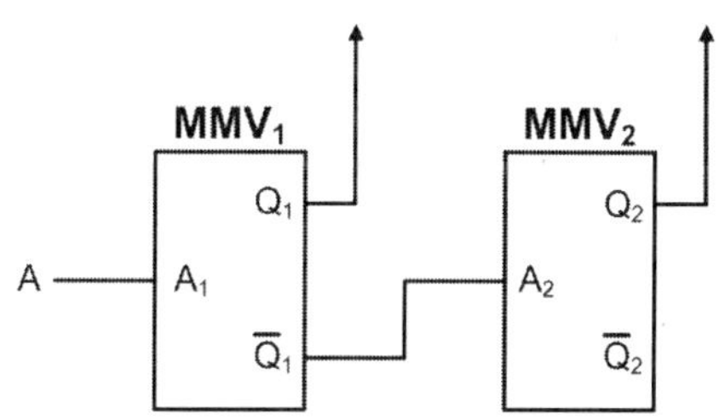

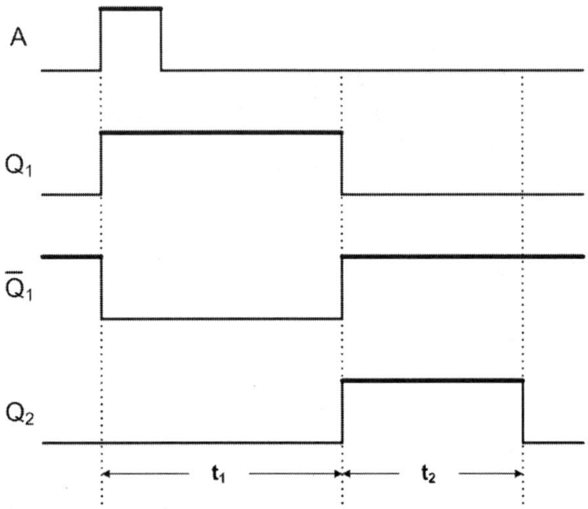

‖ 그림 6.5 ‖ MMV의 2단 접속

MMV 이외에도 시간제어용 디지털소자에는 전자타이머, *IC*−555 등이 있으며 그림 6.6과 그림 6.7에서는 이들의 구성 및 표현방식과 타임챠트를 설명하고 있다. 전자타이머의 경우 온딜레이(on-delay)기능을 이용하고, *IC*−555의 경우 펄스(pulse)기능을 활용할 수 있다.

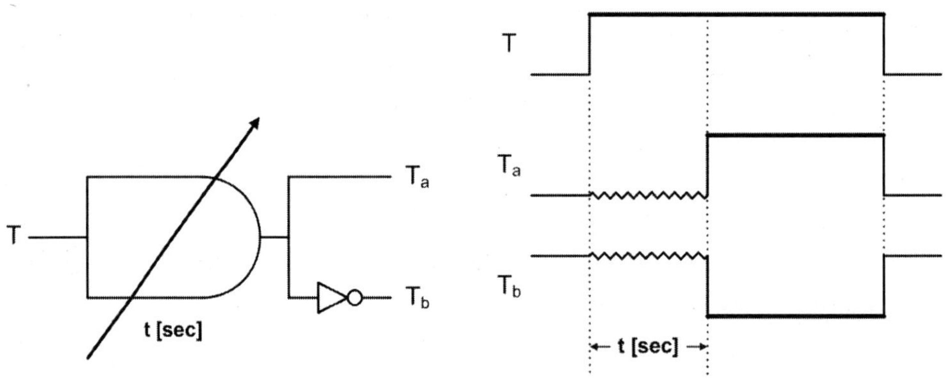

‖ 그림 6.6 ‖ 전자타이머의 기호와 타임챠트

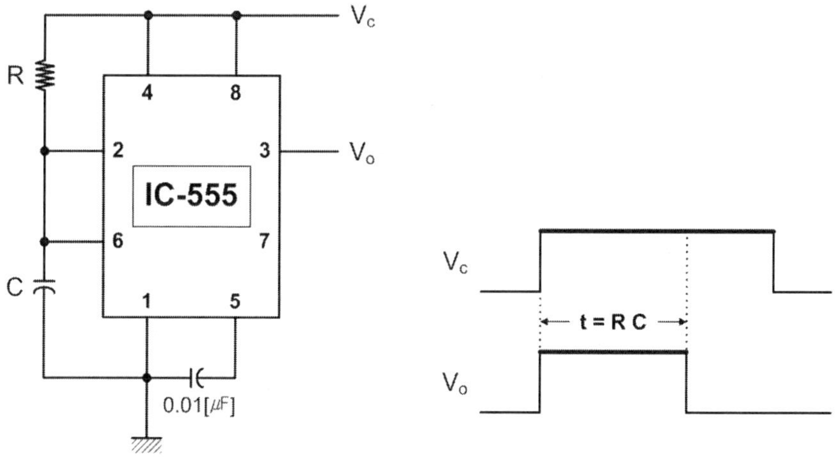

▌그림 6.7 ▌IC-555의 구성과 타임챠트

6.2 시퀀스 회로의 변환

1) 인터록 회로

기기의 보호와 조작자의 안전을 목적으로 기기의 동작상태를 나타내는 접점, 혹은 회로를 사용하여 관련된 기기의 동작을 금지하는 회로를 인터록(inter-lock) 회로라 하며 상대동작 금지회로, 선행동작 우선회로라고도 한다.

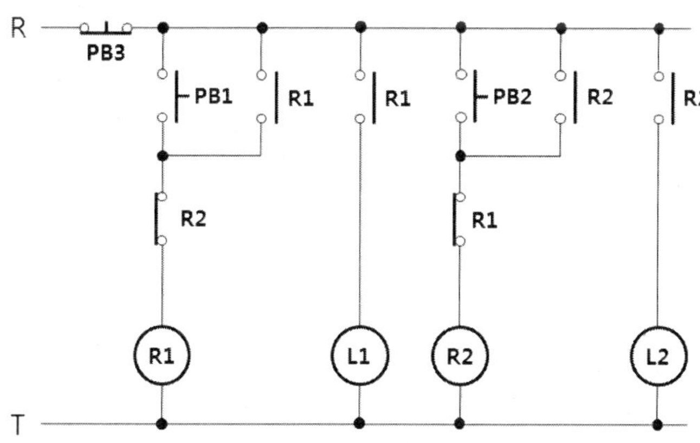

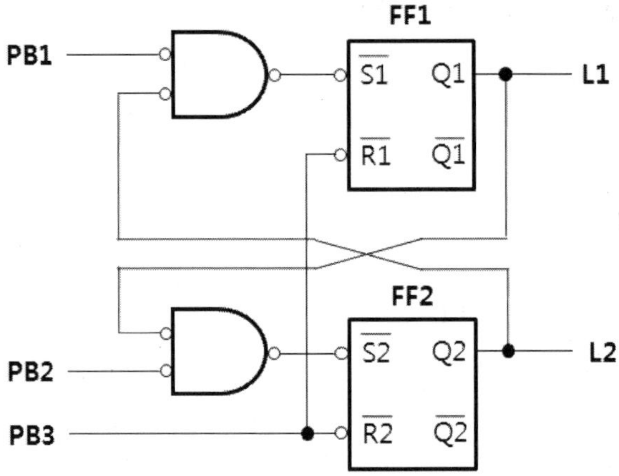

2) 시간제어회로

전동기 등의 부하를 일정시간 지연운전, 정지 및 순차운전, 교대 운전 등을 하는 것으로 여기서는 설정시간 동안만 운전하는 회로를 대상으로 한다.

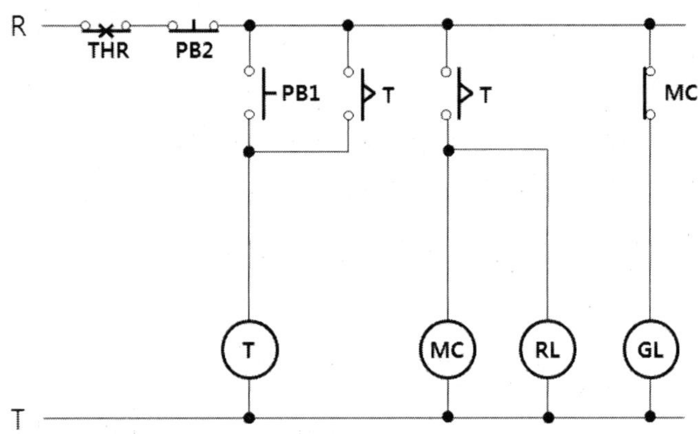

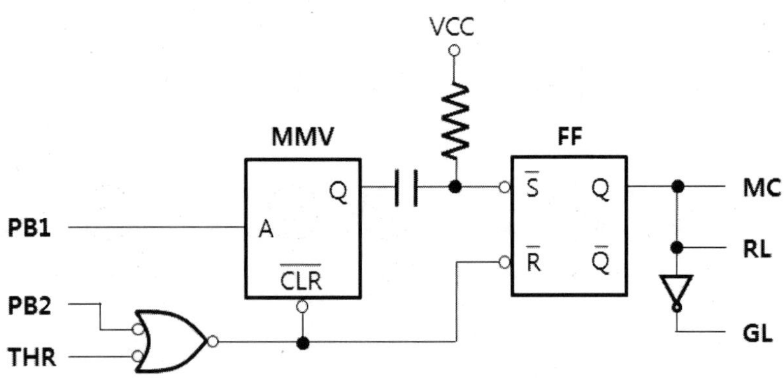

3) 순서제어회로

전동기 등의 부하를 순서적으로 기동, 운전, 정지시키는 회로를 의미하며 아래의 회로는 MC 3개와 릴레이 1개를 사용하여 3대의 부하를 순서에 따라 동작 및 복구시키는 기능을 갖는다.

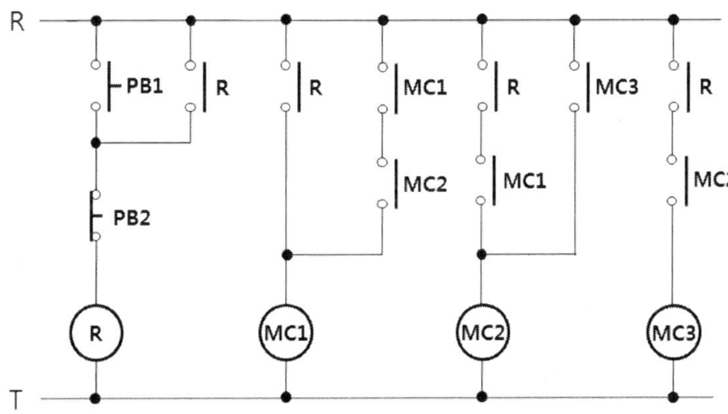

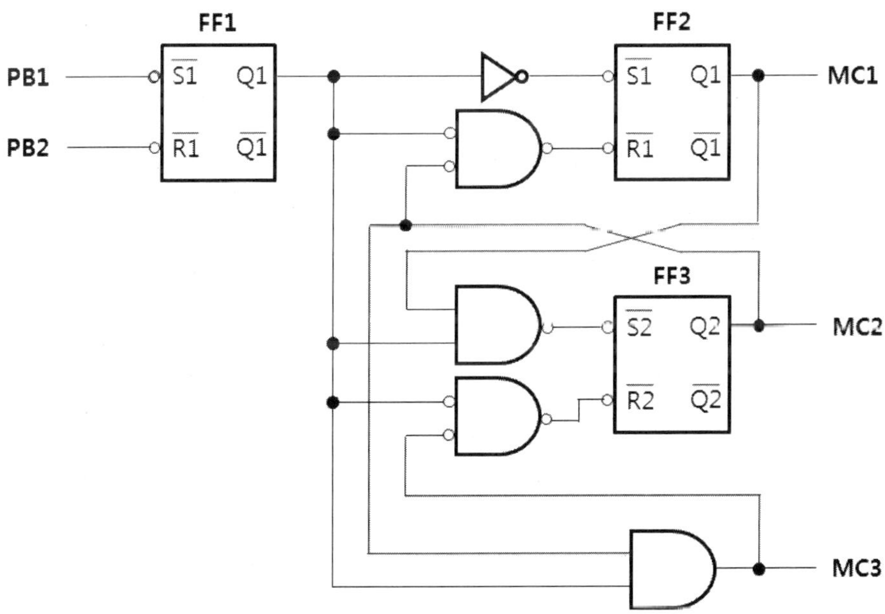

4) 순차동작회로

전동기 등의 부하를 시간 차이를 두고 순차적으로 운전시키는 회로이며 아래의 회로는 MC 3개와 타이머 3개를 사용하여 3대의 부하를 순차 작동시키는 기능을 갖는다.

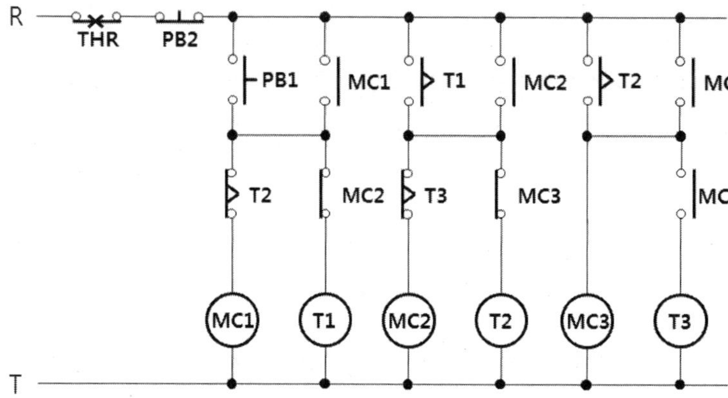

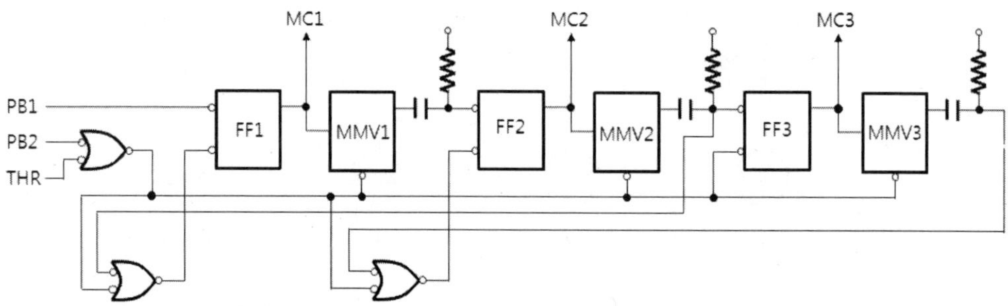

5) 반복운전회로

전동기 등의 부하가 일정한 시간 동안 작동하고 일정한 시간 동안 정지하는 것을 반복하는 회로이며 아래의 회로는 MC 1개와 릴레이 2개, 타이머 2개를 사용하여 1대의 부하를 반복 운전시키는 기능을 갖는다.

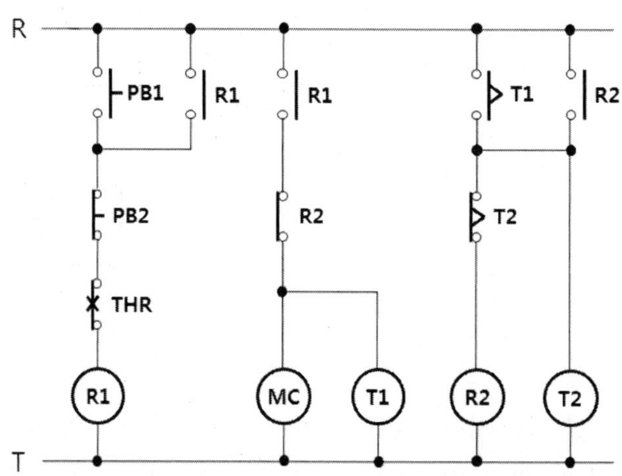

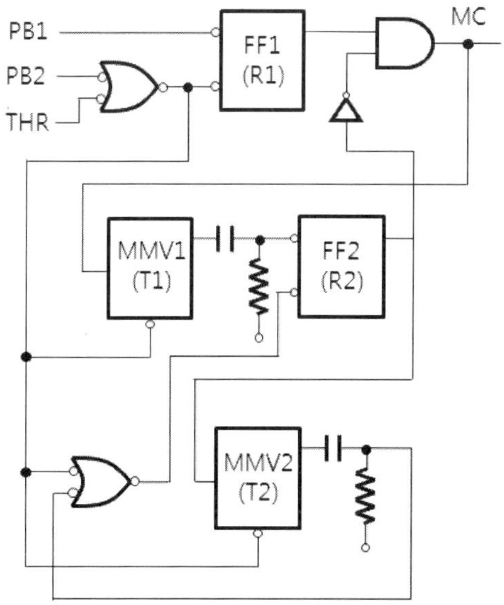
PB1
PB2
THR
FF1
(R1)
MC
MMV1
(T1)
FF2
(R2)
MMV2
(T2)

· 2부

시퀀스 제어

릴레이 시퀀스 제어에서 사용되는 부품(스위치, 센서, 표시부, 구동부하 및 릴레이 제어부품 등)의 원리와 접점 개념을 포함한 사용방법을 소개하고, 시퀀스 순서도(회로도)를 읽는 방법과 설계 방식을 설명하였다. 또한 시퀀스 전기배선작업을 수행하는 방법을 이해하고 전동기 구동회로, 교통신호등 회로 등 일상생활에서 많이 접할 수 있는 릴레이 시퀀스 제어회로를 제시하여 이를 대상으로 전기배선 실습을 할 수 있도록 하였다. 더불어 전기기능사 실기시험에 대비하여 작업에 필요한 기본 지식 및 그 동안 출제되었던 실기 예제문제들을 다루었다.

제7장 시퀀스 제어의 개요

시퀀스 제어(sequence control)는 정성적 제어의 대표적인 분야로서 미리 정해진 순서에 따라 제어의 각 단계를 차례로 진행해 가는 특성이 있다. 초기에는 릴레이 등의 기계적 스위칭을 사용한 유접점 시퀀스 제어를 주로 사용하였으나 반도체 기술의 발전에 힘입어 논리소자 등의 전자적 스위칭을 사용한 무접점 시퀀스 제어도 현재 많이 이용되고 있다. 시퀀스 제어회로에 어떠한 명령이 주어지면 그 결과가 미리 알려져 충실하게 실행되며 다음과 같은 특징으로 요약된다.

- 명령에 의한 궤환(feedback)이 없다.
- 입력에서 출력신호까지 정해진 순서에 따라 일방적으로 수행된다.
- 시퀀스 제어는 직접 일을 수행하지 않고 일을 하게 하는 장치이다.

그 예로서 검출기에 의해 검출된 신호를 기억하거나 판단하여 전동기, 솔레노이드 등에게 일을 하도록 명령을 보내는 것이다.

7.1 시퀀스 제어의 개념

어떤 주어진 목적에 적합하도록 제어대상에게 필요한 조작을 가하는 것을 제어라고 한

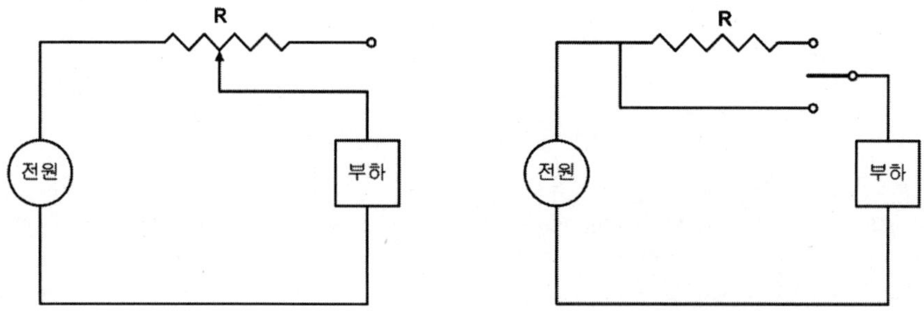

▌그림 7.1 ▌　　▌그림 7.2 ▌

다. 제어에는 그림 7.1과 같이 가변저항 등을 사용하는 연속적인 제어방법과 그림 7.2와 같이 2위치 스위치 등을 사용하는 불연속적인 제어방법이 있다.

스위치의 ON, OFF에 의한 두 가지 상태의 불연속적인 제어를 일반적으로 'ON-OFF 제어' 또는 '2위치 제어'라고도 하며, 릴레이 순서제어(relay sequence control)의 기본이 된다.

열차의 운전 다이어그램, 엘리베이터의 운행, 극장에서의 공연 프로그램, 전광판의 뉴스속보 등 우리가 매일 반복되는 생활환경 속에서도 순서가 정해져 있는 것이 많다. 이것들은 미리 정해진 수순에 따라 행위가 발생되거나 소멸되는 것이며 시퀀스적이라 할 수 있다. 우리들은 별 생각 없이 매일 반복적으로 스쳐 지나가지만 보는 시각을 조금만 바꾸면, '아, 이런 곳에도!'라고 생각되는 의외의 장소나 설비에도 시퀀스 제어가 존재하고 있다. 본 절에서는 시퀀스 제어가 사용되는 예를 두 가지만 소개하고자 한다.

가. 급수설비

고층빌딩에서의 급수설비는 양수설비를 이용하여 필요한 양의 물을 빌딩 내의 가장 높은 곳에 위치한 수조에 담은 후 급수하는 것이 일반적이다. 다음 그림은 플로트리스(floatless) 액면릴레이를 사용하는 급수설비의 예로서 수조의 수위가 전극 E_2까지 떨어지면 모터펌프가 자동으로 운전되어 수조에 물을 공급하고, 수조의 수위가 전극 E_1까지 올라가면 모터펌프는 자동으로 운전을 멈추도록 설계된 시퀀스 제어 시스템이다. 플로트리스 액면릴레이는 플로트(뜨개)를 사용하지 않고 액체 속에 전류를 흘려서 그 변화로

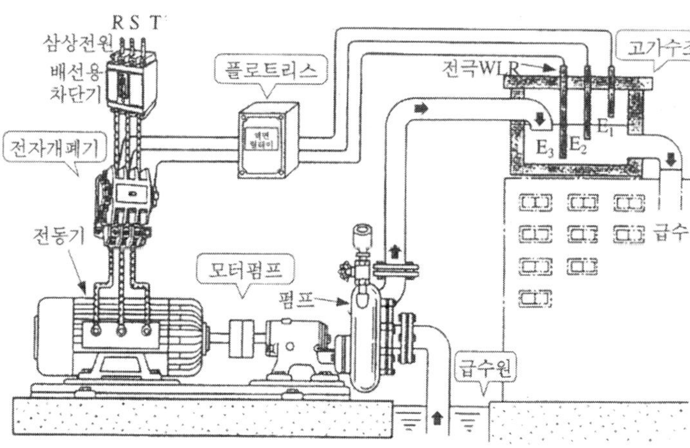

액면을 제어하는 것으로서 전극 사이에 흐르는 전류의 변화를 증폭하여 전자 릴레이를 작동시킨다.

나. 리프트 설비

공사장, 식당 및 창고 등 물건을 수시로 오르내릴 필요가 있는 곳에서는 화물운반용 리프트 설비가 필수적이다. 다음 그림은 3층 화물운반용 리프트 설비의 예로서 화물을 싣는 바구니는 로프로 권상전동기에 연결되어 상승 또는 하강한다. 각 층에는 바구니의 호출, 행선지시용 푸시버튼스위치 및 위치검출용 리미트스위치가 설비되어 있다.

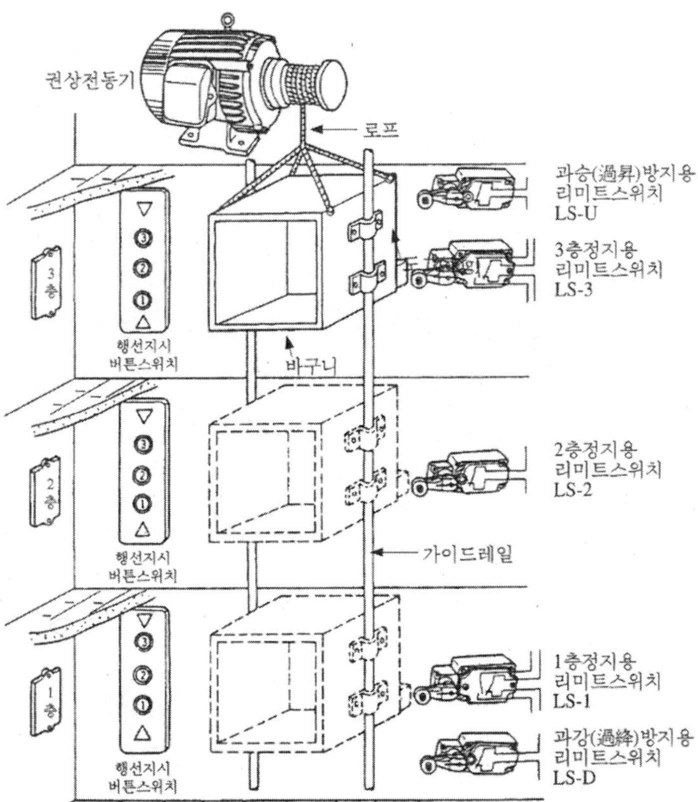

7.2 시퀀스 제어의 구성과 부품

시퀀스 제어를 구성하는 기구와 제어기기는 다음과 같이 조작부, 검출부와 제어부 및 구동부, 표시부로 구분된다.

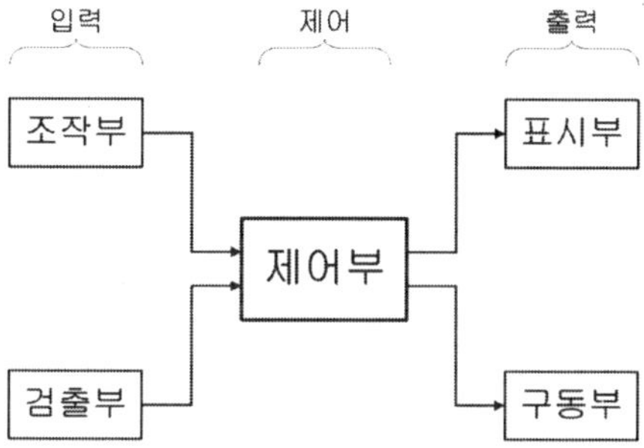

가. 스위치의 접점

스위치는 접점의 동작 상태에 따라서 다음과 같이 세 가지 종류의 접점을 가진 스위치로 분류된다.

*a*접점이란 ON 조작을 하면 닫히고, OFF 조작을 하면 열리는 접점으로, 메이크(make)접점 또는 NO(Normally Open)접점이라고 한다.

a접점
(메이크, NO접점)

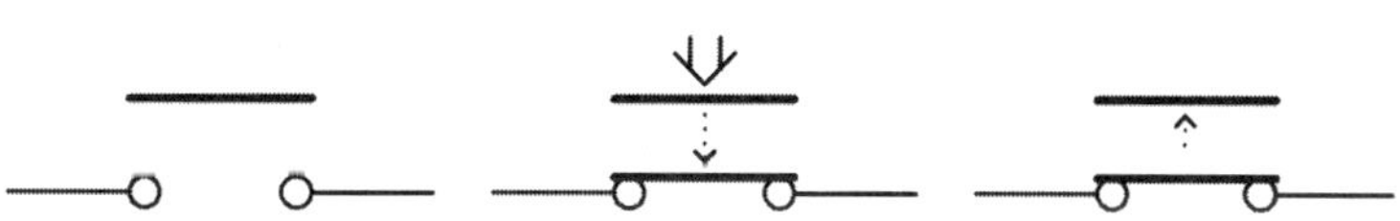

*b*접점이란 ON 조작을 하면 열리고, OFF 조작을 하면 닫히는 접점으로, 브레이크(break)접점 또는 NC(Normally Close)접점이라고도 한다.

b접점
(브레이크, NC접점)

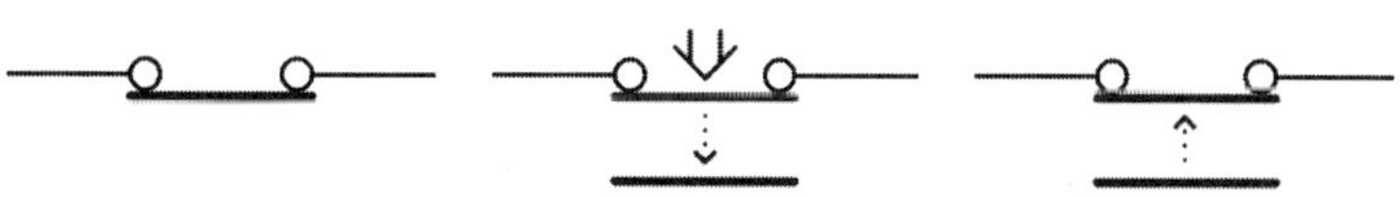

*c*접점이란 *a*접점과 *b*접점을 공유하고 있으며 ON 조작을 하면 *a*접점이 닫히고(*b*접점은 열리고), OFF 조작을 하면 *a*접점이 열리는(*b*접점은 닫히는) 접점으로 절환

(change-over)접점 또는 트랜스퍼(transfer)접점이라고도 한다.

c접점
(절환, 트랜스퍼접점)

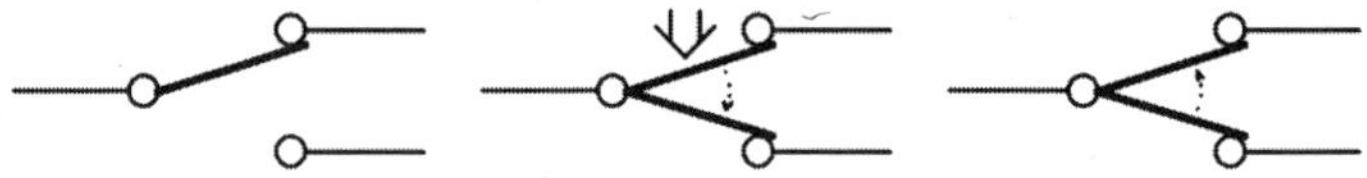

나. 조작 스위치와 검출 스위치

조작 스위치는 사람이 직접 조작하는 스위치로써 다음과 같이 복귀형, 유지형 및 잔류형으로 구분된다.

구 분	기 호			동작의 차이	대표적인 스위치
	a접점	b접점	c접점		
복귀형	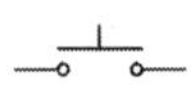	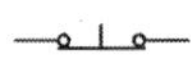	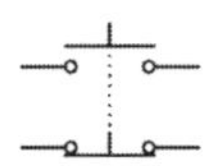	조작하고 있는 동안에만 접점이 개폐되고 손을 떼면 본래의 상태로 복귀	푸시버튼 스위치 
유지형	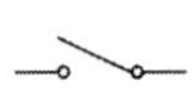		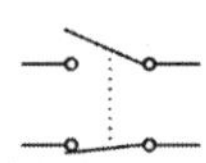	조작 후에 손을 떼어도 조작부분과 접점을 그대로 유지	토글 스위치 
잔류형	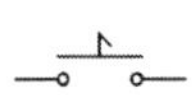	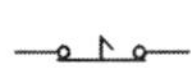	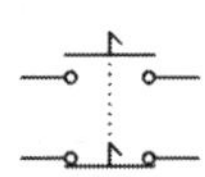	조작 후에 손을 떼면 접점은 그대로 유지하지만 조작부분은 본래 상태로 복귀	잔류 스위치 

물체의 유무나 위치 또는 온도, 압력 등의 변화를 검출하고, 자동적으로 접점을 개폐하는 스위치로, 인간의 눈이나 귀 등의 감각에 해당하는 동작을 한다. 릴레이 순서제어에서는 물체의 유무나 위치를 검출하는 리미트 스위치(limit switch)나 광전 스위치, 근접 스위치 등이 널리 사용되고 있다.

구 분	기 호		동작의 개요	실물의 예
	a접점	b접점		
리미트 스위치	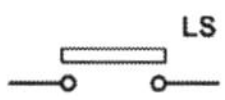	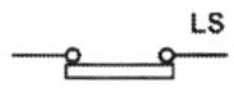	물체의 움직이는 힘에 의하여 작동편(액추에이터)이 눌려서 접점을 개폐	
광 전 스위치	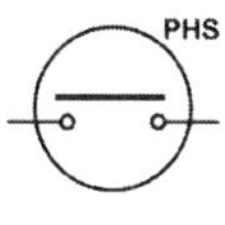	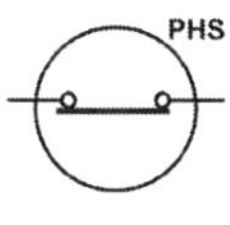	투광기와 수광기로 구성되어 투광기에서 쏜 빛을 수광기에서 감지하여 접점을 개폐	
근 접 스위치	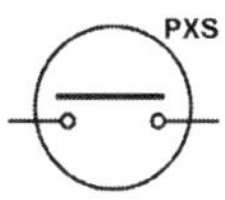	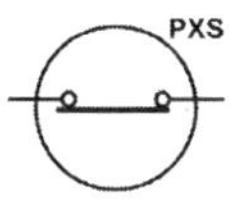	금속체나 자성체에서 발생되는 전계나 자계의 변화를 감지하여 접점을 개폐	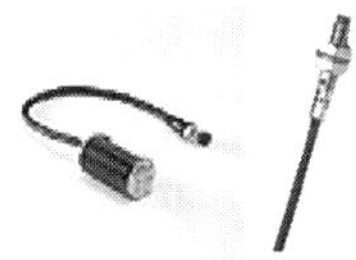

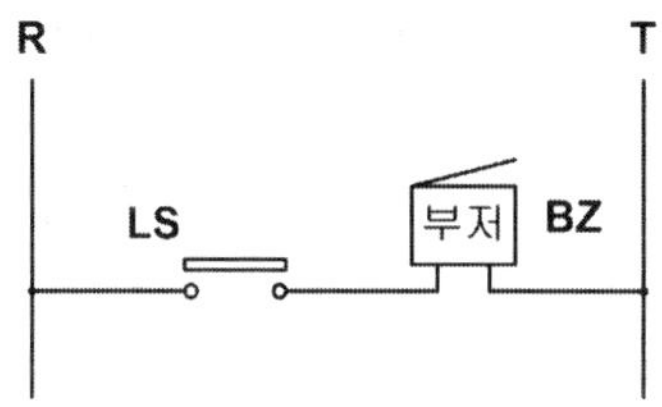

⇒

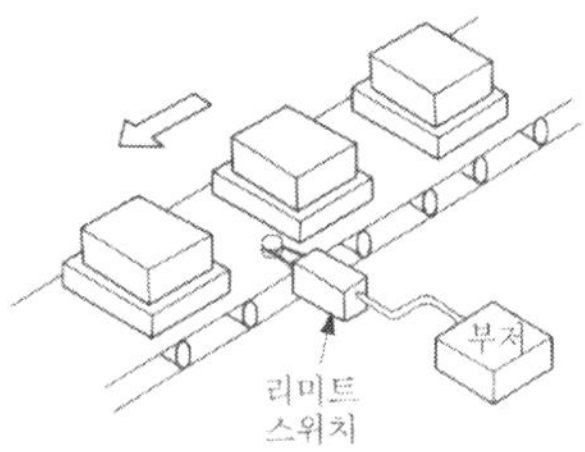

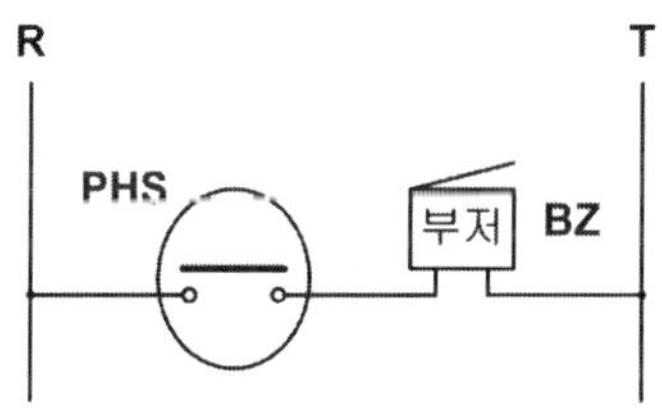

⇒

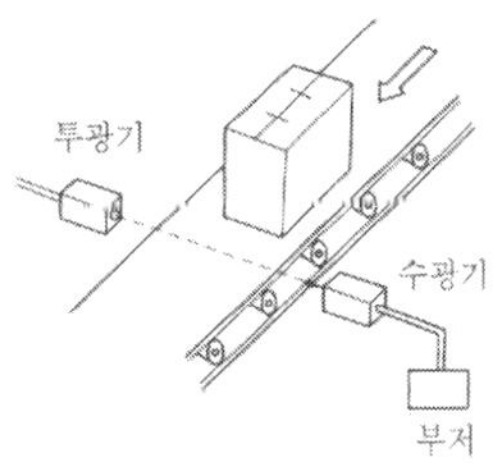

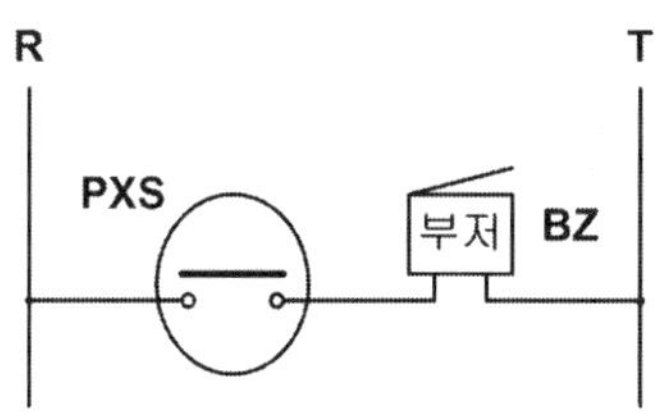

⇒

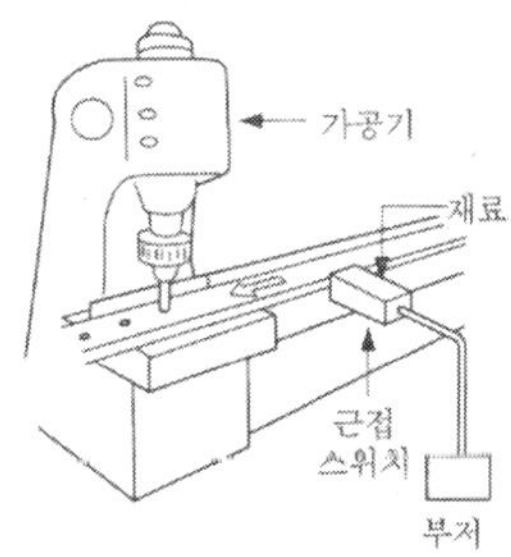

다. 조작기기와 표시부

제어 대상에게 직접 조작을 가하는 것으로, 인간의 수족에 해당하는 작용을 하는 기기이다. 일반적으로 널리 사용되는 조작기기에는 모터, 솔레노이드, 전자밸브 등이 있다.

구 분	기 호	동작의 개요	실물의 예
전 동 기 (모 터)	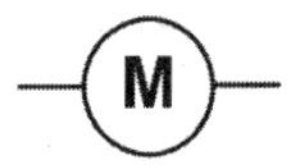	전기에너지를 기계적인 회전에너지로 변환시키며 동력원으로 가장 널리 사용	
솔레노이드	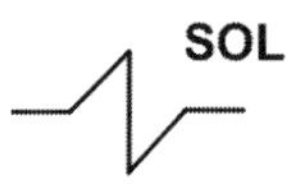	코일에 전류를 흘려서 전자석을 만들고 그 흡인력으로 가동편을 움직여 직선운동을 수행	
전자밸브	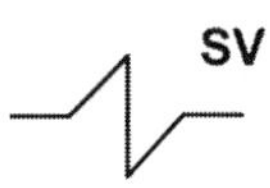	전자석의 흡인력으로 밸브를 개폐하여 유체를 제어하며 실린더와 조합하여 사용	

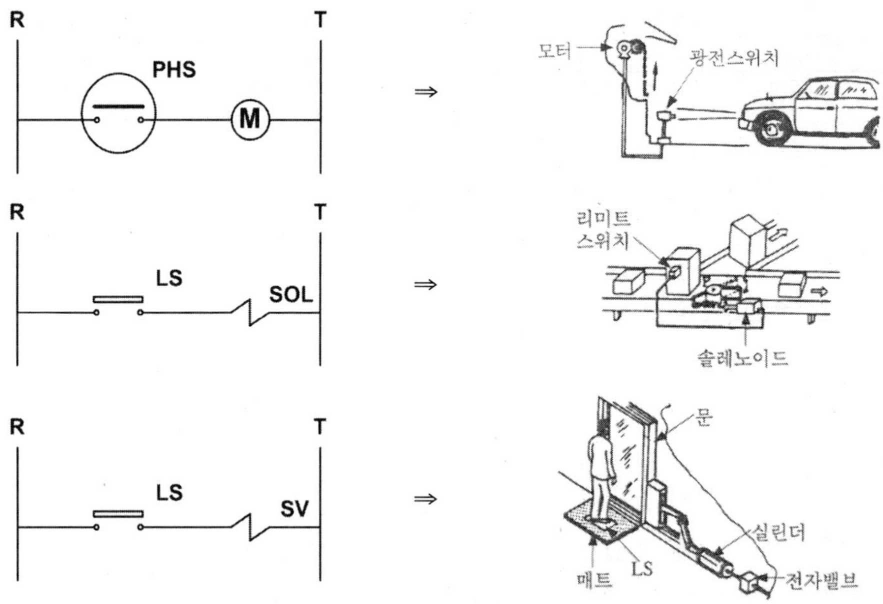

표시부는 제어 대상의 현재 상태(운전 혹은 정지)를 별도의 부품을 사용하여 시각적으로 보여주는 구성 요소이며 대표적인 것이 램프와 버저이다. 시퀀스 제어에 사용되는 램프는 일반 조명용이 아닌 표시용이며 색깔에 따라 현재의 부하 상태를 나타낸다. 버저나 벨은 부하 및 제어장치에 이상이 발생하는 경우 경고음을 발생하는 장치로 사용된다.

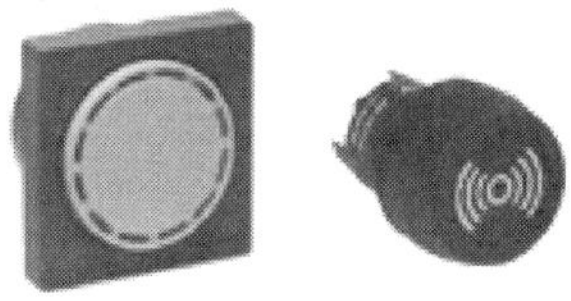

라. 릴레이와 전자접촉기

릴레이는 전자계전기(Electromagnetic Relay)라고도 하며 논리회로를 구성하는 주역으로서 전자석의 원리에 의하여 접점을 개폐하도록 되어 있다. 즉, 코일에 전류를 흘리면 a접점은 닫히고 b접점은 열리며, 코일의 전류를 끊으면 a접점을 열리고 b접점은 닫힌다. 접점의 숫자나 위치는 제조회사 및 모델에 따라 다르지만 일반적인 기호는 코일부와 접점부로 구분하여 표시하고 문자도 병행한다.

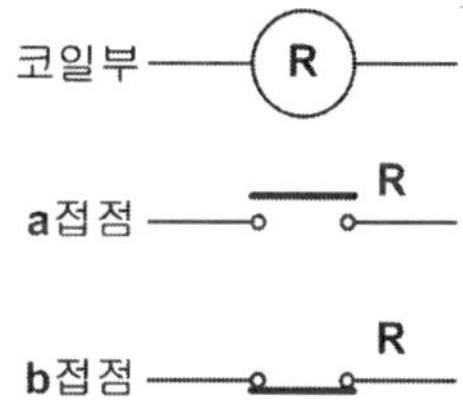

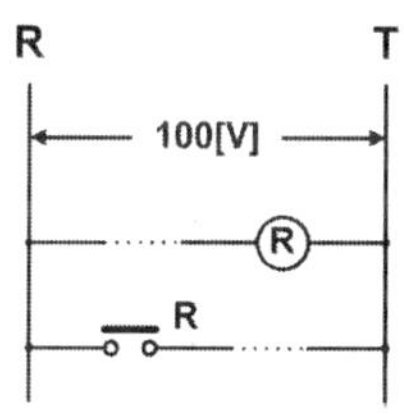

릴레이는 여자에 필요로 하는 전압, 전류의 값에 따라서 상당히 큰 값을 갖는 회로를 개폐하는 능력을 가지고 있다.

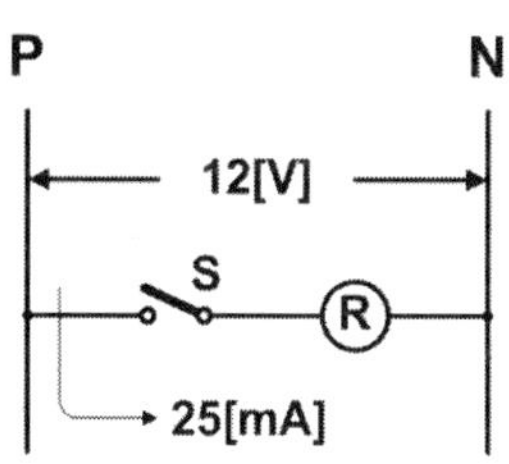

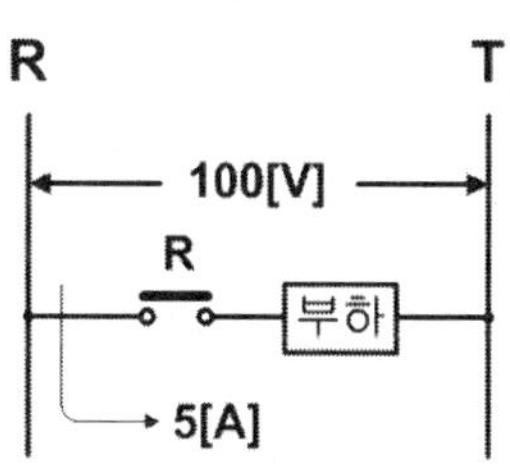

릴레이는 여러 개의 접점을 갖고 있으므로 다음과 같이 1개의 신호로 여러 개의 회로를 동시에 개폐할 수 있다.

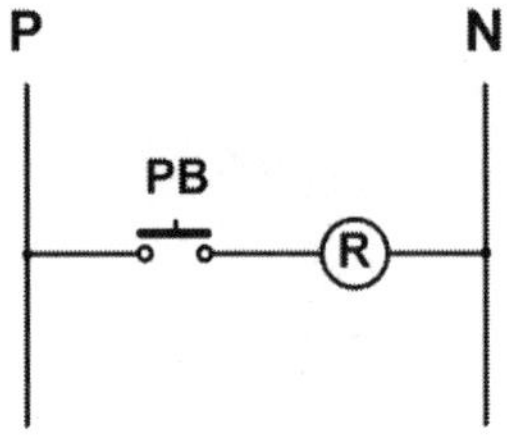

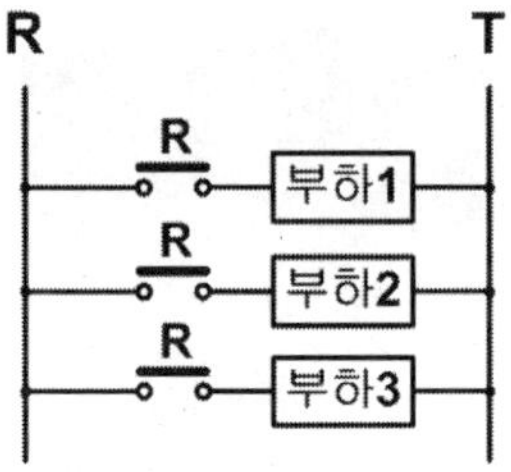

릴레이는 또한 다음과 같이 a접점만으로 된 스위치를 등가적으로 b접점을 가진 스위치로 변환하는 기능을 가지고 있으며 여러 개의 릴레이를 조합시켜서 판단기능을 갖는 논리회로를 만들 수 있다.

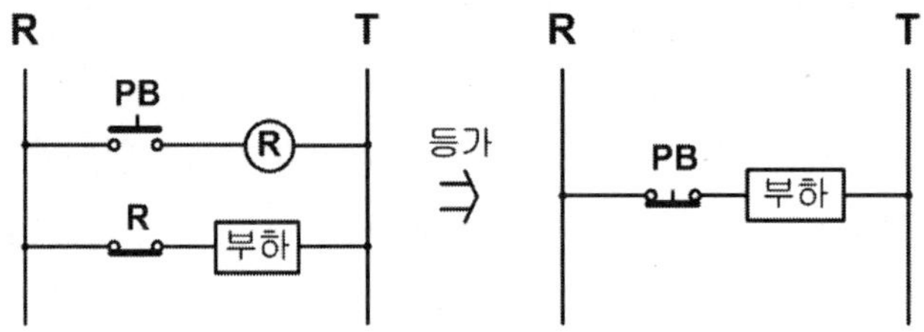

전자접촉기는 주회로의 개폐용으로서 큰 접점용량이나 내압을 가진 릴레이를 말하며 MC(electroMagnetic Contactor)라고도 한다. 주회로는 각 선로에 전자접촉기의 접점을 넣어서 모든 선로를 개폐한다.

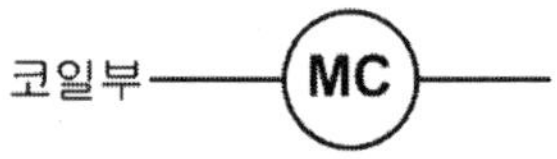

구 분	주접점	보조접점
a접점	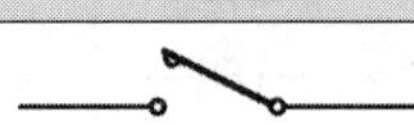	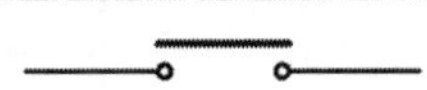
b접점		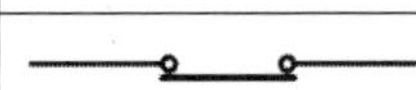

전자접촉기는 정전시 OFF 기능을 갖고 있으며 그림과 같이 자동복귀 접점을 가진 스위치를 사용하여 자기유기를 걸고 정전 시에는 자동적으로 전자접촉기가 소자되어 회로

는 OFF상태로 된다. 정전 회복 후에는 다시 PB_1을 ON 조작하여 기계를 가동시킨다.

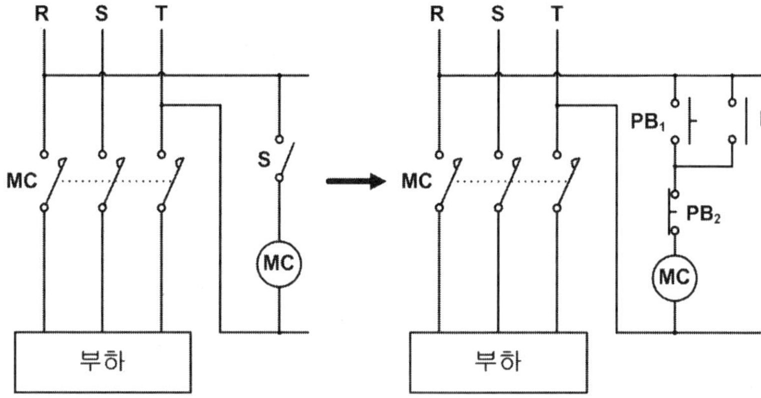

마. 과전류 보호장치

과전류 보호장치는 주회로의 단락사고 등에 의한 과전류로부터 회로를 보호하는 것으로, 휴즈나 배선용 차단기 및 열동계전기가 있다. 휴즈의 경우 과전류가 흐르면 전체 전원을 끊어 회로를 보호하며 개방형과 포장형으로 구분된다.

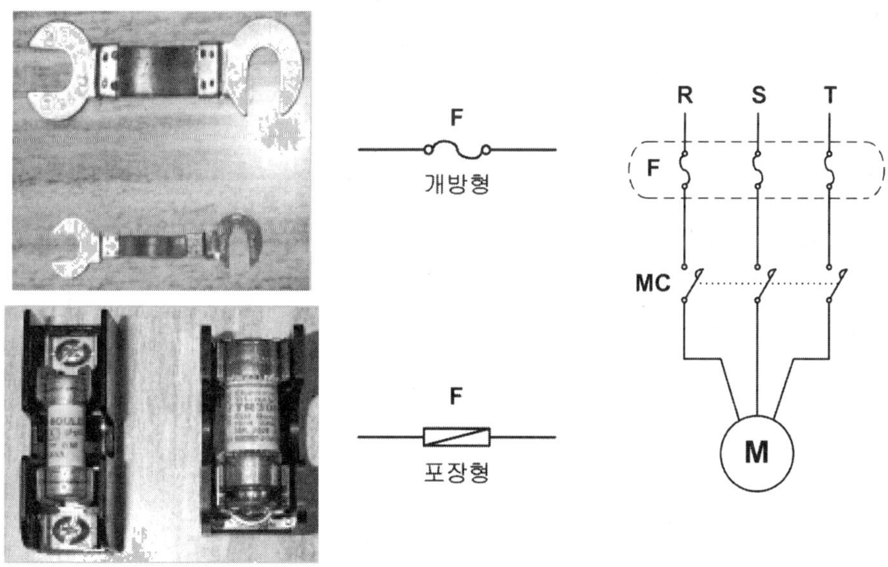

배선용 차단기는 MCB(Moulded case Circuit Breaker)라고도 하며 어느 선로에 과전류가 흘러도 모든 선로를 동시에 차단한다. 수동으로 ON, OFF 조작이 가능하며

동작하면 핸들이 ON, OFF의 중간위치에서 정지되어 차단된 것을 표시한다. 작동한 경우에는 그 원인을 제거한 다음, 핸들을 일단 OFF로 하고, 그 다음에 ON 조작을 하여 본래 위치로 복귀시킨다.

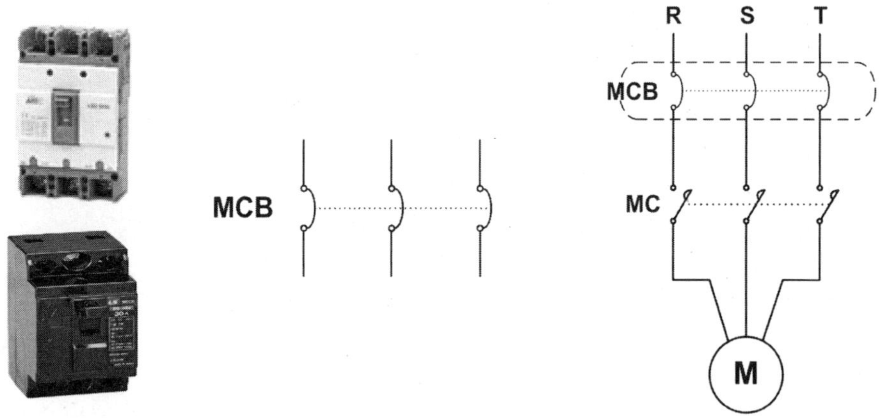

열동계전기(THR : THermal Relay)는 서멀릴레이라고도 하며 부하의 이상에 의한 정상전류의 증가를 검출하고, 회로를 차단하는 과부하 보호장치의 대표적인 것이다. 작동원리는 부하의 과전류에 의한 열 발생이 바이메탈을 작동시켜 부하에 공급되는 전원을 차단하는 것이며 히터(바이메탈) 및 접점(a 및 b접점)으로 구성된다.

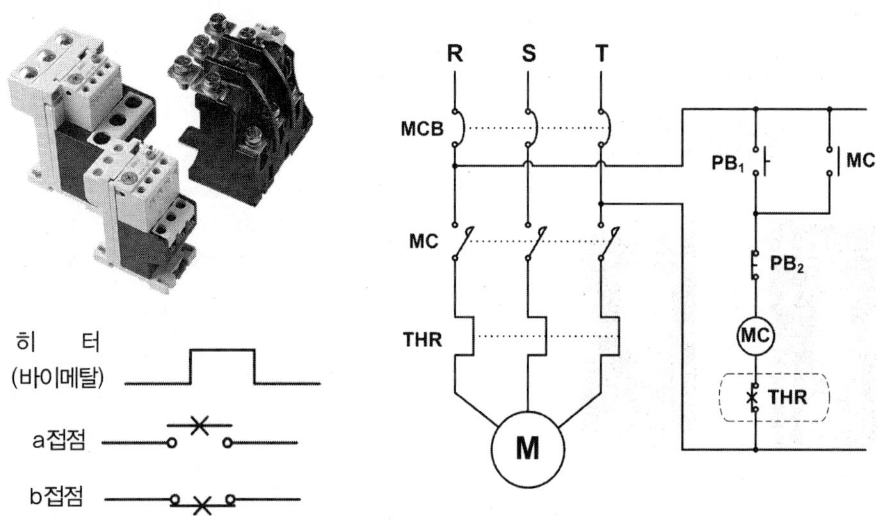

바. 타이머와 카운터

어떤 시간차를 만들어서 접점의 개폐동작을 가능하게 하는 것으로 시한동작을 하는 릴레이라고 할 수 있다. 동작 형식의 차이에 따라서 온 딜레이 타이머(시한동작형)와 오프 딜레이 타이머(시한복귀형)로 나누어지며, 각각 a접점과 b접점을 갖고 있다.

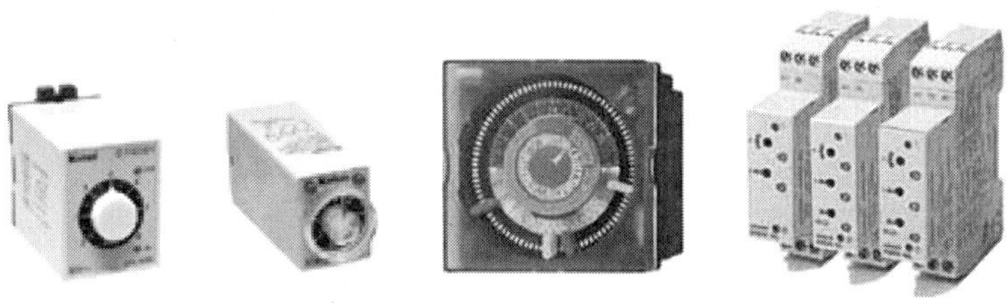

• 시한동작형

전압이 가해지고 난 다음 일정한 시간이 지나서 접점이 닫히고(또는 열리고), 전압을 끊으면, 그 즉시 접점이 열리는(또는 닫히는) 것으로, 온 딜레이 타이머(On Delay Timer)라고도 한다.

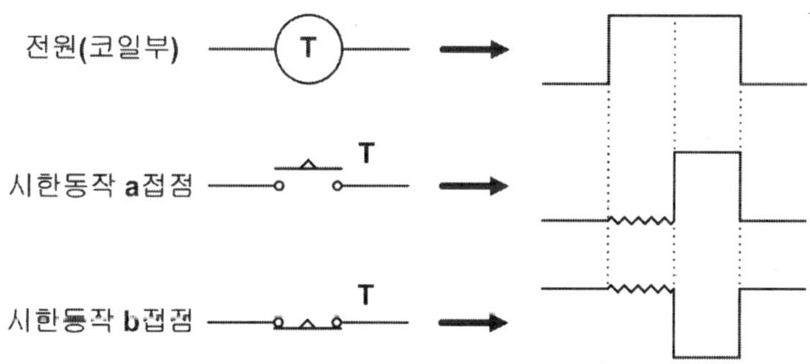

• 시한복귀형

전압이 가해지면 그 즉시 접점이 닫히고(또는 열리고), 전압을 끊으면 일정시간이 지나서 접점이 열리는(또는 닫히는) 것으로, 오프딜레이 타이머(OFF Delay Timer)라고도 한다.

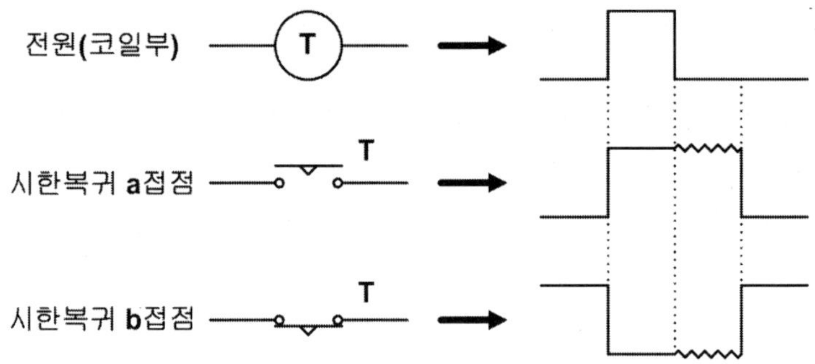

카운터(counter)는 계수기(計數器)라고도 하며 숫자를 세는 장비를 말한다. 전자식(電磁式) 카운터는 코일에 전류가 흐르면 전자력에 의해서 숫자차를 1개씩 회전시켜서 계수를 표시하는 것이며, PMC카운터는 미리 설정한 계수량에 도달하면 내장된 스위치가 작동하는 카운터이다. PMC카운터는 계수제어용에 사용되며 감산식과 가산식으로 구분된다.

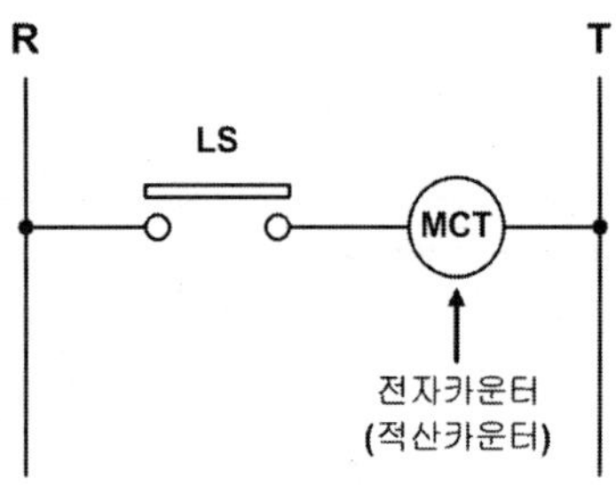

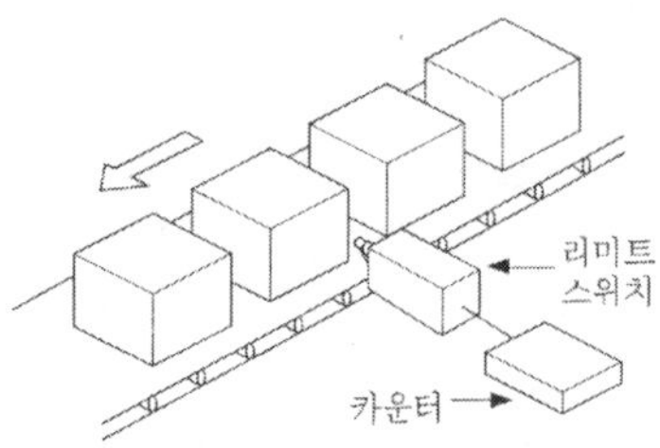

7.3 시퀀스 회로의 해석 및 설계

시퀀스 회로는 특성상 일반 전기회로와는 다른 형태로 설계되며 타임차트를 병행한다. 여기서는 기본적인 순서도와 타임차트의 작성법 및 응용회로 설계시 필요한 기본 지식을 습득하기로 한다.

가. 회로 작성의 기본 지식

(1) 실체배선도와 순서도

실체배선도는 그림 7.3과 같이 기기의 접속관계를 중심으로 표시하는 것으로 실제로 회로를 배선하는 경우 등에 편리한 회로도이다. 순서도는 그림 7.4와 같이 기기의 그림 기호를 사용하여 전개식으로 표시하는 것으로 회로의 동작내용, 전류의 흐름 등을 조사하는 경우에 편리한 회로도이다.

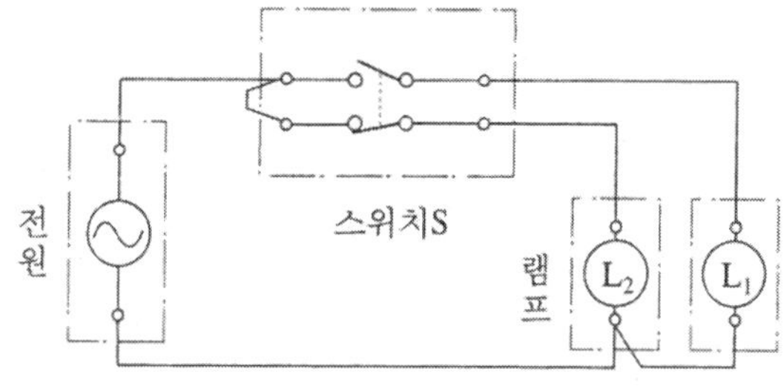

‖ 그림 7.3 ‖

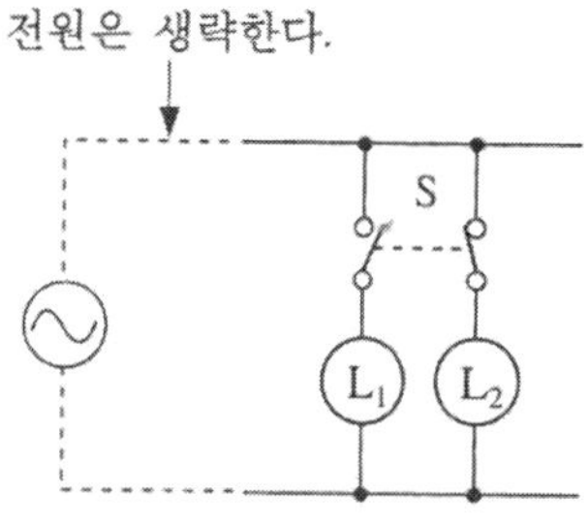

‖ 그림 7.4 ‖

순서도는 상하 또는 좌우로 전원선을 긋고, 그 사이에 접점 등을 분해하여 그림 기호로 표시한다. 상하로 전원선을 긋는 것을 가로순서도, 좌우로 전원선을 긋는 것을 세로순서도라고 한다. 이 전원선을 제어모선이라고 하고, 교류는 R, T, 직류는 P, N이라는 문자기호를 붙여서 구별한다. 각 기기는 그림기호를 사용하고, 그 동작순서에 따라서 그리며 각 기기의 그림기호는 무조작일 때의 상태로 표시하고, 문자기호를 부기하여 표시한다.

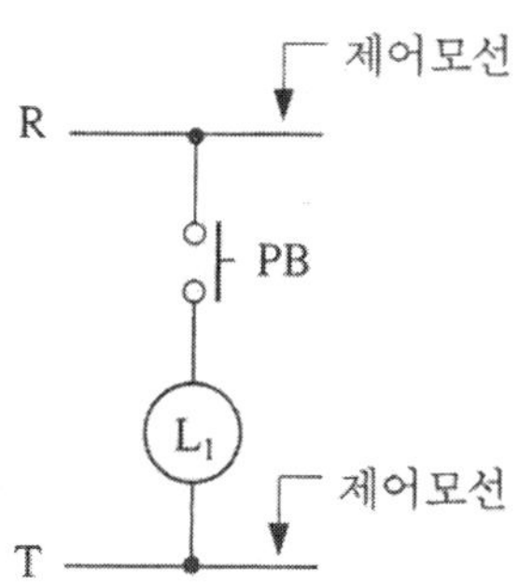

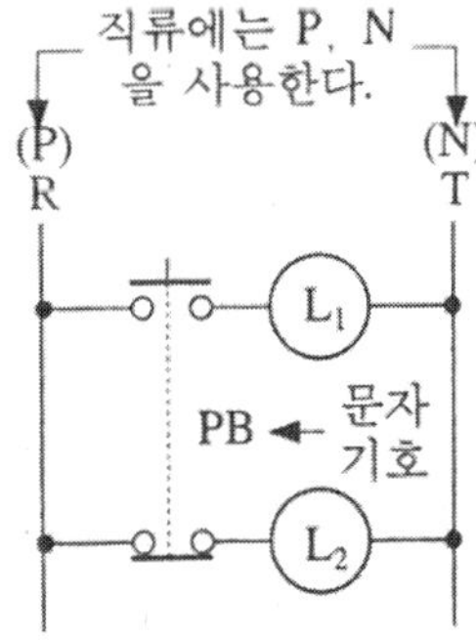

(2) 타임차트(time chart)와 플로차트(flow chart)

다음 그림과 같이 횡축을 시간으로 잡고 종축에 각각의 기기가 어떻게 동작하는가를 도식화한 것을 타임차트라고 하며 동작 내용을 이해하거나 검토할 때에 유용하다.

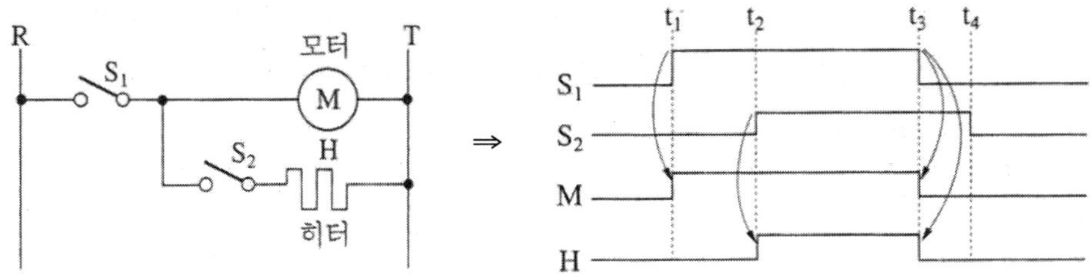

또한, 다음과 같이 주어진 회로도에 대하여 동작의 관련성 및 작업의 순서를 나타내는 것을 플로차트라고 하며 역시 회로의 동작 내용을 쉽게 이해하는데 활용된다.

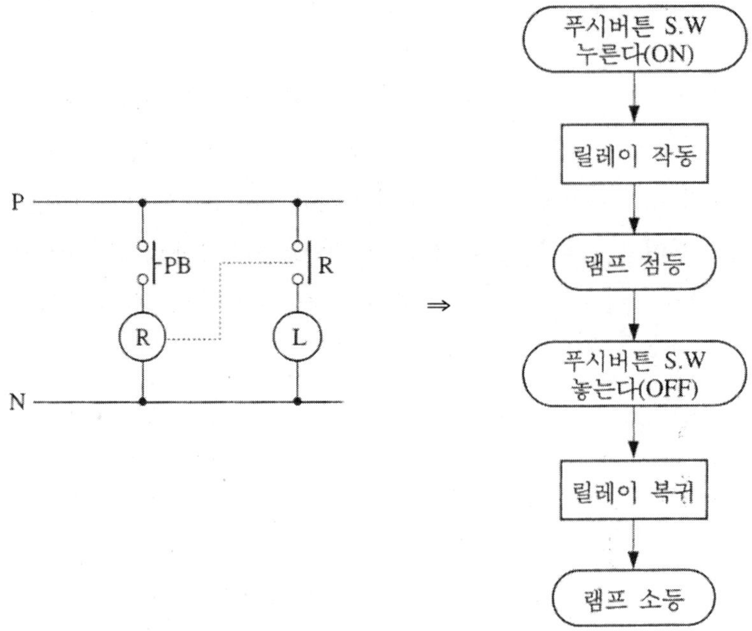

(3) 주회로와 조작회로

3상 전원이나 어느 정도 이상의 용량을 제어하는 시퀀스 회로는 주회로와 조작회로로 구분하여 설계하는 것이 편리하다. 일반적으로 동력원의 모터 등 대전력을 소모하는 부하의 회로를 주회로라고 하며 릴레이 등의 여자회로를 주회로의 개폐조작에 필요한 회로라는 의미에서 조작회로 또는 보조회로라고 한다.

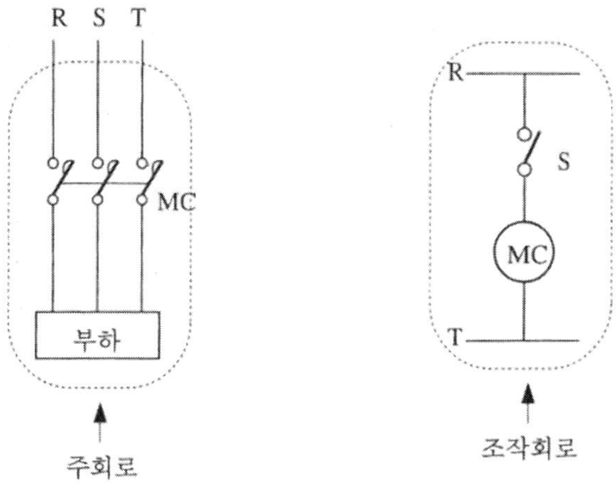

(4) 순서도의 번지 표시

번지 표시란 제어모선에 번지를 부여하여 각 릴레이의 접점이 어디에서 사용되고 있는가를 a접점과 b접점으로 구별하여 번지로 표시하는 방법을 말한다. 조작기기나 전자접촉기, 표시 등의 경우에는 이들을 사용하는 목적을 명시한다. 번지 표시는 회로의 동작을 조사하기도 하고, 보수나 점검을 할 경우 도움이 된다.

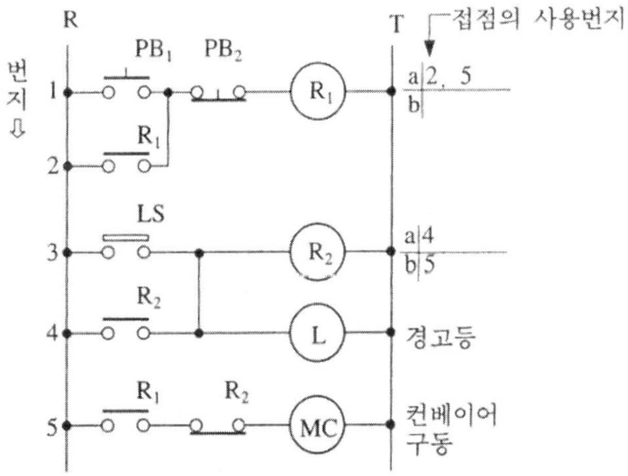

나. 시퀀스 기본회로

(1) 자기유지회로

다음의 회로에서 PB_1을 일단 ON 조작하면, 그 후에는 손을 떼어도 릴레이는 자기 접점을 통하여 여자를 계속하며 이와 같은 회로를 자기유지회로라고 한다. b접점을 가진 스위치 PB_2를 ON 조작하면 자기유지가 해제된다.

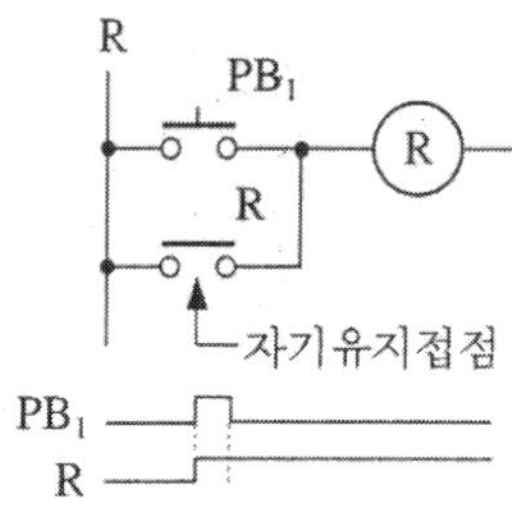

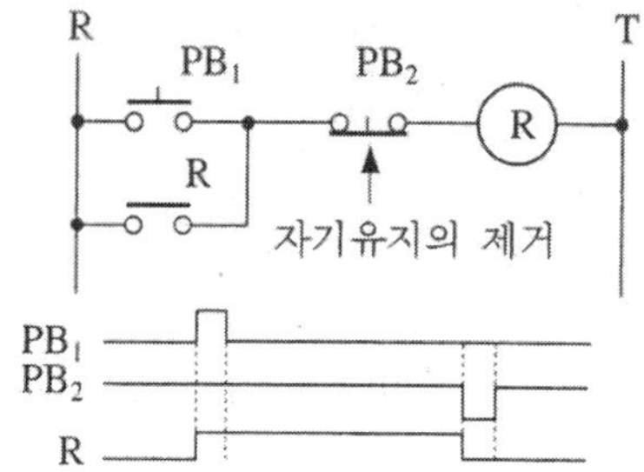

(2) 인터록 회로

우선도가 높은 쪽의 회로를 ON 조작하면, 다른 회로는 작동하지 않도록 하는 것을 "인터록(interlock)을 건다."라고 하며, 이와 같은 회로를 인터록 회로라고 한다.

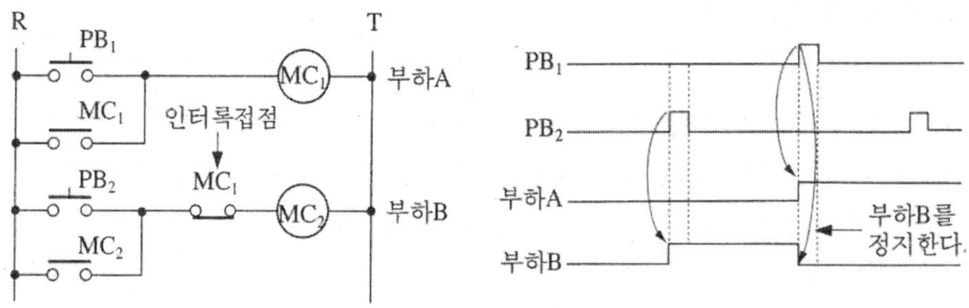

(3) 우선회로

회로의 동작에 우선도를 갖게 하는 회로를 우선회로라고 한다. 병렬우선회로는 어느 쪽이든 먼저 ON 조작된 편에 우선도가 주어지는 회로이며 신입력 우선회로는 항상 마지막에 주어진 입력(새로운 입력)이 우선되는 회로이다. 또한, 직렬우선회로는 전원 측에 가까운 회로의 우선순위가 가장 높고, 전원 측의 스위치로부터 순차조작을 하지 않으면 동작하지 않는 회로이다.

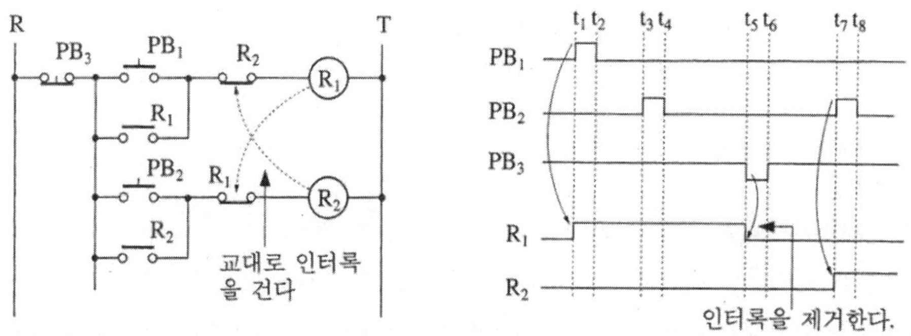

‖ 병렬 우선회로 ‖

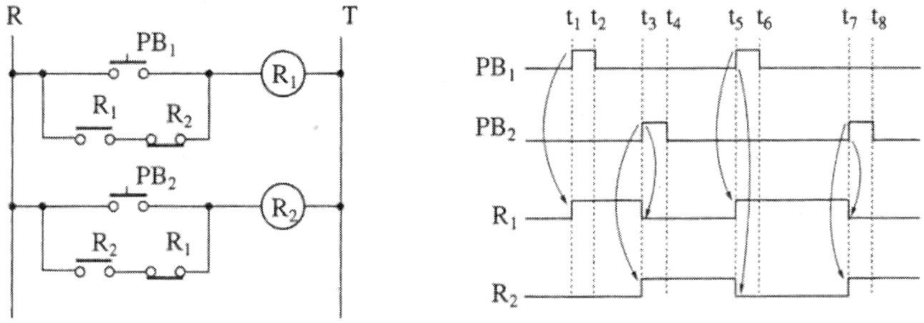

‖ 신입력 우선회로 ‖

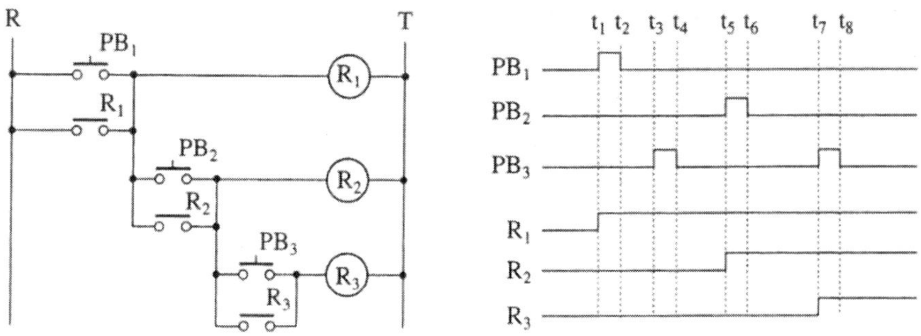

‖ 직렬 우선회로 ‖

(4) 지연동작회로

스위치를 ON 조작하면, 어떤 일정시간(타이머 설정시간) 후에 동작하는 회로를 지연동작회로라고 한다.

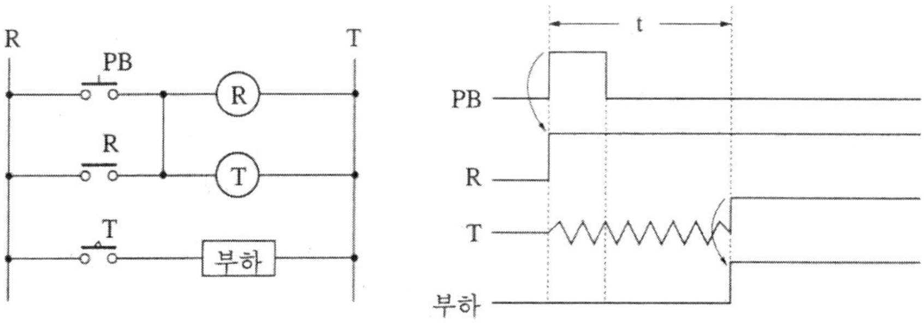

(5) 일정시간 동작회로

스위치를 ON 조작하는 것과 동시에 작동하고, 타이머의 실정시간 후에 정지하는 회로를 일정시간 동작회로라고 한다.

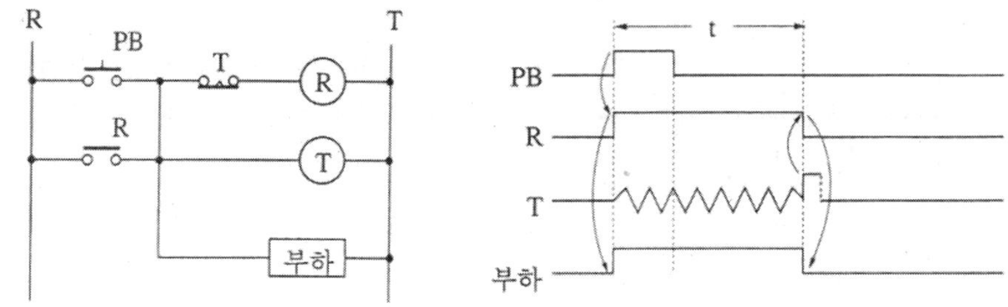

(6) 반복동작회로

2개의 타이머를 사용하고, 각각의 타이머의 설정시간에 따라서 ON과 OFF를 반복 동작하는 회로를 반복동작회로라고 한다.

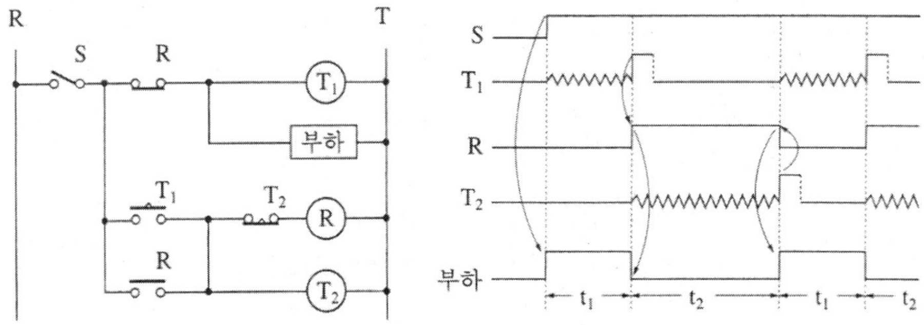

(7) 지연복귀 동작회로

스위치를 OFF 조작하고 나서 타이머의 설정시간만큼 지연되어 본래 상태로 복귀하는 회로를 지연복귀 동작회로라고 한다.

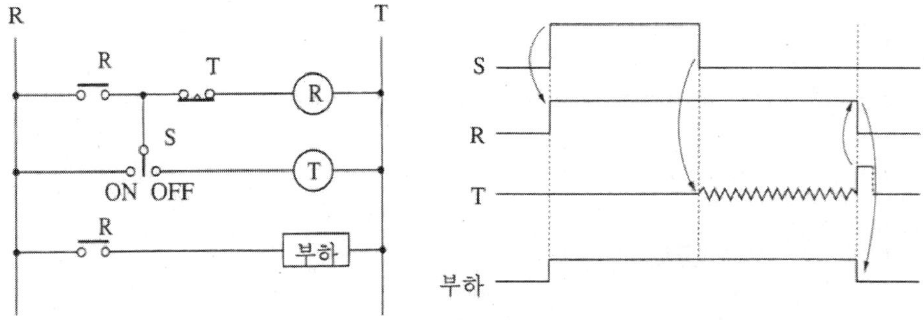

7.4 시퀀스 실무작업

시퀀스 실무작업은 제어판에 주어진 시퀀스 회로를 구현하기 위해 배선을 하고 시험을 하여 원하는 결과를 얻었는지를 확인하는 과정이며 일반적으로 다음과 같은 순서로 진행한다.

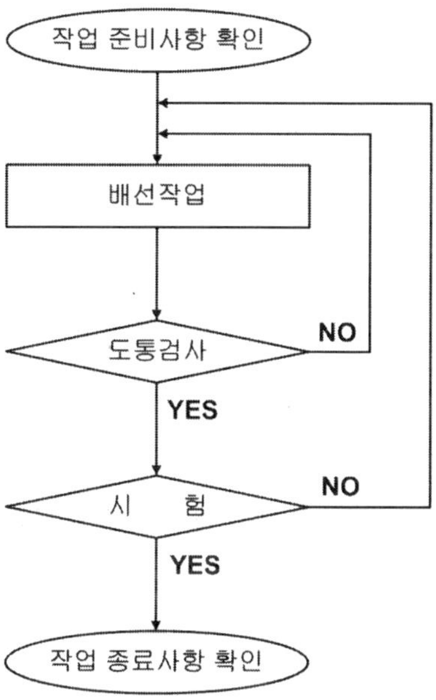

(1) 작업 준비사항 확인

- 회로도 및 타임차트의 정확한 이해
- 작업판넬 및 부품 고정상태 확인
- 각 부품별 단자의 이상 유무 확인
- 작업에 필요한 공구 및 전선의 이상 유무 확인

(2) 배선작업

- 회로도에 작업 상태를 정확히 표시함
- 한 단자에서는 3개 이상의 전선이 나오지 않도록 유지함
- 전선은 반드시 단자에서 단자로만 연결함
  (중간의 피복을 벗겨서 배선하지 않음)
- 단자에 연결된 전선은 단단하게 조임

(느슨할 경우 시험시 부품 파손 및 안전사고 발생)

- 전체적으로 깔끔하고 직선적으로 배선함이 원칙이며 소켓을 사용하는 부품 위로는 배선할 수 없음

(3) 도통검사

- 회로도상에서와 실제 작업결과를 간단하게 검사하는 과정
- 단자와 단자 사이의 연결 및 단절 상태를 모두 점검함
- 검사장비는 버저 혹은 멀티미터 중 선택하여 사용함

(4) 시험

- 시험대에 작업 패널을 걸고 전원 및 부하를 연결함
- 작업 판넬의 배선용 차단기(MCB)는 처음에는 OFF로 두고 전원 투입 후 ON 시킴
- 원하는 동작이 안 될 경우 일단 전원을 OFF한 다음 이상 유무를 확인함

(5) 작업 종료사항 확인

- 필요한 경우 배선을 모두 제거함
- 배선 제거 후 부품의 고정상태 및 단자의 풀림 혹은 분실 여부를 확인함

(6) 배선작업의 예

다음의 회로도는 전동기 시동 및 정지회로이다. PB_1을 누르면 전동기가 운전되며 PB_1을 떼어도 MC의 a접점 때문에 자기유지가 되어 전동기는 계속 운전 상태를 지속한다. PB_2를 누르면 자기유지가 해제되어 전동기가 정지하게 된다. 또한, 램프 L_1은 전동기가 정지하였을 때, 램프 L_2는 전동기가 운전 중일 때 켜지게 된다.

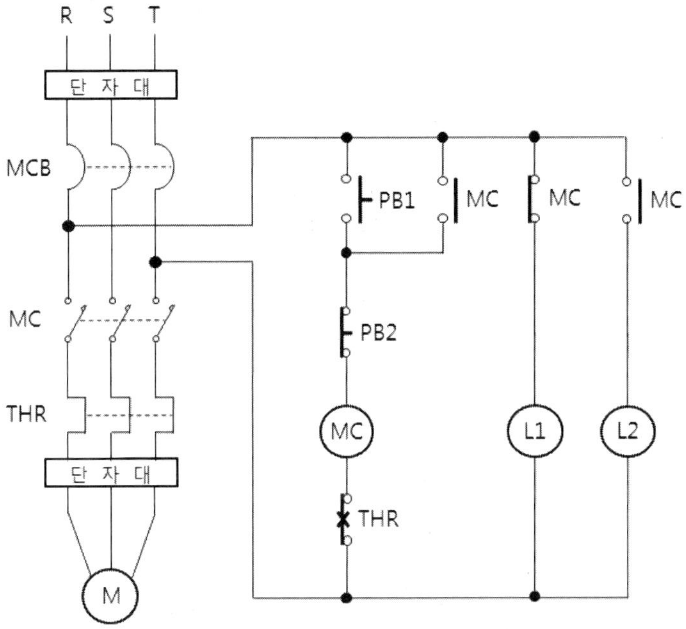
R
S
T
단 자 대
MCB
MC
THR
단 자 대
M
PB1
MC
MC
MC
PB2
MC
L1
L2
THR

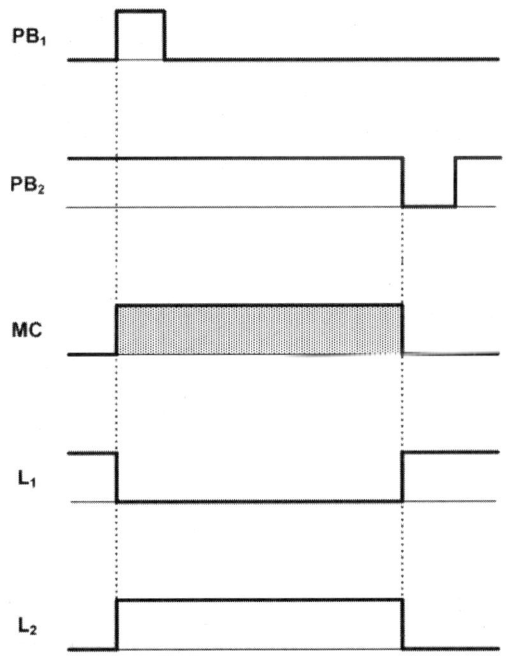
PB1
PB2
MC
L1
L2

배선작업 실습에 사용될 주요 시퀀스 부품의 단자 구성과 접점을 다음과 같이 표시하였다.

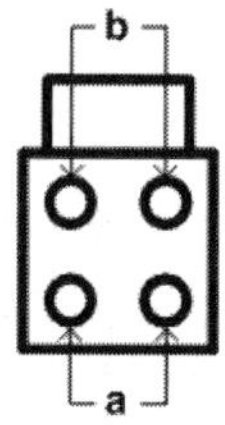

∥ 푸시버튼스위치(PB) ∥

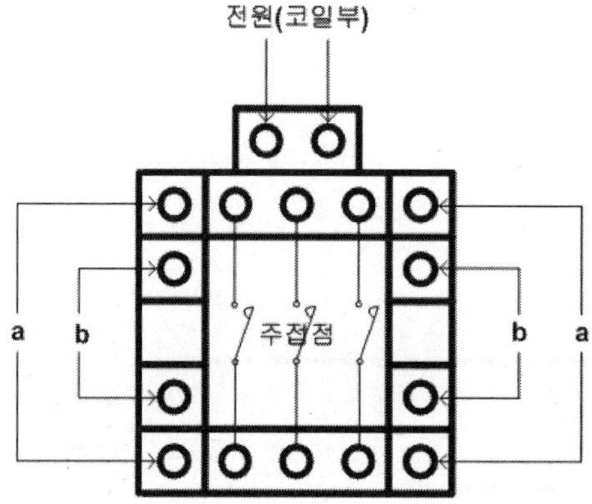

∥ 전자접촉기(MC) ∥

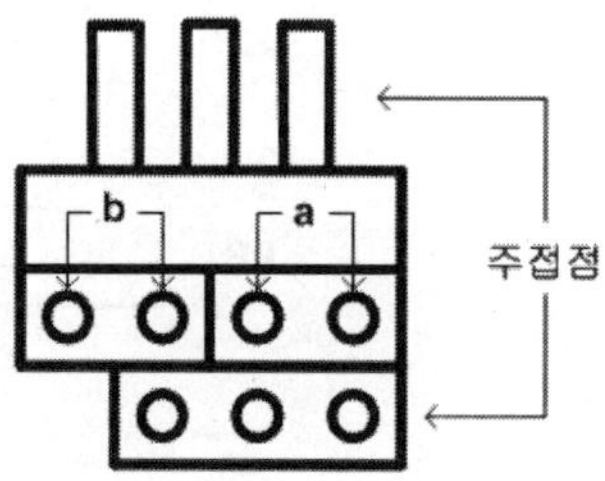

∥ 열동계전기(THR) ∥

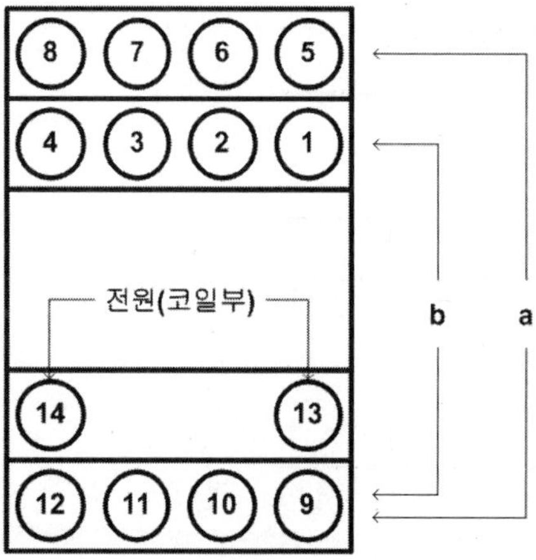

∥ 릴레이(R) ∥

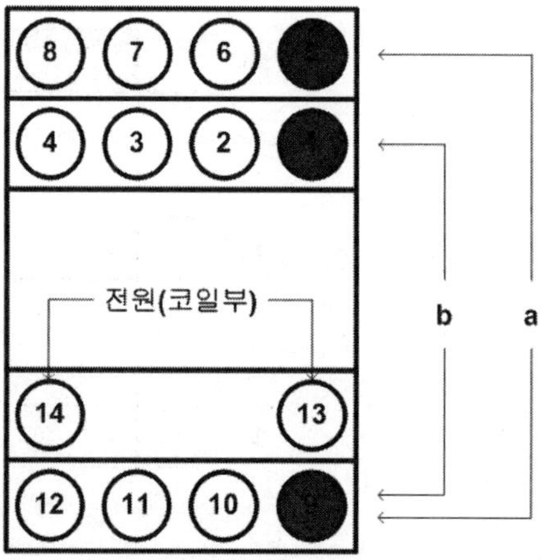

∥ 타이머(T) ∥

이제 회로도와 타임차트를 이용하여 아래의 작업 판넬이 주어졌다고 가정하고 배선 작업을 진행하자.

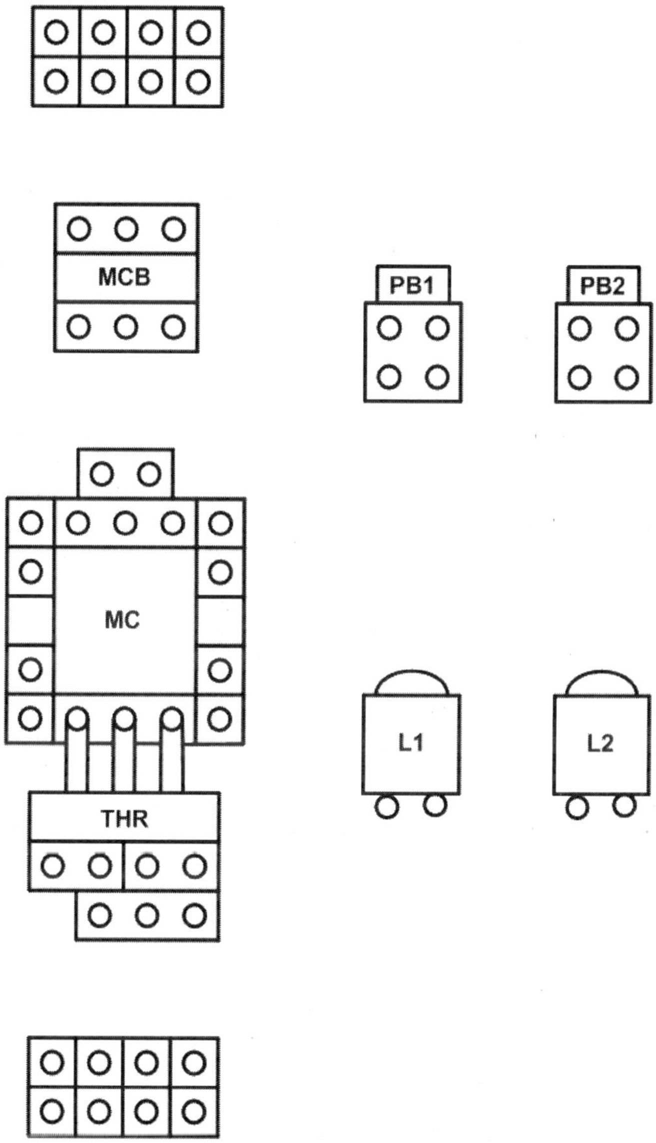

다음 그림은 부품 및 전선의 실제 모양을 형상화하여 전동기 시동 및 정지회로의 제어반을 구성한 결과이다.

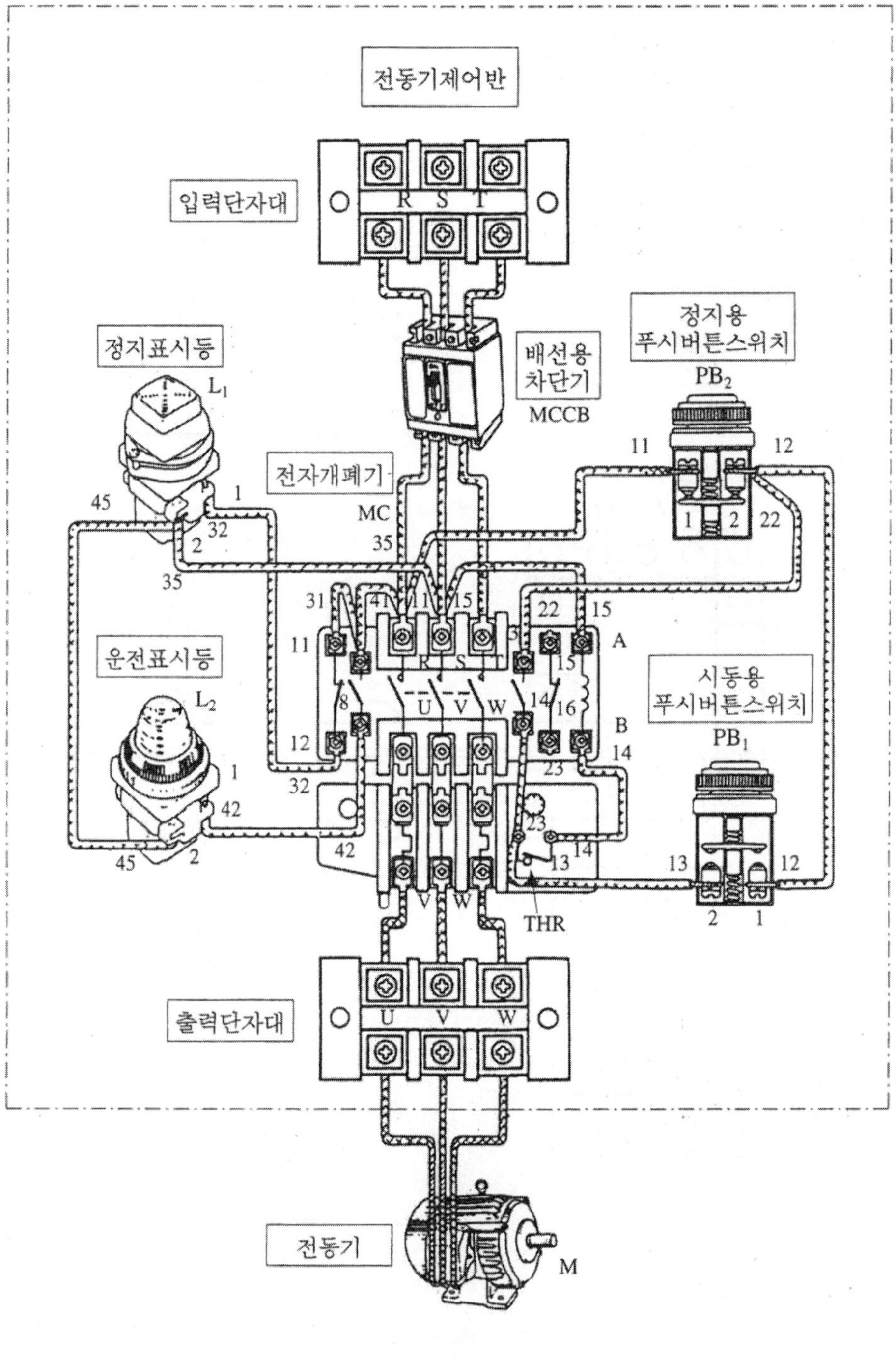

제8장 시퀀스 응용회로

8.1 전동기 운전회로

(1) 시한동작회로

일정한 시간 후에 전동기를 운전하고 어느 시점에서 정지하도록 하는 과정을 자동적으로 수행하기 위해서 시한동작회로를 이용한다.

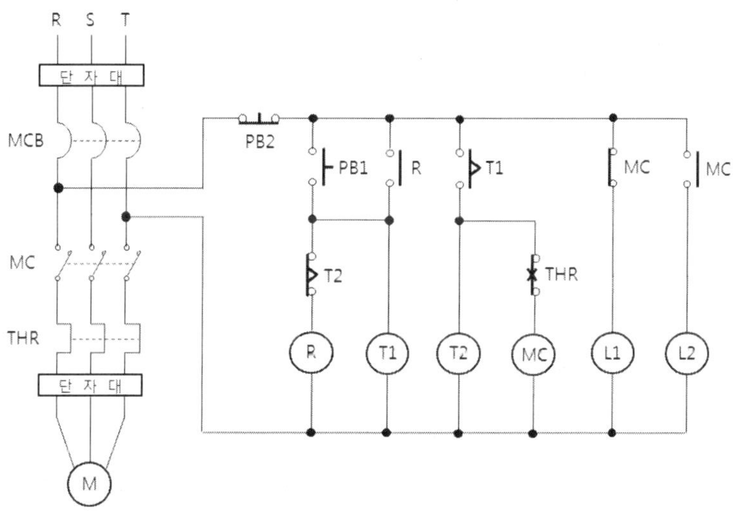

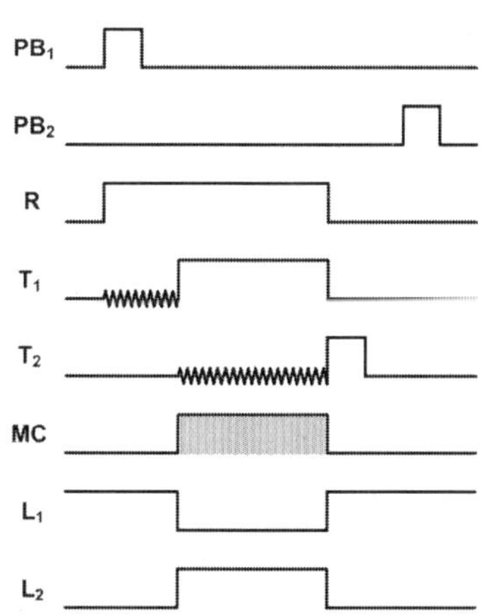

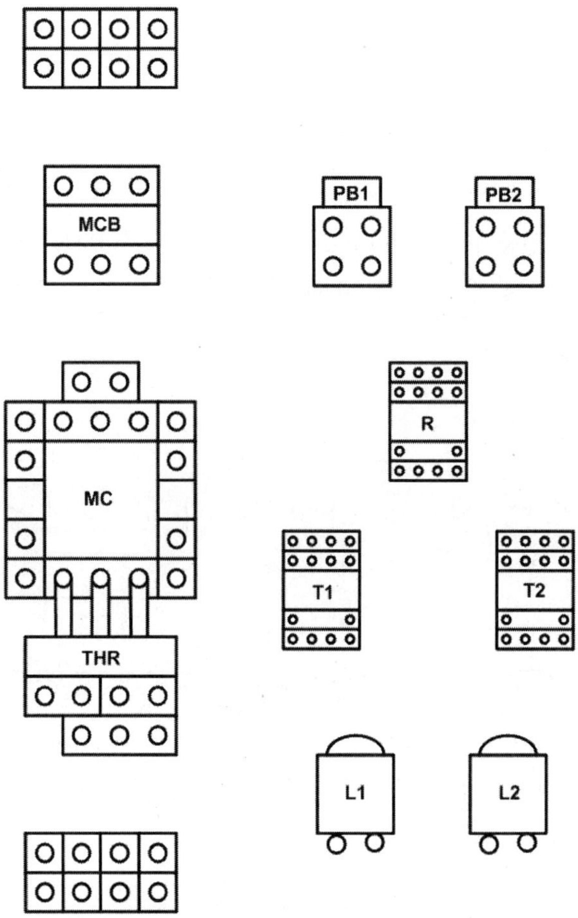

‖ 전동기 시한동작회로 배선도 ‖

(2) 정지운전 반복회로

일정한 시간간격으로 전동기를 운전하고 정지시키는 동작을 반복하기 위해서는 정지운전 반복회로를 이용한다.

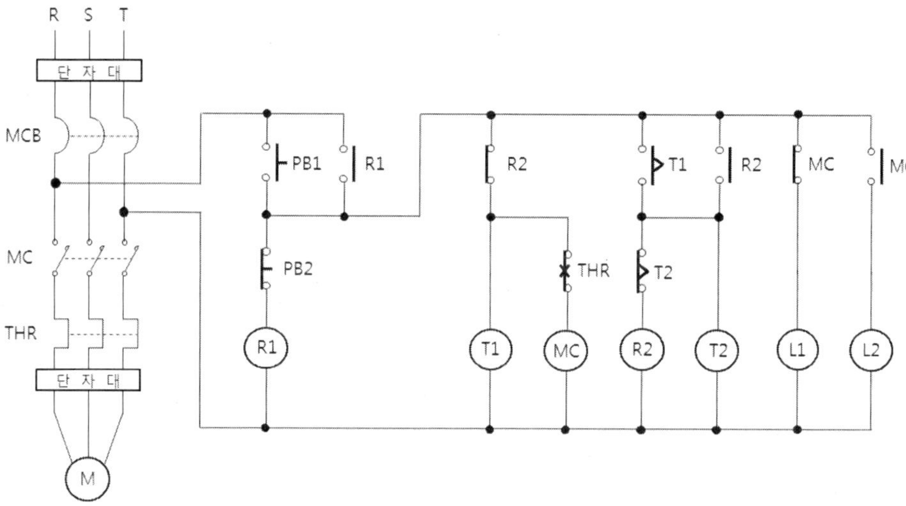

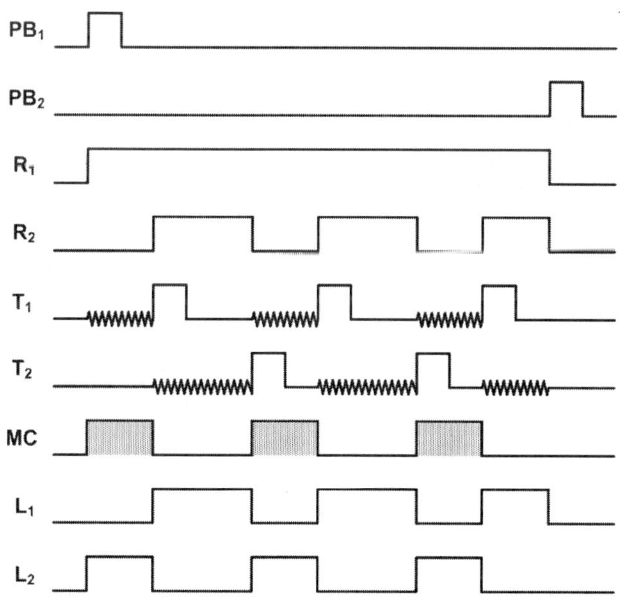

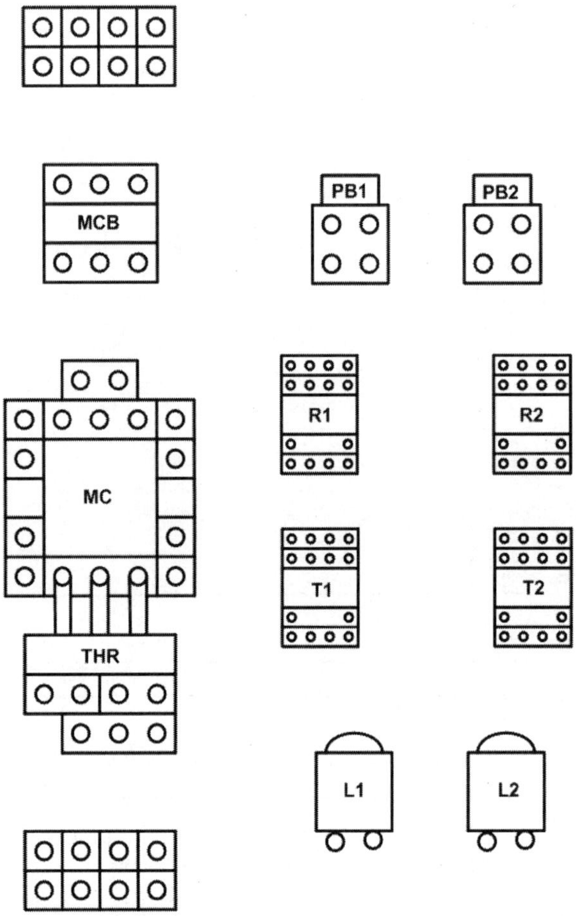

‖ 전동기 정지운전 반복회로 배선도 ‖

(3) 정역전 운전회로

유도전동기는 정방향 및 역방향 운전이 가능하며 전원을 넣어주는 위치에 따라 방향이 바뀐다. 3상 전원을 사용하는 전동기의 경우 3상 중 두상의 전원을 바꾸면 회전방향이 반대가 된다.

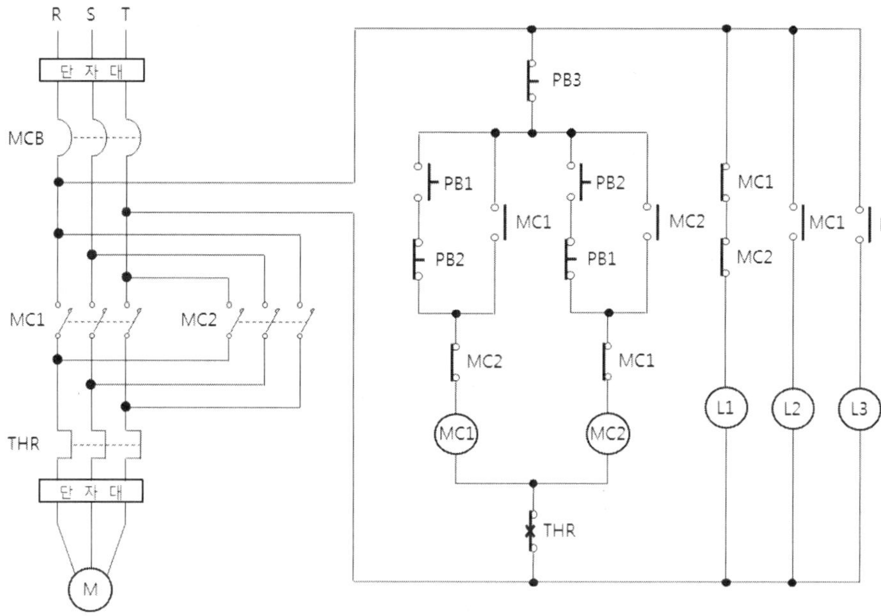

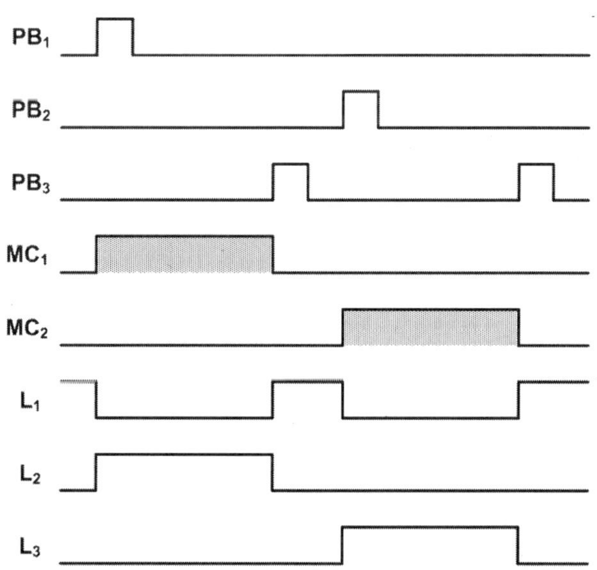

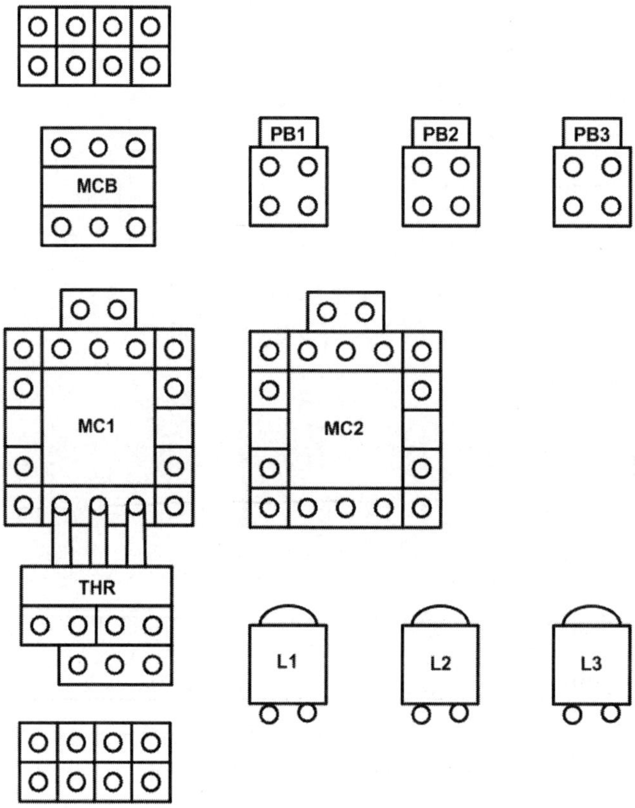

‖ 전동기 정역전 운전회로 배선도 ‖

(4) Y-△기동 운전회로

대형 전동기의 경우 기동전류가 상당히 크기 때문에 전원투입 방식을 변화시켜 운전한다. 전동기 기동시에는 전체 전압의 $\frac{1}{\sqrt{3}}$ 을 가하는 Y결선으로 하고 어느 정도의 시점 후(10～20초 후)에 △결선으로 변환하여 전체 전압을 투입하도록 한다.

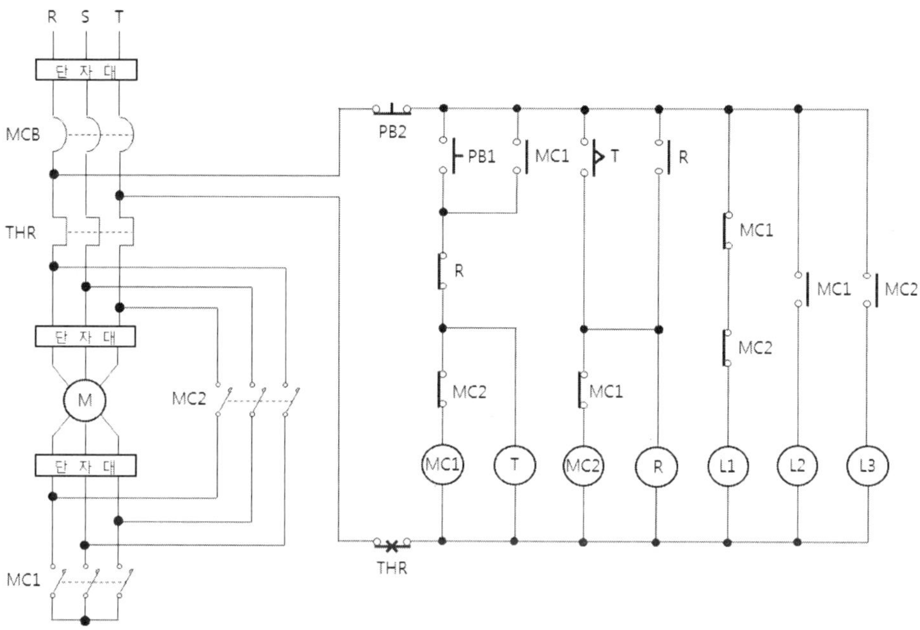

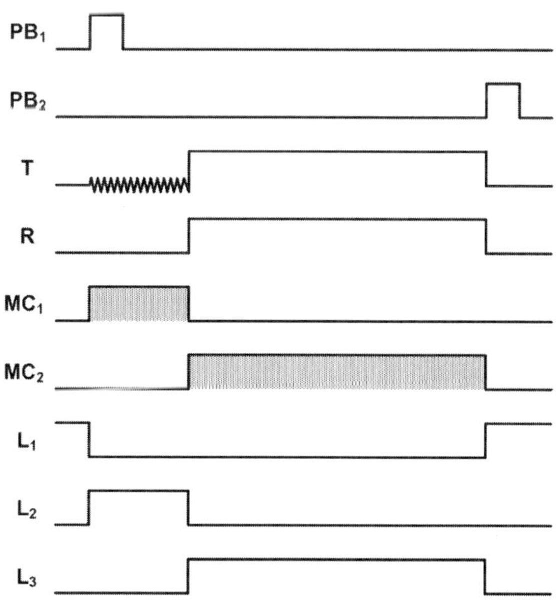

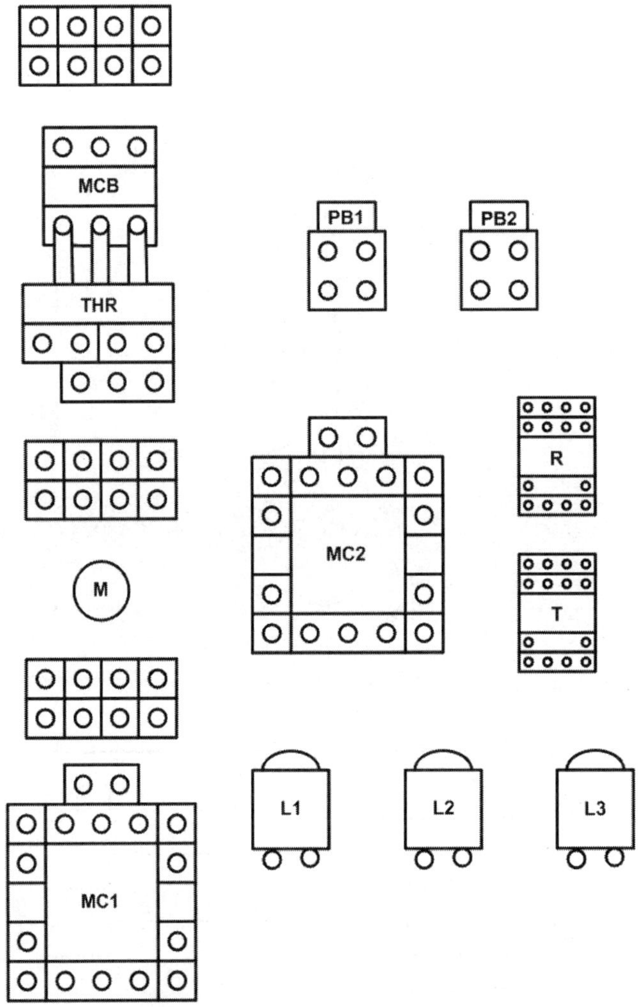

‖ 전동기 Y-△기동 운전회로 배선도 ‖

(5) 팬히터 운전회로

팬과 히터를 이용한 가전제품 및 사무설비기구는 헤어드라이어기 및 온풍기 등 여러 가지가 있으며 기본적으로 동작 시에는 팬을 먼저 작동시키고 히터를 나중에 작동시키게 되며 정지 시에는 히터를 먼저 정지시키고 팬은 나중에 정지시켜야 한다.

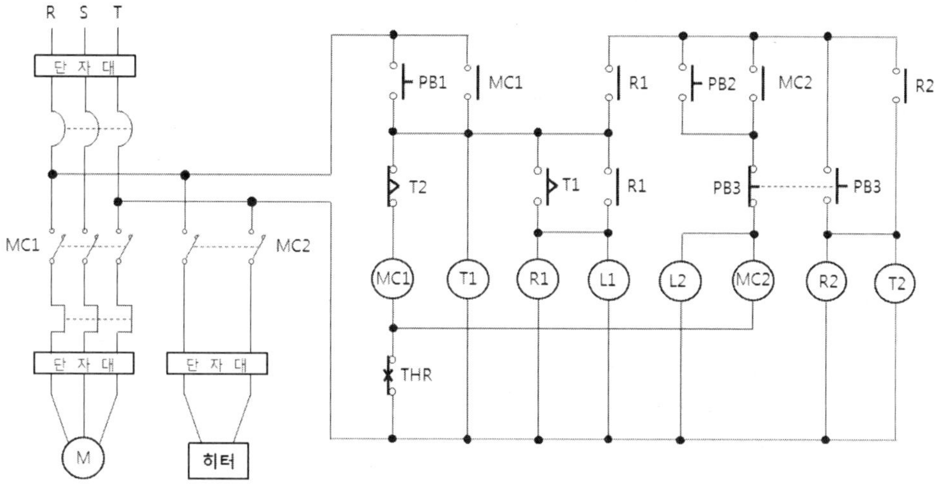

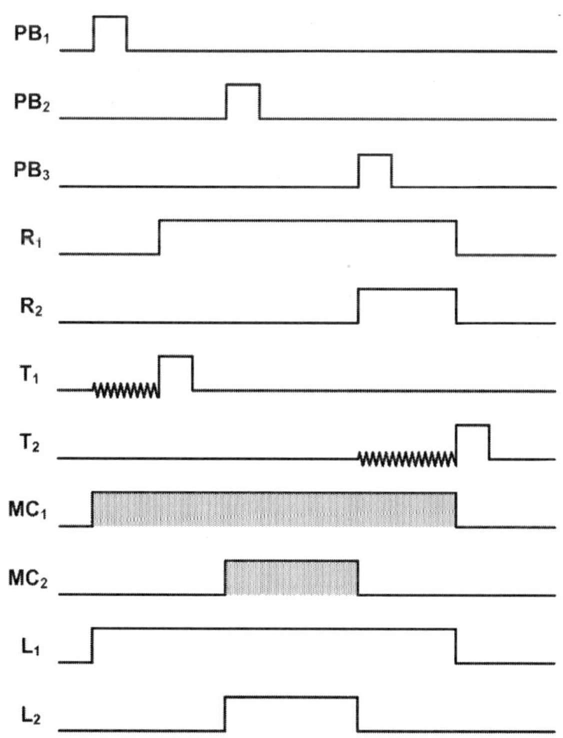

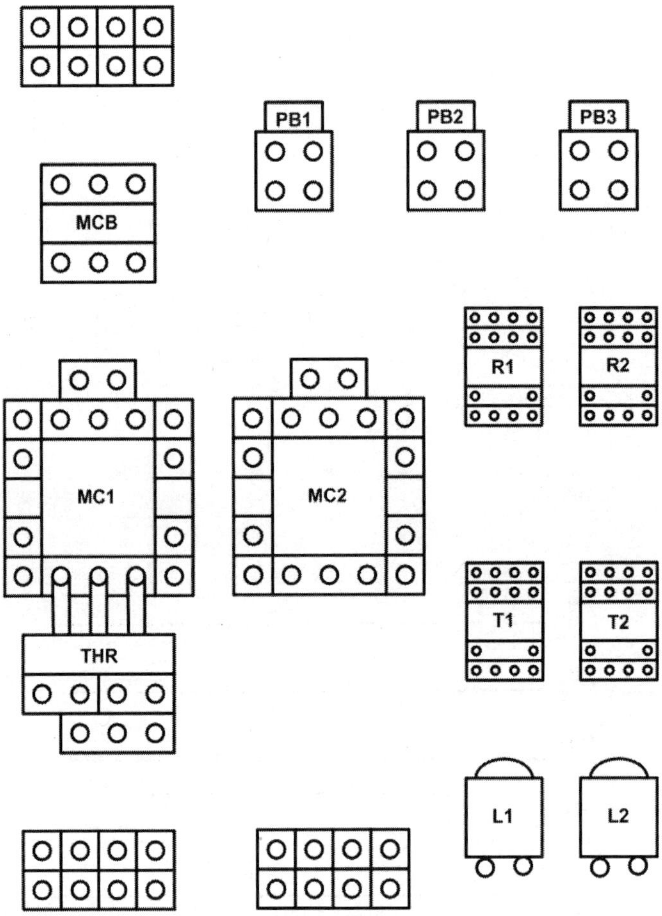

‖ 팬히터 운전회로 배선도 ‖

8.2 교통신호등 회로

(1) 횡단보도 신호등 회로

횡단보도 신호등은 적색, 황색, 녹색의 3개 램프가 적절한 타이밍에 맞추어 교대로 점멸하는 회로이며 다음 그림은 그 순서를 표시한다.

L_1(적)	●	○	○	●
L_2(황)	○	●	○	○
L_3(녹)	○	○	●	○

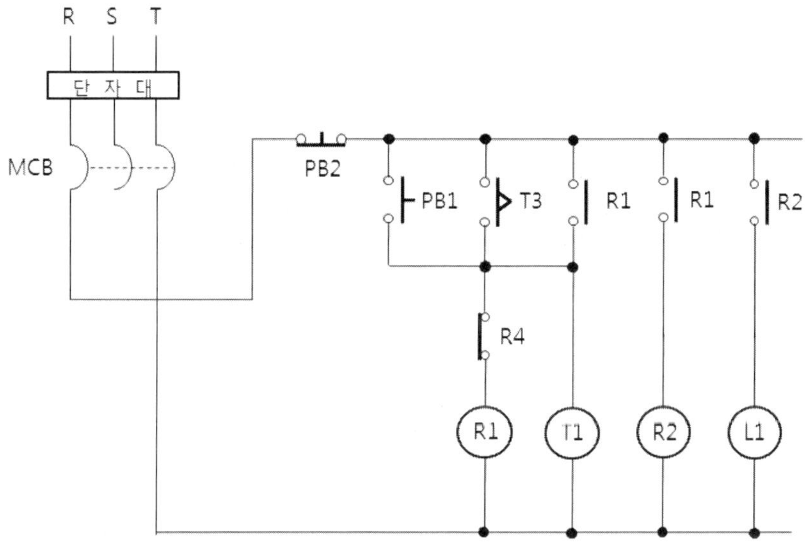

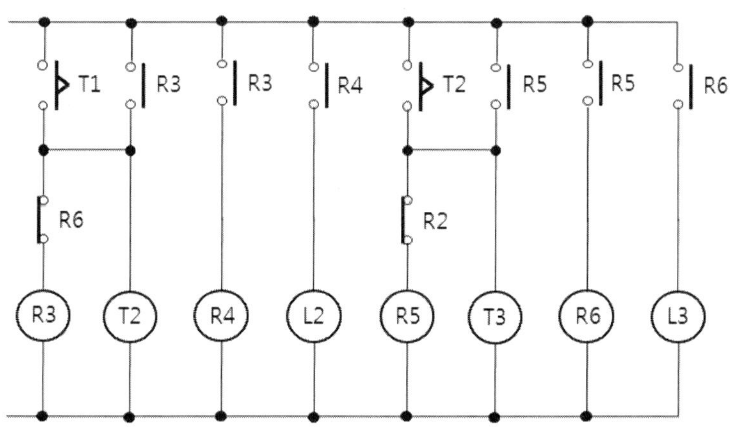

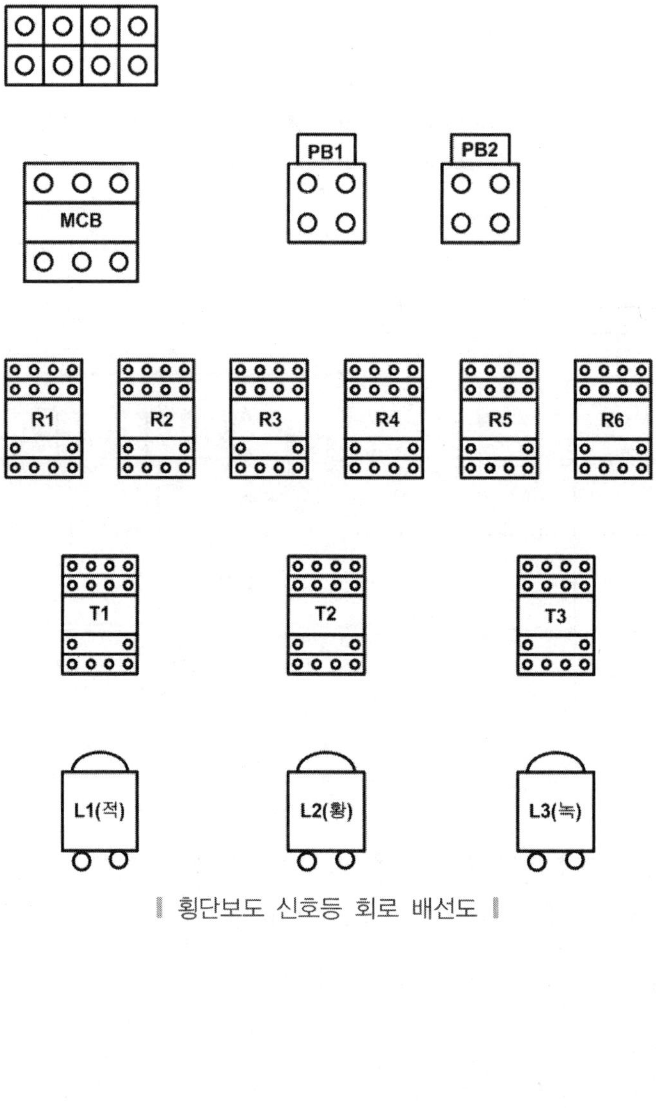

‖ 횡단보도 신호등 회로 배선도 ‖

(2) 사거리 신호등 회로 (직진–좌회전 동시신호)

직진과 좌회전이 동시에 허용되는 사거리 신호등은 적색, 황색, 좌회전, 녹색의 4개 램프가 적절한 타이밍에 맞추어 점멸하며 다음 그림은 그 순서를 표시한다.

L_1(적)	●	○	○	○	○	○	●
L_2(황)	○	○	○	●	○	●	○
L_3(좌)	○	●	○	○	○	○	○
L_4(녹)	○	●	●	●	●	○	○

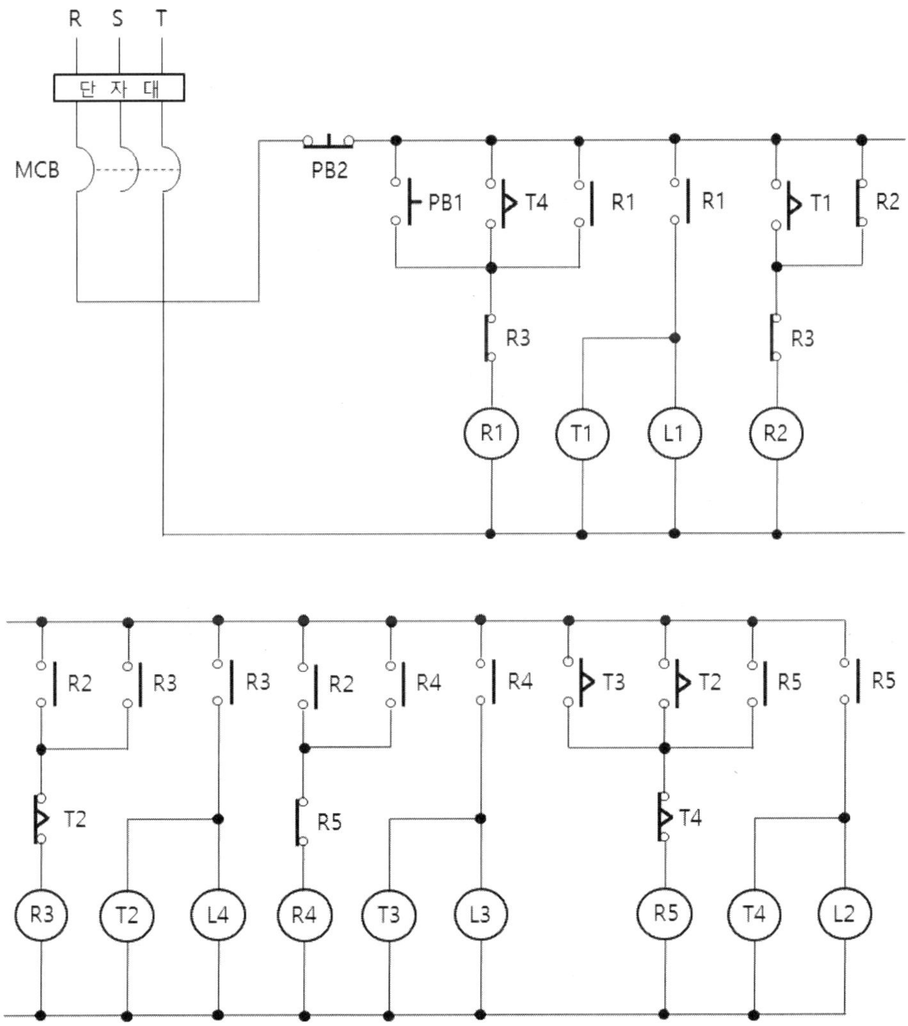

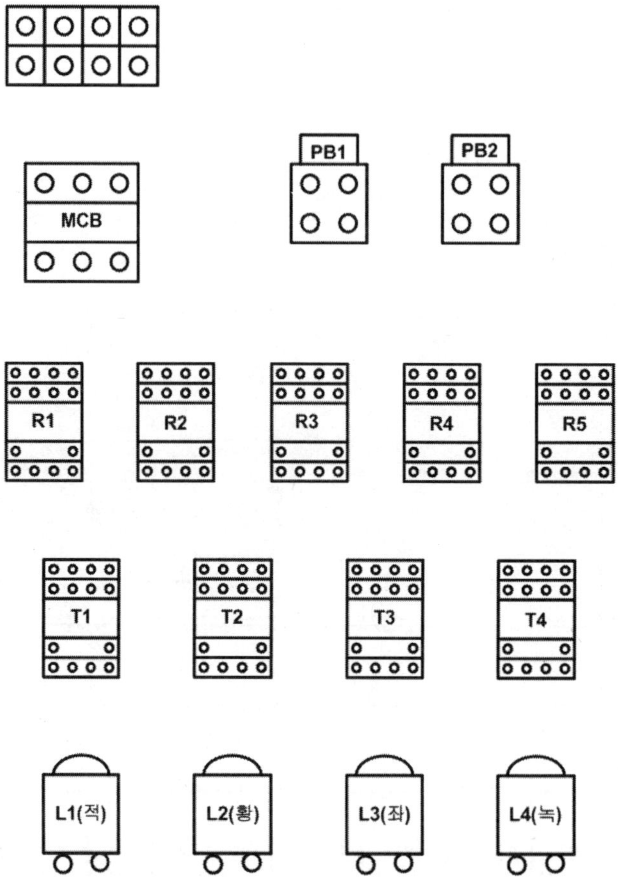

‖ 사거리 신호등 회로 (직진-좌회전 동시신호) 배선도 ‖

(3) 사거리 신호등 회로 (좌회전후 직진신호)

사거리 신호등 중에는 좌회전이 우선 허용되고 나중에 직진이 가능한 것도 있으며 램프의 개수는 동시신호와 동일하게 4개이지만 램프의 점멸 순서는 다음 그림과 같이 다르다.

L_1(적)	○	○	●	●	●	○
L_2(황)	○	●	○	○	●	○
L_3(좌)	○	○	○	●	○	○
L_4(녹)	●	○	○	○	○	●

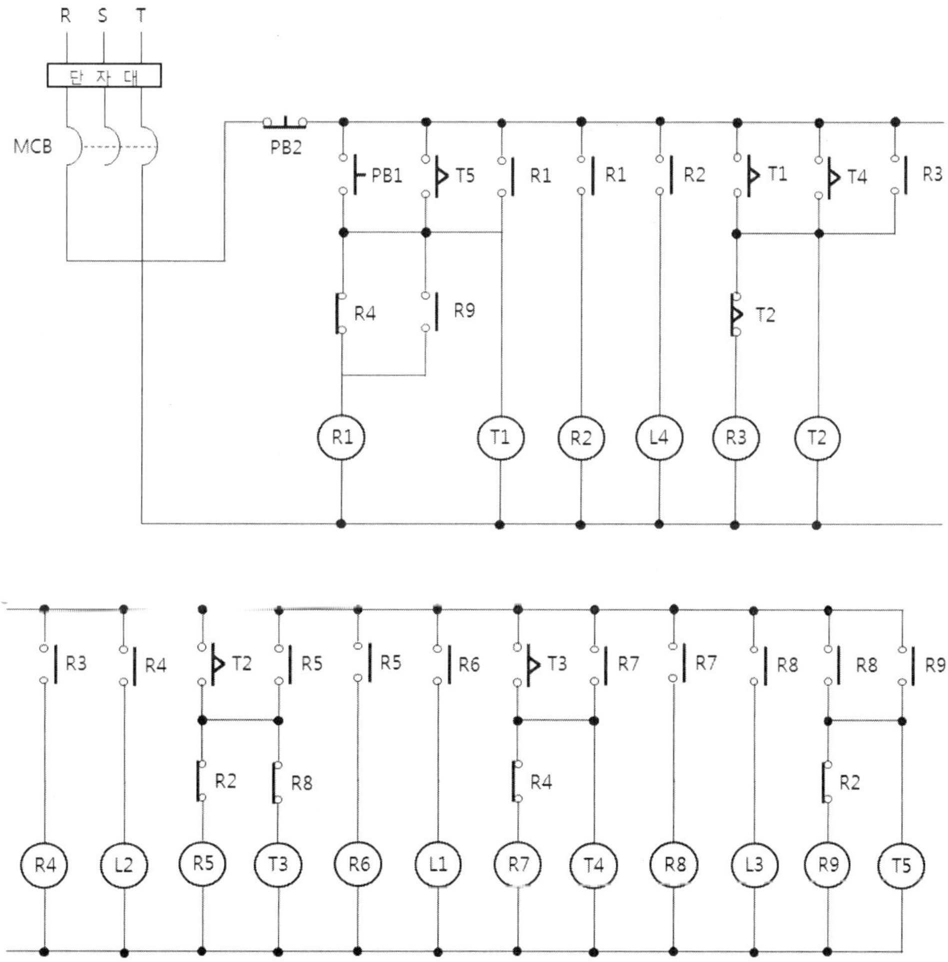

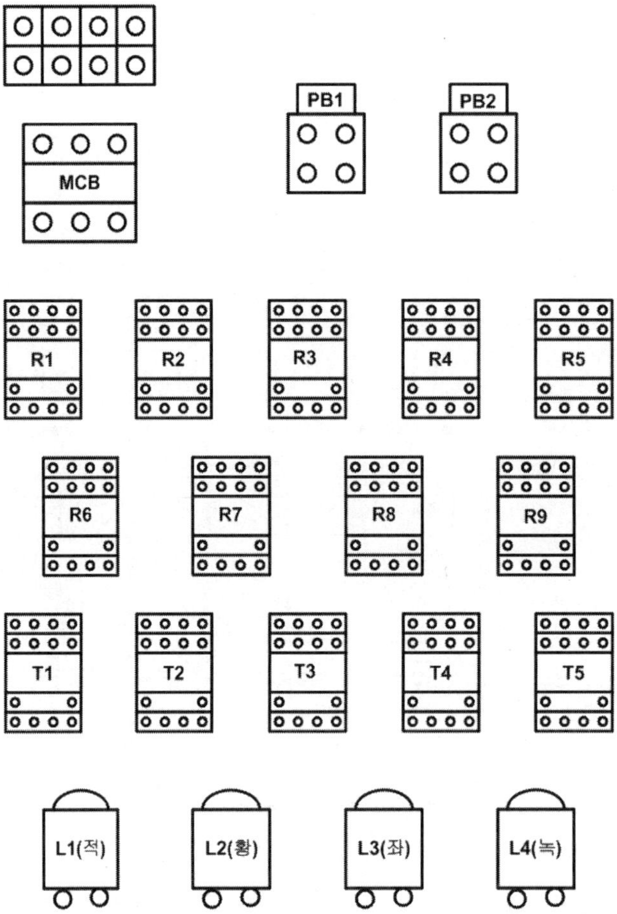

‖ 사거리 신호등 회로 (좌회전후 직진신호) 배선도 ‖

8.3 기타 응용회로

(1) 계수회로

푸시버튼을 2회 ON 조작하면 램프가 점등하는 즉, 두 번의 입력이 주어지면 출력이 나타나는 계수(計數) 기능을 갖는 회로이다. 회로도에서 PB_1의 첫 번째 ON 조작에서는 램프가 점등하지 않고 두 번째 ON 조작에서 점등한다. 램프를 소등하려면 PB_2를 누른다.

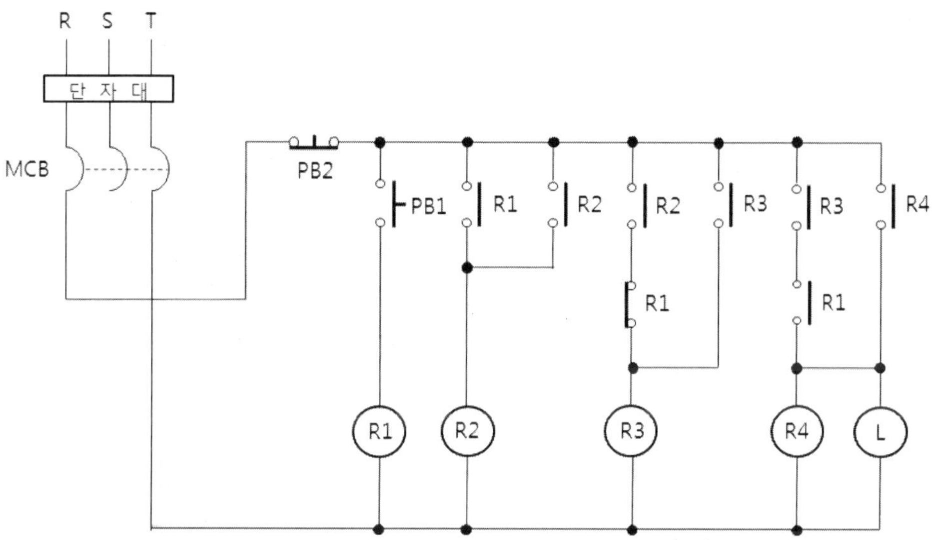

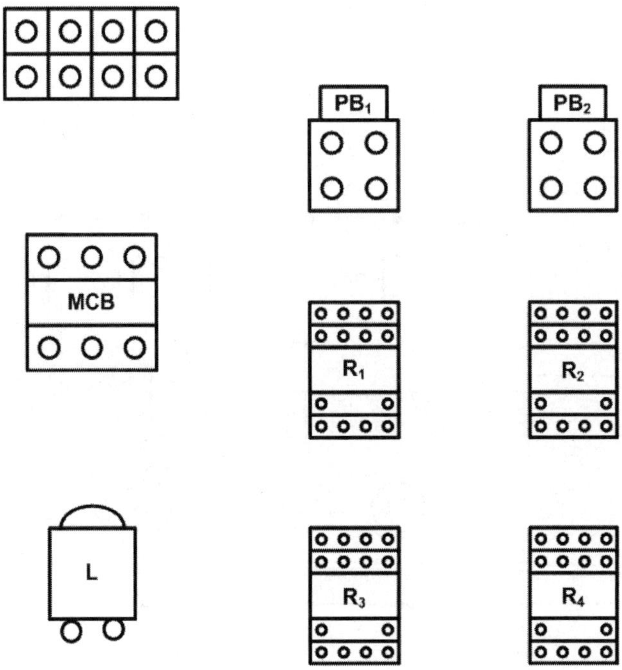

‖ 계수회로 배선도 ‖

(2) 펌프제어회로

공장건물이 3개(F_1, F_2, F_3) 있고 급수펌프가 용량별로 3대가 있을 때 공장이 모두 휴무이거나 한 공장만 가동하면 M1펌프를 운전하고 세 공장 중 두 곳에 가동하면 M_2펌프, 세 공장 모두 가동하면 M_3펌프를 운전시키고자 하며 다음 표와 같이 정리된다. ("0"인 경우 가동 혹은 운전이 안 되는 상태이고 "1"인 경우에는 가동 혹은 운전 상태를 나타냄)

공장의 가동상태			펌프의 운전상태		
$F_1(R_1)$	$F_2(R_2)$	$F_3(R_3)$	$M_1(L_1)$	$M_2(L_2)$	$M_3(L_3)$
0	0	0	1	0	0
0	0	1	1	0	0
0	1	0	1	0	0
0	1	1	0	1	0
1	0	0	1	0	0
1	0	1	0	1	0
1	1	0	0	1	0
1	1	1	0	0	1

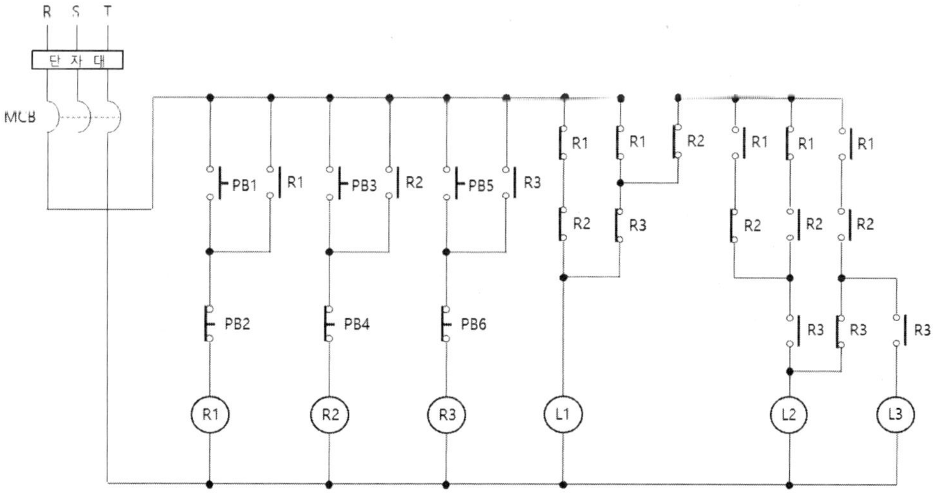

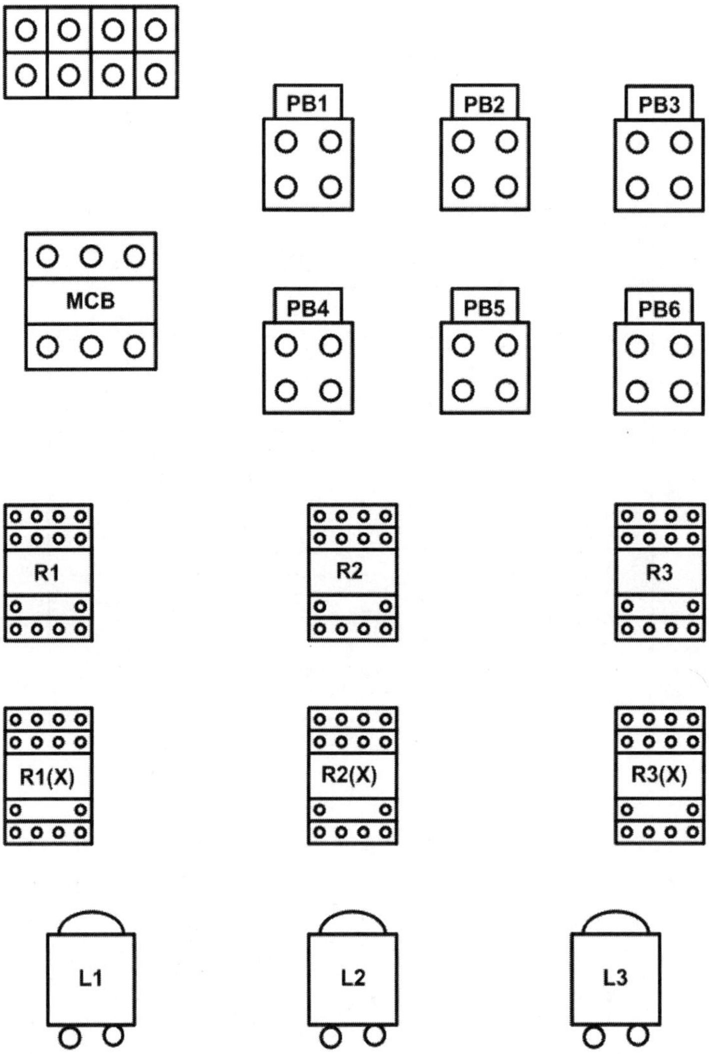

‖ 펌프제어회로 배선도(릴레이 추가) ‖

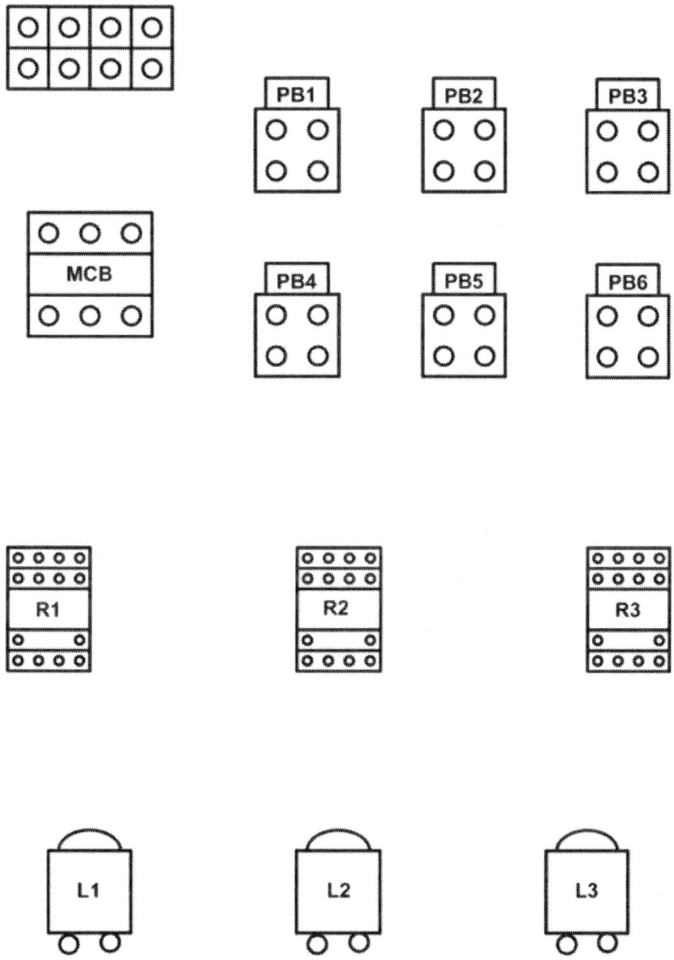

펌프제어회로 배선도(공통단자 활용)

제9장 전기기능사 실기

9.1 시험문제(샘플) : 급수설비 제어회로

1. 요구사항

가. 지급된 재료를 사용하여 제한된 시간 내에 도면에 표시된 공사를 내선 공사 방법에 의거하여 완성하시오.

나. 전원방식 : 3상 3선식 220[V]

다. 공사방법

1) PE 전시관

2) 플렉시블 PVC 전선관(CD 전선관)

라. 동작상태 : 전원투입 : WL 점등

1) SS가 M(수동)일 때 : L2 점등
PB1을 ON하면 M동작, PB2를 ON하면 M정지

2) SS가 A(자동)일 때 : L1점등
M동작, 물탱크에 물이 차면(E1,E2,E3가 물이 잠기면) M정지
물탱크에 물이 빠지면 (E1,E2,E3에 물이 빠지면) M동작

마. 기타사항

1) 제어함 부분과 PE관 및 플렉시블 PVC 전선관(CD 전선관)이 접속되는 부분은 박스 커넥터를 끼워 놓는다.

2) 모터의 접속은 생략하고 단자대까지 접속할 수 있게 배선한다.

3) TB3(E1,E2,E3) 작업시 단자대에서 인출선을 E1은 80mm, E2는 100mm, E3는 120mm로 내어놓고, 약 10mm정도 피복을 벗겨 놓는다.

2. 유의 사항

가. 시험시간을 엄수하여 작품을 완선하여야 하며, 부득이한 경우에는 표준시간 +30분까지 연장할 수 있으나 연장할 경우 매 10분 이내(10분 포함)마다 3점씩 감점하며, 초과시에는 미완성 작품으로 불합격 처리한다.

나. 공사하기 전 지급받은 재료를 점검한 후 작업에 임한다. (점검 후 파손된 재료는 수검자 부주의로 파손된 것으로 간주한다.)

다. 지급된 재료 중 불량품 이외는 추가 지급할 수 없다.

라. 치수는 mm이고, 허용오차는 ±5mm이다.

마. 주회로는 1.6mm전선으로, 제어회로는 1.2mm전선(황색)으로 배선한다.

바. 접지선은 1.6mm(녹색) 전선을 사용한다.

사. 제어함(제어판)내부 배선상태나 전선과 가공상태가 불량하여 전기 공급이 불가능하다고 판단될 때에는 불합격 처리할 수 있다.

아. 지급된 재료의 이상 유무를 확인하고, 이상이 있을 때에는 감독위원에게 보고하고 교환하도록 한다.

자. 전선은 도면에 표시된 대로 색상별로 사용한다.

차. 배선작업은 단자대까지만 한다. 지급된 전선이 부족할 때에는 다른 전선을 사용할 수 있다.

카. 제어함 내의 가구배치는 도면에 준하되 치수는 작업하기에 알맞고 기구가 들어길 수 있도록 간격을 유시하여 배치한다.

타. 본인의 동작시험은 개인이 준비한 시험기 또는 테스터를 가지고 동작 시험을 할 수 있으나, 전원투입 동작시험은 할 수 없다.

파. 접지는 도면에 표시된 부문만 하고 기타 부분은 생략한다.

하. 퓨즈 홀더에 퓨즈를 끼워 놓는다.

거. 3단 셀렉터 스위치는 왼쪽(시계 반대방향)에 M(수동), 오른쪽(시계방향)에 A(자동)이 되도록 작업한다.

너. 다음 작품은 미완성 작품, 오작이므로 불합격 처리한다.

1) 표준시간+30분까지의 미완성 작품

2) 완전 동작 이외의 작품

3) 완성된 작품이 도면과 서로 상이한 작품 (여기서 상이한 작품이란 배관작업 및 부품위치가 도면과 서로 다른 경우이다.)

| 배관 및 기구 배치도 |

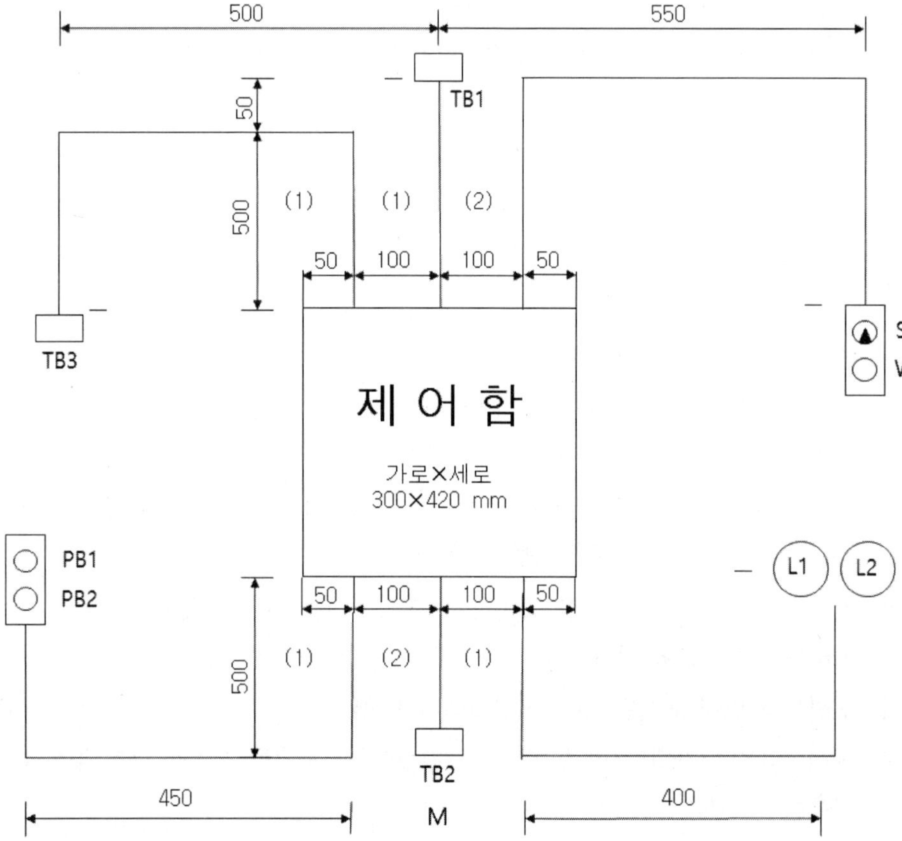

기호	명칭	기호	명칭
TB1	전원(단자대 4P)	L1, L2	리셉터클
TB2	모터(단자대 4P)	WL	파일럿램프(백색)
PR	Power Relay (12핀 소켓)	SS	3단 셀렉터 스위치
TB3	E1, E2, E3 (단자대 3P)	FLS	Floatless Switch (8핀 타이머 소켓)
TB15P	단자대 3P×1개 단자대 4P×3개	PB1(녹색) PB2(적색)	푸시 버튼 스위치
EF×2	유리통 퓨즈 2개용	X	11핀 릴레이 (11핀 소켓)

| 제어함 내부 기구 배치도 |

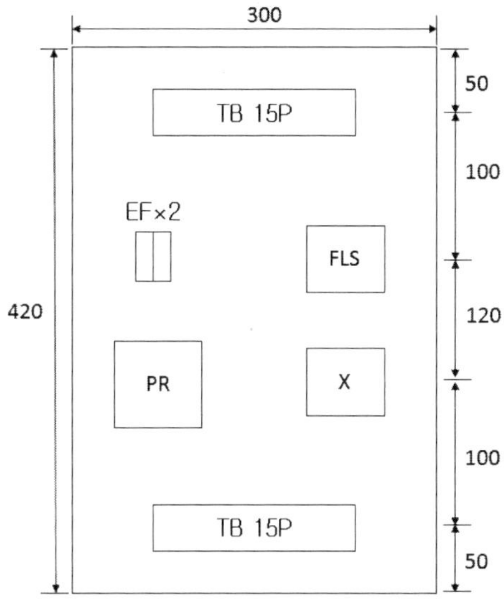

| 계전기 결선도 |

Power Relay (PR) 내부 결선도

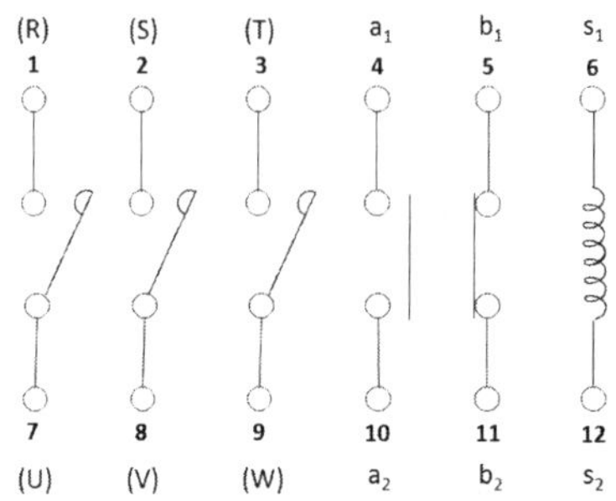

Floatless 릴레이 내부 결선도

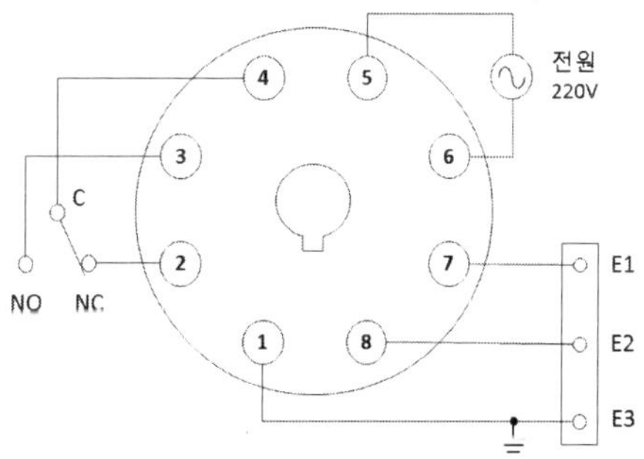

11핀 릴레이 내부 결선도

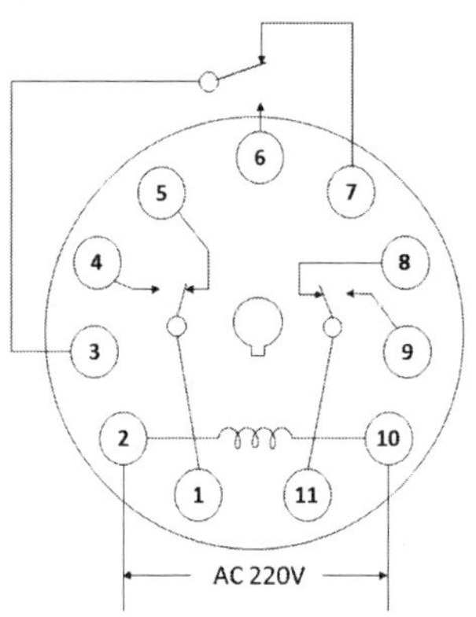

| 동작 회로도 |

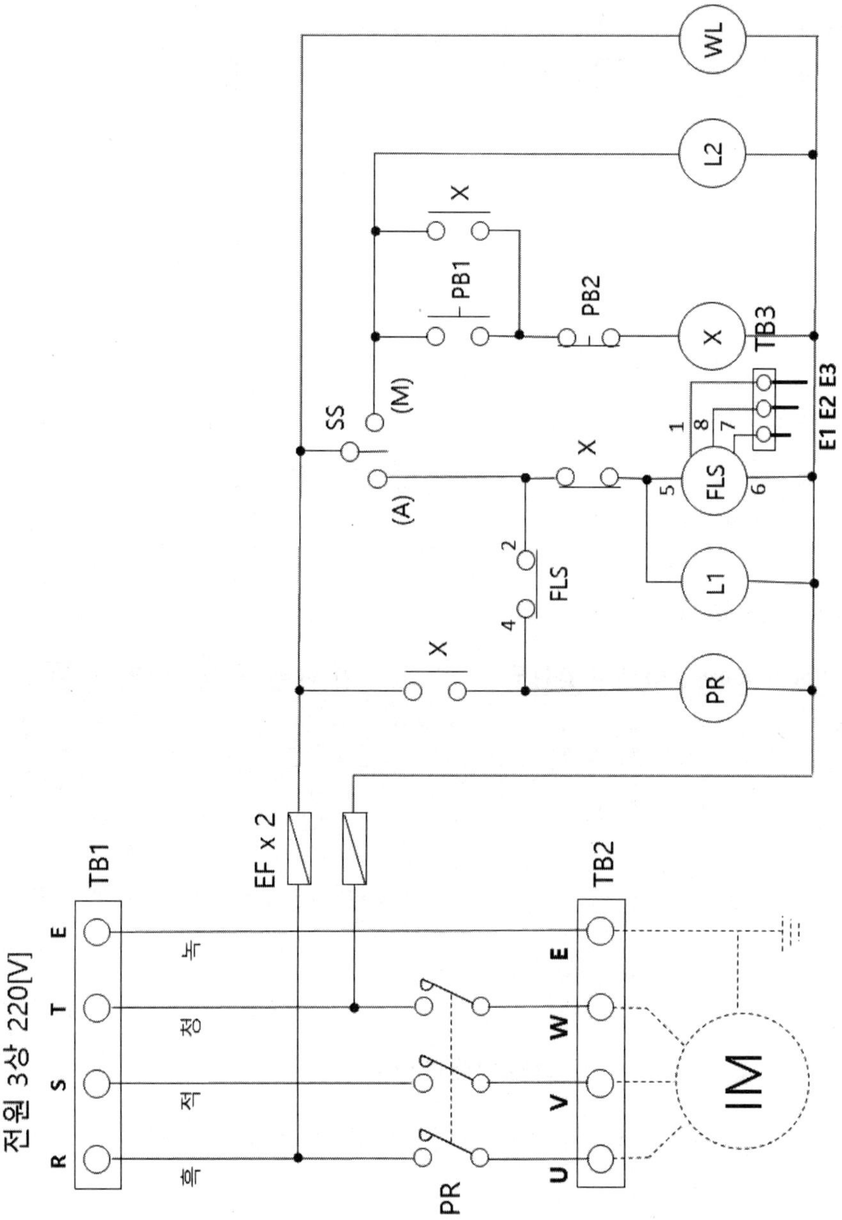
전원 3상 220[V]
TB1
R
S
T
E
흑
적
청
녹
EF x 2
PR
TB2
U
V
W
E
IM
SS
(A)
(M)
X
PB1
PB2
X
FLS
2
4
X
5
FLS
6
1
8
7
TB3
E1 E2 E3
PR
L1
X
L2
WL

| 실기 배선도 |

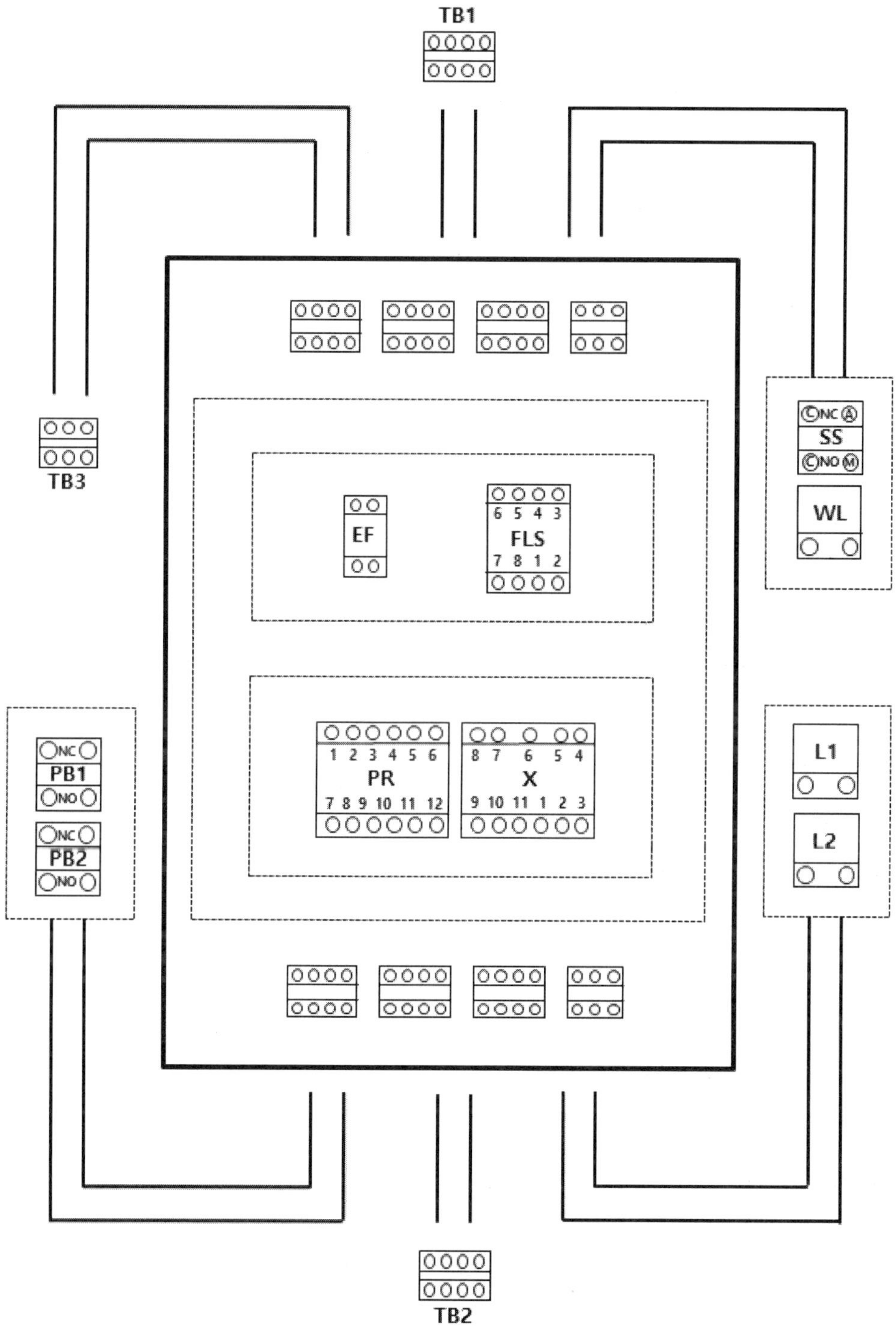
TB1
TB3
EF
6 5 4 3
FLS
7 8 1 2
NC
SS
NO
WL
NC
PB1
NO
NC
PB2
NO
1 2 3 4 5 6
PR
7 8 9 10 11 12
8 7 6 5 4
X
9 10 11 1 2 3
L1
L2
TB2

전기기능사 실기시험의 작업순서

1. 지급재료 확인

지급된 수량을 확인하고, 누름 버튼 스위치 등이 제대로 동작되는가를 확인한다.

2. 제어함 배선

1) 회로도에 접점번호 기재 : 계전기, 스위치 등의 접점번호를 작성한다.
2) 제어판에 기구배치 : 기구 배치도와 치수에 맞게 기구를 배치한다.
3) 기구 고정 : 나사못을 사용해 기구를 고정시킨다.
4) 단자대에 접점번호 부여 : 외부로 인출되는 기구의 번호를 기입한다.
5) 주회로 배선 : 특별한 제한 조건이 없으면 주회로를 먼저 배선한다.
6) 보조회로 배선
7) 회로 점검 : 배선이 끝나면 도면대로 결선이 되었는지 확인한다.
8) 배선 정리(케이블 타이) : 선을 정리하고 케이블 타이로 묶어 준다.

3. 배관 작업

1) 제어함을 작업할 작업판에 부착한다.
2) 벽판 제도 : 도면 치수대로 분필을 사용해 배관할 위치를 표시한다.
3) 기구 부착 : 단자대, 컨트롤 박스 등을 부착한다.
4) 배관 : 치수에 맞춰 전선관을 잘라 배관한다.

4. 입선 작업

1) 길이 측정 : 먼저 한 가닥을 넣어서 결선할 길이를 포함해 자른다.
2) 필요한 가닥 수 절단 : 1)의 길이로 필요한 가닥 수만큼 자른다.
3) 입선 : 가닥 수가 많을 경우 끝을 묶어서 한꺼번에 입선한다.

5. 결선 작업

1) 기구와 단자대의 접점 번호를 잘 확인하면서 결선한다.
2) 결선 후 반드시 확인한다.

6. 주변 정리

1) 결선 후 이상이 없으면 기구의 뚜껑을 닫고 동작 시험을 위해 전원 인출선을 100mm 정도 길이로 설치하고, 10mm 정도 피복을 벗겨 놓는다.
2) 주변을 깨끗이 청소하고 동작시험 준비를 한다.

7. 동작 시험 : 감독관의 지시를 받아 동작 시험을 한다.

9.2 제어함 주요 사용 부품

명칭	구분	본체	소켓
Power Relay (PR) 파워릴레이 ※ 일부 회로에서는 MC(Magnetic Contactor)라고도 표기함	12핀		
	20핀		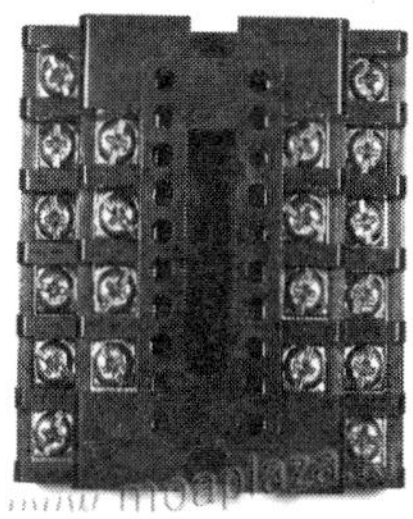
Electronic Over Current Relay(EOCR) 전자식 과전류 계전기	12핀		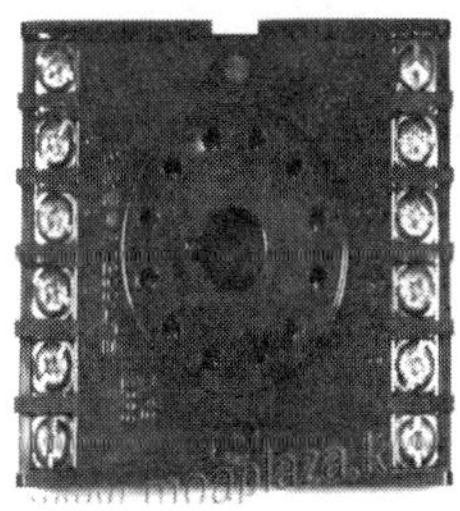
Relay 릴레이	8핀		
	11핀		

명칭	구분	본체	소켓
Timer 타이머	8핀		
Flicker Relay (FR) 플리커 릴레이	8핀	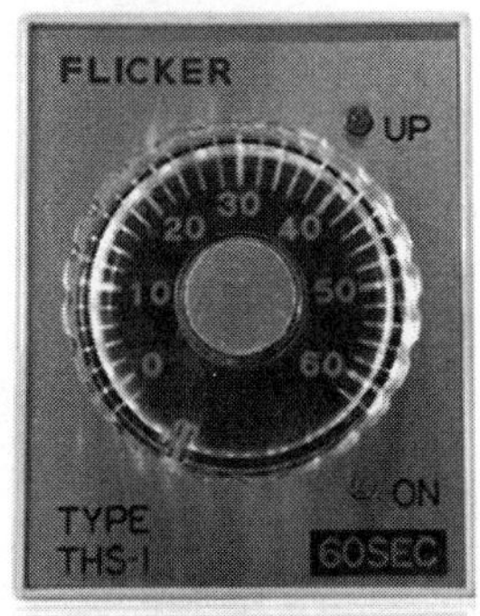	원형 8핀 공통 사용  
Floatless Switch (FLS) 플로트리스 스위치	8핀		
Thermo Couple (TC) 열전대	8핀		

| 부품 결선도 |

PR(MC) – 12핀

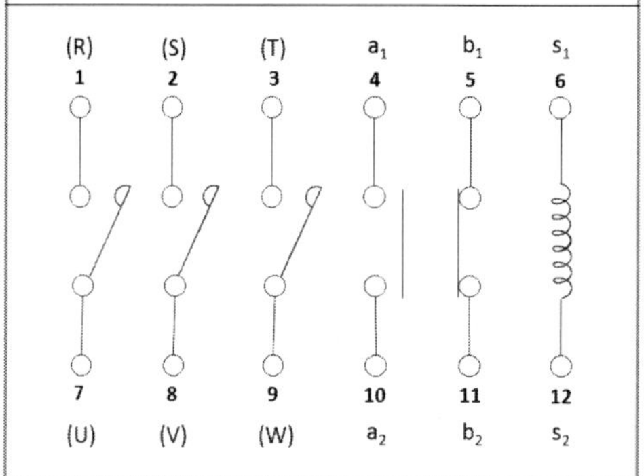

PR(MC) – 20핀

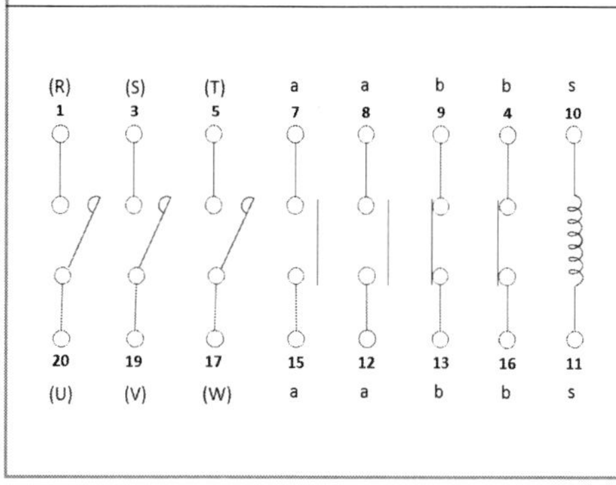

EOCR 접속도

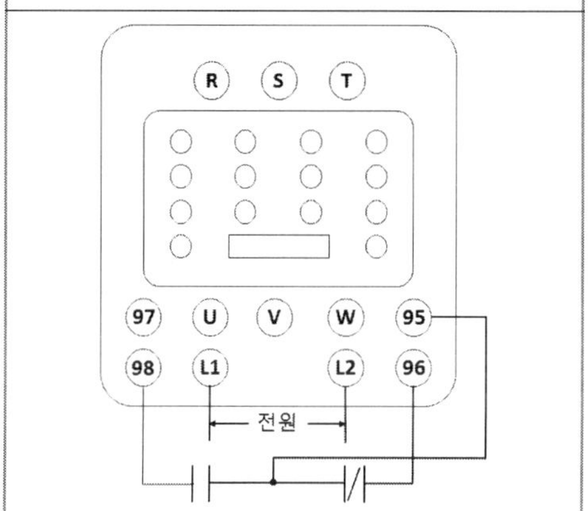

EOCR 결선도

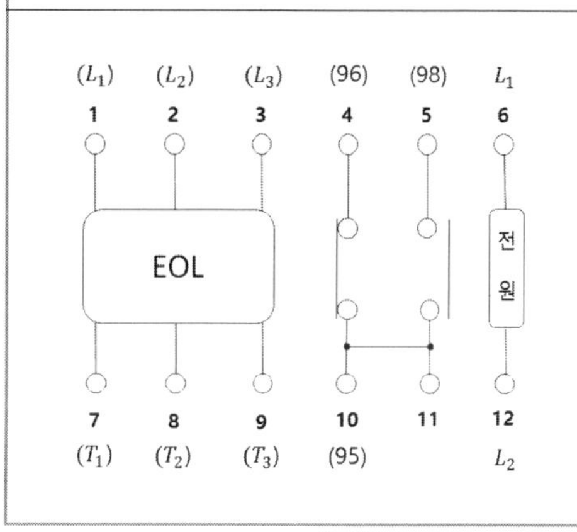

Relay – 8핀

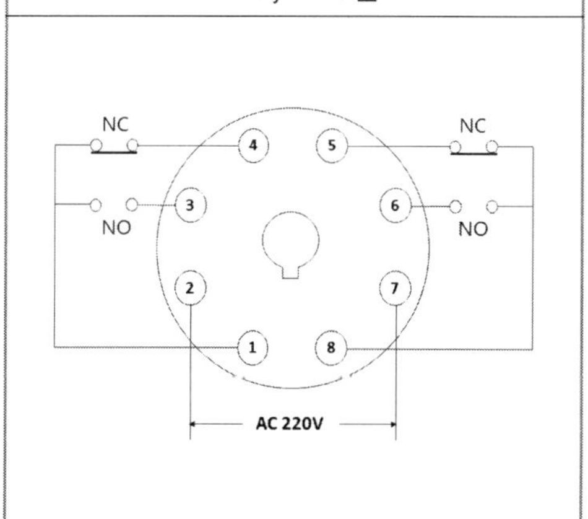

Relay – 11핀

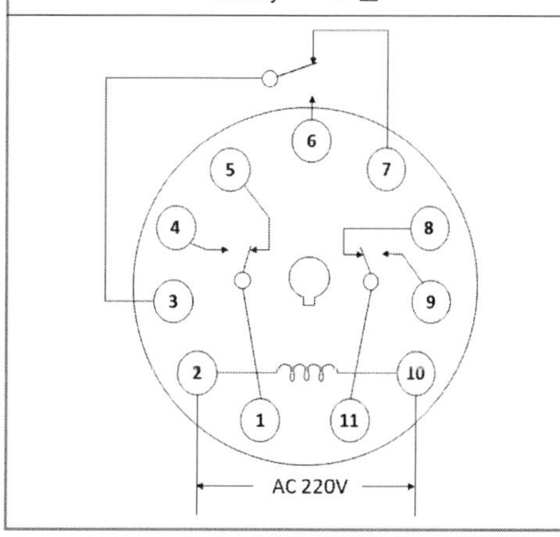

Timer – 8핀

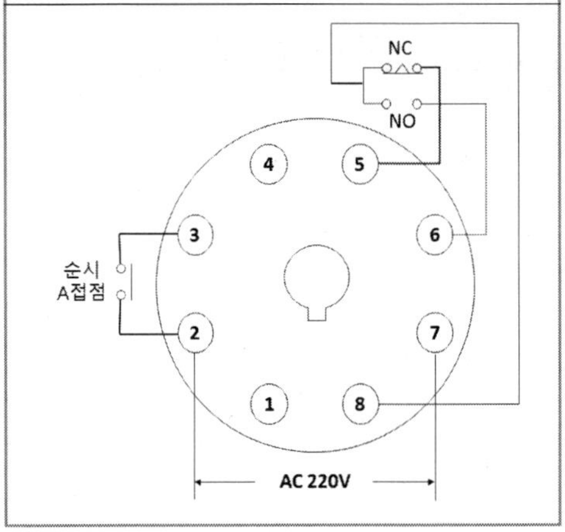

Flicker Relay – 8핀

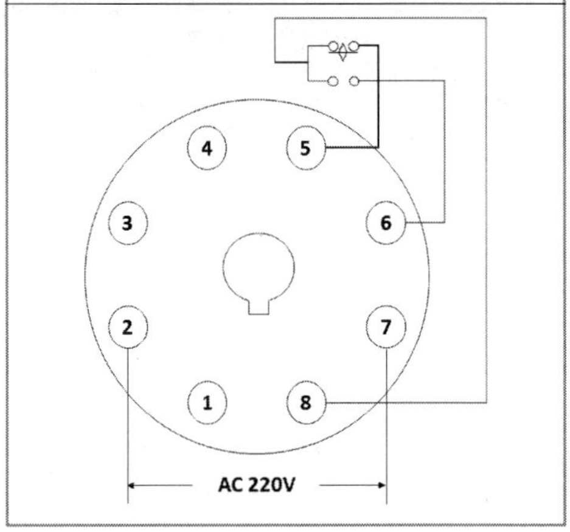

Floatless Switch – 8핀

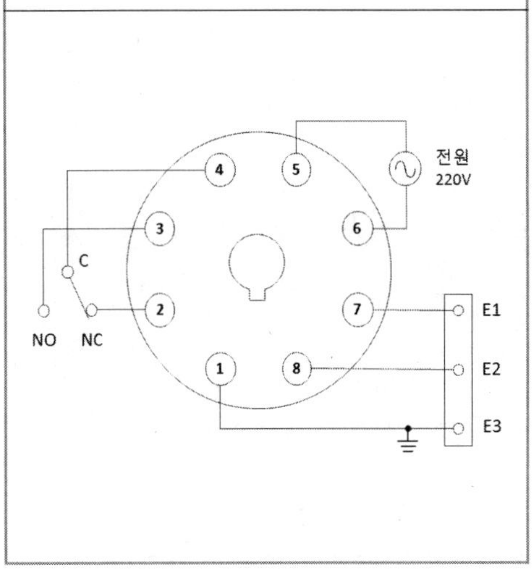

Thermo Couple – 8핀

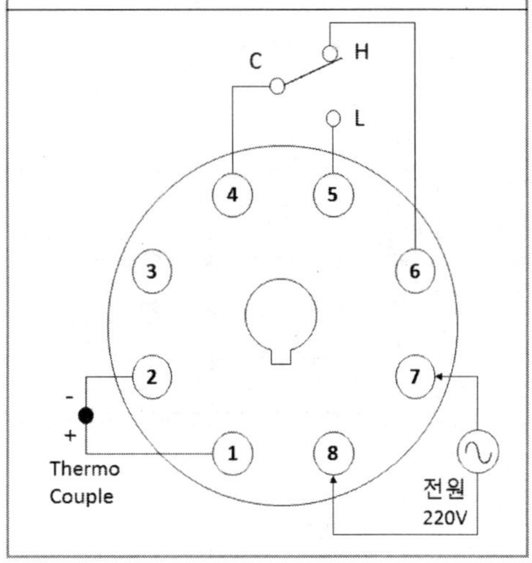

9.3 전기기능사 실기시험 예제

▌1예제 : 전동기 제어회로

| 동작 회로도 |

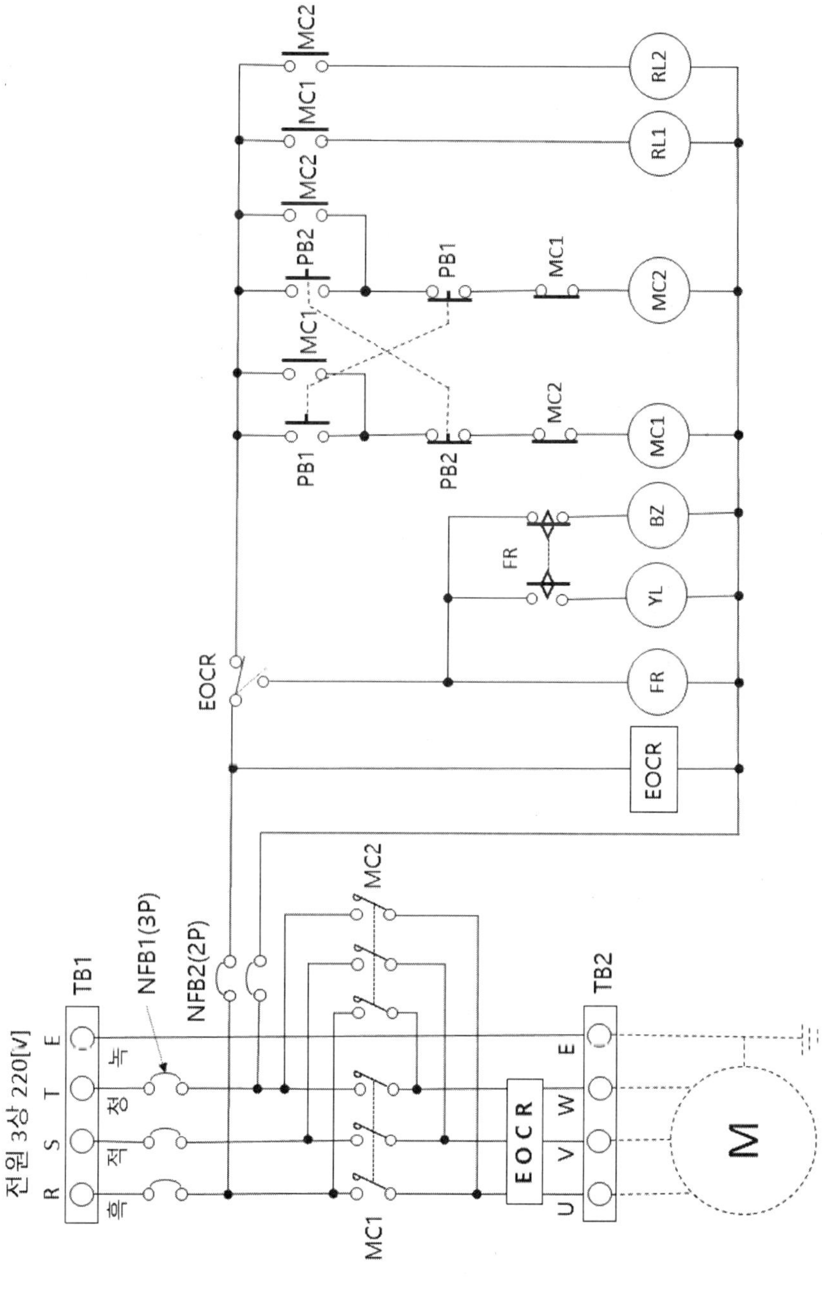

| 실기 배선도 |

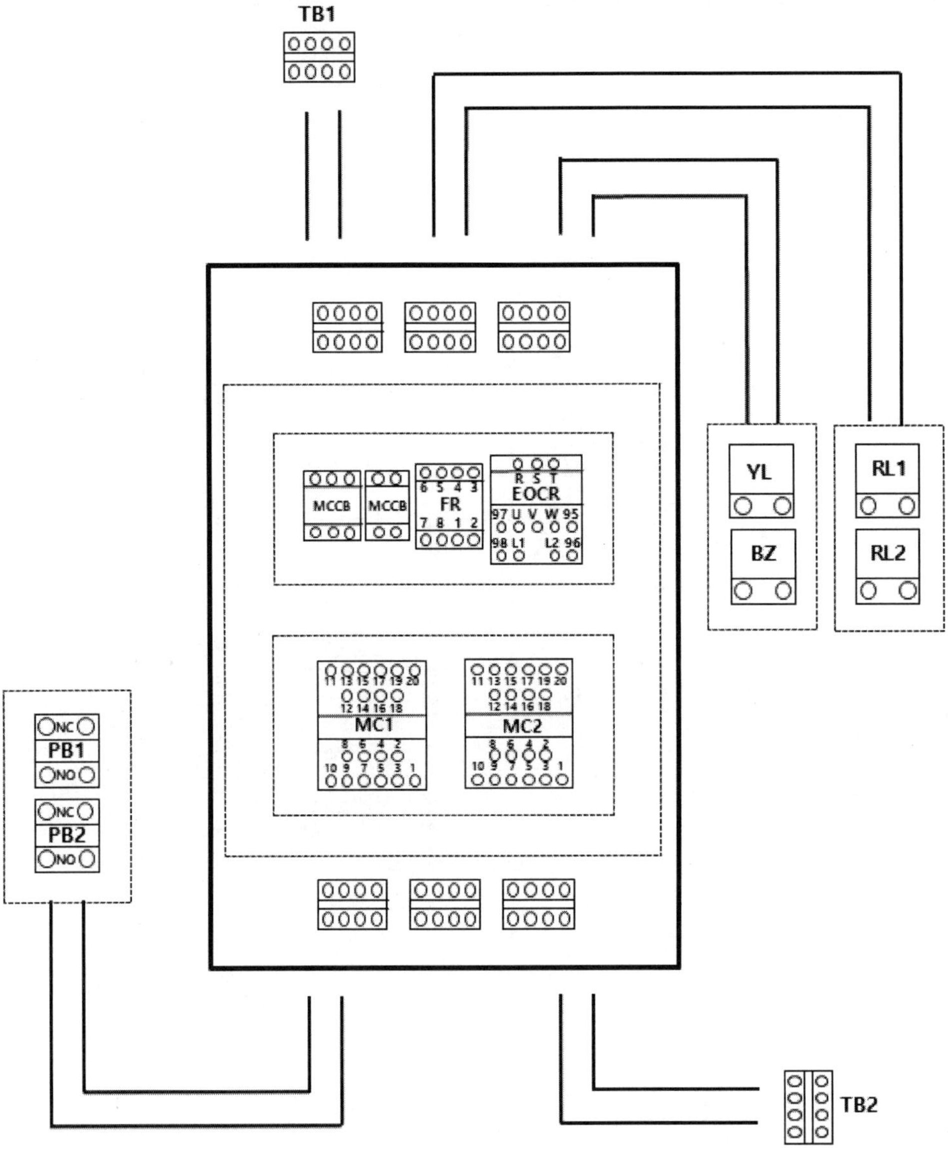
TB1
MCCB
MCCB
FR
6 5 4 3
7 8 1 2
R S T
EOCR
97 U V W 95
98 L1 L2 96
YL
BZ
RL1
RL2
MC1
11 13 15 17 19 20
12 14 16 18
8 6 4 2
10 9 7 5 3 1
MC2
11 13 15 17 19 20
12 14 16 18
8 6 4 2
10 9 7 5 3 1
NC
PB1
NO
NC
PB2
NO
TB2

2예제 : 승강기 제어회로

| 동작 회로도 |

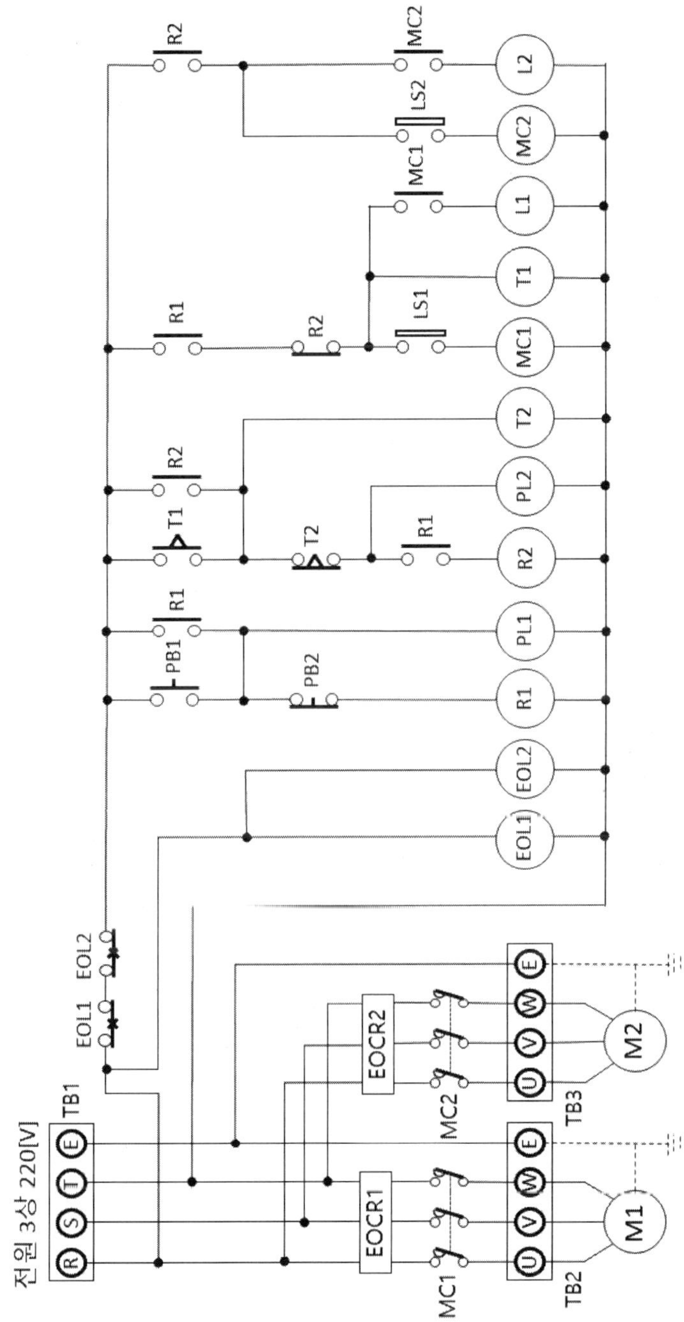

| 실기 배선도 |

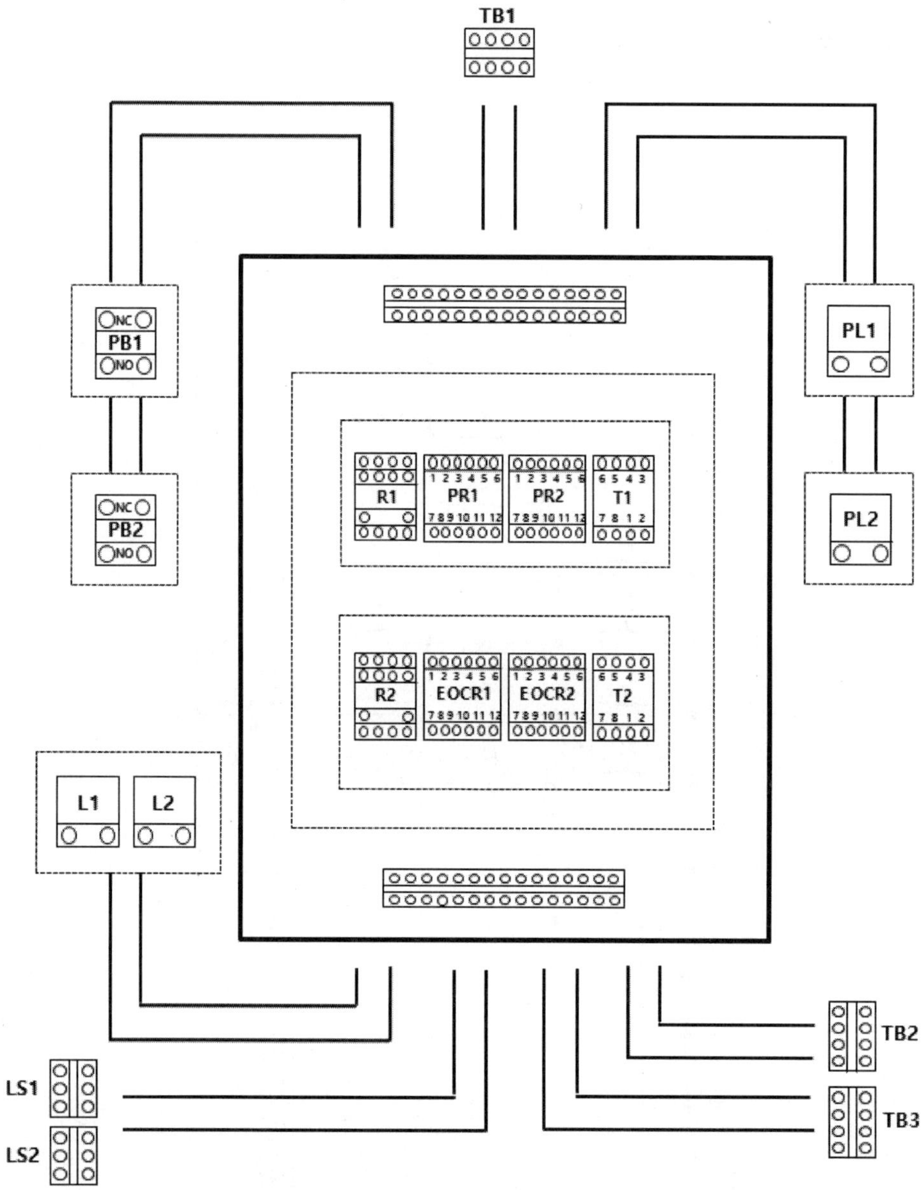
TB1
PB1
NC
NO
PB2
NC
NO
PL1
PL2
R1
PR1
PR2
T1
R2
EOCR1
EOCR2
T2
L1
L2
LS1
LS2
TB2
TB3

3예제 : 자동온도조절 제어회로

| 동작 회로도 |

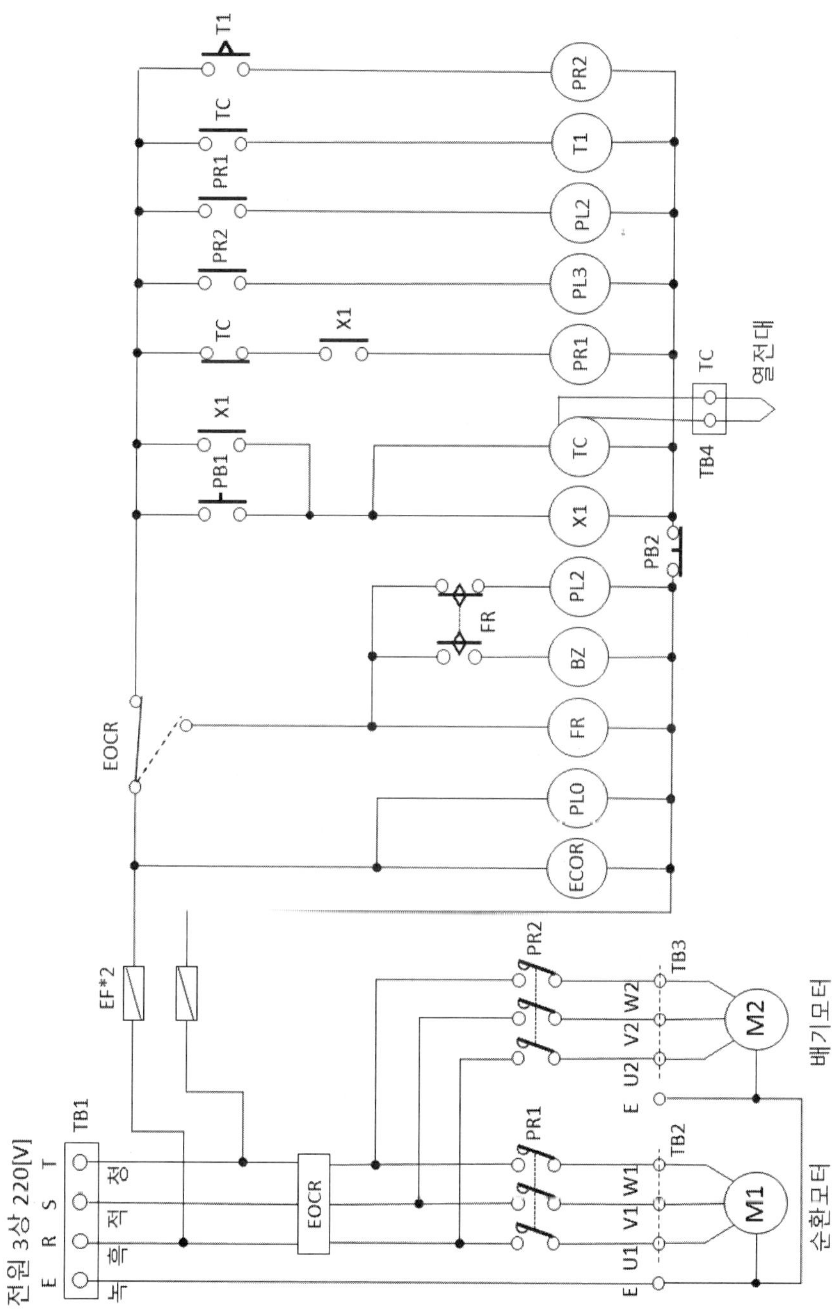

| 실기 배선도 |

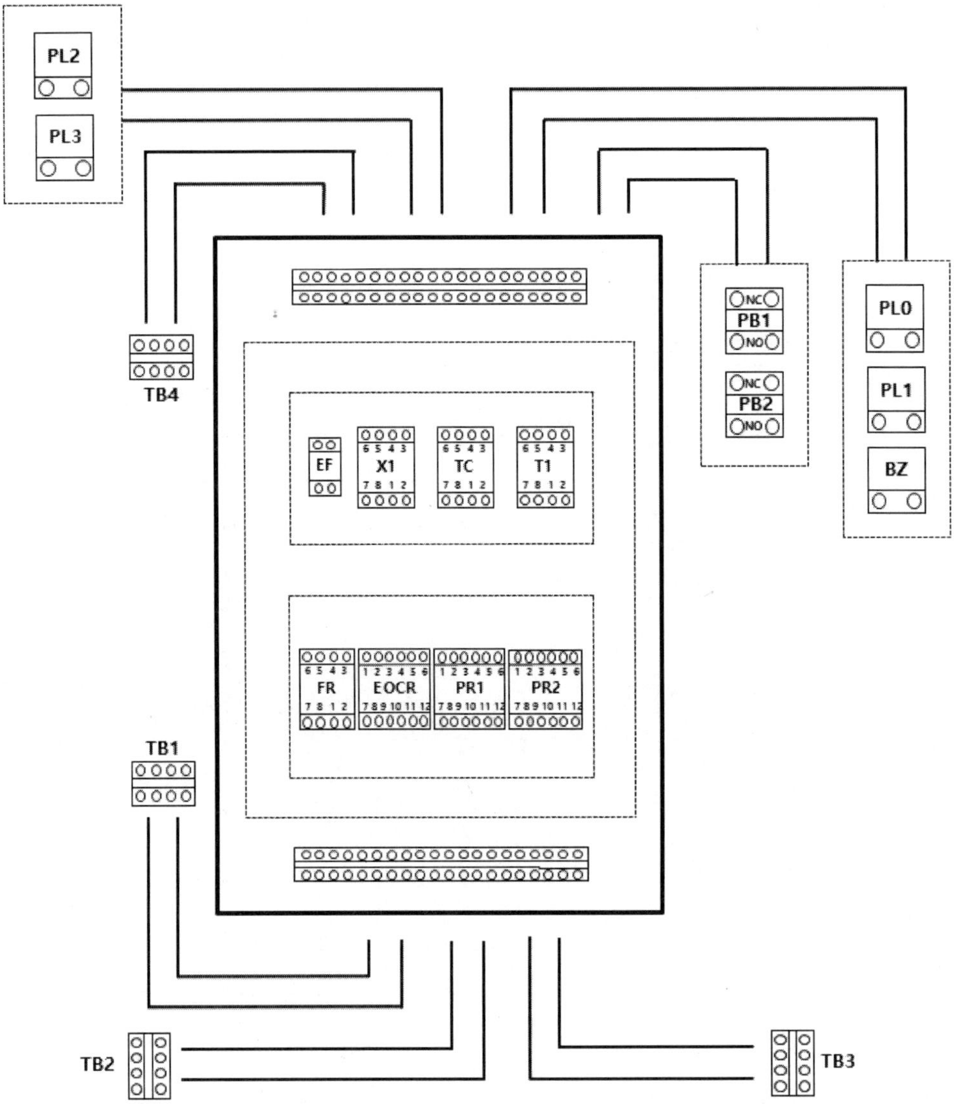
PL2
PL3
PB1
PB2
NC
NO
PL0
PL1
BZ
TB4
EF
X1
TC
T1
FR
EOCR
PR1
PR2
TB1
TB2
TB3

▌4예제 : 자동문 제어회로

| 동작 회로도 |

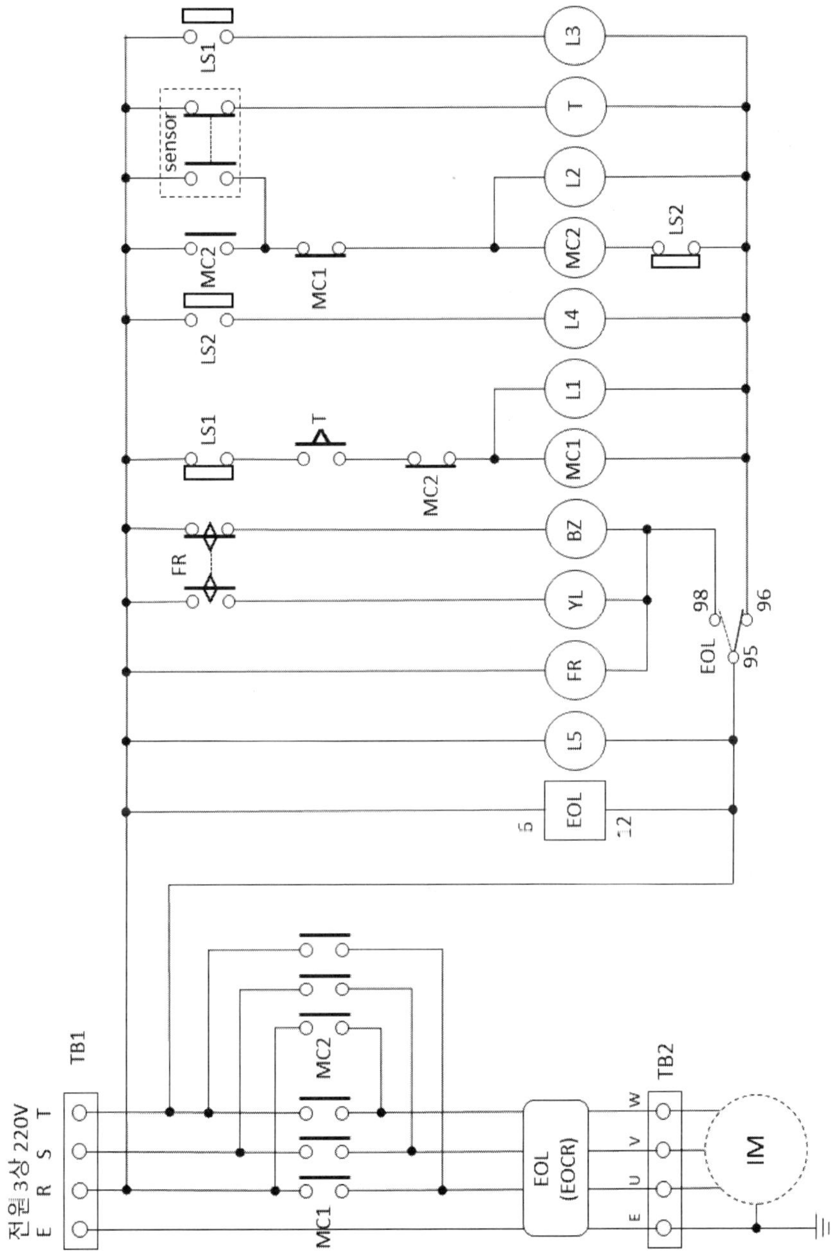

| 실기 배선도 |

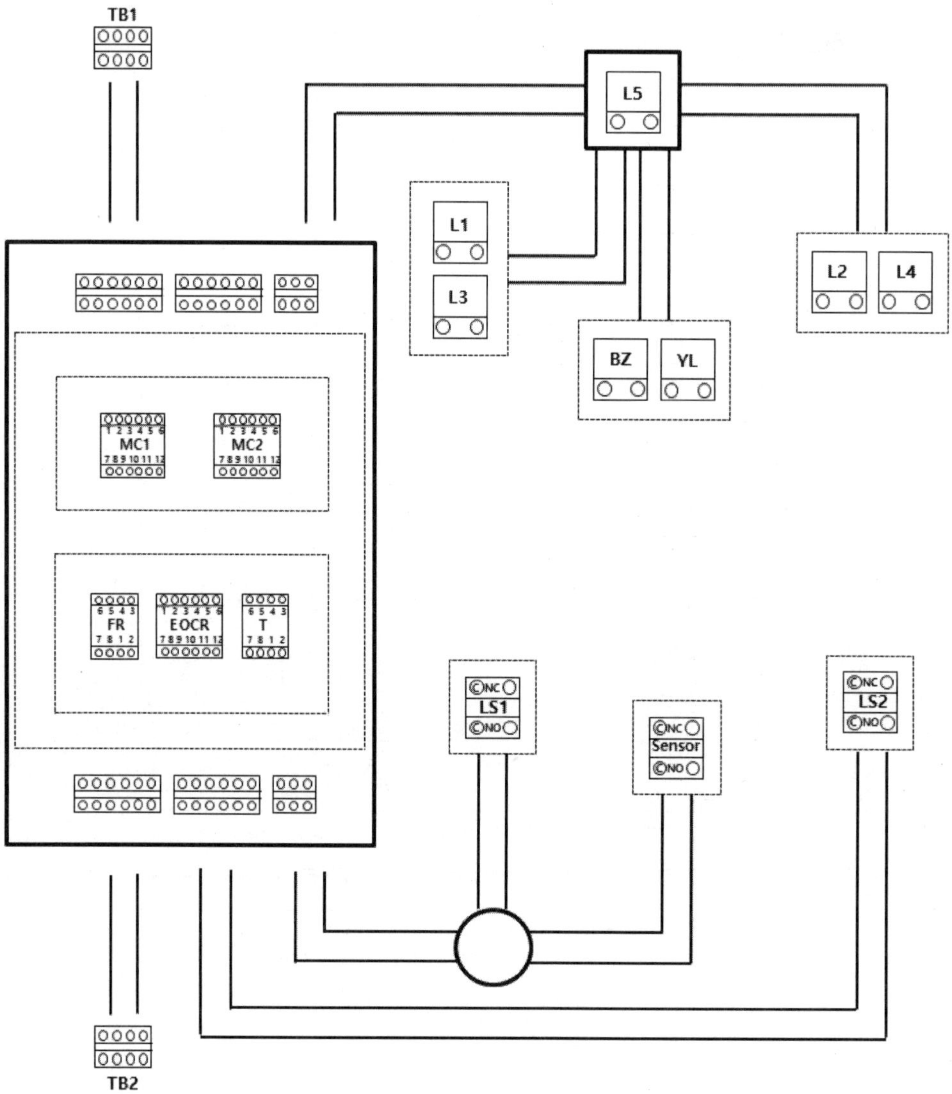

▌5예제 : 컨베이어 제어회로

| 동작 회로도 |

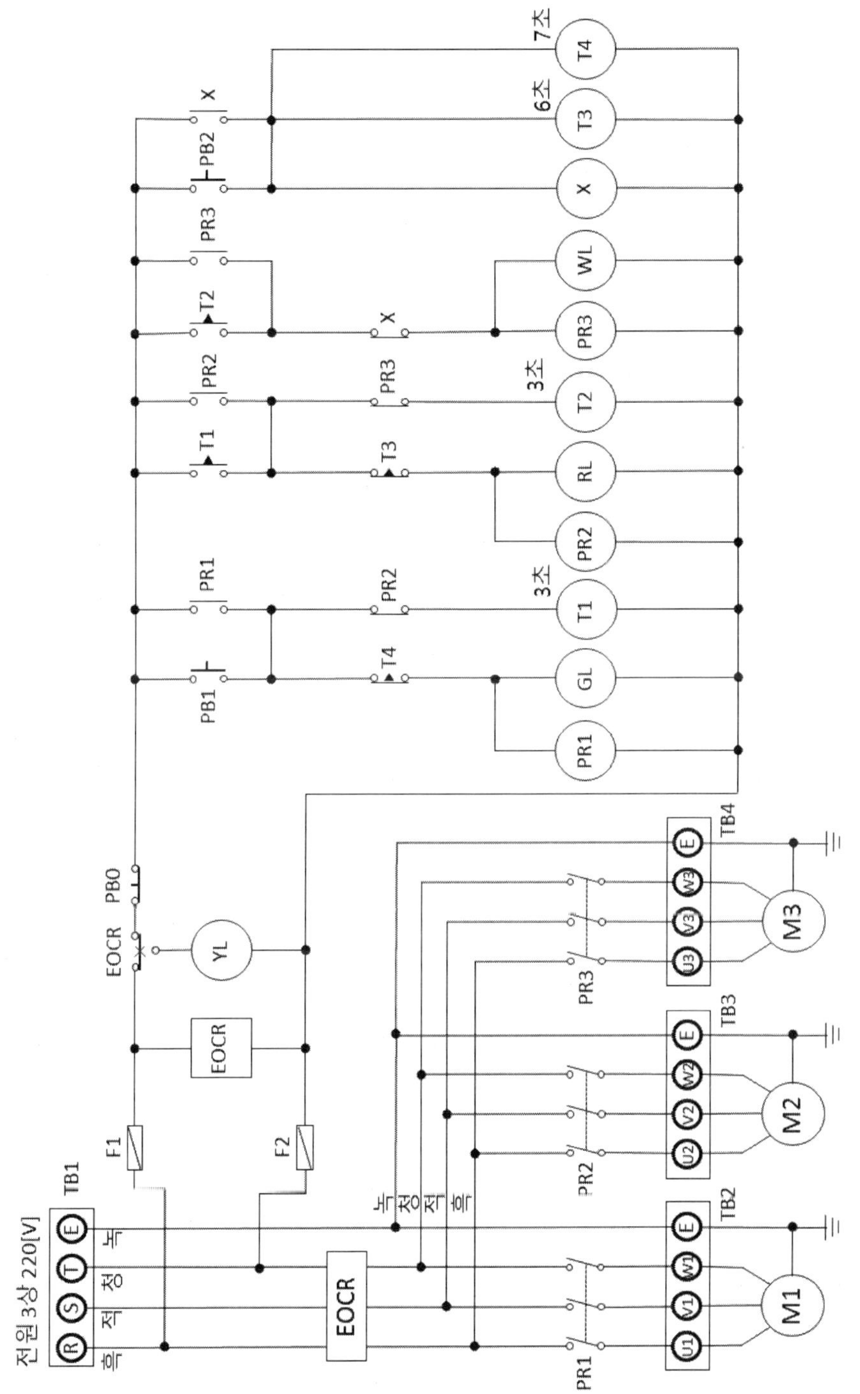

| 실기 배선도 |

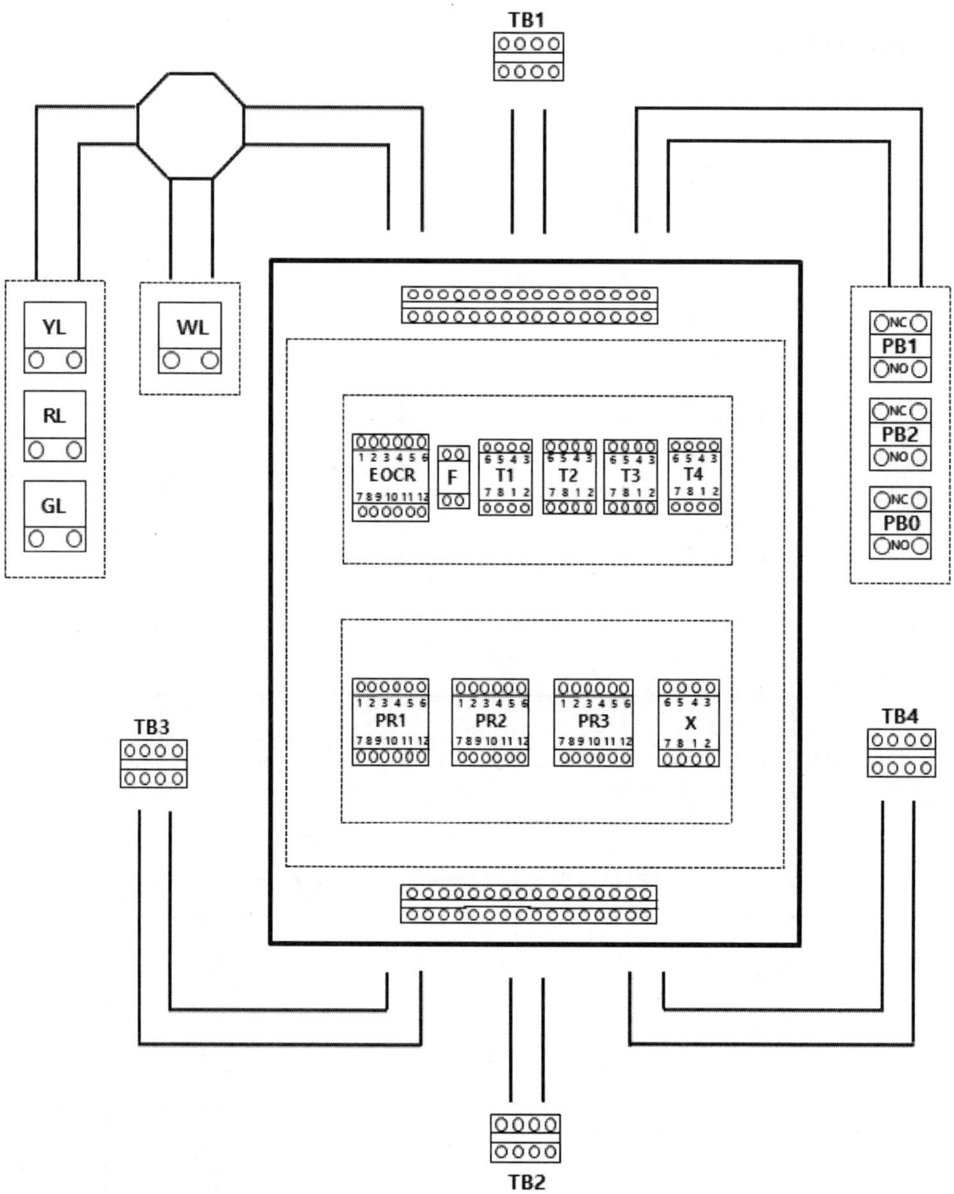

TB1
YL
RL
GL
WL
EOCR
F
T1
T2
T3
T4
PB1
PB2
PB0
NC
NO
PR1
PR2
PR3
X
TB3
TB4
TB2

▌6예제 : 전동기 응용회로

| 동작 회로도 |

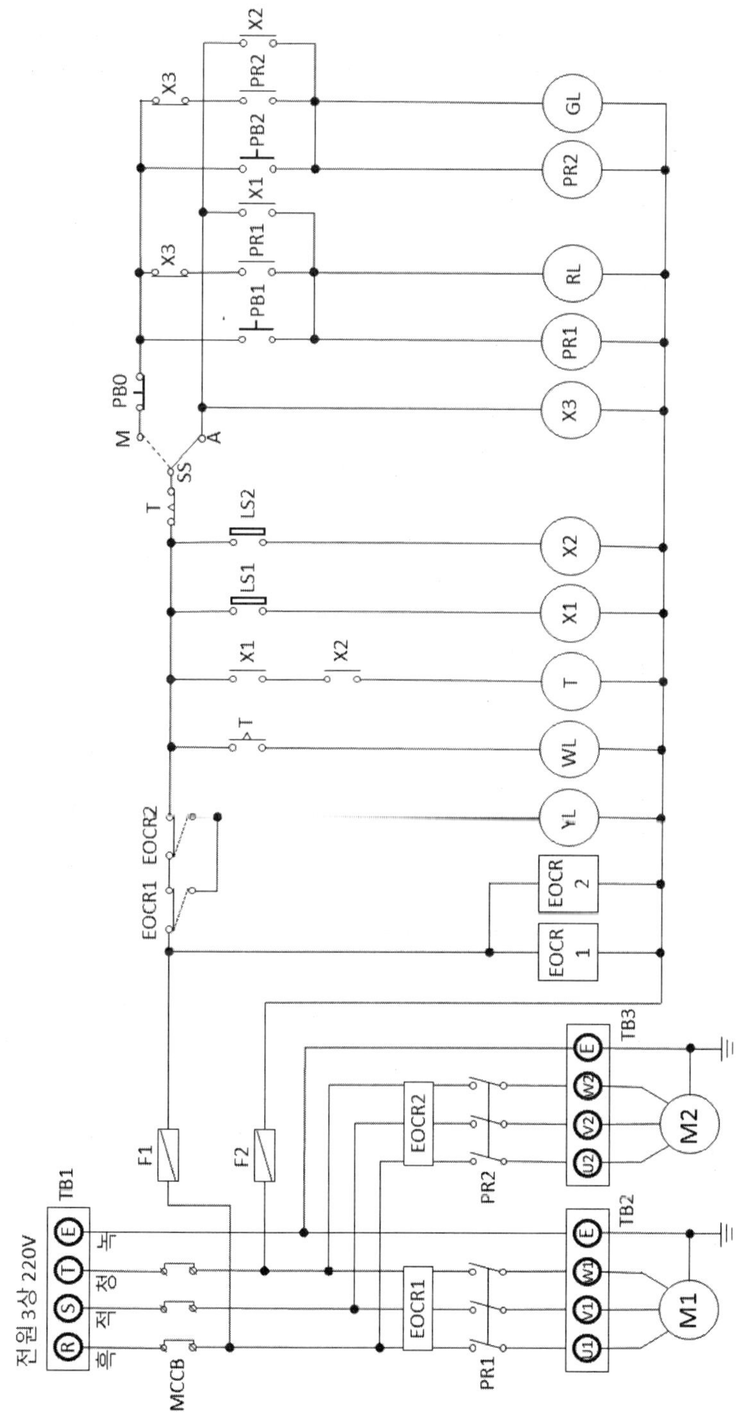

| 실기 배선도 |

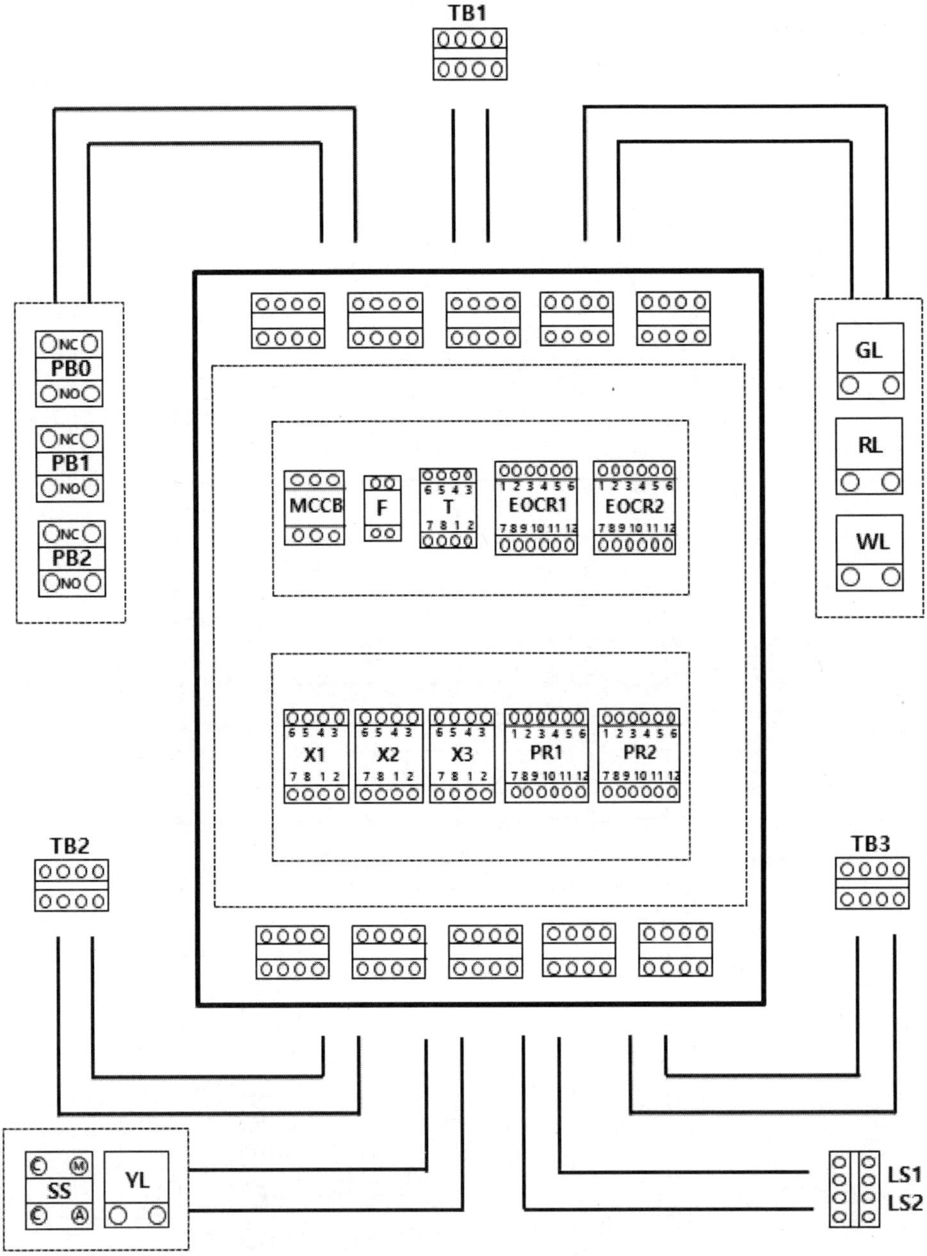

TB1
PB0
NC
NO
PB1
PB2
GL
RL
WL
MCCB
F
T
EOCR1
EOCR2
X1
X2
X3
PR1
PR2
TB2
TB3
SS
YL
LS1
LS2

· 3부
PLC 제어

여기서는 PLC의 개념과 발전과정 등을 설명하고 현재 사용되는 다양한 PLC장비의 하드웨어 및 소프트웨어의 구성을 이해하도록 하였다. LS산전 제품인 GLOFA-GM4 장비를 대상으로 LD프로그램을 작성하는 방식과 시퀀스 연산자, 펑션, 펑션블록 등을 사용하는 방식을 설명하여 시퀀스 순서도를 PLC프로그램으로 변경하는 능력과 더불어 공정제어에서 PLC프로그램을 작성하는 능력도 제고시킨다.

제10장 PLC의 개요

10.1 제어 요소

하는 변환 장치로 구성된다.

㉯ 출력장치 : 장치에서 만들어지는 제어신호를 실제 구동장치를 유발시키는 조작신호로 변환하는 장치이다.

㉰ 제어장치 : 입력 조건에 따른 제어정책 및 제어 알고리즘을 수행하여 제어 신호를 출력에 내보내는 장치로서, 제어 알고리즘을 소프트웨어로 메모리 장치에 저장하여 유연하게 변경할 수 있는 프로그래머블 제어기와 한 번 결정하여 설치하면 제어 알고리즘이 고정적이어서 변경이 힘든 하드웨어 시스템으로 크게 나눌 수 있다.

‖ 그림 10.1 ‖ 제어 시스템의 요소

▌PLC의 정의

PLC(Programmable Logic Controller)란 종래에 사용하던 제어반에 사용하는 릴레이, 타이머, 카운터 등의 기능을 IC, 트랜지스터 등의 반도체 소자로 대체시켜, 기본적인 시퀀스 제어 기능에 수치 연산기능을 추가하여 프로그램 제어가 가능하도록 한 자율성이 높은 제어장치이며 미국전기공업협회(NEMA : National Electrical Manufacturers Association)에서는 "디지털 또는 아날로그 입·출력 모듈을 통하여 로직, 시퀀싱, 타이밍, 카운팅, 연산과 같은 특수한 기능을 수행하기 위하여 프로그램 가능한 메모리를 사용하고 여러 종류의 기계나 프로세서를 제어하는 디지털 동작의 전자 장치"로 정의하고 있다.

PLC의 발달과정

산업사회의 발전에 따라 각 공정들이 대규모, 고도화, 복잡화 되고 다양한 형태의 제어 시스템이 요구되고 있다. 이러한 제어시스템을 유기적으로 연결 또는 변경하기 위해서는 많은 시간과 비용이 소요된다. 자동화를 위한 지금까지의 제어 시스템은 회로도에 따라 여러 관련소자(Relay, Contractor, Timer, Counter 등)들을 연결하여 사용함으로써 실제 배선작업이 어렵고, 시퀀스 제어를 위하여 많은 공간이 필요하였으며, 처리속도에 한계가 있다는 문제점이 발생하였다. 이러한 여러 원인에 의하여 1968년 미국의 자동차 메이커인 제너럴모터스(General Motors)사가 [표 10.1] PLC의 10가지 조건을 제시하였으며, 이러한 조건이 PLC 개발의 계기가 되었다.

‖ 표 10.1 ‖ GM의 10가지 조건

(1) 프로그램 및 시퀀스 시스템의 작성과 변경이 용이할 것.
(2) 점검 및 보수가 용이하고 Plug-In 방식일 것.
(3) 계전기 제어반 보다 신뢰성이 높을 것.
(4) 출력은 상위 컴퓨터와 결합기능을 가질 것.
(5) 계전기 제어반보다 소형일 것.
(6) 계전기 제어반보다 가격 면에서 유리할 것.
(7) 입력은 AC115[V]를 공급받을 것.
(8) 출력은 AC115[V], 2[A]를 공급받을 것.
(9) 전체 시스템 변경을 최소화하면서 기본 시스템은 확장이 가능할 것
(10) 최저 4K Word까지 확장 가능한 프로그래머블 메모리를 가질 것.

PLC의 표준화 및 특징

1) IEC 표준 언어

그 동안 PLC를 접하는 엔지니어는 메이커(maker)마다 사용 언어와 통신 네트워크가 서로 달라 많은 불편함을 겪어 왔으나 이러한 불편함을 해소하고, PLC 고객에게 편리성을 도모하고자 IEC(International Electrotechnical Commission 국제 전기 표준 회의)에서는 [표 10.2]과 같이 PLC 국제 표준화 규격(IEC 1131)을 5 Part로 구성하여 제정하였다.

‖ 표 10.2 ‖ PLC의 변천과정

구 분	설 명
Part 1	PLC의 기본 기능 및 용어 정의
Part 2	설비의 요구 기능 및 시험조건
Part 3	프로그램 언어
Part 4	사용자 지침
Part 5	통신 및 네트워크

IEC에서 새로 도입한 가장 중요한 특징들은 다음과 같다.

① 다양한 데이터 타입(type)을 지원한다.
② 펑션, 펑션블록, 프로그램 같은 구성 요소가 도입되어 상향식, 또는 하향식 설계가 가능하며, PLC 프로그램을 구조적으로 작성할 수 있다.
③ 사용자가 작성한 프로그램을 라이브러리화하여 다른 환경에서 소프트웨어를 재사용할 수 있다.
④ 다양한 언어를 지원하므로 사용자는 최적의 언어를 선택, 사용할 수 있다.
⑤ IEC에서 표준화한 PLC용 언어는 2개의 도형 기반 언어와 2개의 문자 기반언어, 그리고 SFC로 이루어져 있다.

(1) 도형식(Graphic) 언어

① LD(Ladder Diagram) : 미국의 사다리형(Ladder)에서 기원한 언어이며 입력과 출력을 조합하여 프로그램을 작성하며, 종래의 릴레이 로직 표현 방식의 언어이다.
② FBD(Function Block Diagram) : 블록화한 기능을 서로 연결하여 프로그램을 표현하는 언어

(2) 문자식(Text) 언어

① IL(Instruction List) : 유럽에서 많이 사용하며, 어셈블리 형태의 명령어 방식 언어이다.
② ST(Structured Text) : 리얼타임 어플리케이션용으로 개발되었으며 파스칼이나 C를 기원으로 한 고급언어이다.
③ SFC(Sequential Function Chart) : 공정의 흐름이나 조건 등의 동작을 순차

적으로 표현한 형태의 언어이며 시간과 이벤트 등의 제어 시퀀스를 블록으로 정의하도록 되어있다.

2) PLC의 특징

PLC와 다른 제어장치들의 특징을 아래의 [표 10.3]에서 나열하였으며, 나열된 제어장치들의 기능과 장·단점을 살펴 볼 수 있으며, 다음과 같은 특징을 얻을 수 있다.

| 표 10.3 | 제어장치의 비교

구 분	릴레이 제어반	디지털 로직	컴퓨터	PLC
가격	매우 저가	저가	고가	저가
크기	대형	매우 소형	적당	매우 소형
처리속도	느림	매우 빠름	매우 빠름	빠름
노이즈	우수	양호	아주 우수	양호
제어	설계와 설치시 많은 시간 소요	설계시 많은 시간 소요	Program시 아주 많은 시간 소요	간단
복합기능	없다.	있다.	있다.	있다.
기능의 변화	매우 어렵다.	어렵다.	아주 쉽다.	아주 쉽다.
유지보수	매우 어렵다.	어렵다.	아주 쉽다.	아주 쉽다.

- PLC의 특징
  - 기능의 다양화
  - 프로그램의 고기능성(제어회로 설계 용이)
  - 조작의 간편성
  - 유지보수의 편리성
  - 높은 신뢰성
  - 설치의 간편성

▌PLC의 선정 및 적용 분야

1) PLC의 선정

PLC를 선정하려면 제어대상에 대한 시방과 제어내용을 정확히 이해하고 제어대상의 기능, 가격, 확장성, 사후관리, 기종의 계속성, 사용자의 수준 등을 고려하여야 한다.

(1) 입력 점수의 파악

조작반의 누름 스위치, 리밋 스위치 등의 명령을 내리는 입력신호 수가 근접센서, 포토센서, 리드 스위치 등의 신호수를 더하여 입력점수로 산정하고, 개수를 적절히 선정한다. 또한 입력으로 사용되는 센서 등의 사용전압을 고려하여 입력 모듈(AC 및 DC 전압)의 사양을 선정한다.

(2) 출력 점수의 파악

전원 표시등, 운전 표시등, 과부하 표시등, 버저 등의 표시 또는 솔레노이드 밸브, 릴레이, 전자 접촉기의 수를 더하여 출력점수로 산정하고 8점, 16점, 32점 등의 모듈을 적절히 혼합하여 출력 모듈 수를 선정한다. 또한 출력방식은 릴레이 접점방식, TR출력 방식, SSR출력 방식 등이 있으므로 출력부의 사용전압을 고려하여 선정하여야 한다. (일반적으로 출력전압에 구애를 받지 않는 릴레이 접점 출력방식의 모듈이 많이 사용된다.)

(3) CPU 및 특수모듈의 지원

일반적으로 Digital I/O 외에 Analog I/O와 특수카드(HSC, POP, PID 등) 지원 기능 등과 CPU의 특성을 고려하여 선정하여야 한다.

2) PLC의 적용분야

설비의 자동화와 고능률화의 요구에 따라 PLC의 적용범위는 확대되고 있다. 특히 공장 자동화와 FMS에 따른 PLC의 요구는 과거 중규모 이상의 릴레이 제어반 대체 효과에서 현재 고기능화, 고속화의 추세로 소규모 공작기계에서 대규모 시스템 설비 등에 적용되고 있다.

제11장 PLC의 구조

11.1 하드웨어의 구조

PLC는 마이크로프로세서(Microprocessor) 및 메모리를 중심으로 구성되어 인간의 두뇌 역할을 하는 중앙처리장치(CPU), 외부 기기와의 신호를 연결시켜 주는 입·출력부, 각 부에 전원을 공급하는 전원부, PLC 내의 메모리에 프로그램을 기록하는 주변 장치로 구성되어 있다. [그림 11.1]은 PLC의 전체 구성도를 나타낸 것이다.

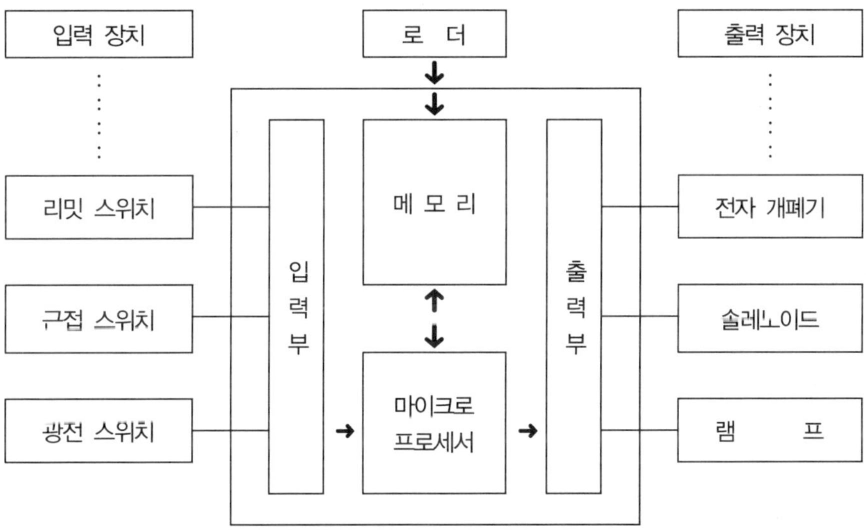

‖ 그림 11.1 ‖ PLC의 전체 구성도

1) PLC의 CPU

PLC의 두뇌에 해당하는 부분으로서, 메모리에 저장되어 있는 프로그램을 하나씩 꺼내서 해독하여 처리 내용을 실행한다. 이 절차는 매우 빠른 속도로 반복되며, 모든 정보는 2진수로 처리된다.

2) PLC CPU의 메모리

(1) 메모리의 종류

IC 메모리 종류에는 ROM과 RAM이 있다. ROM은 읽기 전용으로, 메모리 내용을 변경할 수 없다. 따라서 고정된 정보를 써넣는다. 이 영역의 정보는 전원이 끊어져도 기억 내용이 보존되는 불휘발성 메모리이다. RAM은 메모리에 정보를 수시로 읽고 쓰기가 가능하여 정보를 일시 저장하는 용도로 사용되나, 전원이 끊어지면 기억시킨 정보 내용을 상실하는 휘발성 메모리이다. 그러나 필요에 따라 RAM 영역 일부를 배터리 백업에 의하여 불휘발성 영역으로 사용할 수 있다.

(2) 메모리 내용

PLC의 메모리는 사용자 프로그램 메모리, 데이터 메모리, 시스템 메모리의 3가지로 구분된다. 사용자 프로그램 메모리는 제어하고자 하는 시스템 사양에 따라 사용자가 작성한 프로그램이 저장되는 영역으로, 제어 내용이 프로그램 완성 전이나, 완성 후에도 바뀔 수 있으므로 RAM이 사용된다. 프로그램이 완성되어 고정이 되면 ROM에 써넣어 ROM 운전을 할 수 있다. 데이터 메모리는 입·출력 릴레이, 보조 릴레이, 타이머와 카운터의 접점상태 및 설정값, 현재값 등의 정보가 저장되는 영역으로 정보가 수시로 바뀌므로 RAM 영역이 사용된다.

시스템 메모리는 PLC 제작 회사에서 작성한 시스템 프로그램이 저장되는 영역이다. 이 시스템 프로그램은 PLC의 기능이나 성능을 결정하는 중요한 프로그램으로, PLC 메이커에서 직접 ROM에 써넣는다.

11.2 PLC의 입·출력 구조

PLC의 입·출력부는 현장의 외부 기기에 직접 접속하여 사용한다. PLC 내부는 DC+5(V)의 전원(TTL 레벨)을 사용하지만 입·출력부는 다른 전압 레벨을 사용하므로 PLC 내부와 입·출력의 접속(interface)은 시스템 안정에 결정적인 요소가 되며, PLC의 입·출력부는 다음의 사항이 요구된다.

① 외부 기기와 전기적 규격이 일치해야 한다.

② 외부 기기로부터의 노이즈가 CPU 쪽에 전달되지 않도록 해야 한다.

(포토커플러(photocoupler)를 사용)

③ 외부 기기와의 접속이 용이해야 한다.

④ 입·출력의 각 접점 상태를 감시할 수 있어야 한다. (LED 부착)

[표 11.1]은 입·출력에 접속되는 외부 기기의 예이다.

‖ 표 11.1 ‖ 입·출력기기

I/O	구분	부착장소	외부 기기의 명칭
입력부	조작입력	제어반과 조작반	푸시버튼 스위치 선택 스위치 토글 스위치
	검출입력 (센서)	기계장치	리밋 스위치 광전 스위치 근접 스위치 레벨 스위치
출력부	표시경보 출력	제어반 및 조작반	파일럿램프 버저
	구동출력 (액츄에이터)	기계장치	전자밸브 전자 클러치 전자 브레이크 전자 개폐기

1) 입력부

외부 기기로부터의 신호를 CPU의 연산부로 전달해 주는 역할을 한다. 입력의 종류는 DC 24[V], AC 110/220[V] 등이 있고, 그 밖의 특수 입력모듈로는 아날로그 입력(A/D)모듈, 고속카운터(high speed counter)모듈 등이 있다. 입력부 회로의 예는 [그림 11.2]와 같다.

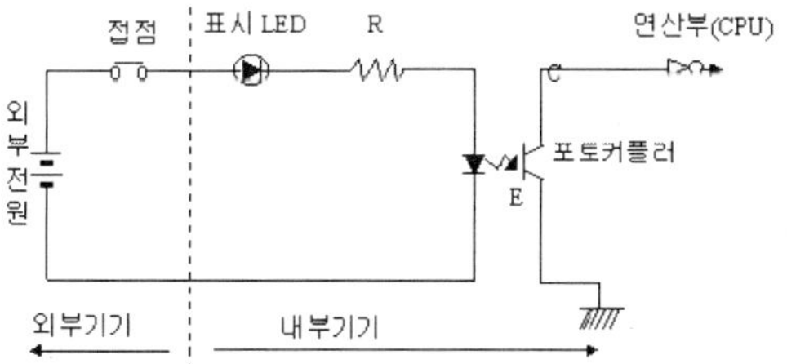

‖ 그림 11.2 ‖ 입력부 회로

2) 출력부

내부 연산의 결과를 외부에 접속된 전자 접촉기나 솔레노이드에 전달하여 구동시키는 부분이다. 출력의 종류에는 릴레이 출력, 트랜지스터 출력, SSR(Solid State Relay) 출력 등이 있고 그 밖의 출력 모듈로는 아날로그 출력(D/A)모듈, 위치결정(POP) 모듈 등이 있다. 트랜지스터 출력부 회로의 예는 [그림 11.3]과 같다.

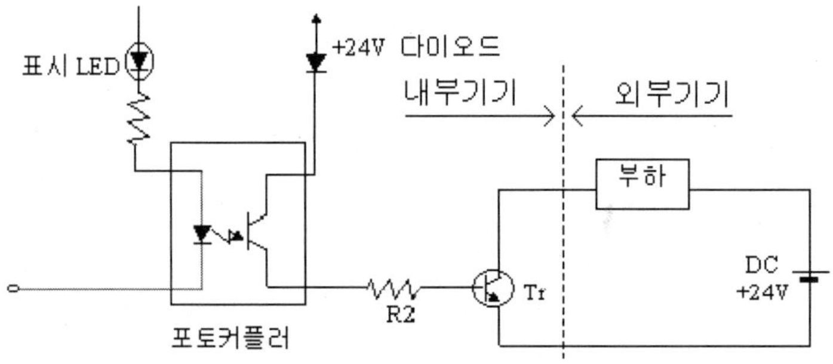

‖ 그림 11.3 ‖ 트랜지스터 출력회로

‖ 표 11.2 ‖ PLC 출력 모듈의 종류

출력 신호 종류	개 폐 소 자	
	유접점	무접점(반도체)
직류(DC)	릴레이 출력	트랜지스터 출력
교류(AC)	릴레이 출력	SSR 출력

[표 11.2]에서와 같이 릴레이 출력은 직류나 교류를 모두 사용할 수 있으나 기계적 수명의 한계 때문에 접점의 개폐가 빈번할 경우는 교류 전용인 무접점 SSR 출력이나 직류 전원 전용인 트랜지스터 출력을 사용하여야 한다.

※ 특수모듈

㉮ 위치제어 모듈

지정된 주파수 영역과 전압레벨로 고속 접점 출력을 처리한다.

㉯ PID 제어 모듈

아날로그 입력모듈에서 받은 현장 데이터를 정해진 설정치에 도달시키도록 최적의 조건에 의해 연산하여 그 결과를 아날로그 출력 모듈로 출력시킨다.

㉰ 설정치 제어 모듈

정해진 시간 동안 정해진 설정치를 상승/유지/하강을 반복하며 제어한다.

㉱ 기타

통신모듈, 네트워크 모듈, 특정기기의 제어 모듈 등이 있다.

11.3 소프트웨어의 구조

1) 프로그래밍의 개요

PLC를 사용할 경우의 제어 Sequence와 종래의 Reiay, Timer 등을 사용한 경우의 Sequence와는 근본적으로 차이가 없다. Sequence를 이해하고 작성하기 위해서는 다음의 3가지 사항을 이해하여야 한다.

① 제어해야 할 대상의 특성을 이해하여야 한다. 즉, 제어 목적, 운전 방법, 동작 등의 각종 전기적인 조건을 알고 있어야 한다.

② 제어 장치에 대한 지식이 있어야 한다. 즉, Relay와 PLC의 특성 및 사용방법을 알고 있어야 한다.

③ Sequence를 작성하기 위한 약속을 알고 있어야 한다. 즉, 도 기호, 기구 번호, 상태 등에 대한 약속(규칙)을 알고 있어야 한다.

PLC를 사용하든가, Rclay/Timcr를 사용하든가 상기 두 항에는 차이가 없다. 따라서 PLC를 사용한 경우의 제어 Sequence를 이해하기 위해서는 PLC의 특성과 그 사용방법을 아는 것이 중요하다. 예를 들면 입·출력 카드의 정격전압, 접점 수 등과 같은 물리적 특성(Hardware)과 논리연산, Timer, Counter와 같은 기능적인 특성(Software)이 있다. 이것에 대해서는 통상 Catalog의 사양 항목에 기재되어 있다. 따라서 PLC가 갖고 있는 많은 기능 중에서 제어장치의 어떤 부분의 기능을 실행시키는가 하는 것이 PLC를 사용하는 방법으로 가장 중요한 점이다.

2) 하드 와이어드와 소프트 와이어드

종래의 릴레이 제어 방식은 일의 순서를 회로도에 전개하여 그곳에 필요한 제어기기를 결합하여 리드선으로 배선 작업을 하여 요구하는 동작을 실현하였다. 이 같은 방식을 하드 와이어드 로직(hardwired logic)이라고 한다.

하드 와이어드 로직 방식에서는 하드(기기)와 소프트가 한 쌍이 되어 있어 사양이 변경되면 하드와 소프트를 모두 변경해야 하므로, 따라서 하드와 소프트를 분리하는 연구 끝에 컴퓨터 방식이 개발되었다. 컴퓨터는 하드웨어(hardware)만으로는 동작할 수 없다. 하드웨어 속에 있는 기억 장치에 일의 순서를 넣어야만 비로소 기대되는 일을 할 수가 있다. 이 일의 순서를 프로그램이라 하며, 또 기억 장치를 메모리라 하고, 이 메모리에 일의 순서를 넣는 작업을 프로그래밍이라 한다. 이는 마치 배선 작업과 같다고 생각하면 된다. 이 방식을 소프트 와이어드 로직(softwired logic)이라 한다. PLC는 이 소프트 와이어드 로직 방식을 취하고 있다.

3) 릴레이 시퀀스와 PLC 프로그램의 차이점

PLC는 LSI 등 전자 부품의 집합으로 릴레이 시퀀스와 같은 접점이나 코일은 존재하지 않으며, 접점이나 코일을 연결하는 동작은 소프트웨어로 처리되므로 실제로 눈에 보이는 것이 아니다. 또, 동작도 코일이 여자되면 접점이 닫혀 회로가 활성화되는 릴레이 시퀀스와는 달리, 메모리에 프로그램을 기억시켜 놓고 순차적으로 내용을 읽어서 그 내용에 따라 동작하는 방식으로 사용자가 제어 로직에 맞게 프로그램의 내용을 마음대로 작성할 수 있는 차이점이 있다.

(1) 직렬 처리와 병렬 처리

PLC제어와 릴레이 시퀀스의 가장 근본적인 차이점은 [그림 11.4]에 나타낸 것과 같이 "직렬처리와 병렬 처리"라는 동작상의 차이에 있다. PLC는 메모리에 있는 프로그램을 순차적으로 연산하는 직렬 처리 방식이고, 릴레이 시퀀스는 여러 회로가 전기적인 신호에 의해 동시에 동작하는 병렬 처리 방식이다. 따라서 PLC는 어느 한순간을 포착해 보면 한 가지 일밖에 하지 않는다.

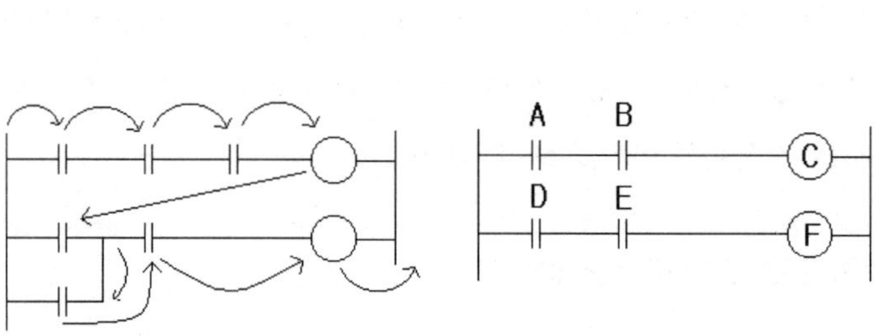

▌그림 11.4 ▌직렬 처리 방식

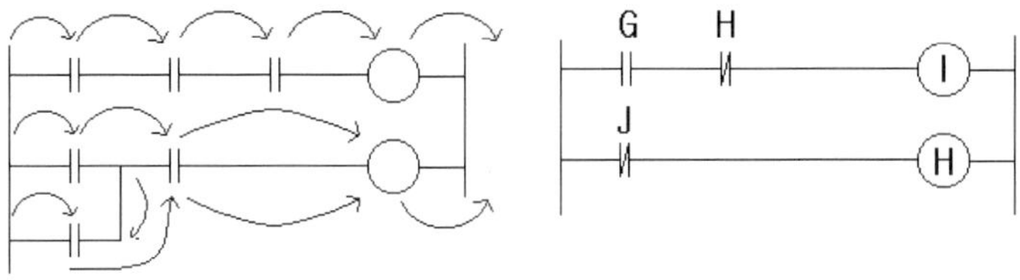

▮ 그림 11.5 ▮ 병렬 처리 방식

먼저 [그림 11.5]의 시퀀스도로 PLC와 릴레이의 동작상의 차이점을 설명한다.

릴레이 시퀀스에서는 전원이 투입되어 접점 "A"와 "B", 그리고 접점 "D"와 "E"가 동시에 닫히면, 출력 "C"와 "F"는 동작하고 어느 한쪽이 빠를수록 먼저 동작한다. 이에 비하면 PLC는 연산 순서에 따라 "C"가 먼저 출력되고 다음에 "F"가 출력된다.

PLC와 릴레이의 동작상의 차이점을 [그림 11.5]의 경우에서 살펴보면, 먼저 릴레이 시퀀스에서는 전원이 투입되면 접점 "J"가 닫힘과 동시에 "H"가 동작되어 출력 "I"는 동작될 수 없다. PLC는 직렬 연산 처리되므로 최초의 연산 때 "G"가 닫히면 "I"가 출력되고 "J"가 닫히면 "H"가 출력된다. 둘째 번 연산 때 비로소 최초의 연산 때 출력된 "H"에 의해서 "I"의 출력이 해제된다.

(2) 사용 접점 수의 제한

릴레이는 일반적으로 개당 가질 수 있는 접점 수에 한계가 있다. 따라서 릴레이 시퀀스를 작성할 때에는 가능한 접점 수를 절약해야 한다. 이에 비하여 PLC는 동일 접점에 대하여 사용 횟수에 제한을 받지 않으며 이는 접점에 대한 정보(ON/OFF)를 정해진 메모리에 저장해 놓고 연산할 때 메모리에 있는 정보를 읽어서 처리하기 때문이다.

(3) 접점이나 코일 위치의 제한

PLC는 릴레이 시퀀스에 없는 약속 사항이 있다. 그 하나는 코일 이후 접점을 금지하는 사항이며 출력코일을 반드시 오른쪽 모선에 붙여서 작성해야 한다. 그 밖에 PLC는 항상 신호가 왼쪽에서 오른쪽으로 전달되도록 구성되어 있어 릴레이 시퀀스와는 다르게 오른쪽에서 왼쪽으로 그리고 상하로 흐르는 회로 구성을 금지하고 있다.

[그림 11.6]은 PLC 시퀀스의 약속사항을 나타내고 있다.

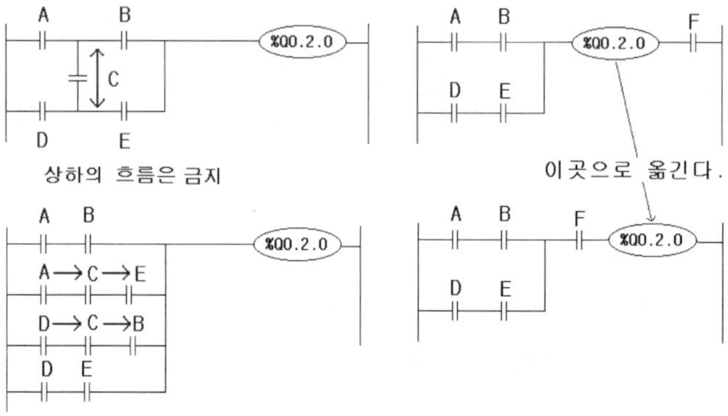

∥ 그림 11.6 ∥ PLC 시퀀스의 약속 사항

(4) PLC 구성시 주의 사항

릴레이 회로의 경우 고장이 발생해도 그 이상 동작은 한정되지만 PLC의 경우는 시스템 전체의 이상 동작을 일으킨다. 이러한 점에서 제어 전체를 PLC에 맡기는 것은 좋은 방법이 아니며, 기계의 고장이나 전압 기기의 조작 회로 등은 PLC의 외부에서 구성시켜야 한다. 또, PLC에 전원을 투입하는 순간에 출력 유니트의 출력이 ON으로 될 경우 사고를 일으키기 쉬우므로 외부 출력기기 동작을 방지할 필요가 있다.

(5) PLC 프로그래밍의 설계 순서

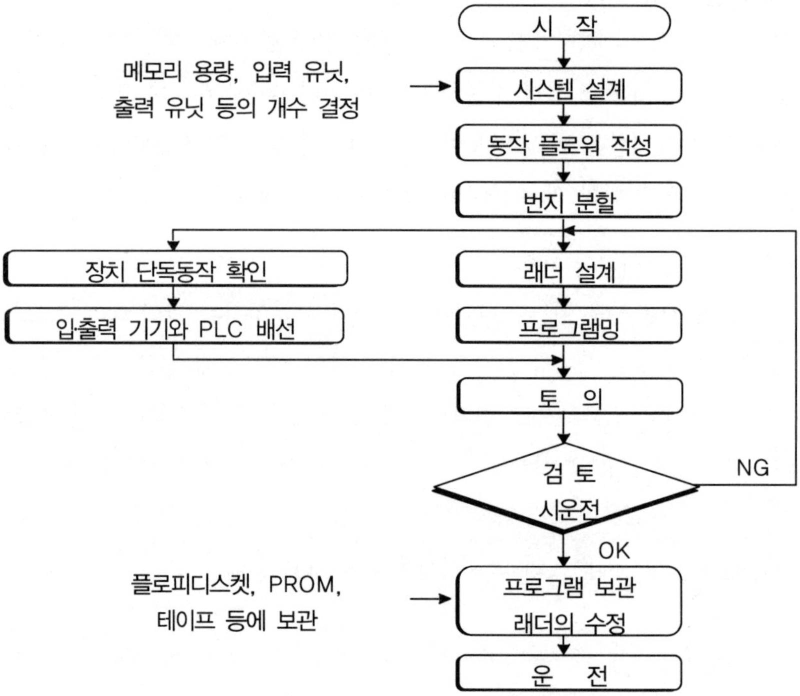

제12장 Programming Tool (GMWIN)

12.1 GMWIN의 설치

- LS산전 홈페이지 접속 (회원 가입)
- 실행파일 다운로드
  ① 고객지원 → Download 자료실
  ② PLC (대분류) → GLOFA-GM 시리즈 (소분류) → [Software]GMWIN (제품명) → 소프트웨어 (다운 항목)
  ③ 다운 받은 GMWIN 417(KOR)_exe 파일 실행

12.2 GMWIN의 기동

1) 윈도우의 시작 메뉴에서 - 프로그램 - GMWIN을 더블 클릭 하면 [그림 12.1]과 같은 창이 나타난다.

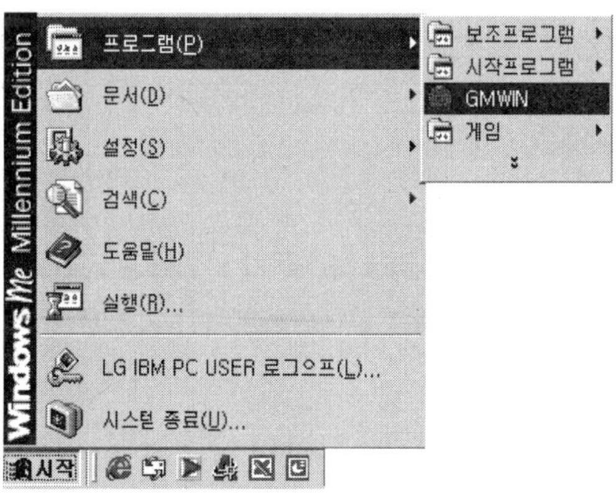

▎그림 12.1 ▎ GMWIN의 프로그램 창

2) 1)항을 실행하면 아래와 같이 GMWIM 초기화면이 나오는데 새로운 프로그램을 작성하기 위하여 [그림 12.2]의 프로젝트에서 새 프로젝트를 클릭 한다.

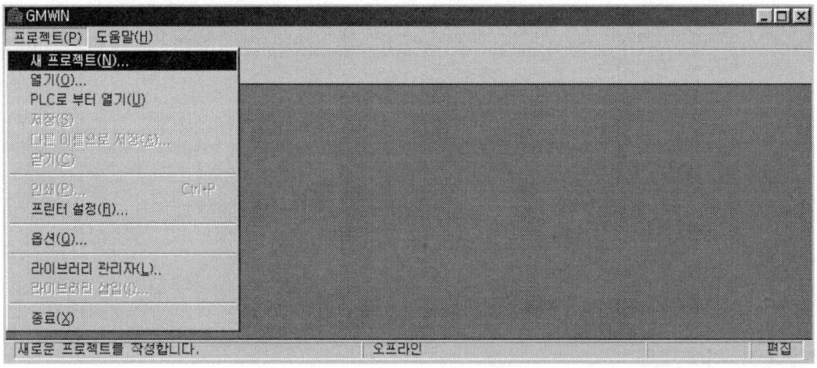

‖ 그림 12.2 ‖ GMWIN의 프로젝트 창

3) 프로젝트

새 프로젝트 창 중 프로젝트 파일 이름은 사용자가 작성한 프로젝트 파일명이며 작성을 하지 않아도 디폴트 네임이 자동적으로 생성된다. PLC의 종류는 사용하고자 하는 PLC의 종류를 선택하면 된다. 또한 저자, 설명문은 프로젝트 파일 이름에 대한 참고자료이며 기록을 하지 않아도 무방하다. [그림 12.3] 참조

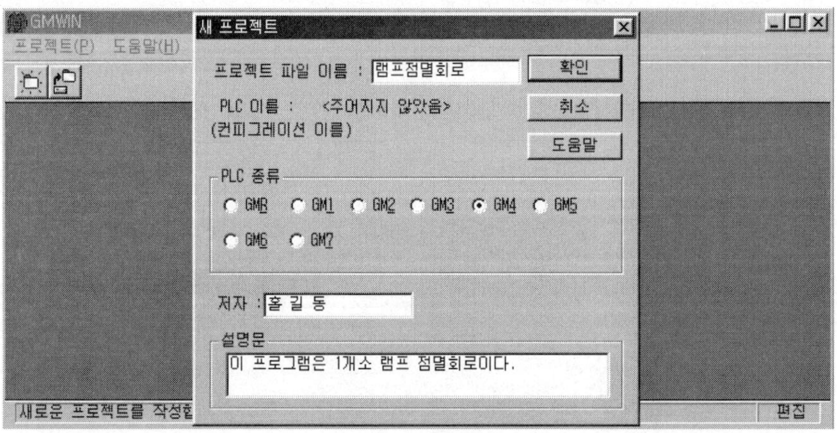

‖ 그림 12.3 ‖ GMWIN의 새 프로젝트 창

4) 프로그램 정의

[그림 12.4]는 프로그램 정의 창이며 인스턴스는 사용자가 새로운 프로그램 명을 주어도 되지만, 때에 따라 인스턴스 이름을 기억해야만 파일을 열 수 있으므로 디폴트 값

으로 사용하기를 추천한다. 수행조건에서 태스크는 프로그램을 실행시킬 조건을 정의할 때 사용하므로 조건에 관계없이 실행시키는 스캔 프로그램을 선택한다. 프로그램 파일 이름은 프로젝트 파일명과 동일한 파일명을 주면 사용이 편리하며, 이미 작성된 프로그램 파일은 찾아보기를 누르고 사용할 파일을 선택하면 된다.(컴파일 시 몇 개의 다른 확장자가 생기는데 프로젝트명과 프로그램명이 다르면 구분하기 곤란하다.)

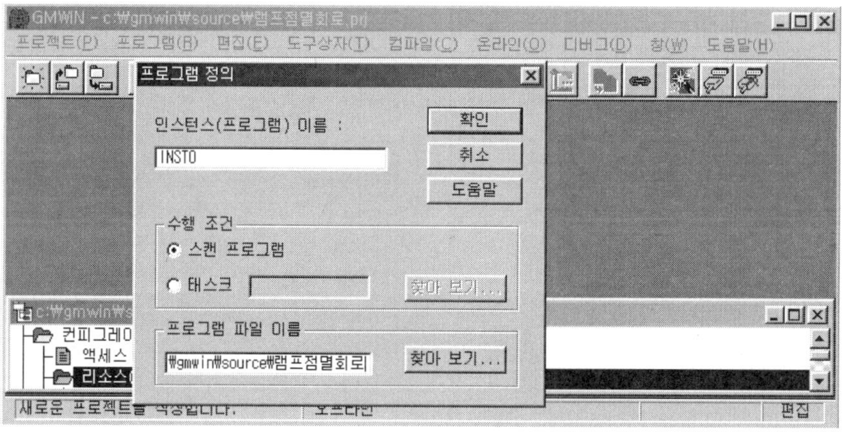

‖ 그림 12.4 ‖ GMWIN의 프로그램 정의 창

5) 프로그램

[그림 12.5]는 프로그램의 사용 언어를 지정하는 창으로 사용언어는 SFC, LD, IL 중 사용하기 편리한 기능을 선택하는데 본 장에서는 LD(Ladder Diagram)를 설명하고자 한다.

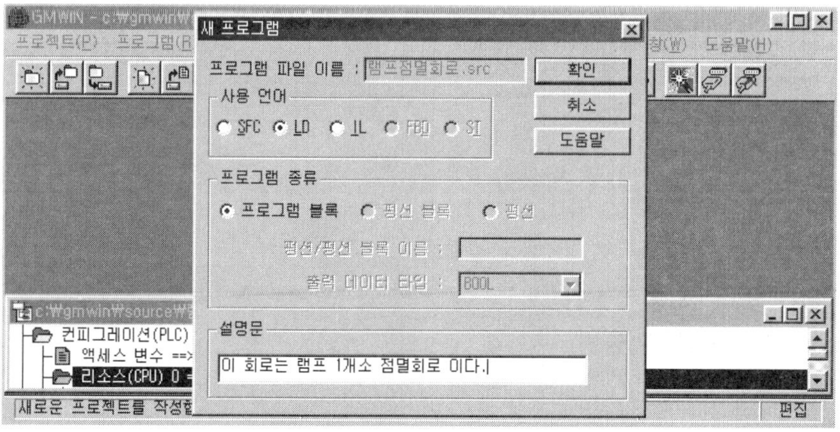

‖ 그림 12.5 ‖ GMWIN의 새 프로그램 창

12.3 화면구성

GMWIN 화면은 [그림 12.6]과 같이 프로그램 창과 도구상자 창 그리고 프로젝트 구조 창으로 구분되어 있으며 프로그램 창과 도구상자 창에 대해서는 다음 부분에서 자세히 설명하기로 한다.

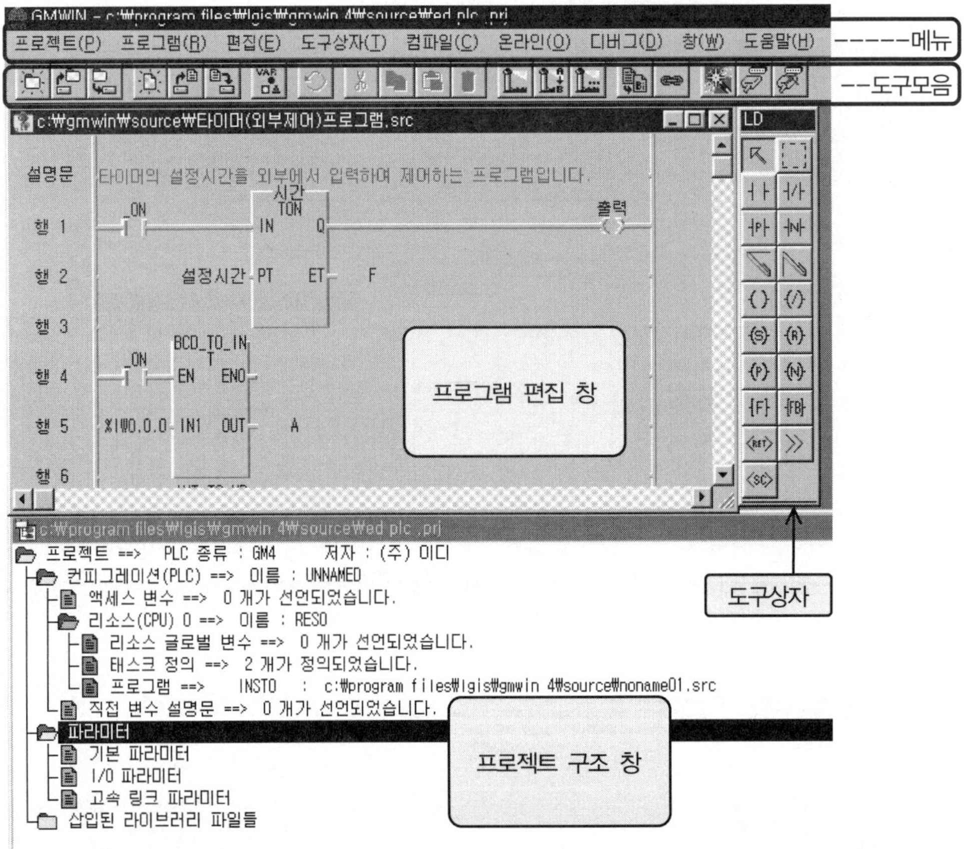

▌그림 12.6 ▌ GMWIN의 화면구성

12.4 프로젝트의 구조

프로젝트는 GLOFA PLC의 프로그램을 구성하는 가장 기본적인 요소로서 PLC 시스템당 하나의 프로젝트를 작성하는 것을 기본으로 한다.

프로젝트는 크게 컨피그레이션(Configuration)부, 파라미터(Parameter)부, 삽입된 라이브러리 파일들로 나눌 수 있으며, 컨피그레이션부는 글로벌(Global) 변수, 액세스(Access) 변수, 리소스(Resource) 내용 등 소프트웨어(Software)적인 것들을 작성하는 부분이고, 파라미터부는 기본 파라미터, I/O 파라미터, 링크 파라미터 등 하드웨어(Hardware)적인 것들을 작성하는 부분이다. 그리고 삽입된 라이브러리 파일들에서 라이브러리 파일을 추가, 삭제할 수 있으며 프로젝트는 [그림 12.7]과 같은 구조이며 이들의 기능은 [표 12.1]과 같다.

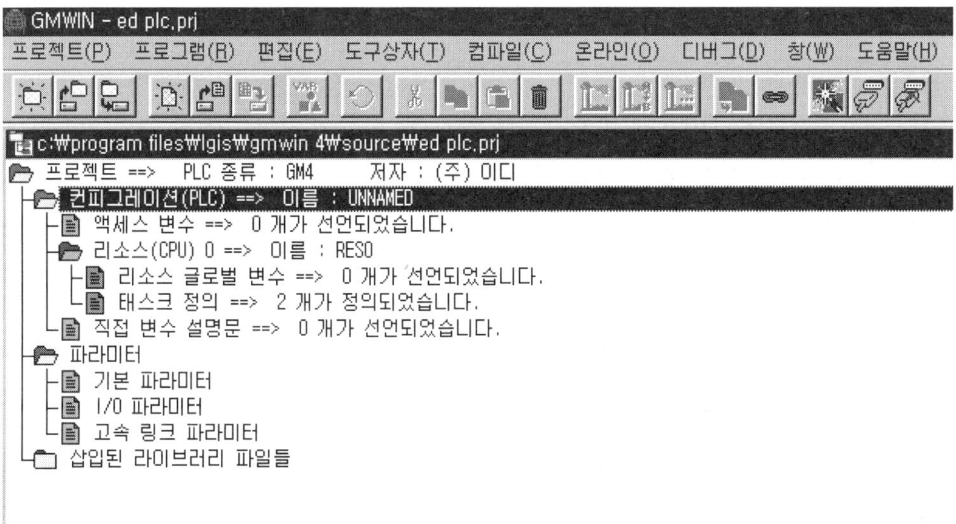

그림 12.7 프로젝트의 구성화면

표 12.1 프로젝트 계층 구조

계층 항목	설 명
프로젝트	PLC시스템 전체를 정의
컨피그레이션	PLC프로그램에 관한 여러 정의 사항들을 설정
컨피그레이션 글로벌 변수	컨피그레이션 전체에서 사용되는 변수 리스트
액세스 변수	다른 컨피그레이션이 접근 가능한 변수 리스트
리소스	CPU 모듈에 해당
리소스 글로벌 변수	한 리소스 전체에서 사용되는 변수 리스트
태스크 정의	프로그램의 실행 조건 정의
프로그램 정의	각 프로그램과 그 실행 조건 기술

직접 변수 설명문	직접 변수에 사용한 설명문 리스트
파라미터	PLC시스템의 하드웨어에 관한 내용 정의
기본 파라미터	기본적인 하드웨어 파라미터 정의
I/O 파라미터	입·출력 모듈에 관한 내용 기술
고속 링크 파라미터	고속 링크 파라미터에 관한 내용 기술
삽입된 라이브러리 파일들	현재 삽입되어 있는 라이브러리 파일들의 리스트

12.5 LD 편집

LD 프로그램은 릴레이 논리 다이어그램에서 사용되는 코일이나 접점 등의 그래픽 기호를 통하여 PLC 프로그램을 표현하는 것이다.

아래 그림에서 '렁 설명문'이란 해당 렁에 관한 설명문이다. 렁이란 세로로 연결되어 있는 연속된 줄의 모양이다. 즉, 아래 그림에서는 행1에서 행4까지가 하나의 렁이 되며, 행5도 하나의 렁이 된다.

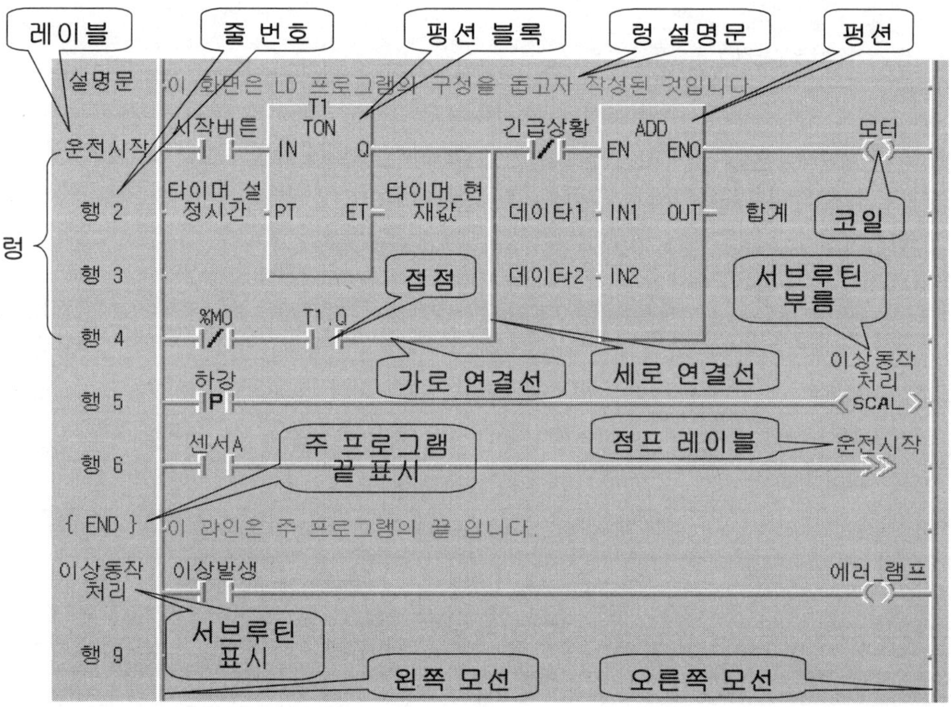

위의 그림에서 행7의 {END}는 주 프로그램의 끝을 표시하는 것이다. 다음 행에 이어지는 이상동작 처리는 서브프로그램의 한 형태이며 행5에서 이 서브루틴을 부르고 있다.

도구상자의 임의의 요소를 선택하면 마우스의 모양이 그 요소 같은 모양으로 나타나며, 원하는 위치로 마우스를 옮긴 후에 마우스 왼쪽 단추를 누르면 접점이 생성된다.

12.6 업로드(UP load)

압축된 프로젝트 파일과 소스 파일을 PLC의 RAM(프로그램 영역) 또는 플레시 메모리에 저장한 후 PLC로부터 프로그램을 업로드 한다.

1) 업로드 파일 만들기

옵션에서 메이크할 때 업로드 파일을 만들도록 하고, 메이크 메뉴를 선택하면 업로드 파일을 생성한다. 업로드 파일은 프로젝트, 프로그램, 프로그램에서 사용한 사용자 펑션, 펑션블록이 포함되어 있다.

- 메뉴 프로젝트 – 옵션을 선택하여 옵션 대화상자를 부른다.
- 메이크 옵션 대화상자에서 업로드 프로그램을 선택하고 확인 단추를 누른다. 변수 테이블은 선택할 필요가 없다.(추후 타 기기로 변수를 모니터하기 위해 마련)

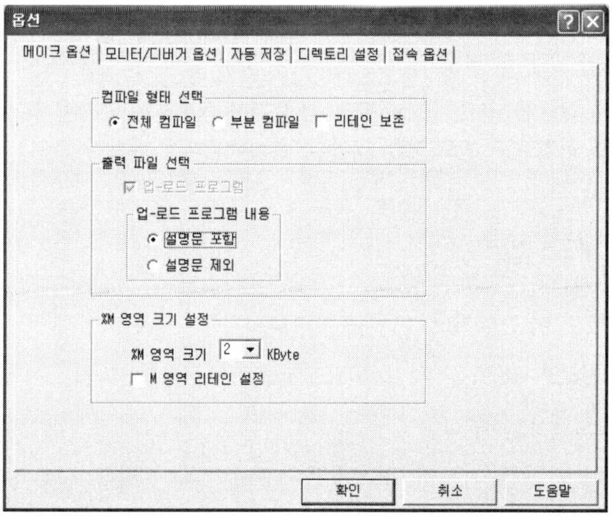

이때 PLC 프로그램 실행 파일과 업로드 프로그램을 생성한다.

2) PLC에 쓰기

PLC에 프로그램을 쓸 때 업로드 프로그램을 선택한다.

- 메뉴 온라인 – 쓰기를 선택한다.
- 쓰기 대화상자에서 파라미터와 프로그램, 업로드 프로그램을 선택한다.

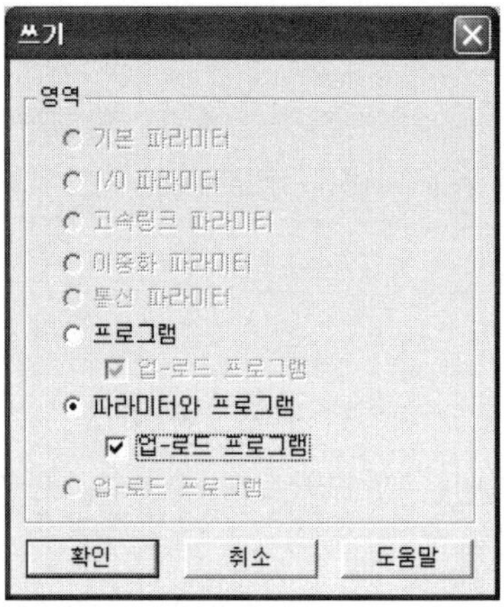

프로그램 크기에 따라 다음과 같이 실행한다.

프로그램 크기	업로드 프로그램이 저장되는 위치
(실행프로그램 + 업로드 프로그램) 크기 < 프로그램 램 크기	CPU의 램(REM)에 저장된다.
프로그램 램 크기 > (실행프로그램 + 업로드 프로그램) 크기	플래시 메모리가 장착된 경우 사용자에게 확인한 후 플래시 메모리에 저장된다.

3) PLC로부터 읽기(업로드)

- 메뉴 프로젝트 – PLC로부터 열기를 선택한다.
  PLC로부터 업로드 파일을 읽어서 프로젝트, 프로그램 파일, 사용자 라이브러리를 생성한 후 프로젝트를 연다.
  GMWIN에 이미 같은 이름의 프로젝트나 프로그램이 있을 경우 Overwrite시키거나, 사용자가 지정한 다른 디렉토리 또는 다른 이름으로 저장한다.

12.7 메뉴

1) 프로젝트

명 령	설 명
새 프로젝트	프로젝트를 처음 생성한다.
열기	기존의 프로젝트를 연다.
PLC로부터 열기	PLC에 있는 프로젝트 및 프로그램을 업로드 한다.
저장	프로젝트를 저장한다. 프로그램은 저장되지 않는다.
다른 이름으로 저장	프로젝트를 다른 이름으로 저장한다.
닫기	프로젝트를 닫는다.
프로젝트 항목 추가	프로젝트에 새로운 항목을 추가한다.
프로젝트 항목 수정	프로젝트에 속해 있는 항목을 편집한다.
프로젝트 항목 삭제	프로젝트에 속해 있는 항목(프로그램 정의, 리소스)을 삭제한다.
위로(프로그램)	프로젝트 창에서 위에 있는 프로그램 항목과 순서를 바꾼다.
아래로(프로그램)	프로젝트 창에서 아래에 있는 프로그램 항목과 순서를 바꾼다.
인쇄	활성화되어 있는 창의 내용을 인쇄한다.
프린터 설정	프린터 옵션을 설정한다.
옵션	GMWIN에 해당되는 옵션을 설정한다.
라이브러리 관리자	라이브러리를 편집한다.
라이브러리 삽입	새로운 라이브러리를 삽입한다.
시뮬레이터 시작	현재 열려 있는 프로젝트를 시뮬레이터 한다.
종료	GMWIN을 끝마친다.

2) 프로그램

명 령	설 명
새 프로그램	프로그램을 처음 생성한다.
열기	기존의 프로그램을 연다.

저장	프로그램을 저장한다.
다른 이름으로 저장	프로그램을 다른 이름으로 저장한다.
닫기	프로그램을 닫는다.
프로그램 속성	프로그램의 속성을 바꾼다.
지역 변수	변수를 편집한다.
입·출력 변수	펑션, 펑션 블록인 경우 입·출력 변수를 편집한다.

3) 편집

명 령	설 명
편집 취소	프로그램 편집 창에서 편집을 취소하고 바로 이전 상태로 되돌린다.
잘라 내기	블록을 잡아 삭제하면서 클립보드에 복사한다.
복사	블록을 잡아 클립보드에 복사한다.
붙여 넣기	클립보드로부터 편집 창에 복사한다.
삭제	Del 블록을 잡아 삭제한다.
찾기	원하는 문자를 찾는다.
바꾸기	원하는 문자를 찾아 새로운 문자로 바꾼다.
다시 찾기	이전에 실행한 찾기(Find) 또는 바꾸기(Replace)를 반복 실행한다.
찾아 가기	원하는 위치로 커서를 이동한다.
화면확대/축소	화면 크기를 조절한다.
변수 설명문	LD 창에서 변수 설명문을 본다.
라인 삭제	한 줄을 지운다.
셀 삭제	한 셀을 지운다.
라인 삽입	한 줄을 삽입한다.
셀 삽입	한 셀을 삽입한다.

4) 도구상자

명 령	설 명
도구상자 형태 선택	도구상자를 없애거나 없어진 도구상자를 다시 나오게 한다. 또는 도구상자의 위치를 정해준다.

5) 컴파일

명 령	설 명
컴파일	프로그램을 컴파일 한다.
메이크	프로젝트에 속해 있는 프로그램 중 컴파일이 안 된 프로그램들을 컴파일 한 후 PLC 실행파일을 만든다.
모두 컴파일	프로젝트에 속해 있는 모든 프로그램을 컴파일 한 후 PLC 실행파일을 만든다.
메시지 보기	컴파일 후 에러 메시지를 본다.
메모리 참조	사용된 글로벌 변수 및 직접 변수를 볼 수 있다.

6) 온라인

명 령		설 명
접속 + 쓰기 + 모드전환(런) + 모니터시작(G)		GMWIN과 옵션에서 지정한 PLC를 접속시켜 사용자가 작성한 프로그램을 PLC에 쓴 후 모드를 전환하여 모니터링 한다.
접속		GMWIN과 옵션에서 지정한 PLC를 접속시킨다.
접속 끊기		GMWIN과 PLC 접속을 해제한다.
읽기		PLC의 데이터를 읽어 온다.
쓰기		GMWIN의 프로그램을 PLC에 쓴다.
모니터	모니터 시작/끝	프로그램을 모니터링 한다. / 모니터링을 끝낸다.
	변수 모니터	변수만 모니터링 한다.
	I/O 모니터	I/O를 모니터링 한다.
	타임차트	BOOL 변수에 대하여 타임차트 형식으로 모니터링 한다.
	링크 파라미터	고속 링크 파라미터를 모니터링 한다.
모드 전환		PLC 모드를 전환한다.
데이터 클리어		PLC 데이터를 "0"으로 지운다.
CPU 전환		GM1에서 통신할 CPU를 전환한다.(GM1 기능)
리셋		PLC의 CPU를 리셋 한다.
플래시메모리		CPU에 장착된 플래시메모리의 타입정보를 읽거나 플래시메모리에 데이터 쓰기를 한다.
링크 허용설정		고속 링크 허용을 금지한다.
PLC 정보		PLC 정보를 보여준다.
I/O 정보		PLC I/O 구성 상태를 보여준다.

강제 I/O 설정	I/O 강제 입·출력값/실행 허용을 설정한다.
링크 정보	링크 모듈의 타입, 장착, 슬롯, 국번 등을 보여준다.
Mnet 파라미터	Mnet 파라미터를 입력한다.
Mnet 정보	Mnet 정보를 본다.
I/O Skip	스킵할 I/O를 지정한다.

7) 디버그

명 령	설 명
디버그 시작/끝	디버그 모드로 전환하여 디버그를 시작한다. / 디버그를 끝낸다.
런	브레이크 포인트까지 런시킨다.
스텝 오버	한 스텝씩 런시킨다.
스텝 인	펑션, 펑션 블록을 디버깅한다.
스텝 아웃	펑션, 펑션 블록을 디버그 시 현재 블록을 빠져 나간다.
일시 정지	런을 중지시킨다.
커서 위치까지 런	커서 위치까지 런시킨다.
브레이크 포인트 설정/해제	브레이크, 포인트를 설정 또는 해제한다.
브레이크 포인트 목록/조건	설정된 브레이크 포인트의 목록을 보여주고 브레이크 조건을 설정한다.
태스크 수행 설정	디버깅 중 태스크 전환을 허용한다.

8) 창

명 령	설 명
계단식 배열	GMWIN에 속해 있는 여러 개의 창들을 계단식으로 배열한다.
수평 배열	GMWIN에 속해 있는 여러 개의 창들을 수평으로 배열한다.
수직 배열	GMWIN에 속해 있는 여러 개의 창들을 수직으로 배열한다.
아이콘 정렬	GMWIN에 속해 있는 아이콘들을 정열 한다.
모두 닫기	GMWIN에 속해 있는 여러 개의 창들을 모두 닫는다.

12.8 도구모음

다음은 GMWIN에서 사용되는 도구들이다.

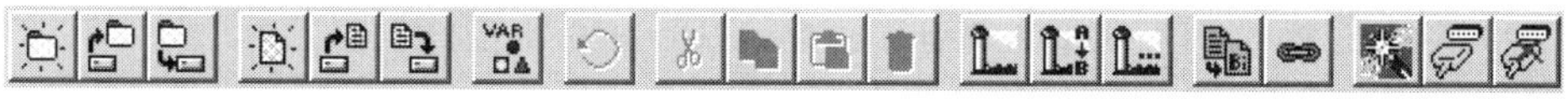

GMWIN에서 자주 사용되는 메뉴들을 단축 형태인 도구로 제공하고 있다. 원하는 도구를 마우스로 선택하면 실행되며 아래 표에서는 아이콘의 모양을 설명하고 있다.

아이콘	명 령	설 명
	새 프로젝트	• 새로운 프로젝트를 생성한다. • 메뉴 – 프로젝트 – 새 프로젝트...( )를 선택한다.
	프로젝트열기	• 이미 작성된 프로젝트를 연다. • 메뉴 – 프로젝트 – 열기 – ...( )를 선택한다.
	프로젝트저장	• 작성한 프로젝트 파일을 저장한다. • 메뉴 – 프로젝트 – 저장 – ...( )을 저장한다.
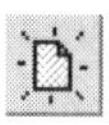	새 프로그램	• 한 프로젝트 안에 1개 이상의 프로그램을 열 때 사용한다. • 메뉴 – 프로그램 – 새 프로그램
	프로그램열기	• 메뉴에서 선택한 프로그램을 연다. • 메뉴 – 프로그램 – 열기...( )를 선택한다. [알아두기] • 수정 모드나 디버그 모드에서는 같은 프로그램을 2개 이상 열 수 없다. • 모니터 모드인 경우에는 긴 프로그램을 한 화면에 볼 수 없는 경우에 대비하여 같은 프로그램을 2개 이상 열고 각각 다른 부분을 모니터할 수 있다.
	프로그램저장	• 작성한 프로그램을 파일로 저장한다. • 메뉴 – 프로그램 – 저장...( )을 선택한다.
	변수목록	• 현재 활성화된 프로그램 윈도우에 해당하는 지역 변수(Local Variable)를 편집할 수 있다. • 프로그램 – 지역 변수...( )를 선택한다. • 각 변수를 추가, 삭제, 수정한 후 닫기 단추를 클릭한다.
	편집취소	• 프로그램 작성 중 앞서 편집된 동작을 취소하고자 하는 기능이다. • 메뉴 – 편집 취소(Ctrl+Z)를 선택한다.
	잘라내기	• 잘라내기를 하고자 하는 부분을 블록 지정한 상태에서 • 메뉴 – 편집 – 잘라내기(Ctrl+X)를 선택한다.

아이콘	명 령	설 명
	복사	• 복사하고자 하는 부분을 블록 지정한 상태에서 • 메뉴 – 편집 – 복사(Ctrl+C)를 선택한다.
	붙여넣기	• 잘라내기나 복사를 한 다음 • 붙여넣기를 실행할 위치로 커서를 이동한다. • 메뉴 – 편집 – 붙여넣기(Ctrl+V)를 선택한다.
	삭제	• 블록지정 아이콘으로 삭제하고자 하는 부분을 지정한 다음 삭제 아이콘을 사용하여 삭제한다.
	찾기	• 현재 편집하고 있는 프로그램 중에서 인스트럭션이나 피연산자를 찾는다. • 메뉴 – 편집 – 찾기...( )를 선택한다. • 찾기 대화 상자의 찾고자 하는 문자열 입력란에 찾을 문자열을 입력한다. • 다음의 옵션을 선택하고 확인 단추를 누른다. 1) 종류 : 찾을 문자열의 종류를 선택한다. 2) 범위 : 찾기를 실행할 범위를 선택한다. – 커서부터 : 현재 커서 위치부터 찾는다. – 전체 : 프로그램 전체를 찾는다. 3) 방향 : 찾기를 실행할 방향을 선택한다. – 아래로 : 아래 방향으로 찾는다. – 위로 : 위 방향으로 찾는다. 4) 단어 : 찾을 단어의 일치 정도를 선택한다. – 전체 일치 : 전부 일치하는 단어를 찾는다. – 부분 일치 : 부분적으로 일치해도 찾는다.
	바꾸기	• 메뉴 – 편집 – 바꾸기...( )를 선택하여 바꾸기 대화 상자를 부른다. • 이름 입력란에서 바꿀 문자를 입력한다. • 접점/코일 목록상자에서 바꿀 LD 프로그램 요소를 선택한다. • 새 이름 입력란에 새로 대치하고자 하는 문자를 입력한다. • 새 접점/코일 목록상자에서 새로 대치하고자 하는 LD 프로그램 요소를 선택한다. • 나머지 옵션은 찾기에서와 같이 선택하고, 확인 단추를 누른다.
	다시 찾기	• 이전에 찾기/바꾸기를 실행했을 경우, 이전에 설정되어 있는 찾기/바꾸기 조건대로 다시 찾기/바꾸기를 실행한다. • 메뉴 편집 – 다시 찾기(Ctrl+F3)를 선택한다.
	컴파일	• 현재 활성화된 프로그램 윈도우에 대해서만 컴파일을 실행하여 오브젝트 파일을 생성한다. • 메뉴 컴파일 – 컴파일...( )을 선택한다. [알아두기] 프로그램 컴파일만 실행하면 실행파일은 생성되지 않는다.

아이콘	명 령	설 명
	메이크 실행파일 만들기	• 프로젝트에 속해 있는 프로그램 중 컴파일할 필요가 있는 프로그램만 컴파일한 후 실행 파일을 생성한다. • 메뉴 – 컴파일 – 메이크...( )를 선택한다.
	접속+쓰기+ 모드전환+ 모니터시작	• 작성된 프로그램을 한번의 메뉴 조작으로 실행하는 매크로 명령이다. • 이 명령이 실행되면 접속, 프로그램 쓰기, 모드전환(런), 모니터 시작을 한 번 조작으로 실행 가능하다.
	접속	• GMWIN과 PLC와의 접속을 한다. • 메뉴 – 온라인 – 접속을 선택한다.
	런	• RUN 모드 : 프로그램을 정상적으로 수행하는 모드 • 메뉴 – 온라인 – 모드전환 – 런
	스톱	• STOP모드 : 프로그램을 연산하지 않고 정지 상태인 모드 • 메뉴 – 온라인 – 모드전환 – 스톱
	일시정지	• PAUSE 모드 : 프로그램의 연산이 일시 정지된 모드 • 메뉴 – 온라인 – 모드전환 – 일시정지
	디버그 시작	• DEBUG 모드 : 프로그램의 오류를 찾거나, 연산과정을 추적하기 위한 모드 • 메뉴 – 온라인 – 모드전환 – 디버그
	디버그 런	브레이크 포인트까지 런시킨다.
	오버 스텝	한 스텝씩 런시킨다.
	스텝 인	펑션, 펑션 블록을 디버깅한다.
	스텝 아웃	펑션, 펑션 블록 디버그 시 현재 블록을 빠져 나간다.
	일시정지	런을 일시 중지시킨다.
	커서위치 까지 런	커서 위치까지 런시킨다.
	브레이크 포인트 설정/해제	브레이크 포인트를 설정 또는 해제한다.
	접속 끊기	• GMWIN과 PLC의 접속을 끊는다. • 메뉴 – 온라인 – 접속 끊기를 선택한다.

아이콘	명 령	설 명
	쓰기	• GMWIN의 파라미터 및 프로그램을 PLC로 쓰는 기능이다. • 메뉴 – 온라인 – 쓰기를 선택하여 쓰기 대화 상자를 부른다. (접속 실행 후 실시) • 현재 PLC의 상태가 Run인 경우에는 아래 화면이 나타난다. • 기본 파라미터 : 기본 파라미터만 PLC로부터 읽는다. • I/O 파라미터 : I/O 파라미터만 PLC로부터 읽는다. • 고속 링크 파라미터 : 고속 링크 파라미터만 PLC로부터 읽는다. • 이중화 파라미터 : 이중화 파라미터만 PLC로부터 읽는다. (이중화 선택시만 활성화) • 프로그램 : 프로그램만 PLC로부터 읽는다. • 파라미터와 프로그램 : 파라미터들과 프로그램을 함께 PLC로부터 읽는다. • 업로드 : 업로드 프로그램을 PLC로부터 읽는다.
	모니터 시작/끝	• GMWIN에서는 운전 중인 PLC 연산 상태를 모니터링 할 수 있다. • 온라인 – 모니터 – 모니터 시작 1) 프로그램 모니터링 2) I/O 모니터링 3) 변수 모니터링 4) 타임 차트 모니터링 5) 링크 파라미터 모니터링

12.9 파일 열기

사용자가 기존의 프로젝트를 열고 프로그램을 작성하려면 파일을 열어야 한다.

1) 프로젝트를 열 경우

• 메뉴 프로젝트 – 열기를 선택한다.

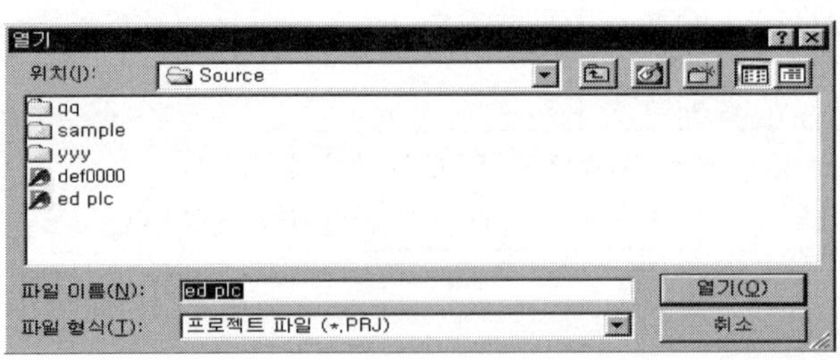

2) 프로그램을 열 경우

① 메뉴 - 프로그램 - 열기를 선택한다.

② 파일이 있는 위치를 지정하기 위하여 위치 목록 상자에서 드라이브 및 디렉토리를 선택한다.

③ 파일 이름 입력란에 파일 이름을 직접 입력하거나 목록상자에서 선택한다.
파일형식 목록상자에서 선택된 확장자를 가진 파일만 나타난다.
• 프로젝트 파일 : *.PRJ / 프로그램 파일 : *.SRC

④ 열기 단추를 누른다.

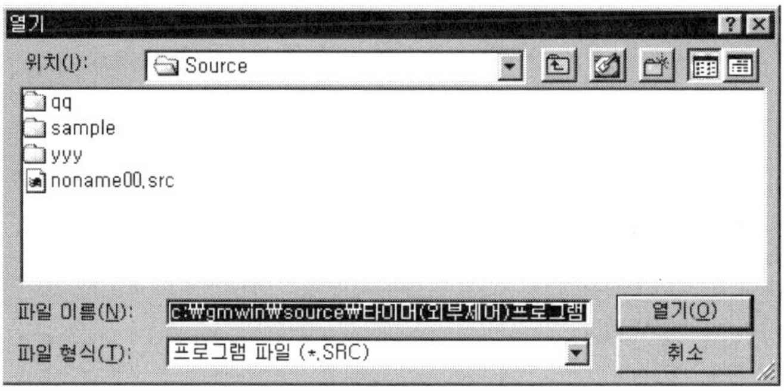

▮ 그림 12.8 ▮ 파일 저장

1) 새로운 파일 저장

• 한 번도 저장하지 않은 새 파일을 저장한다.

2) 프로젝트를 저장할 경우

• 메뉴 - 프로젝트 - 저장을 선택한다.

3) 프로그램을 저장할 경우

(1) 메뉴 - 프로그램 - 저장을 선택한다.

(2) 파일이 저장될 위치를 지정하기 위하여 위치 목록상자에서 드라이브 및 디렉토리를 선택한다.

(3) 파일이름 입력란에 파일 이름을 입력한다.
프로젝트 파일에는 PRJ, 프로그램 파일에는 SRC의 확장자를 입력한다.

(4) 저장 단추를 누른다.

4) 작업 중 파일 저장

(1) 프로젝트를 저장할 경우
- 메뉴 – 프로젝트 – 저장을 선택한다.

(2) 프로그램을 저장할 경우
- 메뉴 – 프로그램 – 저장을 선택한다.

5) 다른 이름으로 저장

프로젝트 이름 또는 프로그램 이름을 변경한다.

(1) 프로젝트를 저장할 경우
- 메뉴 – 프로젝트 – 다른 이름으로 저장을 선택한다.

(2) 프로그램을 저장할 경우

① 메뉴 – 프로그램 – 다른 이름으로 저장을 선택한다.

② 파일이 저장될 위치를 찾기 위하여 위치 목록상자에서 드라이브 및 디렉토리를 선택한다.

③ 파일이름 입력란에 파일 이름을 입력한다.
프로젝트 파일에는 PRJ, 프로그램 파일에는 SRC 확장자를 입력한다.

④ 저장 단추를 누른다.

6) 파일 닫기

(1) 방법 1 : 해당 창의 왼쪽 위 모서리의 조절메뉴 상자를 두 번 누른다.

(2) 방법 2

① 프로젝트를 닫을 경우
- 메뉴 – 프로젝트 – 닫기를 선택한다.

② 프로그램을 닫을 경우
- 메뉴 – 프로그램 – 닫기를 선택한다.

제13장 데이터의 구성 및 연산처리 방식

13.1 변수 표현 방식

프로그램 안에서 사용되는 데이터는 값을 가지고 있는데, 프로그램이 실행되는 동안에 값이 바뀌지 않는 상수와 그 값이 변하는 변수가 있다. 프로그램 블록, 펑션, 펑션 블록 등의 프로그램 구성 요소에서 변수를 사용하기 위해서는 우선 변수의 표현 방식을 결정해야 한다. 변수 표현 방식은 직접변수와 네임드 변수의 두 가지로 구분된다.

> ① 직접변수 : 변수 선언 불필요(종래의 PLC 방식)
> ② 네임드 변수 : 변수 선언 필요

첫 번째 변수 표현 방식은 사용자가 이름을 부여하지 않고 이미 Maker에 의해 지정된 메모리 영역의 식별자를 사용하는 직접변수 방식이고, 두 번째 변수 표현 방식은 사용자가 이름으로 부여하고 사용하는 네임드(Named) 변수방식이다.

1) 직접변수

직접변수에는 %I, %Q의 입·출력 변수와 %M의 내부 메모리 변수가 있다.

직접변수는 반드시 퍼센트 문자(%)로 시작하고 다음에 위치 접두어와 크기 접두어를 붙이며, 그리고 마침표로 분리되는 하나 이상의 부호 없는 정수의 순으로 나타낸다.

(1) 직접변수 지정의 예

입력 변수 지정 : %I0.0.0, %I0.0.1, %I0.0.2 등

출력 변수 지정 : %Q0.2.0, %Q0.2.1, %Q0.2.2 등

내부메모리 변수 지정 : %M0, %M1, %M2 등

(2) 위치 접두어

번 호	접두어	의 미
1	I	입력위치(Input Location)
2	Q	출력위치(Output Location)
3	M	내부 메모리 위치(Memory Location)

(3) 크기 접두어

번 호	접두어	의 미
1	X	1 비트의 크기(X 문자에 한하여 생략 가능)
2	B	1 바이트(8 비트)의 크기
3	W	1 워드(16 비트)의 크기
4	D	1 더블워드(32 비트)의 크기
5	L	1 롱 워드(64 비트)의 크기

※ 직접변수의 입·출력 표시형식

% [위치 접두어] [크기 접두어] [베이스 번호]. [슬롯 번호]. [접점 번호]

입력 % I X 0. 0. 0
출력 % Q X 0. 3. 0

- 입·출력 모듈의 접점번호를 나타내며, 최대 0~63의 값을 갖는다.
- 입·출력 모듈이 장착된 슬롯번호를 나타내며, 0~7의 값을 갖는다.
- 베이스 번호 : 0~3의 값을 갖는다.
- 크기접두어 : X는 1비트의 크기를 나타낸다.
- 위치접두어 : I(입력), Q(출력), M(내부메모리)으로 나타낸다.
- 직접변수임을 나타내는 예약어

EX) %IX0.0.3 : 직접변수, 입력, 비트단위, 0번 베이스, 0번 슬롯, 3번 접점
%QX0.2.7 : 직접변수, 출력, 비트단위, 0번 베이스, 2번 슬롯, 7번 접점

(4) 내부 메모리

번호	내부메모리	의 미
1	%MX0	0의 위치에 있는 비트 단위의 접점 번호를 나타낸다.
2	%MB1	1의 위치에 있는 바이트 단위의 메모리를 나타낸다.
3	%MD48	48의 위치에 있는 더블 워드 단위의 메모리를 나타낸다.
4	%MW20.3	20의 위치에 있는 워드 단위의 메모리중 3번 비트를 나타낸다.

(5) 내부 메모리 M

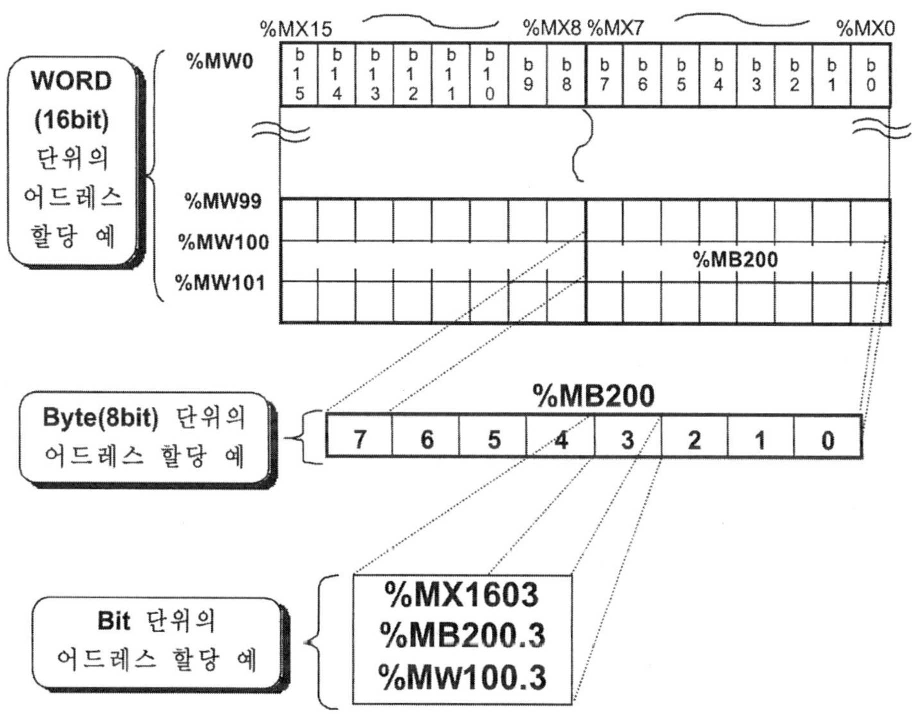

2) 네임드(Named) 변수

네임드 변수는 사용자가 변수 이름과 형 등을 선언하고 사용한다.

① 네임드 변수의 이름은 한글은 8자, 영문은 16자까지 선언 가능하며

② 한글 영문, 숫자 및 밑줄(_)문자를 조합하여 사용할 수 있다.

③ 영문의 경우 대소문자를 구별하지 않고 모두 대문자로 인식하며 빈칸을 포함하지 않아야 한다.

(1) 네임드 변수의 예

종 류	사 용 예
한글, 숫자 및 밑줄 문자	모터10, 디지털_스위치1, 누름_검출, 수동_배출_스위치밸브1, 설비_자동_운전중, 사이클_정지_완료
한글, 영문, 숫자 및 밑줄 문자	AGV_주행_완료, 모터2_ON, BCD값, VAL2, 자동_SOL배출

(2) 네임드 변수의 종류

번 호	변수 종류	의 미
1	VAR	읽고 쓸 수 있는 일반적인 변수
2	VAR_RETAIN	정전 시 값이 유지되는 변수
3	VAR_CONSTANT	읽기만 할 수 있는 변수
4	VAR_EXTERNAL	외부 변수(VAR_GLOBAL)임을 지정하는 변수

(3) Named(네임드) 변수의 데이터 형(Type)(데이터의 고유 성질을 나타냄)

① 데이터형은 크게 수치(ANY_NUM)와 비트 상태(ANY_BIT)로 구분할 수 있다.

② 수치의 대표적인 경우는 정수(INT : Interger)인데 셀 수 있고 산술 연산을 할 수 있다.

③ 정수의 예는 카운터의 현재값, A/D(아날로그 입력) 변환값 등이 있다.

④ 비트 상태는 BOOL(Boolean : 1비트), BYTE(8개의 비트 열), WORD(16개의 비트열) 등이 있는데 비트 열의 ON/OFF 상태를 나타내며 논리 연산을 할 수 있다.

⑤ 비트 상태의 예는 입력스위치의 ON/OFF 상태, 출력램프의 소등/점등 상태 등이 있다.

⑥ BCD는 10진수를 4비트의 2진 코드로 나타낸 것이므로 비트 상태(ANY_BIT)이다.

⑦ 비트 상태는 산술연산이 불가능하지만 형(Type) 변환 펑션을 사용하여 수치로 변환하면 산술 연산이 가능하다.

(4) 기본 데이터형

구 분	예약어	데이터 형	크기 (비트)	범 위
수치 (ANY_ NUM)	SINT	Short Integer	8	−128 ~ 127
	INT	Integer	16	−32768 ~ 32767
	DINT	Double Integer	32	−2147483648 ~ 2147483647
	LINT	Long Integer	64	$-2^{63} \sim 2^{63}-1$
	USINT	Unsigned Short Integer	8	0 ~ 255
	UINT	Unsigned Integer	16	0 ~ 65535
	UDINT	Unsigned Double Integer	32	0 ~ 4294967295
	ULINT	Unsigned Long Integer	64	$0 \sim 2^{64}-1$
	REAL	Real Numbers	32	−3.402823E38 ~ −1.401298E−451. 401298E−45 ~ 3.402823E38
	LREAL	Long Reals	64	−1.7976931E308 ~ −4.9406564E−324 4.9406564E−324 ~ 1.7976931E308
시간	TIME	Duration	32	T#0S ~ T#49D17H2M47S295MS
날짜	DATE	Date	16	D#1984−01−01 ~ D#2163−6−6
	TIME_OF_DAY	Time Of Day	32	TOD#00:00:00 ~ TOD#23:59:59.999
	DATE_AND_TIME	Date And Time Of Day	64	DT#1984−01−01−00:00:00 ~ DT#2163−12−31−23:59:59.999
문자열	STRING	Character String	30*8	30문자
비트 상태 (ANY_ BIT)	BOOL	Boolean	1	0, 1
	BYTE	Bit String Of Length 8	8	16#0 ~ 16#FF
	WORD	Bit String Of Length 26	16	16#0 ~ 16FFFF
	DWORD	Bit String Of Length 32	32	16#0 ~ 16FFFFFFFF
	LWORD	Bit String Of Length 64	64	16#0 ~ 16FFFFFFFFFFFFFFFF

(5) 데이터 형(Type) 계층도

GLOFA PLC에서 사용되는 데이터 타입은 다음과 같이 분류하여 표현한다.

- ANY
  - ANY_NUM
    - ANY_REAL (GM 1,2)
      - LREAL
      - REAL
    - ANY_INT
      - LINT(GM1,2)
      - DINT
      - INT
      - SINT
      - ULINT(GM1,2)
      - UDINT
      - UINT
      - USINT
  - ANY_BIT
    - LWORD(GM 1,2)
    - DWORD
    - WORD
    - BYTE
    - BOOL
  - ANY STRING
  - ANY_DATE
    - DATE_AND_TIME
    - DATE
    - TIME_OF_DAY
  - TIME

① ANY_REAL(LREAL, REAL) 및 LINT, ULINT, LWORD는 GM1, GM2만 적용된다.

② 앞으로 데이터 타입을 표현할 때 ANY_NUM으로 나타내면 위의 계층도와 같이 LREAL, REAL, LINT, DINT, INT, SINT, ULINT, UDINT, UINT, USINT를 모두 포함한다.

③ 예를 들어 GM3에서 타입이 ANY_BIT로 표현되면, DWORD, WORD, BYTE, BOOL 중 하나를 사용할 수 있다.

(6) 초기값(데이터의 초기값을 지정하지 않으면 자동적으로 아래와 같이 지정된다.)

데이터 타입	초 기 값
SINT, INT, DINT, LINT, USINT, UINT, UDINT, ULINT	0
BOOL, BYTE, WORD, DWORD, LWORD	0
REAL, LREAL	0.0
TIME	T#0s
DATE	D#1984-01-01
TIME_OF_DAY	TOD#00:00:00
DATE_AND_TIME	DT#1984-01-01-00:00:00
STRING	"(empty string)"

① VAR_EXTERNAL의 선언은 외부에서 선언한 변수를 간접 지정한 것이므로 초기값을 줄 수 없다.

② 변수선언 시 %I와 %Q로 할당한 변수는 입·출력에 해당하므로 초기값을 줄 수 없다.

(7) Named(네임드) 변수의 메모리 할당

네임드 변수의 메모리 할당에는 자동 할당과 사용자 정의가 있다.

(8) 자동 할당

컴파일러가 내부 메모리 영역에 변수 위치를 자동으로 지정한다.

예를 들어 "밸브 1"이란 변수를 자동 메모리 할당으로 지정할 경우 변수의 내부 위치는 프로그램이 작성된 후 컴파일(Compile) 과정에서 정해지므로 사용자는 변수 위치에 신경을 쓸 필요가 없다. 선언된 변수는 외부 입·출력과 관계없이 내부 연산 도중 신호의 중계, 신호 상태(내부 정보)의 일시 저장, 타이머나 카운터의 접점 이름(펑션 블록의 인스턴스) 지정 등에 사용된다.

(9) 사용자 정의

사용자가 직접 변수(%I, %Q, %M)를 사용하여 강제로 위치를 지정한다. 선언된 변수는 입·출력용(%I, %Q) 변수와 통신 파라미터에서 사용할 통신용 변수에 사용한다.

13.2 연산처리 방식

1) 스캔 타임(Scan time)

PLC의 연산 처리 방법은 입력 리프레시(refresh)된 상태에서 이들 조건으로 프로그램을 처음부터 마지막까지 순차적으로 연산을 실행하고 출력 리프레시(refresh)를 한다. 이러한 동작은 고속으로 반복되는데, 이러한 방식을 '반복 연산 방식'이라 하며 한 번 실행하는데 걸리는 시간을 '1 스캔 타임'(1 연산 주기)이라고 한다.

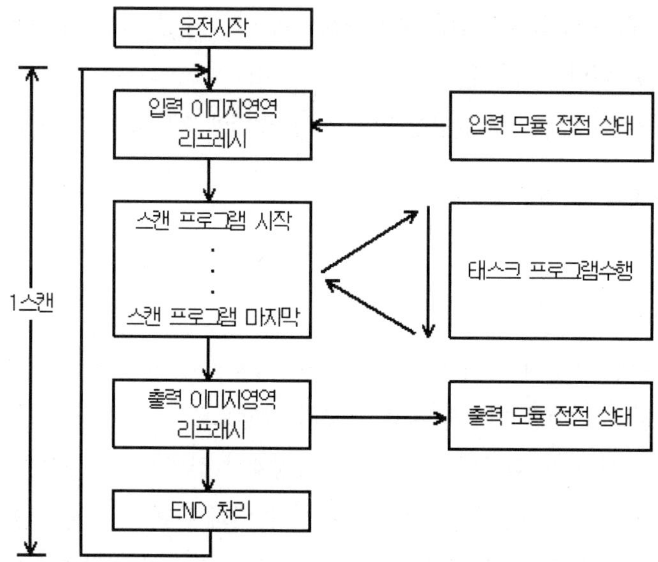

2) 입·출력 리프레시

프로그램의 연산을 시작하기 전에 입력 모듈로부터 접점의 상태를 읽어 들여 입력 이미지(input image) 영역에 저장하고, 프로그램의 연산이 끝나면 프로그램 실행에 의해 변화된 출력 이미지(output image) 결과값을 출력 모듈에 쓰는데 이를 '입·출력 리프레시'(I/O refresh)라고 한다.

3) 입·출력 이미지 영역

GLOFA PLC는 반복 연산 방식이므로 프로그램 연산 도중에는 입·출력의 상태를 직접 바꾸지 않고, 스캔 단위로 입·출력 리프레시를 수행한다. 따라서 프로그램 연산 도중 변화된 각 입·출력 접점의 상태를 PLC 내의 메모리 영역에 저장해 놓는데, 이 영역을 입·출력 이미지 영역이라고 한다.

4) 운전 모드

(1) RUN 모드

프로그램 연산을 정상적으로 수행하는 모드이다.

– 모드 변경 시 처리

처음 스캔 시작 시에 데이터 영역의 초기화가 수행된다.

– 연산 처리 내용

입·출력 리프레시와 프로그램의 연산을 수행한다.

(2) PAUSE 모드

프로그램의 연산이 일시 정지되는 모드이다. 다시 RUN 모드로 돌아갈 경우에는 정지되기 이전의 상태부터 연속하여 운전된다.

– 모드 변경 시 처리

데이터 영역의 초기화와 입·출력 이미지 영역의 클리어(clear)를 수행하지 않고 모드 변경 직전의 운전 상태를 유지한다.

– 연산 처리 내용

입·출력 리프레시를 수행한다.

(3) STOP 모드

프로그램 연산을 하지 않는 정지상태인 모드이다. 리모트 STOP 모드에서만 GMWIN을 통한 프로그램의 전송이 가능하다.

– 모드 변경 시 처

출력 이미지 영역을 소거하고 출력 리프레시를 수행한다.

– 연산 처리 내용

입·출력 리프레시를 수행히여 장착된 모듈의 정상동작, 착·탈 여부 검사를 판단하며, 통신 서비스 및 기타 내부 처리를 한다.

(4) DEBUG 모드

프로그램의 오류를 찾거나 연산 과정을 추적하기 위한 모드로 이 모드로의 전환은 STOP에서만 가능하다. 프로그램의 수행상태와 각 데이터의 내용을 확인해 보며 프로그램을 검증할 수 있다.

– 모드 변경시의 처리

모드 변경 초기에 파라미터에 설정된 리스타트 모드에 따라 데이터 영역이 초기화되며, 출력 이미지 영역을 소거하고 입력 리프레시를 수행한다.

– 연산처리 내용

① 입력 리프레시를 수행한다.

② 설정 상태에 따른 디버그 운전을 한다.
③ 프로그램의 마지막까지 디버그 운전을 한 후, 출력 리프레시를 수행한다.
④ 장착된 모듈의 정상 동작, 착탈 여부를 검사한다.
⑤ 통신등 기타 서비스를 수행한다.

13.3 모드 변경의 변경 방법

1) 모드 변경의 방법

(1) CPU 모듈의 모드 Key에 의한 변경
(2) CPU 모듈의 통신 포트에 GMWIN을 접속하여 변경
(3) GMWIN을 F-net 상에 연결된 다른 CPU 모듈에 접속하여 변경
(4) FAM, 컴퓨터 링크 모듈 등을 이용하여 사용자 명령으로 변경
(5) 프로그램 수행 중 'STOP 펑션'에 의한 변경

2) 모드 키에 의한 운전 모드 변경

모드 키 위치	운전 모드
RUN	로컬 RUN
STOP	로컬 STOP
STOP → PAU/REM	리모트 STOP
PAU/REM → RUN *	로컬 RUN
RUN → PAU/REM	로컬 PAUSE
PAU/REM → STOP	로컬 STOP

리모트 RUN 모드에서 모드 키에 의해 로컬 RUN 모드로 변경되는 경우 PLC는 중단 없이 연속 운전한다.

3) 리모트 운전 모드 변경

리모트 모드 변경은 모드 키의 위치가 리모트 STOP으로 설정된 경우만 가능하다.

(모드 키가 STOP → PAU/REM의 위치에 있을 경우)

모드 키 위치	모드 변경	GMWIN에 의한 모드 변경	FAM, 컴퓨터 통신 등을 이용한 변경
PAU/REM	리모트 STOP → 리모트 RUN	○	○
	리모트 STOP → 리모트 PAUSE	×	○
	리모트 STOP → DEBUG	○	×
	리모트 RUN → 리모트 PAUSE	○	○
	리모트 RUN → 리모트 STOP	○	○
	리모트 RUN → DEBUG	×	×
	리모트 PAUSE → 리모트 RUN	○	○
	리모트 PAUSE → 리모트 STOP	○	○
	리모트 PAUSE → 리모트 DEBUG	×	×
	DEBUG → 리모트 STOP	○	○
	DEBUG → 리모트 RUN	×	×
	DEBUG → 리모트 PAUSE	×	×

4) 리모트 운전 모드 변경 허가

시스템의 보호를 위하여 운전 모드 변경 소스(Source) 중 일부가 모드 변경을 할 수 없도록 할 수 있으며, 리모드 운진 모드 변경 금지 시에는 모드 키와 GMWIN에 의해서 운전 모드 변경이 가능하다. 설정은 기본 파라미터의 '통신에 의한 PLC 제어 허용'항에서 한다.

13.4 리스타트 모드

리스타트 모드는 전원을 재투입하거나 또는 모드 전환에 의해서 RUN 모드로 운전을 시작할 때, 변수 및 시스템을 어떻게 초기화한 후 RUN 모드 운전을 할 것인가를 설정하는 것으로, 콜드, 웜, 핫의 3종류가 있으며, 각 리스타트 모드의 수행조건은 다음과 같다.

1) 콜드 리스타트(Cold Restart)

(1) 파라미터의 리스타트 모드를 콜드 리스타트로 설정하는 경우 수행된다.

(2) 모든 데이터를 '0'으로 하고, 초기값이 설정된 변수에 대해서만 그 값으로 설정한다.

(3) 파라미터를 웜 리스타트 모드로 설정해도 수행할 프로그램이 변경된 후 최초 수행시는 콜드 리스타트 모드로 수행된다.

(4) 운전 중 수동 리셋 스위치를 누르면(GMWIN에서 리셋 명령을 한 경우와 동일) 파라미터에 설정된 리스타트 모드에 관계없이 콜드 리스타트 모드로 수행된다.

2) 웜 리스타트(Warm Restart)

(1) 파라미터의 리스타트 모드를 웜 리스타트로 설정하는 경우 수행된다.

(2) 이전 값 유지를 설정한 데이터는 이전 값을 그대로 유지하고, 초기값만 설정된 데이터는 초기값으로 설정한다. 이외의 데이터는 '0'으로 소거한다.

(3) 파라미터를 웜 리스타트 모드로 설정해도, 프로그램 다운로드 및 에러에 의한 운전 정지 후 최초 수행시는 콜드 리스타트 모드로 수행된다.

(4) 파라미터를 웜 리스타트 모드로 설정해도, 데이터 내용이 비정상일 경우(데이터의 정전 유지가 되지 못함)에는 콜드 리스타트 모드로 수행된다.

→ 변수의 종류를 정전 시 값이 유지되는 VAR_RETAIN 으로 설정하였을 경우 다음의 규칙에 따른다.

① 파라미터를 웜 리스타트 모드로 설정해야 정전 시 그 값이 유지된다.

② 파라미터를 콜드 리스타트 모드로 설정하면 사용자가 정의한 초기값이나 기본 초기값으로 초기화된다.

→ VAR_RETAIN으로 선언하지 않은 변수는 콜드 리스타트나 웜 리스타트 어느 경우에도 사용자가 정의한 초기값이나 기본 초기값으로 초기화 된다

3) 핫 리스타트(Hot Restart)

(1) 정상 운전 중 전원이 꺼진 후 전원이 재투입 될 때 RUN 모드이고, 전원이 꺼진 후 재투입되기까지의 시간이 핫 리스타트 허용 시간이내면, 핫 리스타트 모드를 수행한다.

(2) 모든 데이터와 프로그램 수행 요소들을 전원이 꺼지기 이전의 상태로 복원하여 수행한다.

(3) 전원이 꺼지기 직전의 상태에서 다시 프로그램을 수행하므로, 순간적인 정전 등에도 프로그램의 연속성을 유지할 수 있다.

(4) 핫 리스타트 허용 시간 초과 시는 파라미터에 설정된 리스타트 모드(콜드/웜)로 수행된다.

(5) 데이터 내용이 비정상일 경우(데이터의 정전 유지가 되지 못함)에는 콜드 리스타트 모드로 수행된다.

4) 리스타트 모드에 따른 데이터의 초기화

리스타트 모드 수행 시 각 변수에 대한 초기화 방법은 다음과 같다.

변수지정 \ 모드	콜드(COLD)	웜(WARM)	핫(HOT)
디폴트	"0"으로 초기화	"0"으로 초기화	이전 값 유지
리테인	"0"으로 초기화	이전 값 유지	이전 값 유지
초기화	사용자 지정 값으로 초기화	사용자 지정 값으로 초기화	이전 값 유지
리테인 & 초기화	사용자 지정 값으로 초기화	이전 값 유지	이전 값 유지

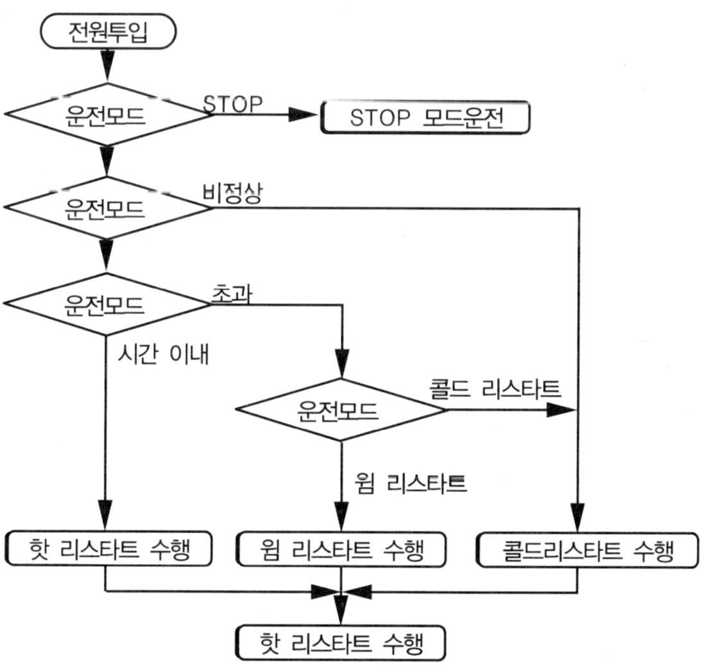

‖ 운전 중 전원 재투입 시 리스타트 모드 수행도 ‖

제14장 Programming의 기초

14.1 도구상자의 활용

프로그램 편집, 변수 모니터, 타임 차트, I/O 모니터링 등을 할 때 자주 사용하는 명령을 도구상자를 통해서 실행할 수 있다. 또한, 메뉴 – 도구상자 – 도구상자 형태를 선택하면 도구상자의 위치와 화면상에 출현을 조정할 수 있으며 [그림 14.1]과 같다.

▌그림 14.1 ▌ 도구상자

1) 화살표( )

접점, 코일, 펑션, 펑션 블록 등을 선택하여 이동, 편집, 삭제할 경우 사용한다.

2) 블록지정( )

한 행 이상을 삭제, 복사 등의 편집기능을 할 경우 사용된다.

※ 블록지정 아이콘을 선택 후 설정하고자 하는 부분으로 이동하여 마우스 좌측을 누르고 드래그 하여 설정하고자 하는 부분을 설정하여 편집한다.

3) 평상시 열린 접점(Normally Open Contact)( )

평상시 열린 접점으로 시퀀스 제어의 "A"접점이라고 생각하면 된다.(단축키 F2)

※ 아이콘을 이용하여 편집하고자 하는 부분에 커서를 이동시키고 좌측 마우스를 누른다.

4) 평상시 닫힌 접점(Normally Closed Contact)(-|/|-)

평상시 닫힌 접점으로 시퀀스 제어의 "B"접점이라고 생각하면 된다.(단축키 F3)

※ 아이콘을 이용하여 편집하고자 하는 부분에 커서를 위치시키고 좌측 마우스를 누른다.

[주의] -| |-, -|/|-은 맨 오른쪽 끝에는 올 수 없다.(약속사항)

5) 양 변환 검출접점(-|P|-)

양 변환 검출 접점이란 접점이 동작되는 순간 즉 "0"에서 "1"로 변환하는 순간을 검출하여 오른쪽 연결선이 해당 스캔에서 1스캔 동안 연결된다.(단축키 Shift + F1)

※ 양 변환 검출 접점 아이콘을 이용하여 편집하고자 하는 부분에 커서를 이동시키고 좌측 마우스를 누른다.

6) 음 변환 검출접점(-|N|-)

음 변환 검출 접점이란 접점이 동작되는 순간 즉 "1"에서 "0"으로 변환하는 순간을 검출하여 오른쪽 연결선이 해당 스캔에서 1스캔 동안 연결된다.(단축키 Shift + F2)

※ 음 변환 검출 접점 아이콘을 이용하여 편집하고자 하는 부분에 커서를 이동시키고 좌측 마우스를 누른다.

7) 가로선과 세로선(,)

가로선과 세로선은 접점과 접점, 접점과 코일 또는 분기 회로 시 가로 및 세로로 회로를 연결하는 연결선이다.(단축키 F4, F5)

8) 코일과 역 코일(( ) , (/))

코일은 출력을 나타내며 왼쪽의 입력이 ON 상태이면 여자되고 OFF 상태이면 소자된다. 역 코일 또한 출력을 나타내며 왼쪽의 입력이 ON 상태이면 소자되고 OFF 상태이면 여자된다.

구 분	왼쪽 회로 입력이 ON인 경우	왼쪽 회로 입력이 OFF인 경우
코 일	여 자	소 자
역 코일	소 자	여 자

※ 사용법 및 기능 설명

아래 회로는 코일인 경우와 역 코일인 경우를 비교하여 설명하고 있다.

- 코일인 경우 : %I0.0.0이 "1"이면 코일 %Q0.2.0은 출력 "1"이 나온다.
  %I0.0.0이 "0"이면 코일 %Q0.2.0은 출력이 "0"이 나온다.

- 역 코일인 경우는 코일과 반대 동작을 한다.
  %I0.0.0이 "1"이면 코일 %Q0.3.0은 출력 "0"이 나온다.
  %I0.0.0이 "0"이면 코일 %Q0.3.0은 출력이 "1"이 나온다.

9) 세팅 코일과 리셋 코일((S) , (R))

세팅 코일은 왼편의 연결선 상태가 ON이 되었을 때 관련된 부울 변수는 ON이 되고, RESET 코일에 의해 reset 되기 전까지는 set 되어 있는 상태로 유지가 된다. 리셋 코일은 셋 코일에 의하여 ON 되어 있는 코일 상태를 reset 시키고자 할 때 사용한다.(단축키 Ctrl+F3, Ctrl+F4)

※ 사용법 및 기능 설명

- 아래 회로와 같이 셋 접점 신호가 ON인 경우 세팅 코일 %Q0.2.0이 ON 되며 셋 접점이 OFF시에도 계속 자기유지 상태로 유지된다.
- 리셋 접점을 ON 시켰을 경우 %Q0.2.0 출력 리셋 코일이 ON 되며 세팅 코일의 자기유지가 해제된다.

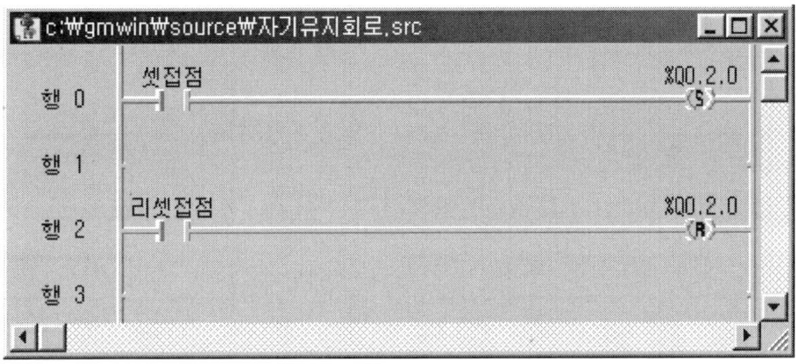

10) 양 변환 검출코일과 음 변환 검출코일(-(P)- , -(N)-)

양 변환 검출코일은 왼편의 연결선 상태가 바로 전 스캔에서 OFF였던 것이 현재 스캔에서 ON이 되는 상승에지 상태에서 1스캔 동안만 ON이 된다.

음 변환 검출코일은 왼편의 연결선 상태가 바로 전 스캔에서 ON이었던 것이 현재 스캔에서 OFF되는 하강에지 상태에서 1스캔 동안만 ON이 된다.

※ 사용법 및 기능 설명

- 양 변환 검출 코일은 아래 타임차트에서와 같이 %I0.0.1의 입력 스위치가 ON이 되는 순간 M1이 1스캔 동안 ON이 되며, 그 후로는 동작하지 않으므로 자기유지 접점을 추가하였다.
  출력 %Q0.2.1의 여자는 %I0.0.0의 입력 스위치에 의하여 소자된다.
- 음 변환 검출 코일은 입력 스위치 %I0.0.2를 눌렀다 떼는 순간 M2가 동작하고 %Q0.2.2의 출력코일에 의하여 자기유지가 된다.

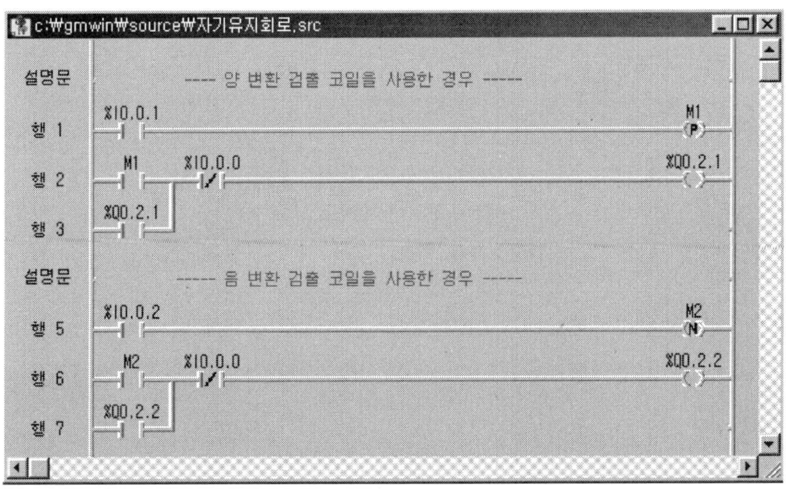

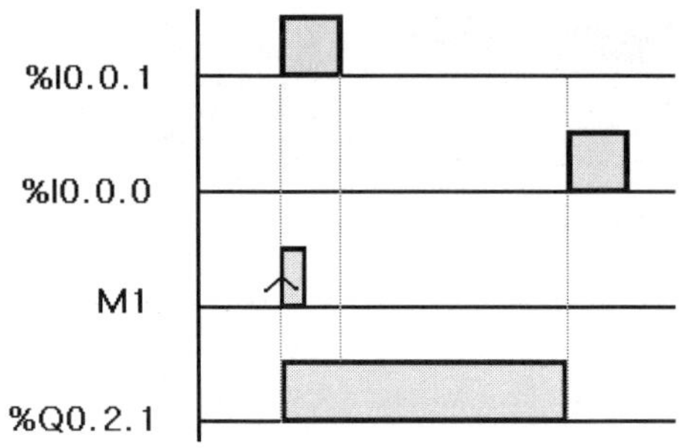

‖ 양 변환 검출 코일 ‖

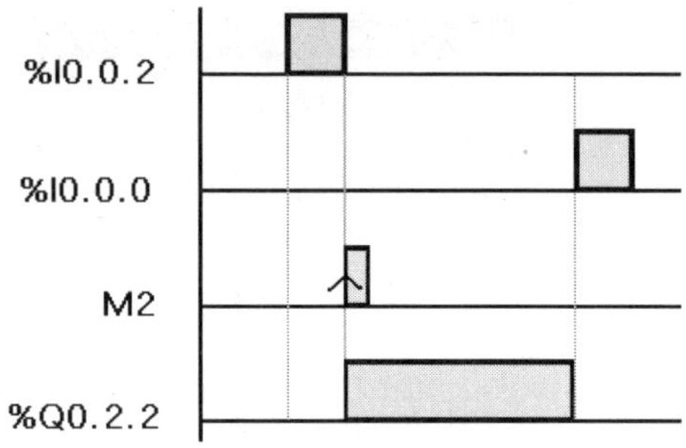

‖ 음 변환 검출 코일 ‖

11) 펑션(-|F|-)

기본 펑션에는 전송 펑션, 형 변환 펑션, 비교 펑션, 산술연산 펑션, 논리연산 펑션, 비트 시프트 펑션 등이 있다.

- 펑션은 입력에 대한 연산 결과를 1스캔에 즉시 출력하며, 출력이 하나이다.
- 전송펑션(MOVE)의 IN, OUT 변수는 모든 데이터형이 지정될 수 있으나, 같은 데이터형이어야 한다.
- 산술연산 펑션(ADD, MUL 등)의 IN1, (IN2), OUT 변수는 수치(ANY_NUM) 데이터형만이 지정될 수 있으며, 또한 모두 같은 데이터형이어야 한다.
- 논리연산 펑션(AND, OR 등)의 IN1, (IN2), OUT 변수는 비트 상태 (ANY_BIT) 데이터형만이 지정될 수 있으며, 또한 모두 같은 데이터형이어야 한다.
- 형 변환 펑션(INT_TO_BCD, BCD_TO_INT 등)의 IN, OUT의 변수는 지정된 데이터형에 의해 고정되어 있으며, 펑션은 라이브러리에 넣어서 사용한다.

(1) 전송 펑션

MOVE(데이터 전송)

<table>
<tr><th>펑 션</th><th>설 명</th></tr>
<tr><td>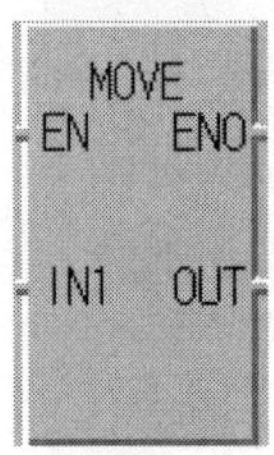
</td><td>입력 EN : 1일 때 펑션 실행
IN : 전송할 값
출력 ENO : EN 값이 그대로 출력
OUT : 전송된 값
IN, OUT은 모두 같은 데이터 형이어야 함
예) IN %IB0.0.0이면 OUT %QB0.2.0이여야 한다.</td></tr>
</table>

가. 프로그램 적용 예1

실행조건(%I0.0.8)이 ON 되면 MOVE 펑션이 실행되어 1Byte(8bit)인 0.0.0~0.0.7까지의 ON/OFF 정보가 복사되어 0.2.0~0.2.7까지 각 해당 비트에 데이터를 전송한다. (Byte 단위로 동작)

■ 시뮬레이터에 의한 LD 확인

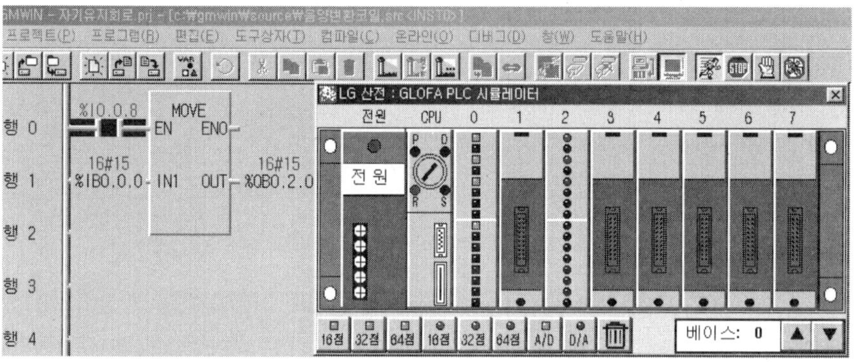

나. 프로그램 적용 예2

스위치 0, 1, 2 중 하나를 ON 하면 MOVE 펑션이 실행되어 코드값을 %QW0.3.0으로 전송한다.

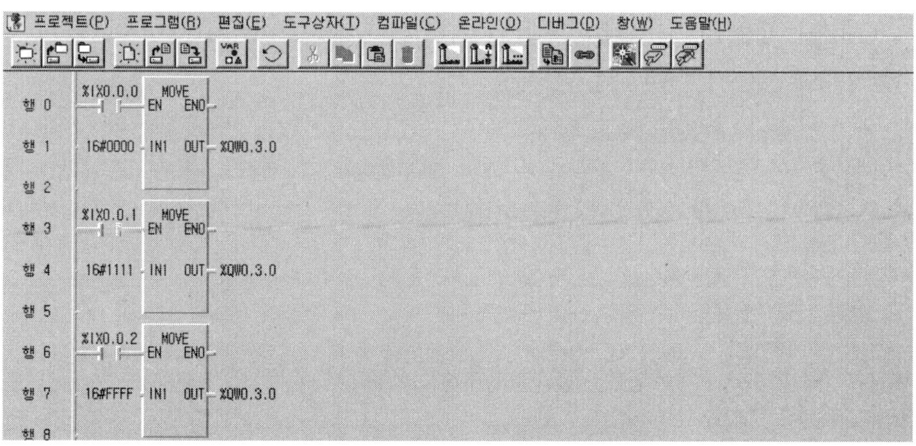

■ 시뮬레이터에 의한 LD 확인

① 첫 번째 IN1의 16#0000이란 %IX0.0.0(비트)의 값이 ON 되었을 때 출력 %QW0.3.0(16진수)의 자리에 16진수로 0000을 표현하라는 지시이다.

② 두 번째 IN1의 16#1111이란 %IX0.0.1(비트)의 값이 ON 되었을 때 출력 %QW0.3.0(16진수)의 자리에 16진수로 1111을 표현하라는 지시이다.

③ 세 번째 IN1의 16#FFFF란 %IX0.0.2(비트)의 값이 ON 되었을 때 출력 %QW0.3.0(16진수)의 자리에 16진수로 FFFF를 표현하라는 지시이다.

(2) 형 변환 펑션

가. BCD_TO_*** (BCD형을 정수로 변환)

펑 션	설 명
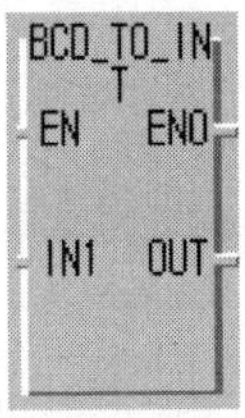	입력 EN : 1일 때 펑션 실행 IN : BCD 형태의 데이터를 갖고 있는 ANY_BIT 입력값 출력 ENO : EN 값이 그대로 출력 OUT : 타입 변환된 데이터

가) 기능

INPUT의 타입을 변환해서 OUT으로 출력한다.

FUNCTION	입력타입	출력타입	내 용
BCD_TO_SINT	BYTE	SINT	입력이 BCD 값일 경우에만 정상 변환된다. (입력 데이터 타입이 WORD일 경우 0~16#9999값만 정상 변환된다.)
BCD_TO_INT	WORD	INT	
BCD_TO_DINT	DWORD	DINT	
BCD_TO_USINT	BYTE	USINT	
BCD_TO_UINT	WORD	UINT	
BCD_TO_UDINT	DWORD	UDINT	

"IN"이 BCD 형태의 데이터가 아닌 경우 출력은 "0"이 되고 _ERR(연산 에러 플래그), _LER(연산 에러 래치 플래그)은 ON 된다.

나) 프로그램 적용

%IW0.1.0을 사용하여 BCD 값 3333을 입력하고 %IX0.0.0을 ON 하면 BCD값이 정수로 변환되어 정수값에 출력이 된다.

■ 시뮬레이터에 의한 LD 확인

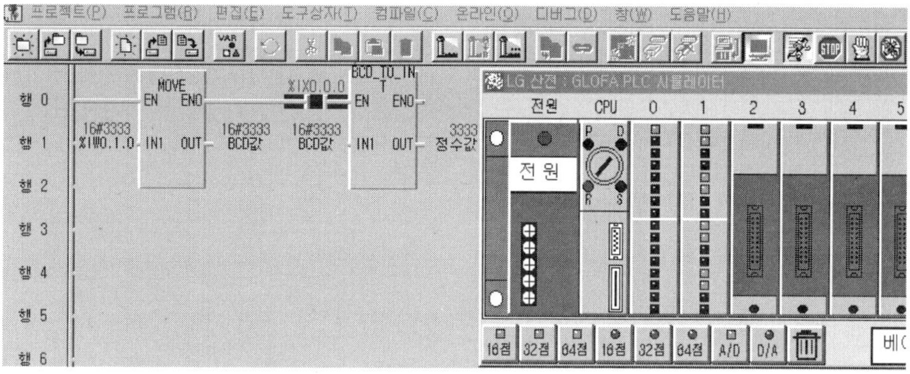

나. INT_TO_*** (INT 타입 변환)

펑 션	설 명
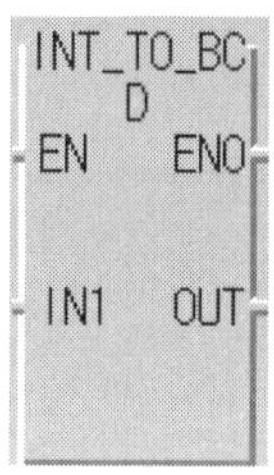	입력 EN : 1일 때 펑션 실행 IN : 정수형의 입력값 출력 ENO : 에러 없이 실행되면 1을 출력 OUT : 타입 변환된 데이터

가) 기능

IN을 타입 변환해서 OUT으로 출력한다.

FUNCTION	데이터 타입	내 용
INT_TO_SINT	SINT	일력이 −128~127일 경우 정상 변화되나, 그 외 값은 에러가 발생한다.
INT_TO_DINT	DINT	DINT 타입으로 정상 변환한다.
INT_TO_USINT	USINT	입력이 0~255일 경우 정상 변화되나, 그 외 값은 에러가 발생한다.
INT_TO_UINT	UINT	입력이 0~32767일 경우 정상 변화되나, 그 외 값은 에러가 발생한다.
INT_TO_UDINT	UDINT	입력이 0~32767일 경우 정상 변화되나, 그 외 값은 에러가 발생한다.
INT_TO_BOOL	BOOL	하위 1비트를 취해 BOOL 타입으로 변환한다.
INT_TO_BYTE	BYTE	하위 8비트를 취해 BYTE 타입으로 변환한다.

INT_TO_WORD	WORD	내부비트 배열의 변화 없이 WORD 타입으로 변환한다.
INT_TO_DWORD	DWORD	상위 비트 등을 0으로 채운 DWORD 타입으로 변환한다.
INT_TO_LWORD	LWORD	상위 비트 등을 0으로 채운 LWORD 타입으로 변환한다.
INT_TO_BCD	WORD	입력이 0~9,999일 경우 정상 변환되나, 그 외 값은 에러가 발생한다.

나) 에러

변환 에러 발생시 _ERR(연산 에러 플러그), _LEE(연산 에러 래치 플래그)이 ON 된다.

다) 프로그램 적용

%I0.0.0의 입력 스위치가 ON일 때 정수값 란에 강제변수 6666을 입력하면 BCD 값이 %QW0.2.0에 6666값이 출력되며, 펑션 INT_TO_BCD 입력에 최대 정수값 9999 또는 16#270F를 입력하면 %QW0.2.1에 BCD 값 16#9999가 표시된다.

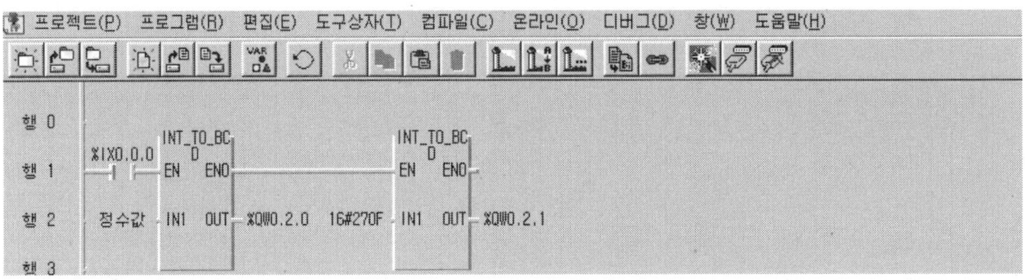

■ 시뮬레이터에 의한 LD 확인

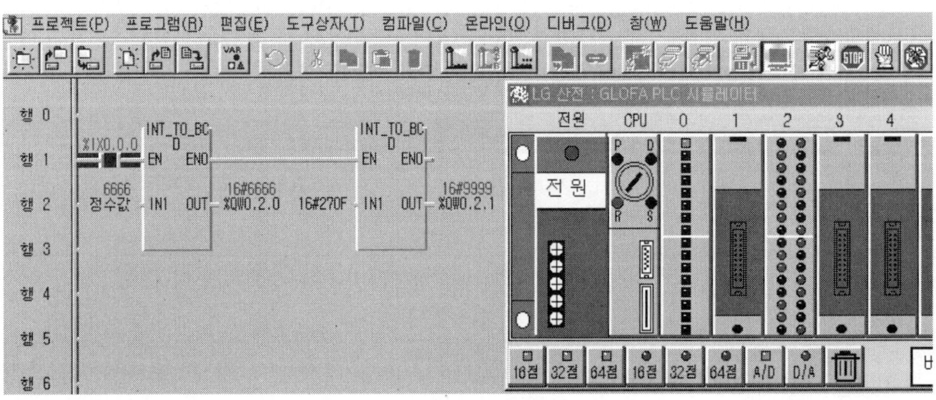

(3) 비교 펑션

- GT → 상위값이 하위값보다 "크다"를 만족하면 출력이 "1"
- GE → 상위값이 하위값보다 "크거나 같다"를 만족하면 출력이 "1"
- EQ → 상위값과 하위값이 모두 "같다"를 만족하면 출력이 "1"
- LE → 상위값이 하위값보다 "작거나 같다"를 만족하면 출력이 "1"
- LT → 상위값이 하위값보다 "작다"를 만족하면 출력이 "1"
- NE → 상위값과 하위값이 모두 "같지 않다"를 만족하면 출력이 "1"

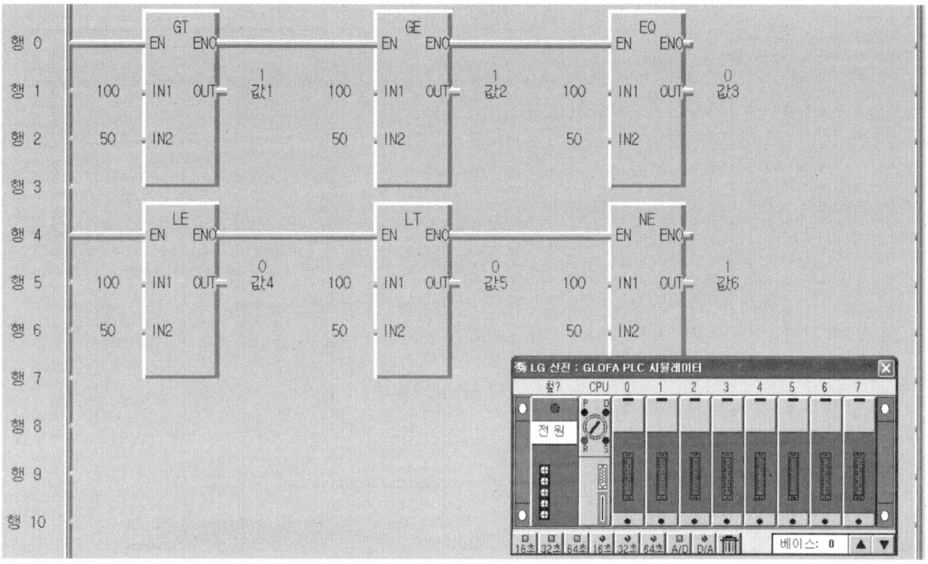

(4) 산술연산 펑션

- 더하기(+) → ADD
- 빼기(−) → SUB
- 곱하기(×) → MUL
- 나누기(÷) → DIV(몫), MOD(나머지)

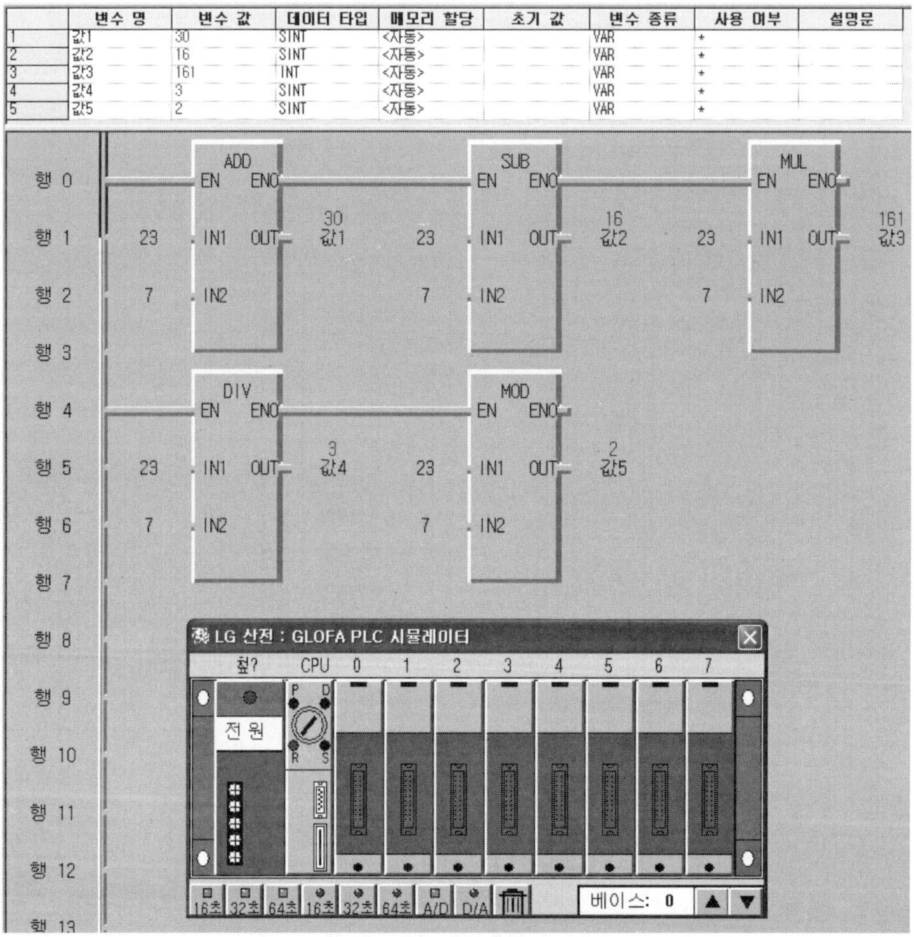

(5) 논리연산 펑션

- AND → 모든 입력이 "1"이어야 출력이 "1" (그렇지 않으면 출력은 "0")
- OR → 모든 입력이 "0"이어야 출력이 "0" (그렇지 않으면 출력은 "1")
- NOT → 입력이 "0"이면 출력은 "1", 입력이 "1"이면 출력은 "0" (반전)
- XOR → 입력이 같으면 출력은 "1", 입력이 틀리면 출력은 "0" (배타적 논리)

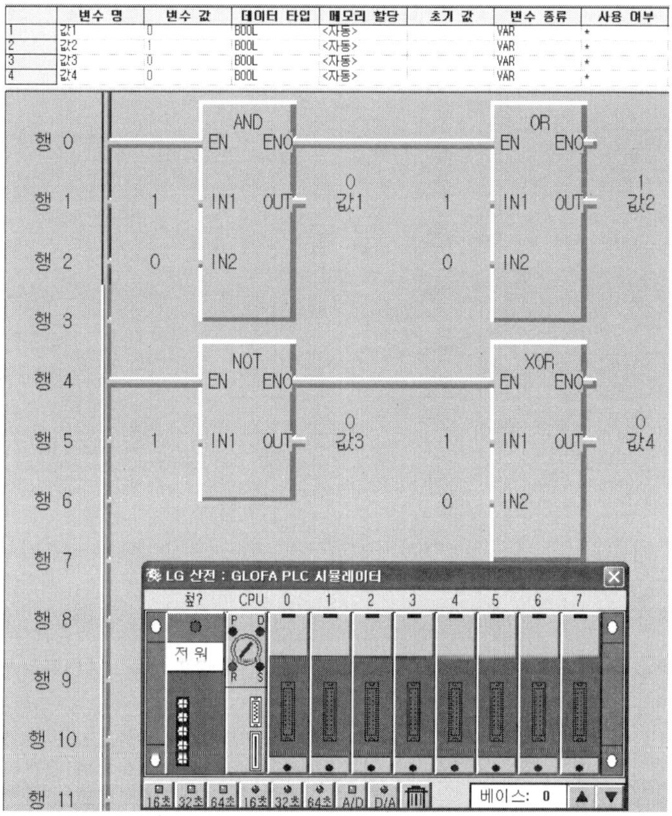

(6) 비트시프트(자리이동) 펑션

- SHL → 주어진 비트열을 왼쪽으로 이동 (빈칸은 모두 "0"으로 채움)
- SHR → 주어진 비트열을 오른쪽으로 이동 (빈칸은 모두 "0"으로 채움)
- ROL → 주어진 비트열을 왼쪽으로 회전 (빈칸은 "회전데이터"로 채움)
- ROR → 주어진 비트열을 오른쪽으로 회전 (빈칸은 "회전데이터"로 채움)

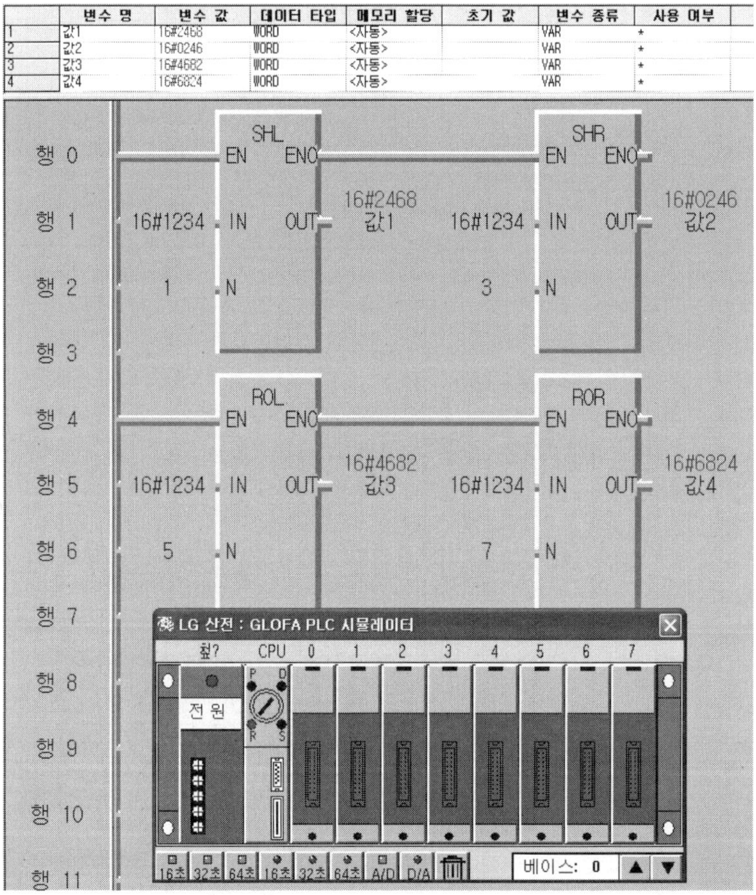

12) 펑션 블록(f田)

펑션 블록은 여러 스캔에 걸쳐 누계된 연산 결과를 출력하므로, 연산 중 누계되는 데이터를 잠시 보관하기 위한 내부 메모리가 필요하다. 따라서 펑션 블록은 사용하기 전에 변수를 선언하는 것처럼 인스턴스 변수를 선언해야 한다. 인스턴스 변수는 펑션 블록에서 사용하는 변수들의 집합이며, 기본 펑션 블록 중 가장 일반적인 것은 타이머와 카운터이다.

※ 사용자가 펑션 블록을 생성할 수 있으며 생성된 펑션 블록은 사용자 펑션에 추가된다.

(1) 기본 펑션 블록 일람표

① 카운터

NO	펑션 블록이름	기　　능
1	C T U	가산 카운터 (Up Counter)
2	C T D	감산 카운터 (Down Counter)
3	C T U D	가감산 카운터 (Up Down Counter)

② 타이머

NO	펑션 블록이름	기　　능
1	T O N	ON 딜레이 타이머 (On Delay Timer)
2	T O F	OFF 딜레이 타이머 (Off Delay Timer)
3	T P	펄스 타이머 (Pulse Timer)

(2) 기본 펑션 블록 설명 및 프로그램 사용법

가. CTU : 가산 카운터(Up Counter)

펑　션	설　　명
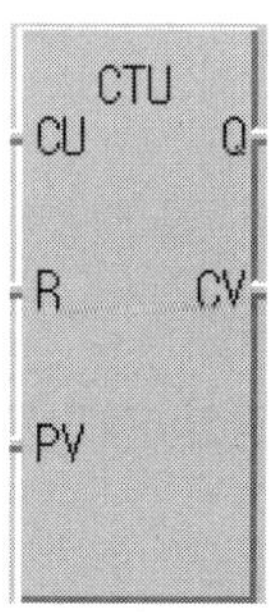	입력 CU : 업 카운터(Up Counter) 펄스입력 R : 리셋 입력(Reset) PV : 설정값(Preset Value) 출력 Q : 업 카운터(Up Counter) 출력 CV : 현재 값(Current Value)

가) 기능

(가) 펄스 입력 CU가 "0"에서 "1"(Rising Edge)이 되면 현재값 CV가 이전 값보다 1만큼 증가한다.

(나) 단, CV는 정수(INT)의 최댓값 32767을 넘지 않는다.

(다) 리셋 입력 R이 "1"이 되면 현재값 CV는 "0"으로 소거(Clear)된다.

(라) 출력 Q는 현재값(CV)이 설정값(PV) 이상이면 "1"이 된다.

나) 타임 차트

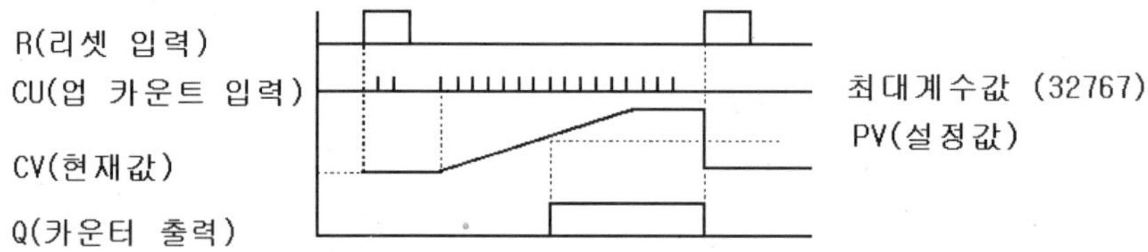

다) 프로그램 예

(가) CTU는 펑션 블록이므로 연산 중 누계되는 데이터를 잠시 보관하기 위한 인스턴스 변수를 반드시 선언해야 한다.

(나) GMWIN에서 프로그램 편집시 CTU의 인스턴스 변수를 선언하면 카운터 출력은 인스턴스 이름.Q, 현재값은 인스턴스 이름.CV로 변수가 자동 생성된다.

(다) 아이콘 을 선택하여 펑션 블록 목록 창에서 CTU를 선택한다.

(라) 변수 이름 선언은 제한이 없으나 편의상 C1으로 정의하고 나머지 창들은 디폴트값으로 정의한다.

(마) 토글스위치 "0"(%IX0.0.0)으로 CU에 입상(Rising Edge)펄스를 입력하면 현재값이 증가한다.

(바) 현재값을 우측 %QW0.0.2.0에 출력할 것이다.

(사) 현재값이 10 이상이면 카운터 출력(C1.Q)이 "1"이 되어 램프(%QX0.3.0)가 점등할 것이다.

(아) 토글스위치 "1"(%IX0.0.1)을 ON 하면 현재값 및 카운터 출력이 리셋되어 0이 된다.

(자) 현재값(C1.CV)이 0~9999 사이를 벗어나면 펑션 INT_TO_BCD에 의해 _ERR, _LER 플래그가 ON된다.

(차) 아래 프로그램의 예 중 출력 %QX0.3.0, %QX0.3.1은 똑같은 동작을 실행한다.

그런데 %QX0.3.1은 카운터 C1.Q의 값에 따라 동작하는 예를 나타내고 있다.

■ 시뮬레이터에 의한 LD 확인

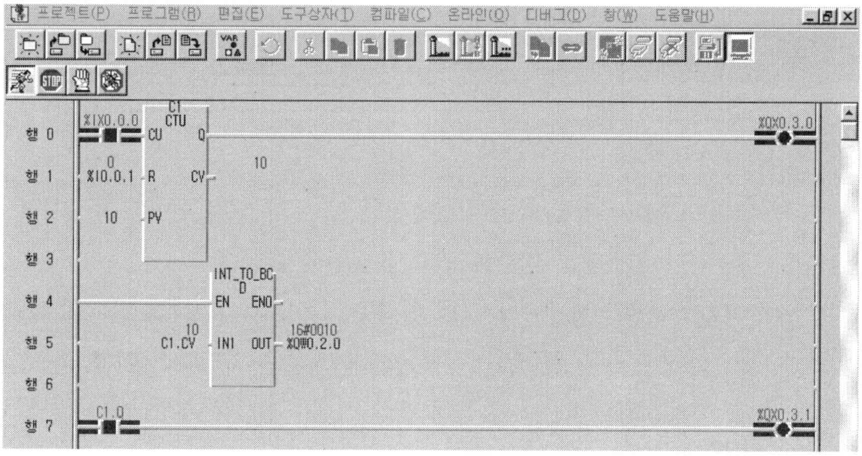

나. CTD : 감산 카운터(Down Counter)

펑 션	설 명
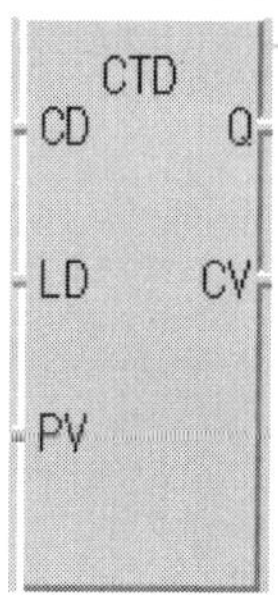	입력 CD : 다운 카운터(Down Counter) 펄스 입력 LD : 설정값 입력(Load) PV : 설정값(Preset Value) 출력 Q : 다운 카운터(Down Counter) 출력 CV : 현재값(Current Value)

가) 기능

(가) 펄스 입력 CD가 "0"에서 "1"(Rising Edge)이 되면 현재값 CV가 이전 값보다 "1"만큼 감소한다.(단, CV는 정수(INT)의 최솟값 −32768)

(나) 설정값 입력접점 LD가 "1"이 되면, 설정값 PV값이 현재값 CV에 로드된다.

(다) 출력 Q는 현재값(CV)이 "0" 이하이면 "1"이 된다.

나) 타임 차트

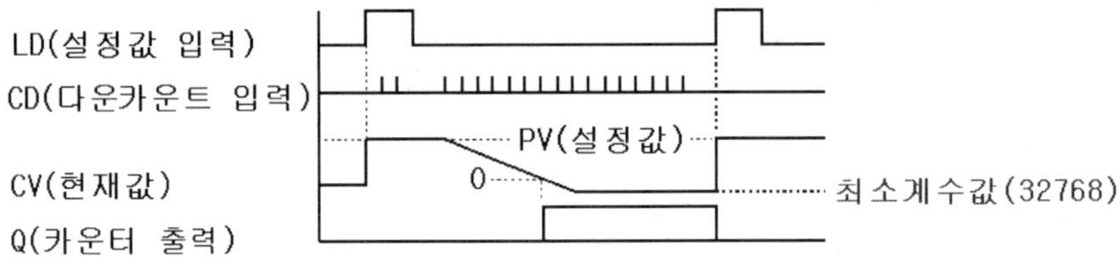

다) 프로그램 예

(가) CTD는 펑션 블록이므로 연산 중 누계 되는 데이터를 잠시 보관하기 위한 인스턴스 변수를 반드시 선언해야 한다.

(나) GMWIN에서 프로그램 편집 시 CTD의 인스턴스 변수를 선언하면 카운터 출력은 인스턴스 이름.Q, 현재값은 인스턴스 이름.CV로 변수가 자동 생성된다.

(다) CTD의 인스턴스 변수 C2를 선언한다.

(라) 설정값을 10으로 세팅한다.

(마) 초기에 %IX0.0.2를 누르면 LD가 "1"이 되어 설정값이 현재값에 로드된다.

(바) 스위치 %IX0.0.1을 신호에 의하여 CD에 입상(Rising Edge) 펄스를 입력하면 현재값이 감소한다.

(사) 현재값이 "0" 이하이면 카운터출력(C2.Q)이 "1"이 되어 (%QX0.3.0)이 점등된다.

(아) 스위치(%IX0.0.2)를 ON 하면 LD가 "1"이 되어 설정값이 현재값에 로드된다.

◈ 시뮬레이터에 의한 LD 확인

다. CTUD : 가감산 카운터 (Up Down Counter)

펑 션	설 명
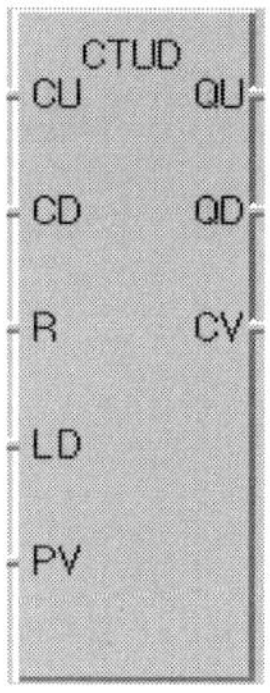	입력 CU : 업 카운터(Up Counter) 펄스 입력 CD : 다운 카운터(Down Counter) 펄스 입력 R : 리셋 입력(RESET) LD : 설정값 입력(Load) PV : 설정값(Preset Value) 출력 QU : 업 카운터(Up Counter) 출력 QD : 다운 카운터(Down Counter) 출력 CV : 현재값(Current Value)

가) 기능 1

(가) CTUD는 CU가 "0"에서 "1"이 되면 현재값 CV가 이전 값보다 1만큼 증가하고, CD가 "0"에서 "1"이 되면 현재값 CV가 이전값보다 "1"만큼 감소하는 카운터이다. 단, 현재값 CV는 정수(INT)의 최솟값 -32768 ~최댓값 32767 사이의 값을 갖는다.

(나) 설정값 입력접점 LD가 "1"이 되면 현재값 CV에 설정값 PV값이 로드 된다.(CV=PV)

(다) 설정값 입력 R이 "1"이 되면 현재값 CV는 "0"으로 클리어(Clear)된다.(CV=0)

(라) 출력 QU는 CV가 PV 이상이면 "1"이 되고, QD는 CV가 "0" 이하일 때 "1"이 된다.

(마) 각 입력 신호에 대해서 R>LD>CU>CD순으로 동작을 수행하며, 신호의 중복 발생시 우선순위가 높은 동작 하나만 수행한다.

나) 타임 차트

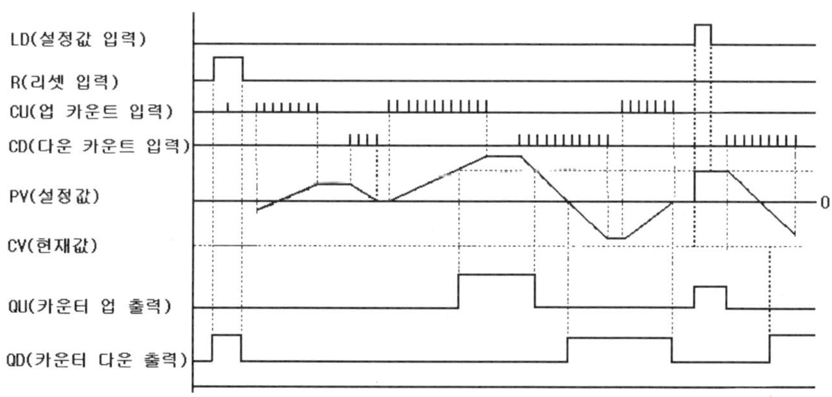

다) 프로그램 예

(가) CTUD는 펑션 블록이므로 연산 중 누계되는 데이터를 잠시 보관하기 위한 인스턴스 변수를 반드시 선언해야 한다.

(나) GMWIN에서 프로그램 편집 시 CTUD의 인스턴스 변수를 선언하면 업카운트 출력은 인스턴스 이름.QU, 다운 카운트 출력은 인스턴스 이름.QD 그리고 현재값은 인스턴스 이름.CV로 변수가 자동 생성된다.

(다) CTUD의 인스턴스 변수 C3를 선언한다.

(라) 설정값을 10으로 세팅한다.

(마) 스위치 %IX0.0.0으로 CU에 입상(Rising Edge) 펄스를 입력하면 현재값이 증가한다.

(바) 입력 %IX0.0.1로 CD에 입상(Rising Edge) 펄스를 입력하면 현재값이 감소한다.

(사) 현재값이 설정값 이상이면 C3.QU가 "1"이 되어 %QX0.3.0이 "1"이 된다.

(아) 현재값이 "0" 이하이면 C3.QD가 "1"이 된다.

(자) %IX0.0.2를 ON하면 리셋되어 현재값은 "0"으로 클리어(Clear)된다.

(차) %IX0.0.3을 ON하면 LD가 "1"이 되어 설정값이 현재값에 로드된다.

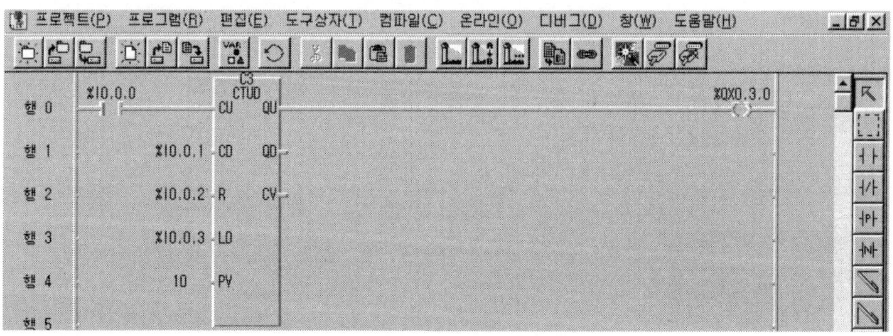

라. TON(ON Delay Timer)

펑 션	설 명
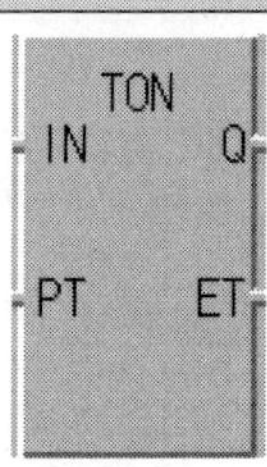	입력 IN : 타이머 기동 조건 PT : 설정시간(Preset Time) 출력 Q : 타이머 출력 ET : 경과시간(Elapsed Time)

가) 기능

(가) IN이 "1"이 된 후 경과 시간이 ET로 출력된다.

(나) 만일, 경과 시간 ET가 설정 시간에 도달하기 전에 IN이 "0"이면, 경과 시간은 "0"으로 된다.

(다) Q가 "1"이 된 후 IN이 "0"이 되면, Q는 "0"이 된다.

나) 타임 차트

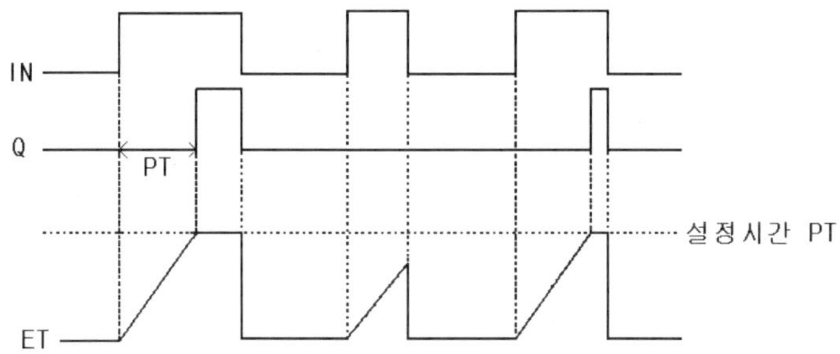

다) 프로그램 예

(가) TON은 펑션 블록이므로 연산 중 누계 되는 데이터를 잠시 보관하기 위한 인스턴스 변수를 반드시 선언해야 한다.

(나) GMWIN에서 프로그램 편집 시 TON의 인스턴스 변수를 선언하면 타이머 출력은 인스턴스 이름.Q, 경과 시간은 인스턴스 이름.ET로 변수가 자동 생성된다.

(다) TON의 인스턴스 변수 T1을 선언한다.

(라) 타이머 T1의 설정 시간을 PT에는 5초(T#5S)로 설정한다.

(마) 기동 스위치 %IX0.0.0을 ON하면 경과 시간(T1.ET)이 디지털 표시기에 출력된다.

(바) 경과 시간 T1.ET가 설정 시간 5초에 도달하면 타이머 출력 T1.Q가 ON되어 출력 %Q0.2.0이 1이 되며 %Q0.2.1은 "0"이 된다.

(사) T1.Q가 ON된 후 기동 스위치 "0"(%IX0.0.0)를 OFF하면 T1.Q는 OFF된다.

마. TOF(OFF Delay Timer)

펑 션	설 명
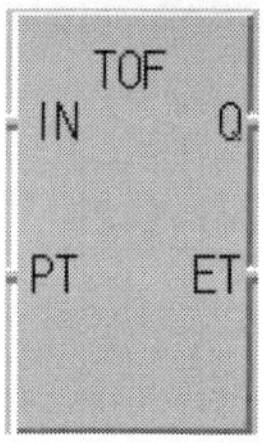	입력 IN : 타이머 기동 조건 PT : 설정시간(Preset Time) 출력 Q : 타이머 출력 ET : 경과시간(Elapsed Time)

가) 기능

(가) IN이 "1"이 되면, Q가 "1"이 되고, IN이 "0"이 된 후부터 PT에 의해서 지정된 설정 시간이 경과한 후 Q가 "0"이 된다.

(나) IN이 "0"이 된 후 경과 시간이 ET로 출력된다.

(다) 만일 경과 시간 ET가 설정 시간에 도달하기 전에 IN이 "1"이 되면, 경과 시간은 다시 "0"으로 된다.

나) 타임 차트

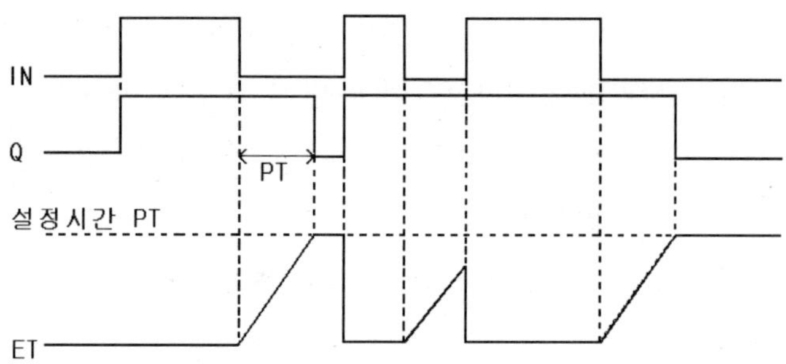

다) 프로그램 예

(가) TOF는 펑션 블록이므로 연산 중 누계 되는 데이터를 잠시 보관하기 위한 인스턴스 변수를 반드시 선언해야 한다.

(나) GMWIN에서 프로그램 편집 시 TOF의 인스턴스 변수를 선언하면 타이머 출력은 인스턴스 이름.Q, 경과 시간은 인스턴스 이름.ET로 변수가 자동 생성된다.

(다) TOF의 인스턴스 변수 T2를 선언한다.

(라) 타이머 T2의 설정 시간을 3초(T#3S)로 설정한다.

(마) 기동 스위치 %IX0.0.0을 ON하면 타이머 출력 T2.Q가 ON이 된다.

(바) 기동 스위치 %IX0.0.0을 OFF하면 경과 시간(T2.ET)이 디지털 표시기에 출력된다.

(사) 경과 시간 T2.ET가 설정 시간 3초에 도달하면 타이머 출력 T2.Q가 OFF된다.

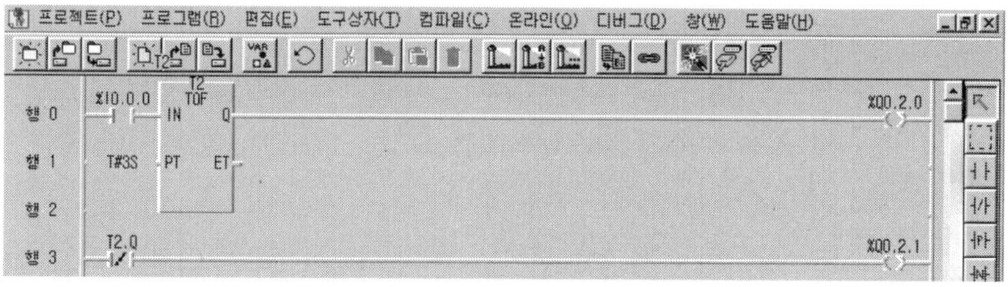

바. TP(Pulse Timer)

펑 션	설 명
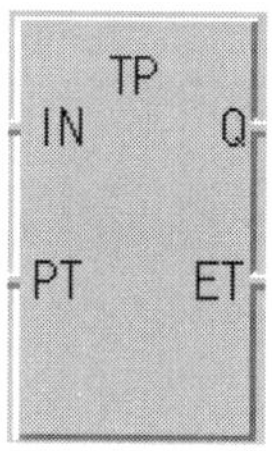	입력 IN : 타이머 기동 조건 PT : 설정시간(Preset Time) 출력 Q : 타이머 출력 ET : 경과시간(Elapsed Time)

가) 기능

(가) IN이 "1"이 되면 PT에 의해서 지정된 설정 시간 동안만 Q가 "1"이 되고, ET가 PT에 도달하면 자동으로 "0"이 된다.

(나) 경과 시간 ET는 IN이 "1"이 되었을 때부터 증가하며 PT에 이르면 값을 유지하다가 IN이 "0"이 될 때 "0"의 값이 된다.

(다) ET가 증가할 동안은 IN이 "0"이 되거나 재차 "1"이 되어도 영향이 없다.

나) 타임 차트

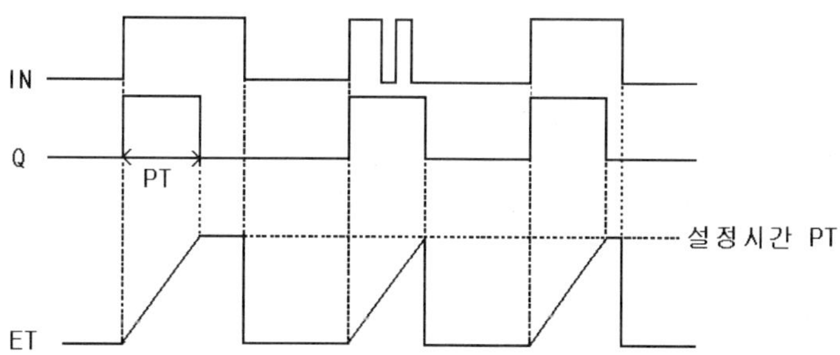

다) 프로그램 예

(가) TP는 펑션 블록이므로 연산 중 누계 되는 데이터를 잠시 보관하기 위한 인스턴스 변수를 반드시 선언해야 한다.

(나) GMWIN에서 프로그램 편집 시 TP의 인스턴스 변수를 선언하면 타이머

출력은 인스턴스 이름.Q, 경과 시간은 인스턴스 이름.ET로 변수가 자동 생성된다.

(다) TP의 인스턴스 변수 T3를 선언한다.

(라) 타이머 T3의 설정 시간을 3초(T#3S)로 설정한다.

(마) 기동 스위치 %IX0.0.0를 OFF→ON 하면 타이머 출력 T3.Q가 3초 동안 ON 했다 OFF 된다.

(바) T3.ET가 증가할 동안 기동 스위치가 OFF 되거나 다시 ON 되어도 영향이 없다.

(사) T3.ET가 증가할 동안 경과 시간(T3.ET)이 디지털 표시기에 출력된다.

라) 프로그램 예

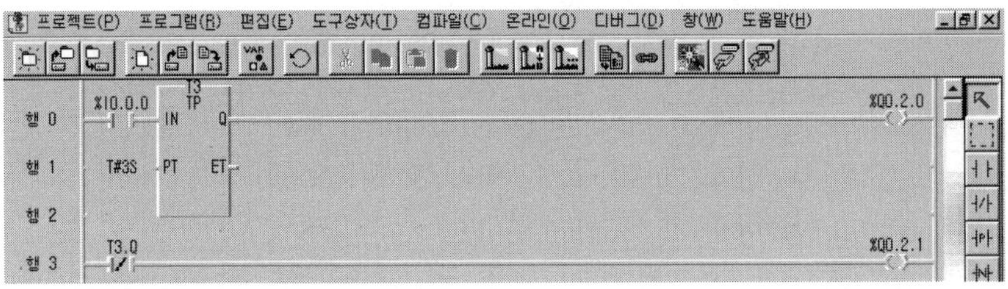

13) 리턴(Return)(〈RET〉)

프로그램 중 [Return]을 만나면 프로그램을 종료하는 명령으로 [Return] 이후의 프로그램은 실행하지 않는다. (단축키 Shift + F7)

(1) 기능 설명

① 도구 상자에서 〈RET〉를 선택한다.

② LD 프로그램 윈도우에서 원하는 위치로 마우스를 옮긴 후에 왼쪽 단추를 누른다.

③ LD 프로그램 윈도우에서 리턴을 입력할 위치로 커서를 이동시킨다.

④ 메뉴 도구 상자 내의 명령 중 리턴(Shift-F7)을 선택한다.

(2) 프로그램의 적용

아래 회로에서와 같이 2행 [Return]의 표시가 있는 부분까지만 실행한다. 프로그램 중 [Return]을 만나면 프로그램을 종료함으로 4행의 프로그램은 실행하지 않는다.

14) 분기(JUMP)(≫)

점프는 LD 프로그램 중에 분기하고자 하는 곳(레이블 명)으로 직접 갈 수 있는 방법이다. 목적지는 레이블로 나타낸다. 서브루틴을 포함하는 LD 프로그램에서 주 프로그램에 포함된 점프는 주 프로그램에 포함된 레이블을 입력해야 하고, 서브루틴 영역에 있는 점프는 서브루틴 안에 있는 레이블로만 분기할 수 있다.

※ 프로그램의 예

① 도구 상자에서 ≫ 를 선택한다.

② LD 프로그램 윈도우에서 원하는 위치로 마우스를 옮긴 후에 왼쪽 단추를 누른다.

③ 아이콘 ≫ 을 더블 클릭하여 레이블명을 ABC라고 입력한다.

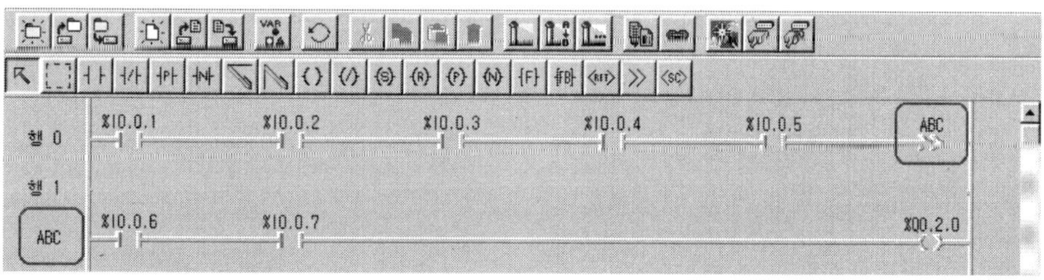

15) 서브루틴(CALL)(<SC>)

LD 프로그램에서 END 명령어를 만나면 프로그램을 종료한다. 그러니 불가피하게 END 명령어 이후에 프로그램이 존재할 경우 그 프로그램을 불러와야 할 때가 있는데 이러한 경우, 서브루틴 명령어를 사용하면 편리하다.

※ 프로그램의 예

(1) 서브루틴

① 도구 상자에서 ⟨SC⟩을 선택한다.

② LD 프로그램 윈도우에서 원하는 위치로 마우스를 옮긴 후에 왼쪽 단추를 누른다.

③ 아이콘 를 선택하고 작성된 서브루틴 LD를 더블 클릭 하여 레이블 명을 "ABC"라고 입력한다.

(2) END 명령어

① 프로그램의 끝 행에 마우스를 두고 (행2)를 더블 클릭 한다.

② 레이블 / 렁 설명문 / 주 프로그램 끝 표시 대화상자에서 "주프로그램 끝표시"를 선택한다.

(3) 레이블

① END 명령어 이후에 불러오기를 하고자 하는 행에 마우스를 두고 더블 클릭 한다.

② 레이블 / 렁 설명문 / 주 프로그램 끝 표시 대화상자에서 레이블을 선택한다.

③ 레이블 추가 대화상자에서 레이블 명을 "ABC"로 정의한다.(최대 16자)

(4) 프로그램 설명

회로에서와 같이 %I0.1.1과 %I0.1.2의 접점이 동작하더라도 %Q0.2.0이 동작하지 않음을 볼 수 있다. 그 이유는 END 명령어 이후에 존재하기 때문에 서브루틴 부름이 실행되지 않으면 동작할 수 없다.

본 회로에서는 %I0.0.1 접점이 동작하면 서브루틴이 ABC를 부르며, %I0.1.1과 %I0.1.2 접점이 동작 후 출력 %Q0.2.0이 동작한다.

14.2 시퀀스 연산자

구분	명 령 어	기 호	기 능 설 명	비 고
시퀀스 연산자	평상시 열린접점	┤ ├	접점 연산	A 접점
	평상시 닫힌접점	┤/├	접점 연산	B 접점
	양변환 검출접점	┤P├	상승 에지에서 1 Scan On 접점	
	음변환 검출접점	┤N├	하강 에지에서 1 Scan On 접점	
	코일	( )	연산결과 출력	
	역 코일	(/)	연산결과 반전출력	
	양변환 검출코일	(P)	상승에지에서 1 Scan On 접점	
	음변환 검출코일	(N)	하강에지에서 1 Scan On 접점	
	세팅 코일	(S)	연산결과 세트출력	
	리셋 코일	(R)	연산결과 리셋출력	
	점프	≫	레이블 위치로 점프	
	프로그램 종료	<RET>	Return을 만나면 현재 프로그램 종료	
		<SC>	END 명령어를 만나면 현재 프로그램 종료	

14.3 펑션 일람

구분	명령어	기 호	기능설명	비 고
전송펑션	MOVE	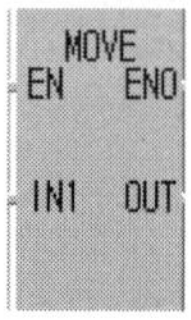	데이터 전송 IN 1 : 전송원(모든 형식) OUT : 전송선(모든 형식)	
변환펑션	***_ TO_***	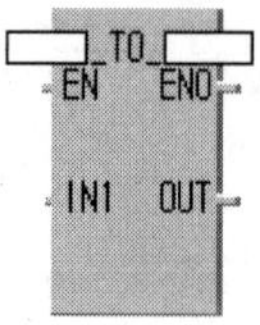	데이터 형식 변환 펑션 IN 1 : 전송원 OUT : 전송선 변환 명령 펑션의 종류 SINT_TO_INT외 14종 INT_TO_SINT 외 14종 DINT_TO_SINT 외 14종 LINT_TO_SINT 외 14종 USINT_TO_SINT 외 14종 UINT_TO_SINT 외 14종 UDINT_TO_SINT 외 14종 ULINT_TO_SINT 외 14종 BYTE_TO_SINT 외 14종 WORD_TO_SINT 외 14종 DWORD_TO_SINT 외 14종 LWORD_TO_SINT 외 14종 BCD_TO_SINT 외 7종 REAL_TO_SINT 외 7종 LREAL_TO_SINT 외 7종 STRING_TO_SINT 외18종 NUM_TO_STRING TIME_TO_UDINT 외 2종 DATE_TO_UINT 외 2종 TOD_TO_UDINT 외 2종 DT_TO_DATE 외 2종	LINT ULINT LWORD REAL LREAL 관련펑션은 GM1,GM2 만 가능
	TRUNC	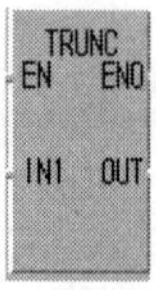	실수를 정수로 변환 IN 1 : 전송원(REAL, LREAL) OUT : 전송선(DINT, LINT)	GM1,GM2 전용

구분	명령어	기 호	기능설명	비 고
수치연산펑션	ADD	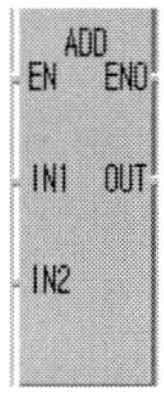	덧셈 펑션 IN 1 ~ IN 8 : 더할 값(Any_INT) OUT : 결과값(Any_INT)	
	SUB	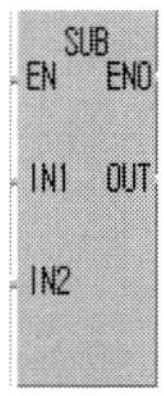	뺄셈 펑션 IN 1 : 연산원(Any_INT) IN 2 : 뺄 값(Any_INT) OUT : 결과값(Any_INT)	
	MUL	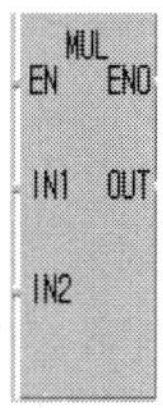	곱셈 펑션 IN 1 ~ IN 8 : 곱할 값(Any_INT) OUT : 결과값(Any_INT)	
	DIV	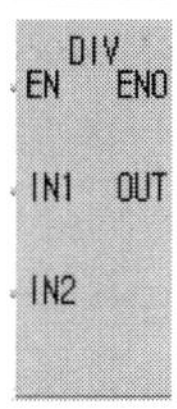	나눗셈(몫) IN 1 : 연산원(Any_INT) IN 2 : 나눌값(Any_INT) OUT : 몫(Any_INT)	
	MOD	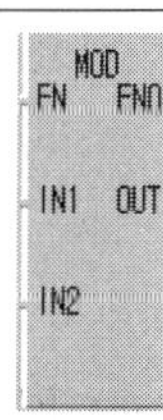	나눗셈(나머지) IN 1 : 연산원(Any_INT) IN 2 : 나눌 값(Any_INT) OUT : 나머지 값(Any_INT)	
	EXPT	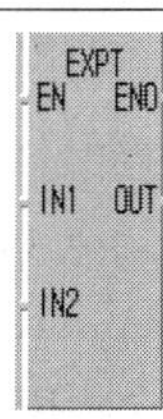	지수 연산 IN 1 : 정수(Any_REAL) IN 2 : 지수(Any_REAL) OUT : 결과값(Any_REAL)	GM1,GM2 전용
	ABS	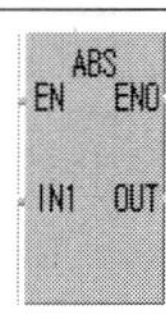	절댓값 IN 1 : 정수(Any_INT) OUT : 결과값(Any_INT)	

구분	명령어	기 호	기능설명	비 고
수치연산평션	SQRT		제곱근10 IN 1 : 연산원(Any_REAL) OUT : 결과값(Any_REAL)	GM1,GM2 전용
	LN	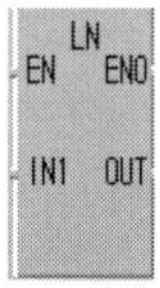	자연 대수 IN 1 : 연산원(Any_REAL) OUT : 결과값(Any_REAL)	GM1,GM2 전용
	LOG	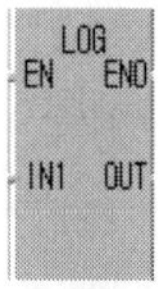	상용 대수 IN 1 : 연산원(Any_REAL) OUT : 결과값(Any_REAL)	GM1,GM2 전용
	EXP		자연 지수 IN 1 : 연산원(Any_REAL) OUT : 결과값(Any_REAL)	GM1,GM2 전용
삼각평션	SIN	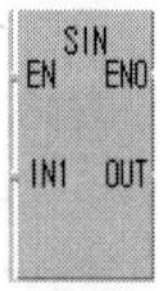	사인 연산 IN 1 : 연산원(Any_REAL) OUT : 결과값(Any_REAL)	GM1,GM2 전용
	COS	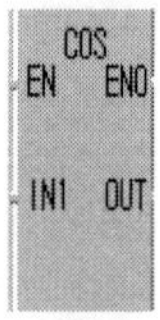	코사인 연산 IN 1 : 연산원(Any_REAL) OUT : 결과값(Any_REAL)	GM1,GM2 전용
	TAN	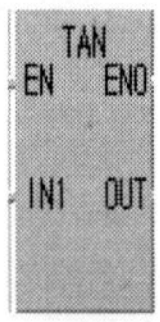	탄젠트 연산 IN 1 : 연산원(Any_REAL) OUT : 결과값(Any_REAL)	GM1,GM2 전용
	ASIN	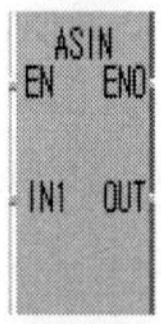	아크 사인 연산 IN 1 : 연산원(Any_REAL) OUT : 결과값(Any_REAL)	GM1,GM2 전용
	ACOS	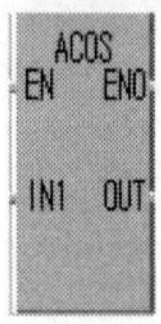	아크 코사인 연산 IN 1 : 연산원(Any_REAL) OUT : 결과값(Any_REAL)	GM1,GM2 전용

구분	명령어	기 호	기능설명	비 고
삼각펑션	ATAN	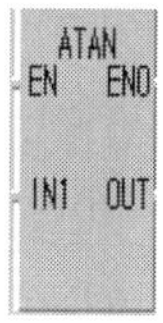	아크탄젠트 연산 IN 1 : 연산원(Any_REAL) OUT : 결과값(Any_REAL)	GM1,GM2 전용
이동펑션	SHL	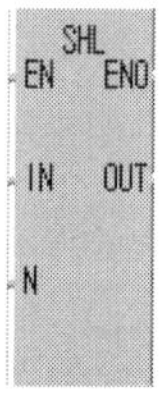	비트열 왼쪽으로 이동 IN : 전송원(Any_BIT) N : 이동할 비트 수(INT) OUT : 전송선(Any_BIT)	
	SHR		비트열 오른쪽으로 이동 IN : 전송원(Any_BIT) N : 이동할 비트 수(INT) OUT : 전송선(Any_BIT)	
회전명령	ROL	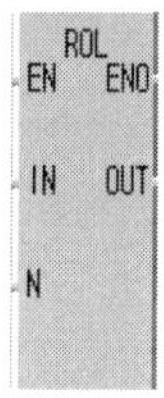	비트열 왼쪽으로 이동 IN : 전송원(Any_BIT) N : 이동할 비트 수(INT) OUT : 전송선(Any_BIT)	
	ROR		비트열 오른쪽으로 이동 IN : 전송원(Any_BIT) N : 이동할 비트 수(INT) OUT : 전송선(Any_BIT)	
논리연산	AND	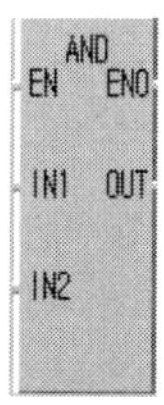	논리곱 IN 1 ~ IN 8 : 연산원(Any_BIT) OUT : 결과값(Any_BIT)	
	OR	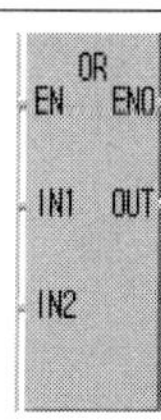	논리합 IN 1 ~ IN 8 : 연산원(Any_BIT) OUT : 결과값(Any_BIT)	

구분	명령어	기 호	기능설명	비 고
논리연산	XOR	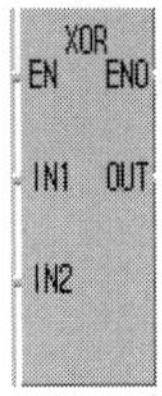	배타적 논리합 IN 1 ~ IN 8 : 연산원(Any_BIT) OUT : 결과값(Any_BIT)	
	NOT	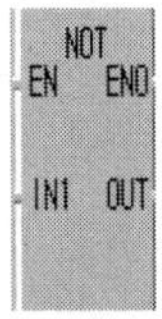	논리 반전 IN 1, IN 2 : 연산원(Any_BIT) OUT : 결과값(Any_BIT)	
선택펑션	SEL	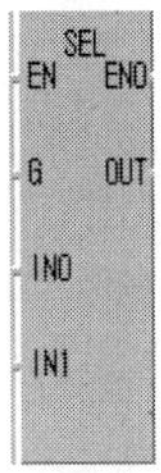	2개 중 선택 G : 출력 선택(BOOL) IN 1 : G가 Off일 경우 선택값(Any) IN 1 : G가 On일 경우 선택값(Any) OUT : 출력값(Any)	
	MAX	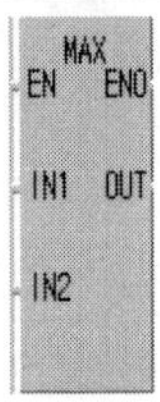	최댓값 구하기 IN 1 ~ IN 8 : 선택값(Any_NIT) OUT : 최대 출력값(Any_INT)	
	MIN	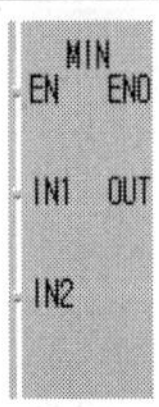	최솟값 구하기 IN 1 ~ IN 8 : 선택값(Any_NIT) OUT : 최소 출력값(Any_INT)	
	LIMIT	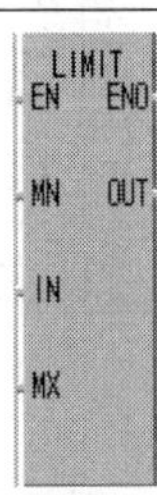	상하한 제한값 MN : 하한값(Any_NIT) IN : 전송원(Any_INT) MX : 상한원 (Any_NIT) OUT : 출력값(Any_INT)	

구분	명령어	기 호	기능설명	비 고
선택펑션	MUX	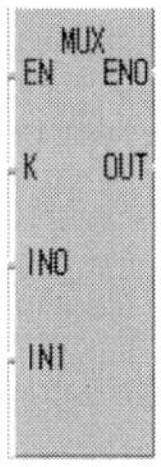	최대 7개 중 선택 K : 선택 입력 번호 IN0 : 전송원 0번(Any) IN1 : 전송원 1번(Any) IN2 : 전송원 2번(Any) IN3 : 전송원 3번(Any) IN4 : 전송원 4번(Any) IN5 : 전송원 5번(Any) IN6 : 전송원 6번(Any) OUT : 출력값(Any)	
비교펑션	GT(〉)	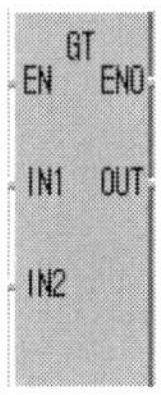	비교 펑션 IN1 ~ IN8 : 비교 데이터(Any) OUT : 출력(BOOL) IN1〉IN2〉......IN7〉IN8의 조건 성립시 OUT 출력 On	
	GE(≥)	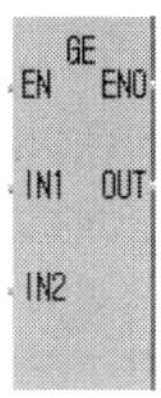	비교 펑션 IN1 ~ IN8 : 비교 데이터(Any) OUT : 출력(BOOL) IN1≥IN2≥......IN7≥IN8의 조건 성립시 OUT 출력 On	
	EQ(=)		비교 펑션 IN1 ~ IN8 : 비교 데이터(Any) OUT : 출력(BOOL) IN1=IN2=......IN7=IN8의 조건 성립시 OUT 출력 On	
	LE(≤)	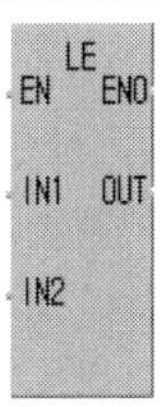	비교 펑션 IN1 ~ IN8 : 비교 데이터(Any) OUT : 출력(BOOL) IN1≤IN2≤......IN7≤IN8의 조건 성립시 OUT 출력 On	

구분	명령어	기 호	기능설명	비 고
비교 펑션	LT(〈)	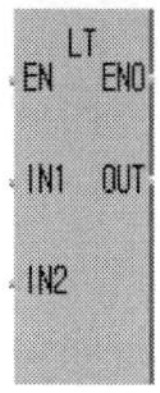	비교 펑션 IN1 ~ IN8 : 비교 데이터(Any) OUT : 출력(BOOL) IN1〈IN2〈......〈IN7〈IN8의 조건 성립시 OUT 출력 On	
	NE(≠)	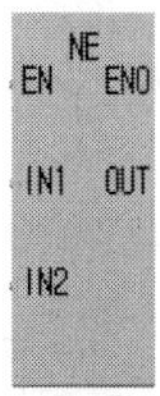	비교 펑션 IN1, IN2 : 비교 데이터(Any) OUT : 출력(BOOL) IN1≠IN2의 조건 성립시 OUT 출력 On	
문자열 펑션	LEN	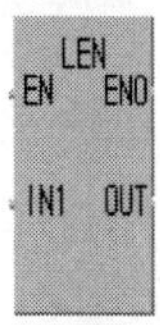	문자열 길이 IN1 : 문자열 입력(STRING) OUT : 문자열 길이(INT)	
	LEFT	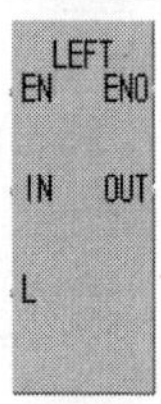	문자열 왼쪽 부분 전송 IN : 문자열 입력(STGING) L : 문자열 길이(INT) OUT : 문자열 출력(STRING)	
	RIGHT	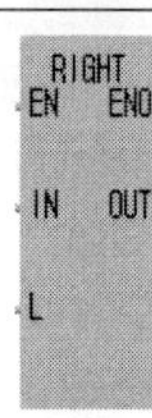	문자열 오른쪽 부분 전송 IN : 문자열 입력(STRING) L : 문자열 길이(INT) OUT : 문자열 출력(STRING	
	MID	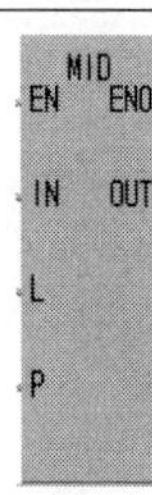	문자열 중간 부분 전송 IN : 문자열 입력(STRING) L : 문자열 길이(INT) P : 문자열 선두 위치(INT) OUT : 문자열 출력(STRING)	

구분	명령어	기 호	기능설명	비 고
문자열 펑션	CONCAT	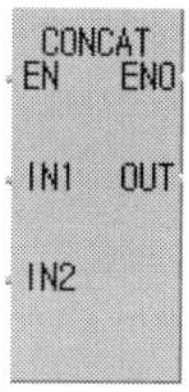	문자열 연결 입력 문자열을 순서대로 연결 IN1 ~ IN8 : 문자열(STRING) OUT : 문자열 출력(STRING)	
	INSERT	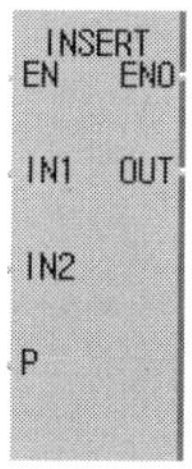	문자열 삽입 IN1 : 문자열 입력(STRING) IN2 : 삽입할 문자열(STRING) P : 문자열 선두 위치(INT) OUT : 문자열 출력(STRING)	
	DELETE	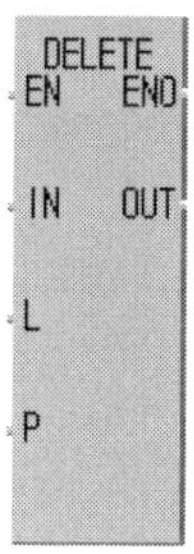	문자열 삭제 IN1 : 문자열 입력(STRING) L : 삭제할 문자열(INT) P : 문자열 선두 위치(INT) OUT : 문자열 출력(STRING)	
	REPLACE	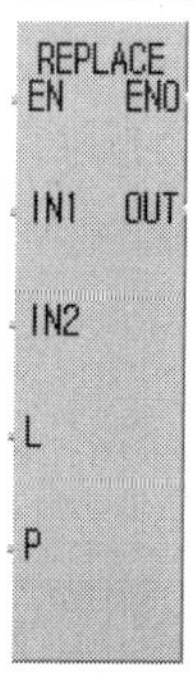	문자열 대체 IN1 : 문자열 입력(STRING) IN2 : 대체할 문자열(STRING) P : 문자열 선두 위치(INT) OUT : 문자열 출력(STRING)	
	FIND	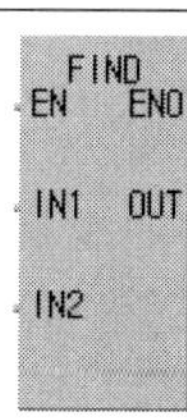	문자열 찾기 IN1 : 문자열 입력(STRING) IN2 : 검색할 문자열(STRING) OUT : 문자열 출력(INT)	

구분	명령어	기 호	기능설명	비 고
날짜시간펑션	ADD_TIME	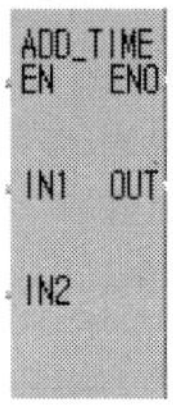	시간 더하기 IN1 : 시각 또는 시간 (TIME, TOD, TD) IN2 : 더할 시간(TIME) OUT : 결과 시각 또는 시간 (TIME, TOD, TD)	
	SUB_TIME	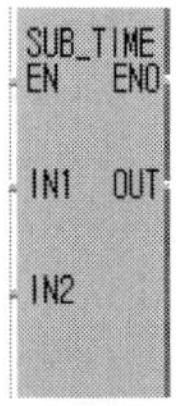	시간 빼기 IN1 : 시각 또는 시간 (TIME, TOD, TD) IN2 : 뺄 시간(TIME) OUT : 결과 시각 또는 시간 (TIME, TOD, TD)	
	SUB_DATE	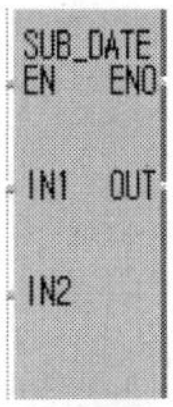	날짜 빼기 IN1 : 날짜(DATE) IN2 : 뺄 날짜(DATE) OUT : 결과 시간(TIME)	
	SUB_TOD	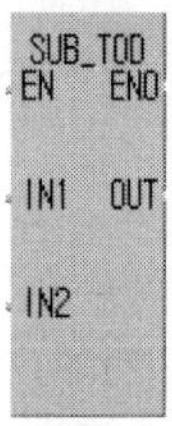	시각 빼기 IN1 : 시각(TIME OF DAY) IN2 : 뺄 시각(TIME OF DAY) OUT : 결과 시간(TIME)	
	SUB_DT	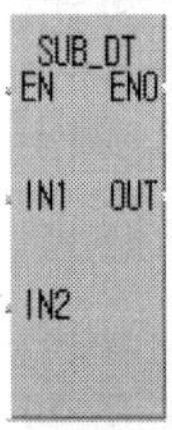	날짜 시각 빼기 IN1 : 시각(DATE&TIME) IN2 : 뺄 시각(DATE&TIME) OUT : 결과 시간(TIME)	
	MUL_TIME	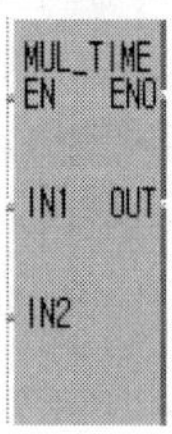	시간 곱하기 IN1 : 입력 시간(TIME) IN2 : 곱할 값(INT) OUT : 결과 시간(TIME)	

구분	명령어	기 호	기능설명	비 고
날짜시간 펑션	DIV_TIME	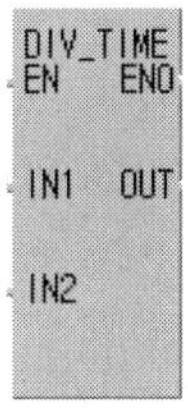	시간 나누기 IN1 : 입력 시간(TIME) IN2 : 나눌 값(INT) OUT : 결과 시간(TIME)	
	CONCAT_ TIME	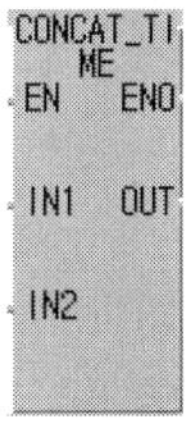	날짜와 시각 연결 IN1 : 입력 날짜(DATE) IN2 : 입력 시각(TOD) OUT : 결과 날짜 시각(DT)	
시스템 제어 펑션	DI	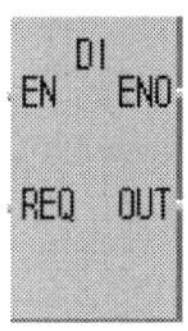	인터럽트 금지 REQ : 금지 요구(BOOL) OUT : 금지 확인(BOOL)	
	EI	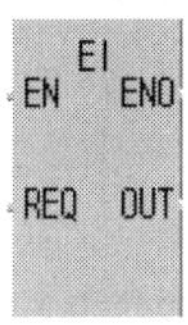	인터럽트 허가 REQ : 허기 요구(BOOL) OUT : 허가 확인(BOOL)	
	STOP	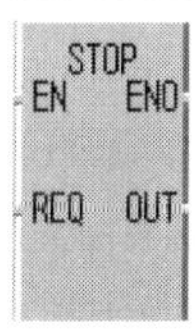	PLC 비상 정지 요구 REQ : 정지 요구(BOOL) OUT : 정지 확인(BOOL)	
	ESTOP	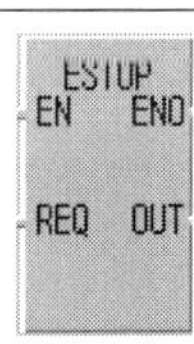	PLC 비상 정지 요구 REQ : 정지 요구(BOOL) OUT : 정지 확인(BOOL)	
	DIREC_IN	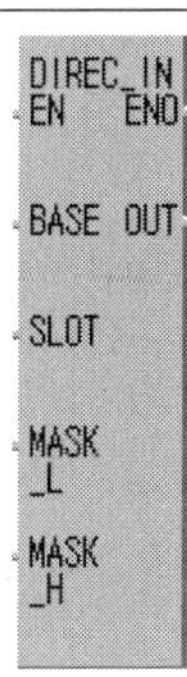	입력 데이터 즉시 갱신 BASE : 베이스 모듈 번호 SLOT : 입력 모듈 슬롯 위치 MASK_L : 하위 32Bit중 갱신하지 않을 Bit 지정(DWORD) MASK_H : 상위 32Bit중 갱신하지 않을 Bit 지정(DWORD) OUT : 실행 완료(BOOL)	GM5 제외

구분	명 령 어	기 호	기 능 설 명	비 고
시스템 제어 펑션	DIREC_IN5	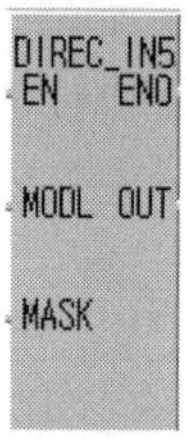	입력 데이터 즉시 갱신 MODL : 입력 모듈 번호 MASK : 하위 32Bit중 갱신하지 않을 Bit 지정(DWORL)	GM5 전용
	DIREC_O		출력 데이터 즉시 갱신 BASE : 베이스 모듈 번호 SLOT : 출력 모듈 슬롯 위치 MASK_L : 하위 32Bit중 갱신하지 않을 Bit 지정(DWORD) MASK_H : 상위 32Bit 중 갱신하지 않을 Bit 지정(DWORD) OUT : 실행 완료(BOOL)	GM5 제외
	DIREC_OUT5	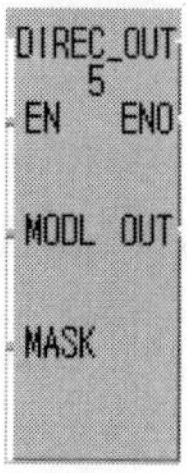	출력 데이터 즉시 갱신 MODL : 출력 모듈 번호 MASK : 하위 32Bit중 갱신하지 않을 Bit 지정(DWORD) OUT : 실행 완료(BOOL)	GM5 전용
	WDT_RST	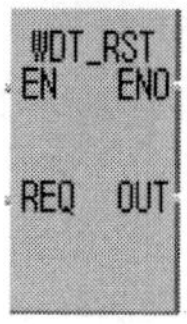	워치 독 타이머 리셋 REQ : 리셋 요구(BOOL) OUT : 실행 완료(BOOL)	

14.4 펑션 블록 일람

구분	명 령 어	기 호	기 능 설 명	비 고
타이머 펑션 블록	TON	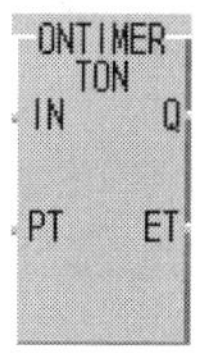	On 딜레이 타이머 IN : 동작 개시 신호(BOOL) PT : 설정 시간(TIME) Q : 출력(BOOL) ET : 현재값	
	TOF	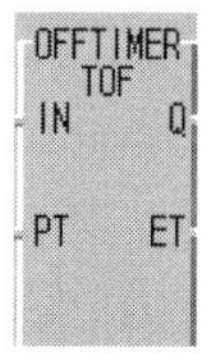	Off 딜레이 타이머 IN : 동작 개시 신호(BOOL) PT : 설정 시간(TIME) Q : 출력(BOOL) ET : 현재값	
	TP	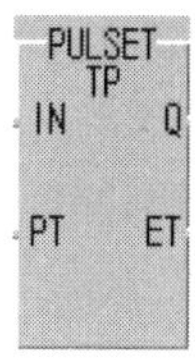	펄스 타이머 IN : 동작 개시 신호(BOOL) PT : 설정 시간(TIME) Q : 출력(BOOL) ET : 현재값	
카운터 펑션 블록	CTU	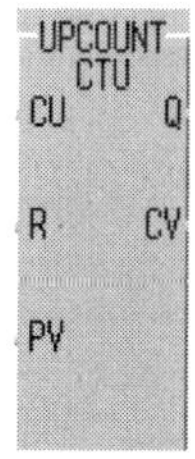	가산 타이머 CU : 펄스 입력(BOOL) R : 현재값 리셋(BOOL) PV : 설정값(INT) Q : 출력(BOOL) CV : 현재값(INT)	
	CTD	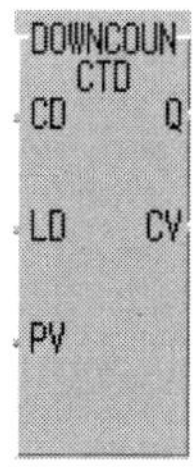	감산 카운터 CD : 펄스 입력(BOOL) LD : 설정값 Read(BOOL) PV : 설정값(INT) Q : 출력(BOOL) CV : 현재값(INT)	

구분	명령어	기 호	기능설명	비 고
카운터펑션블록	CTUD	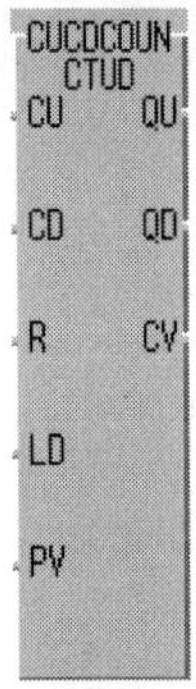	가감산 카운터 CU : 가산 펄스 입력(BOOL) CD : 감산 펄스 입력(BOOL) R : 현재값 리셋(BOOL) LD : 설정값 Read(BOOL) PV : 설정값(INT) QU : 가산 카운트 출력(BOOL) QD : 감산 카운트 출력(BOOL) CV : 현재값(INT)	
	SEMA		시스템 자원 제어(Semaphore) CLAIM : 자원 독점 요구(BOOL) RELEASE : 자원 해방(BOOL) BUSY : 자원 취득 불가(BOOL)	
펑션블록	SR	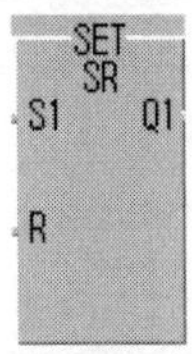	Set 우선 쌍안정(Bistable) S1 : Set신호(BOOL) R : Reset신호(BOOL) Q1 : 출력(BOOL)	
	RS	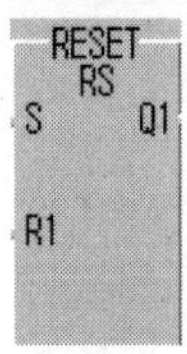	Reset 우선 쌍안정(Bistable) S : Set신호(BOOL) R1 : Reset신호(BOOL) Q1 : 출력(BOOL)	
	R_TRIG	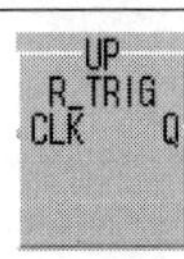	상승 에지 검출 CLK : 입력(BOOL) Q : 출력(BOOL)	
	F_TRIG	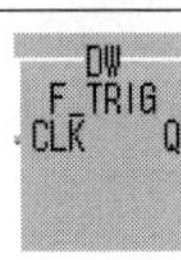	하강 에지 검출 CLK : 입력(BOOL) Q : 출력(BOOL)	

제15장 SFC 프로그램

15.1 SFC 개요

- SFC(Sequencial Function Chart)는 종래의 PLC 언어를 이용하여 응용 프로그램을 실행처리 순서에 따라 플로 차트(Flow Chart) 형식으로 전개하는 구조화 표현 방식 언어이다.
- SFC는 응용 프로그램을 스텝과 트랜지션으로 분할하여 서로 연결하는 방법을 제공하며 각 스텝은 액션으로, 각 트랜지션은 트랜지션 조건과 연관된다.
- SFC는 상태 정보를 가지고 있어야 하기 때문에 프로그램 종류 중 프로그램 블록과 사용자 펑션블록만 SFC로 작성할 수 있다.(사용자 펑션은 불가)
- 형태

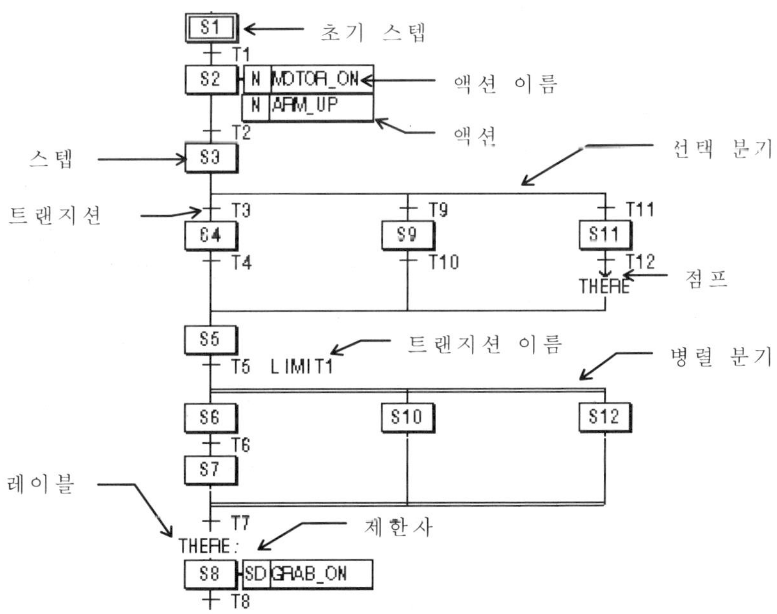

가. SFC 구조

(1) 스텝

- 스텝은 액션이 연결됨으로써 시퀀스 제어의 단위를 나타낸다.
- 스텝이 활성화 상태이면 부착되어 있는 액션의 내용이 실행된다.
- 초기 스텝은 최초로 활성화되는 스텝이다.

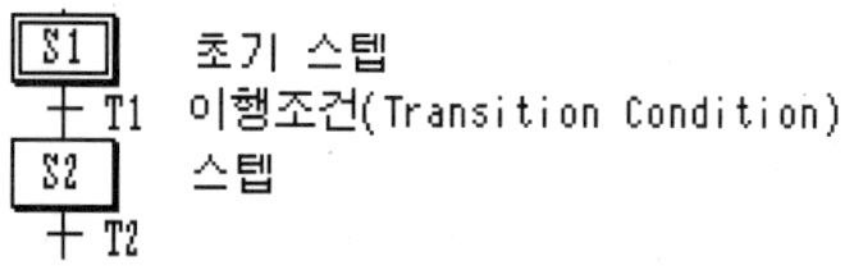

- 최초의 활성화 상태인 초기 스텝(S1)의 다음 이행 조건(Transition Condition)이 성립되면 현재 활성화 상태인 스텝(S1)은 비활성화 상태로 되고 다음에 연결된 스텝(S2)이 활성화 상태로 된다.

(2) 트랜지션

- 트랜지션은 스텝간의 실행 처리 이행 조건을 나타낸다.
- 이행 조건은 PLC 언어인 IL 또는 LD로 표현되어야 한다.
- 이행 조건의 결과는 항상 BOOL로 되어야 하며 그 변수의 이름은 어느 트랜지션이나 TRANS가 된다.
- 이행 조건의 결과가 1일 경우 현재 스텝은 비활성화되고 다음 스텝이 활성화된다.
- 스텝과 스텝 사이에는 반드시 트랜지션이 있어야 한다.

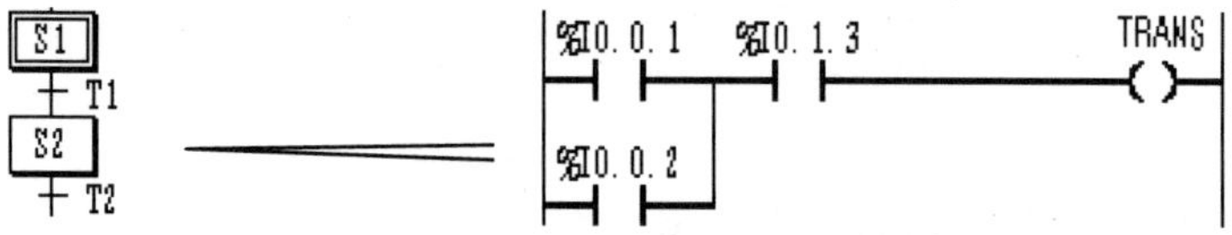

TRANS가 On되면 S1이 비활성화 되고 S2가 활성화 상태가 된다. TRANS 변수는 내부적으로 선언된 변수이다. 모든 트랜지션에서 이행 조건을 TRANS 변수로 출력시켜야 한다.

(3) 액션

- 각 스텝에는 액션을 2개까지 연결할 수 있다.
- 액션이 없는 스텝은 대기 액션으로 여겨지며 다음의 이행 조건이 1이 될 때까지 대기상태가 된다.

• 액션은 PLC 언어인 IL 또는 LD로 구성되고 스텝이 활성화될 동안 액션의 내용이 실행된다.
• 액션 제한자가 액션을 제어하는 데 사용된다.
• 액션이 활성화되었다가 비활성화 상태로 될 때 액션에서 실행된 접점 출력은 0으로 된다. 단, Set출력, 펑션, 펑션블록 출력은 비활성화되기 전의 상태가 유지된다.

STEP의 형태

ACTION1의 내용

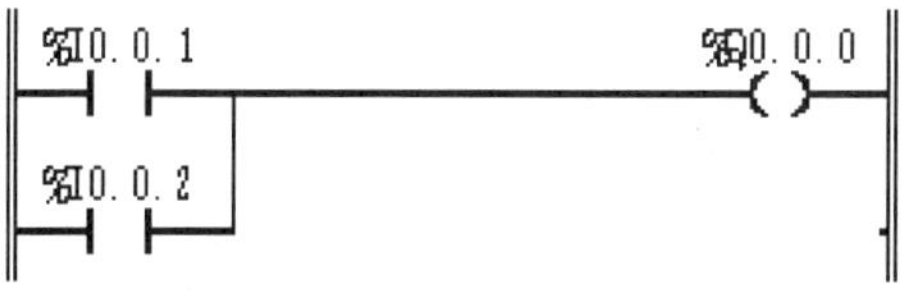

ACTION2의 내용

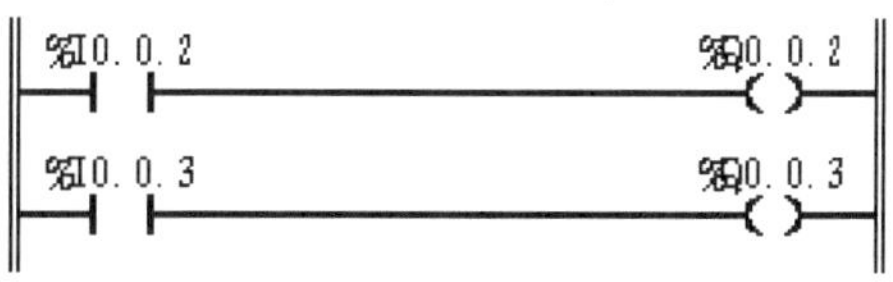

- ACTION1은 S1이 활성화된 경우에만 실행된다.
- ACTION2은 S1이 활성화된 후 R 제한자를 만날 때까지 실행된다.
  S1이 비활성화되어도 계속 실행한다.
- 액션이 비활성화되는 순간 이 액션을 포스트 스캔(Post Scan)한 후 다음 스텝으로 넘어간다.
- 포스트 스캔
  활성화된 액션이 비활성화되는 순간 해당 액션은 ON된 코일 출력을 모두 OFF 한다. 단, 펑션, 펑션블록, Set출력 등은 해당되지 않는다.

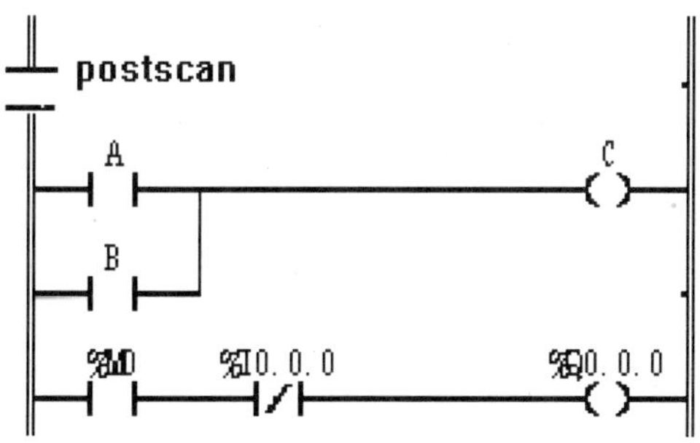

그림에서 postscan 접점이 0이므로 C와 %Q0.0.0은 0이 된다.

(4) 액션 제한자(Action Qualifier)

• 액션이 사용될 때마다 액션 제한자가 사용된다.

• 스텝에 연관된 액션은 지정된 제한자에 따라 실행시점과 시간이 정의된다.

액션 제한자의 종류는 다음과 같다.

㉮ N(Non-Stored)

스텝이 활성화된 동안만 액션이 실행된다.

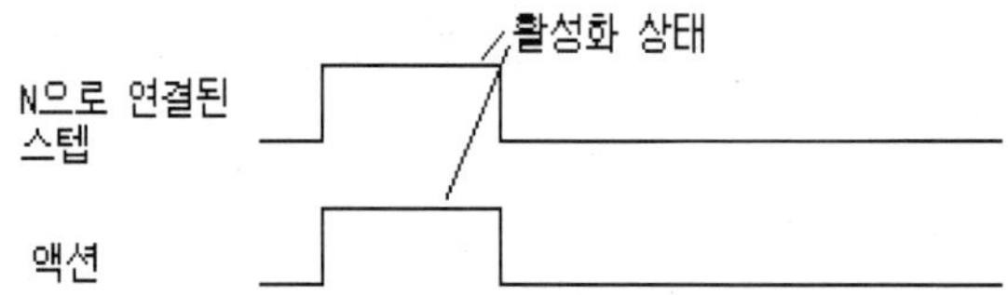

㉯ S(Set)

스텝이 활성화되면 R 제한자가 실행될 때까지 액션이 실행된다.

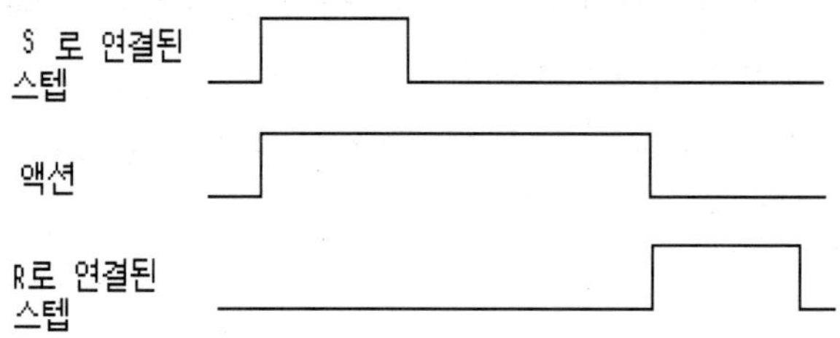

㉰ R(Overriding Reset)

이전에 S, SD, DS, SL 제한자로 실행된 액션의 실행을 중지시킨다.

㉱ L(Time Limited)

스텝이 활성화된 후 지정된 시간 또는 스텝이 비활성화될 때까지 액션이 실행된다.

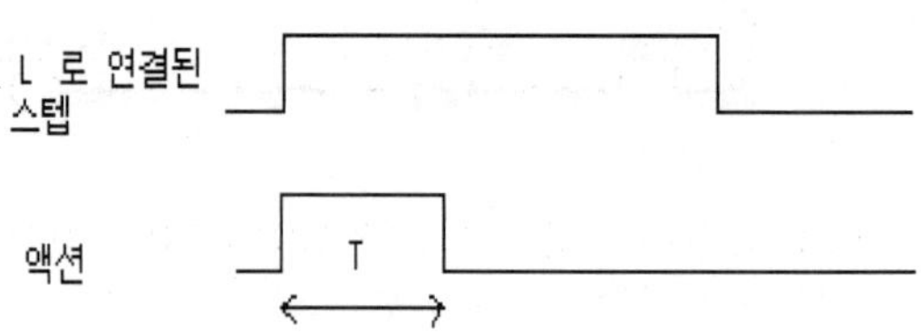

㉮ D(Time Delayed)

스텝이 활성화된 후 지정된 시간이 경과한 후부터 비활성화될 때까지 액션이 실행된다.

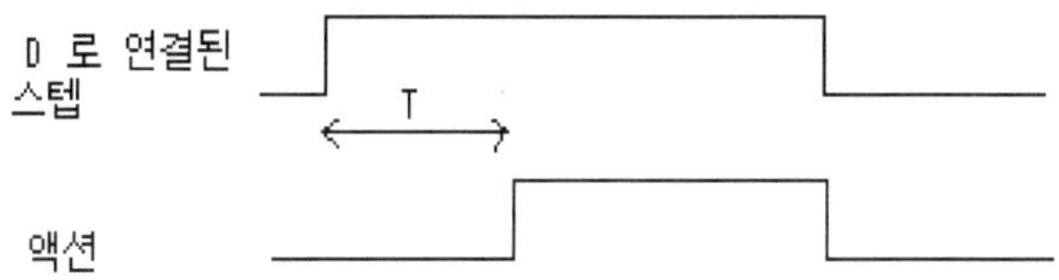

㉯ P(Pulse)

스텝이 활성화된 순간에만 액션이 실행된다.

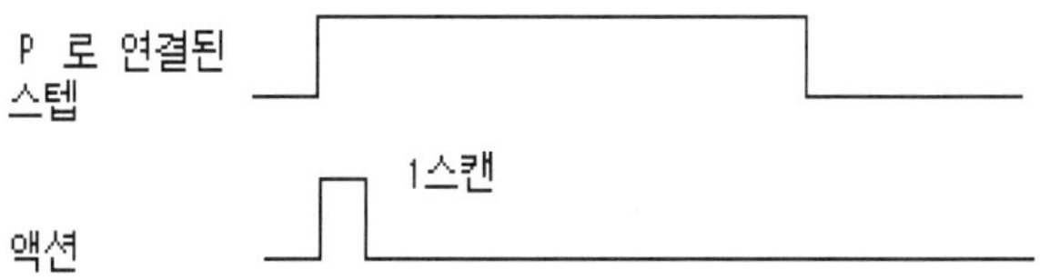

㉰ SD(Stored & Time Delayed)

스텝이 활성화된 후 지정된 시간이 경과한 후부터 R 제한자가 실행될 때까지 액션이 실행된다. 단, 시간이 경과하기 전에 R 제한자가 실행되면 액션은 실행되지 않는다.

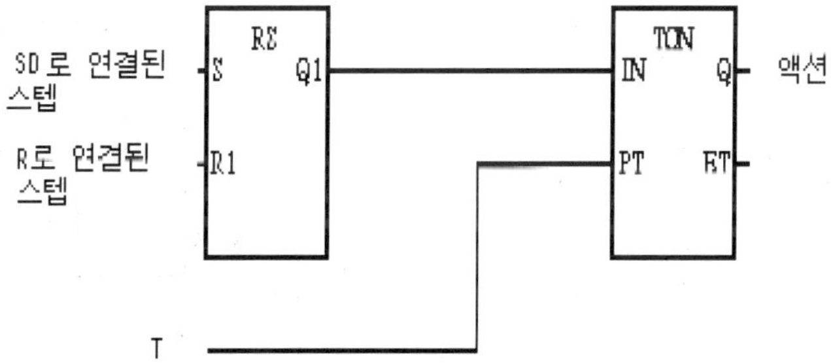

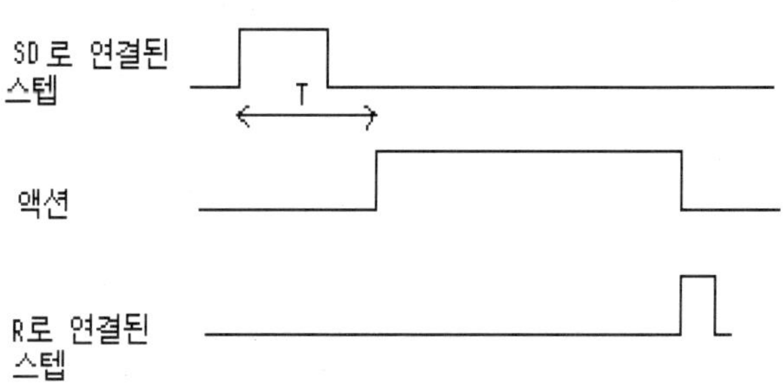

㉳ DS(Delayed & Stored)

스텝이 활성화된 후 지정된 시간이 경과한 후부터 R 제한자가 실행될 때까지 액션이 실행된다. 단, 시간이 경과하기 전에 스텝이 비활성화되거나 R 제한자가 실행되면 액션은 실행되지 않는다.

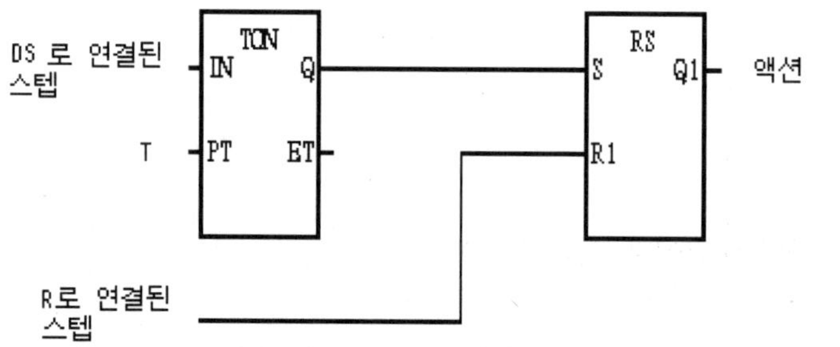

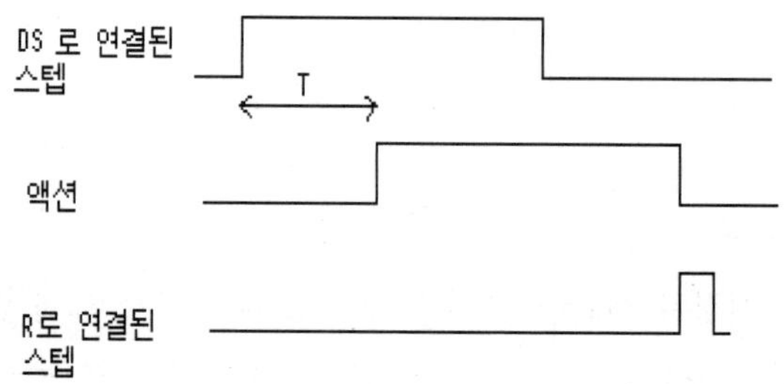

㉴ SL(Stored & Timed Limited)

스텝이 활성화된 후 지정된 시간 또는 R 제한자가 실행될 때까지 액션이 실행된다.

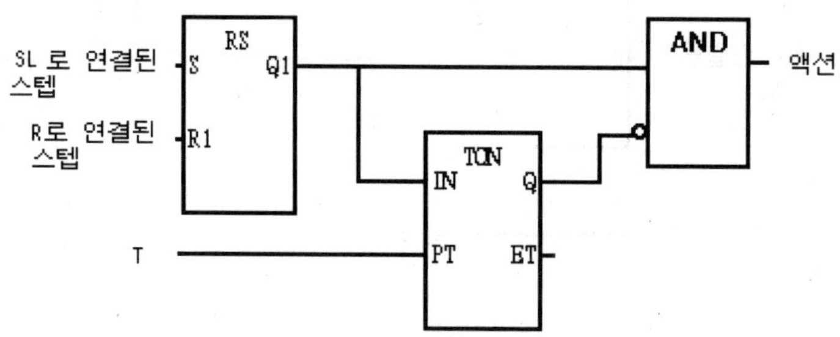

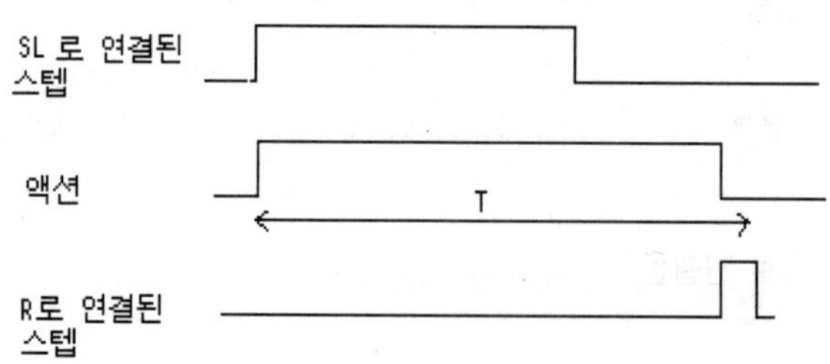

나. SFC 전개 규칙

(1) 직렬 연결

- 2개의 스텝은 직접 연결되지 않고 항상 트랜지션에 의해 분리된다.
- 2개의 트랜지션은 직접 연결되지 않고 항상 스텝에 의해 분리된다.
- 직렬로 연결되어 있는 스텝간의 이행은 상위 스텝이 활성화된 상태에서 다음에 연결된 트랜지션의 이행조건이 1로 되면 하위스텝이 활성화 상태가 된다.

(2) 선택 분기

- 선택 분기로 연결되어 있으면 상위 스텝이 활성화된 상태에서 다음에 연결된 2개 이상의 트랜지션 중 이행조건이 1로 된 곳의 다음 스텝이 활성화된다.

그 다음은 직렬 연결과 동일하다.

- 선택 분기는 여러 트랜지션 중 먼저 1로 된 곳의 해당 액션만 실행되고 나머지 액션은 실행되지 않는다.
- JUMP의 삽입은 선택 분기의 끝에만 가능하다.

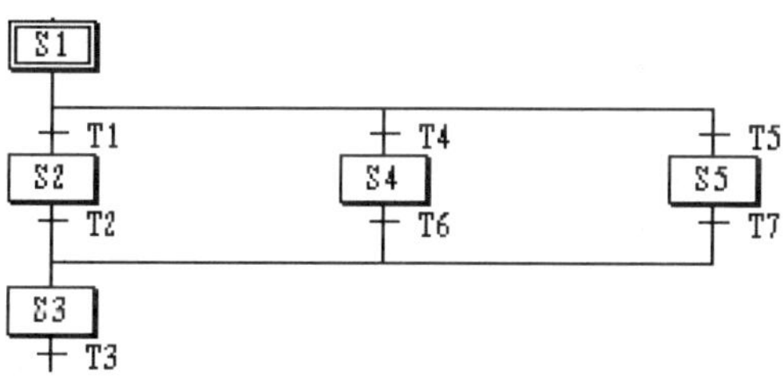

- T1의 이행 조건이 1이 되었을 경우
  S1 → S2 → S3 순으로 활성화 상태가 된다.
- T4의 이행 조건이 1이 되었을 경우
  S1 → S4 → S3 순으로 활성화 상태가 된다.
- T5의 이행 조건이 1이 되었을 경우
  S1 → S5 → S3 순으로 활성화 상태가 된다.

이행 조건이 동시에 1이 되었을 경우에는 가장 왼쪽에 있는 트랜지션 쪽으로 이행된다.

- T1,T4의 이행 조건이 동시에 1이 되었을 경우
  S1 → S2 → S3 순으로 활성화 상태가 된다.

- T4,T5의 이행 조건이 동시에 1이 되었을 경우
  S1 → S4 → S3 순으로 활성화 상태가 된다.

(3) 병렬 분기

- 병렬 분기로 연결되어 있으면 상위 스텝이 활성화 상태에서 다음에 연결되어 있는 트랜지션의 이행 조건이 1로 되면 이 트랜지션 밑에 연결된 모든 스텝이 활성화 상태로 된다. 각 분기의 전개는 직렬연결과 동일하다. 이때 활성화 상태인 스텝은 분기의 수 만큼 존재하게 된다.
- 병렬 분기에서 합쳐질 경우 각 분기의 마지막 스텝이 모두 활성화 상태에서 트랜지션의 이행조건이 1로 되면 다음에 연결된 스텝이 활성화 상태로 된다.

병렬 분기는 두가지 동작을 동시에 실행한다.

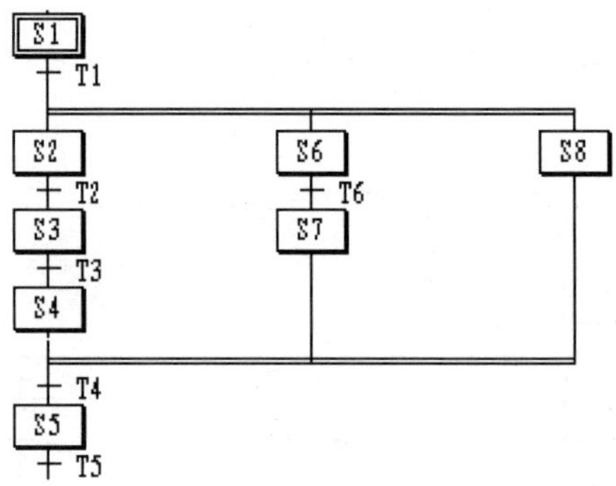

- S1이 활성화된 상태에서 이행 조건 T1이 1이면 S2, S6, S8이 활성화 상태로 되고 S1이 비활성화 상태로 된다.
- S4, S7, S8이 활성화된 상태에서 이행 조건 T4가 1이면 S5가 활성화 상태로 되고 S4, S7, S8은 비활성화 상태로 된다.
- Active 순서

  S1- + ➔ S2 ——➔ S3 ——➔ S4 — + ➔ S5
  + ➔ S6 ——➔ S7 ———— +
  + ➔ S8 —————————— +

(4) 점프

SFC 마지막 스텝이 활성화 상태로 된 후 다음에 연결되어 있는 트랜지션의 이행 조건이 1로 되면 SFC 초기 스텝(Initial Step)이 활성화 상태로 된다.

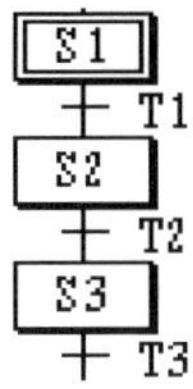

- 점프를 사용하면 원하는 곳으로 전개를 이어 나갈 수 있다.
- 점프는 SFC 프로그램 끝 또는 선택 분기 끝에만 올 수 있다.
  병렬 분기 안으로 또는 밖으로는 점프할 수 없다.
  병렬 분기 안에서의 점프는 가능하다.

a. 선택분기 끝에서의 점프

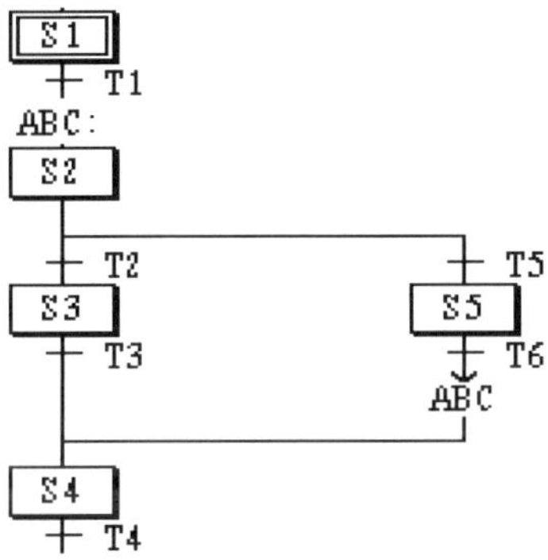

- S5 다음에는 S2이 활성화된다.

b. 병렬 분기 안에서의 점프

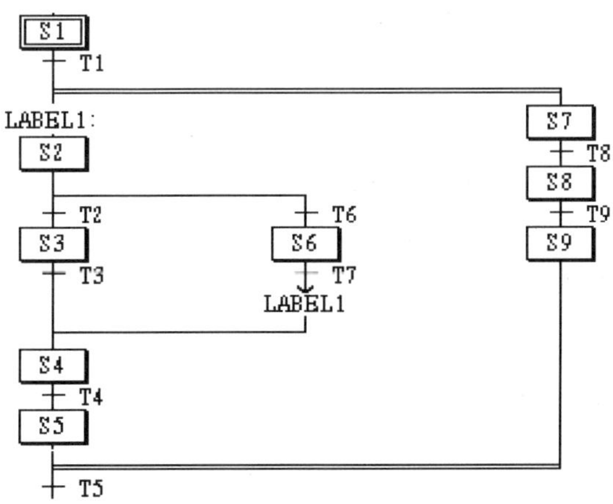

c. 병렬 분기 안으로는 점프할 수 없다.

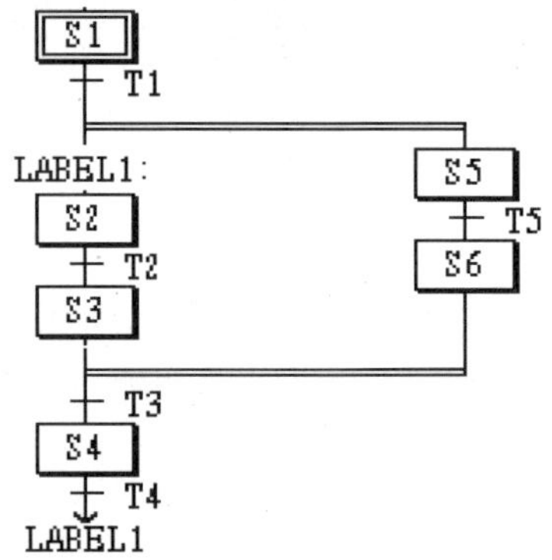

15.2 SFC 프로그램의 적용 예

(1) 직렬 연결 프로그램

㉮ 프로그램 편집

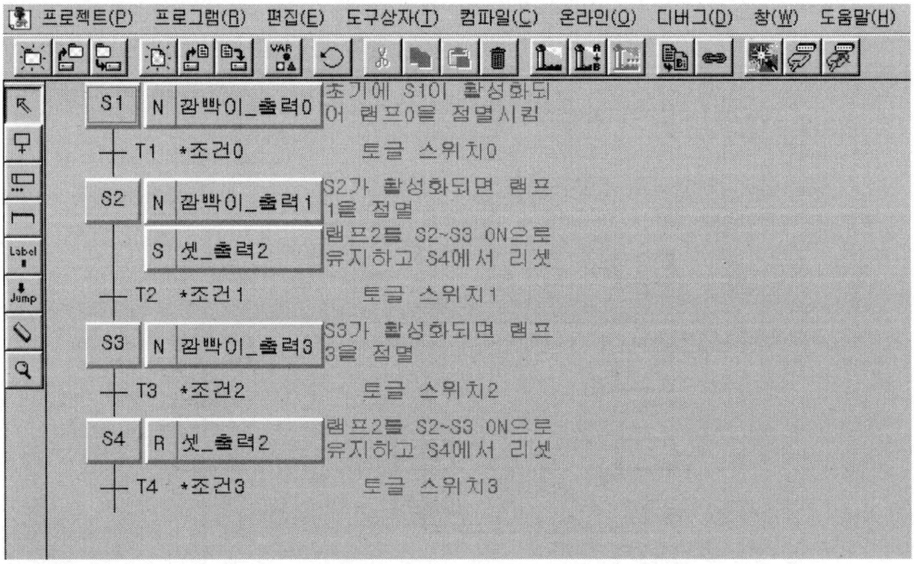

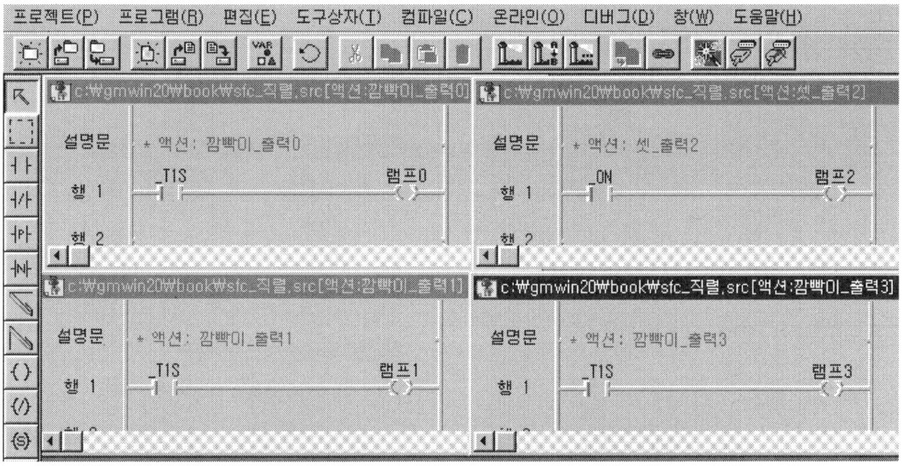
프로젝트(P) 프로그램(R) 편집(E) 도구상자(T) 컴파일(C) 온라인(O) 디버그(D) 창(W) 도움말(H)
c:₩gmwin20₩book₩sfc_직렬.src[액션:깜빡이_출력0]
c:₩gmwin20₩book₩sfc_직렬.src[액션:셋_출력2]
c:₩gmwin20₩book₩sfc_직렬.src[액션:깜빡이_출력1]
c:₩gmwin20₩book₩sfc_직렬.src[액션:깜빡이_출력3]
설명문
* 액션: 깜빡이_출력0
* 액션: 셋_출력2
* 액션: 깜빡이_출력1
* 액션: 깜빡이_출력3
_T1S
_ON
램프0
램프1
램프2
램프3
행 1
행 2

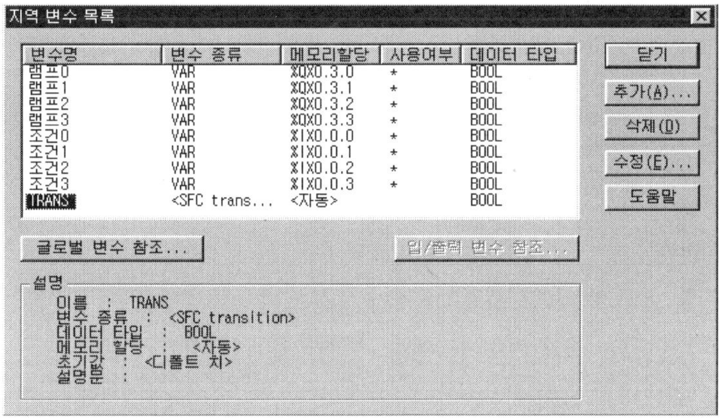
지역 변수 목록
변수명 변수 종류 메모리할당 사용여부 데이터 타입
램프0 VAR %QX0.3.0 * BOOL
램프1 VAR %QX0.3.1 * BOOL
램프2 VAR %QX0.3.2 * BOOL
램프3 VAR %QX0.3.3 * BOOL
조건0 VAR %IX0.0.0 * BOOL
조건1 VAR %IX0.0.1 * BOOL
조건2 VAR %IX0.0.2 * BOOL
조건3 VAR %IX0.0.3 * BOOL
TRANS <SFC trans... <자동> BOOL
닫기
추가(A)...
삭제(D)
수정(E)...
도움말
글로벌 변수 참조...
입/출력 변수 참조...
설명
이름 : TRANS
변수 종류 : <SFC transition>
데이터 타입 : BOOL
메모리 할당 : <자동>
초기값 : <디폴트 치>
설명문 :

㈏ 프로그램 모니터링

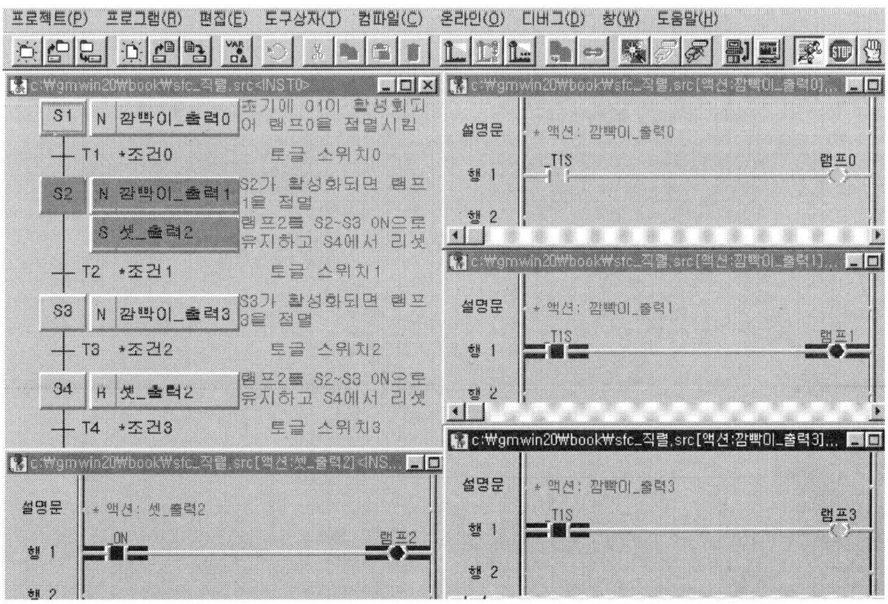
프로젝트(P) 프로그램(R) 편집(E) 도구상자(T) 컴파일(C) 온라인(O) 디버그(D) 창(W) 도움말(H)
c:₩gmwin20₩book₩sfc_직렬.src<INST0>
S1 N 깜빡이_출력0
초기에 이미 활성화되어 램프0을 점멸시킴
T1 *조건0
토글 스위치0
S2 N 깜빡이_출력1
S2가 활성화되면 램프1을 점멸
S 셋_출력2
램프2를 S2~S3 ON으로 유지하고 S4에서 리셋
T2 *조건1
토글 스위치1
S3 N 깜빡이_출력3
S3가 활성화되면 램프3을 점멸
T3 *조건2
토글 스위치2
S4 R 셋_출력2
램프2를 S2~S3 ON으로 유지하고 S4에서 리셋
T4 *조건3
토글 스위치3
* 액션: 깜빡이_출력0
* 액션: 깜빡이_출력1
* 액션: 깜빡이_출력3
* 액션: 셋_출력2
설명문
행 1
행 2

(2) 선택 분기 프로그램

㉮ 프로그램 편집

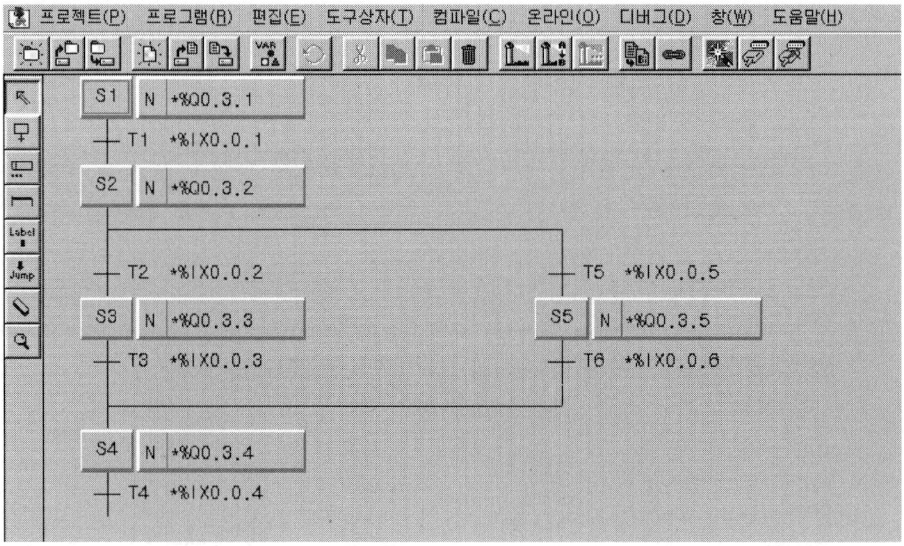

㉯ 프로그램 모니터링

- 스텝 S2가 활성화되면 램프 %Q0.3.2가 점등된다.
- 분기된 T2나 T5 중 먼저 ON 된 해당 스텝이 활성화된다.

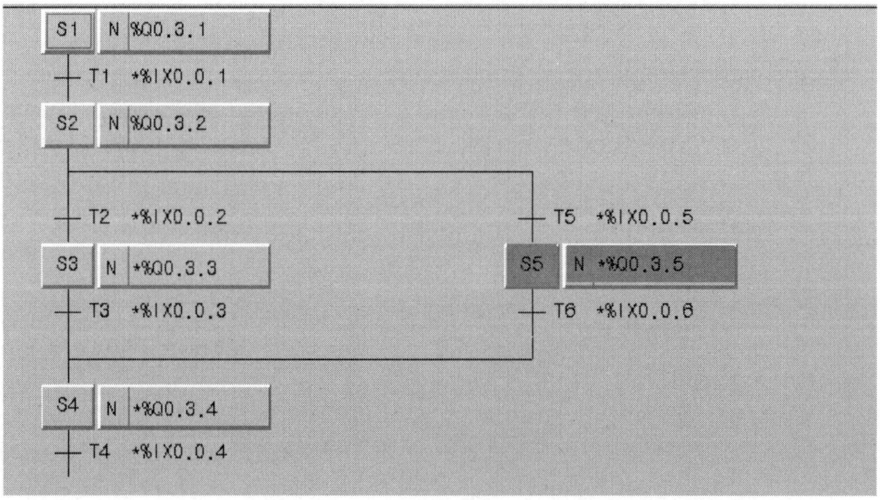

(3) 병렬 프로그램

㉮ 프로그램 편집

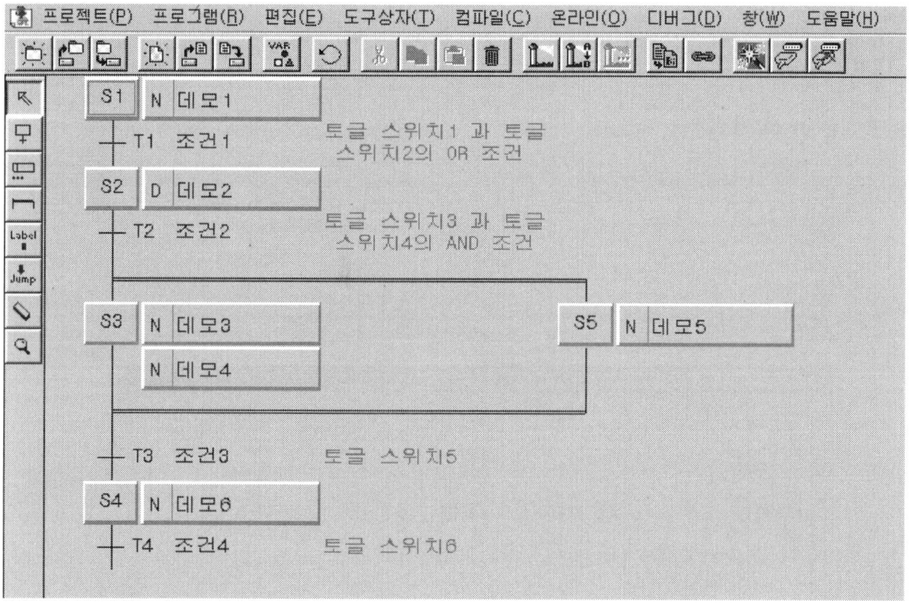

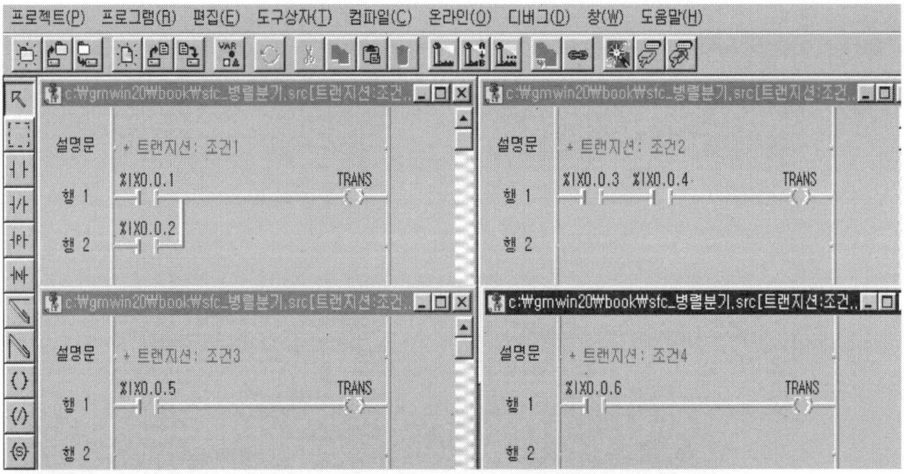

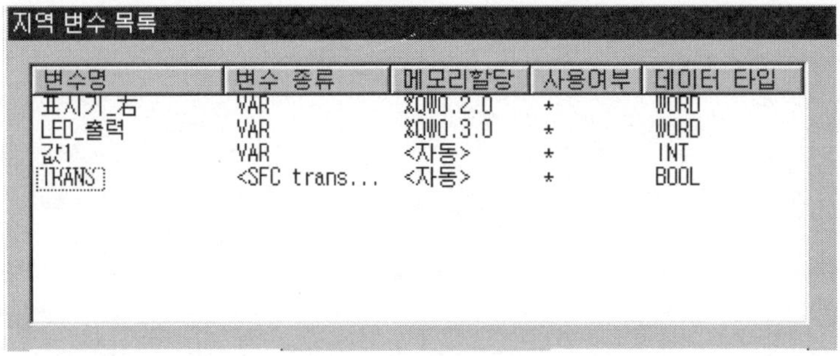

㉯ 프로그램 모니터링

- 초기에 스텝1이 활성화되어 액션 : 데모1 프로그램이 실행된다.

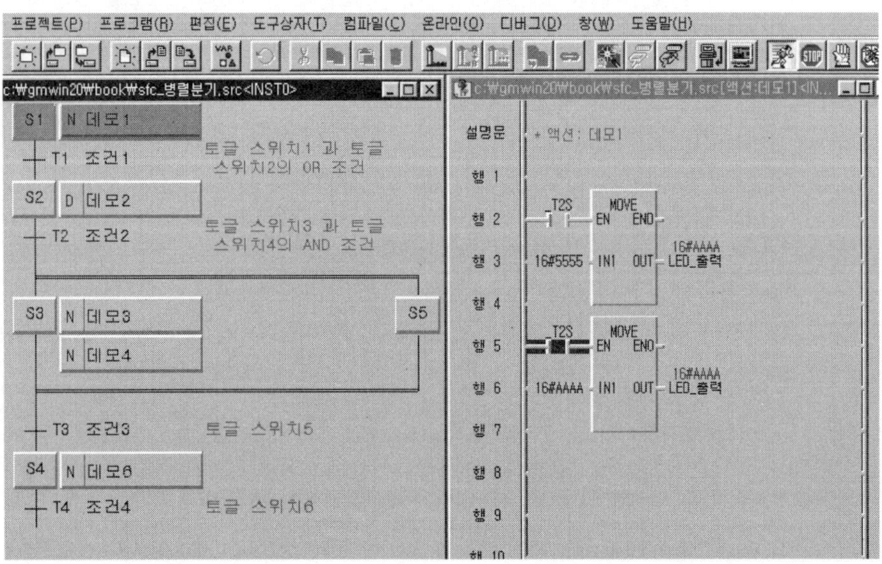

• 액션 제한자 D(Time Delyed)에 의해 S2가 활성화된 후 5초 후부터 액션 데모2가 실행된다.

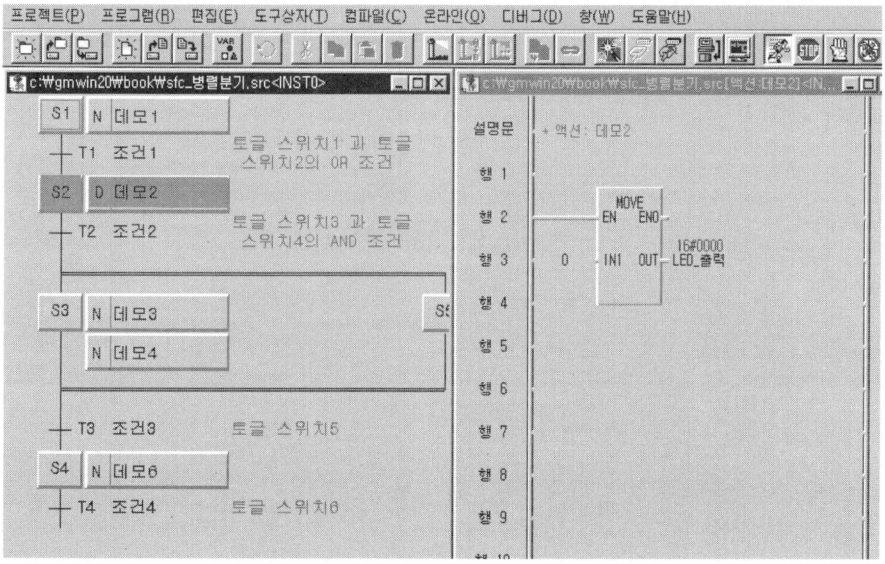

• S3가 활성화되면 액션 데모3, 액션 데모4 및 액션 : 데모5가 동시에 실행된다.

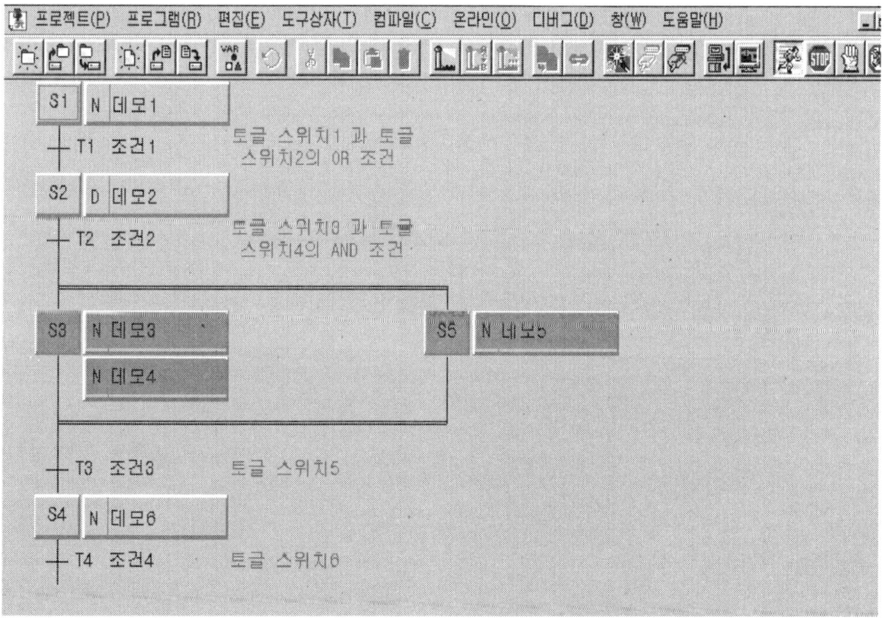

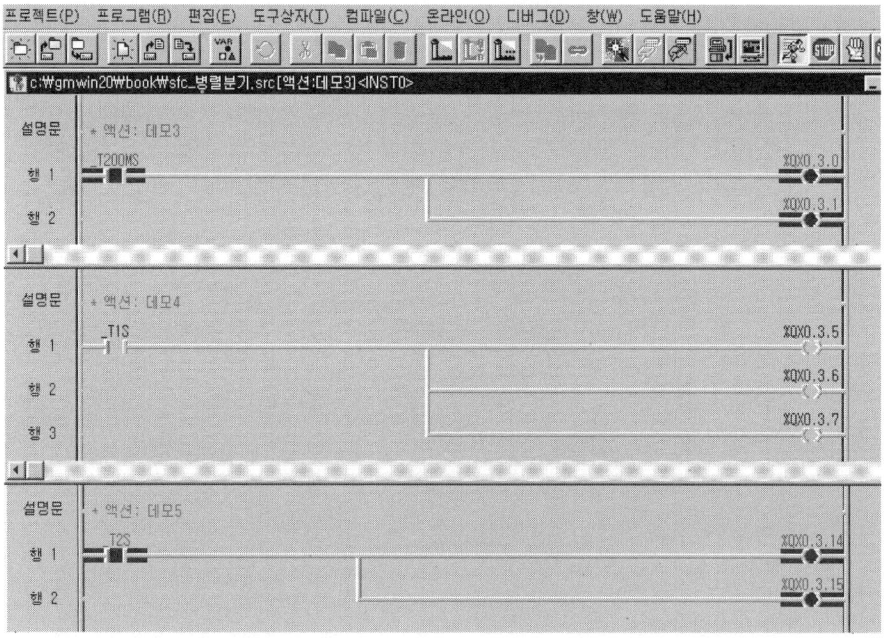

- S4가 활성화되면 액션 데모6이 실행 우측 표시기의 수치를 1초마다 1만큼 증가한다.
- S4가 비활성화되면 액션 데모6은 멈추며 S1이 다시 활성화되어 액션 데모1이 재실행된다.
- S4가 재 활성화되면 액션 데모6이 재실행되고 우측 표시기의 수치는 이전값부터 다시 증가한다.

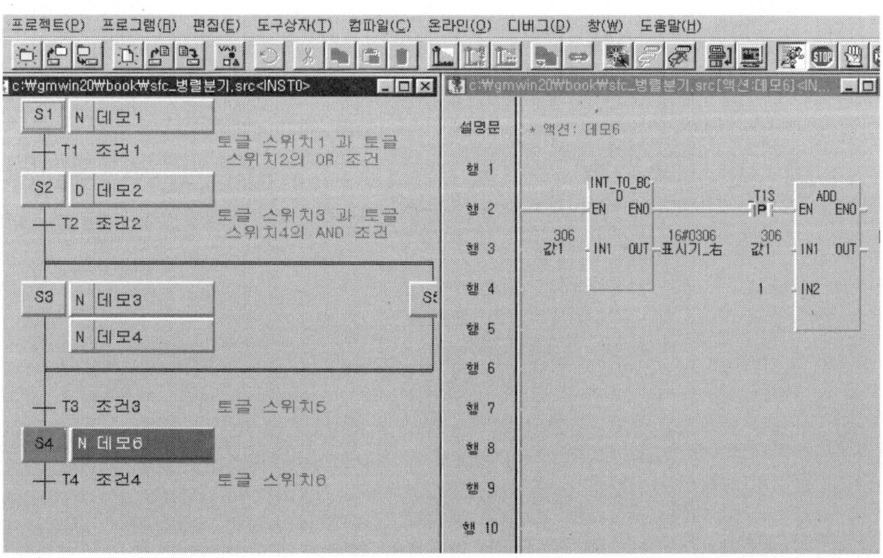

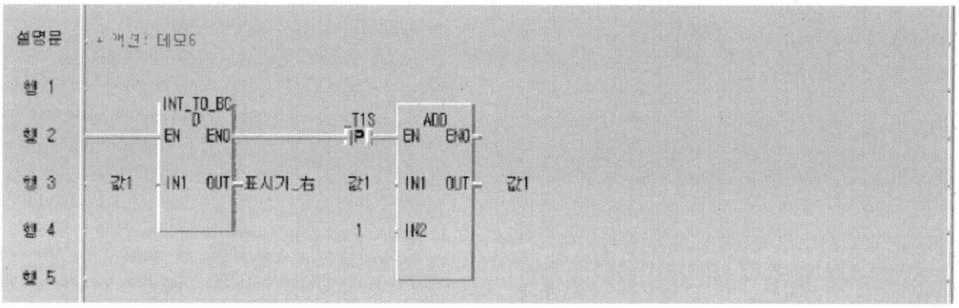
설명문
행 1
행 2
행 3
행 4
행 5
INT_TO_BCD
EN ENO
값1 IN1 OUT 표시기_右
_T1S
P
ADD
EN ENO
값1 IN1 OUT 값1
1 IN2

제16장 IL 프로그램

16.1 IL 개요

IL은 어셈블리 언어의 형태로 되어 있으며 간단한 PLC 시스템에 적용할 수 있다. 일반적인 형태는 다음과 같다.

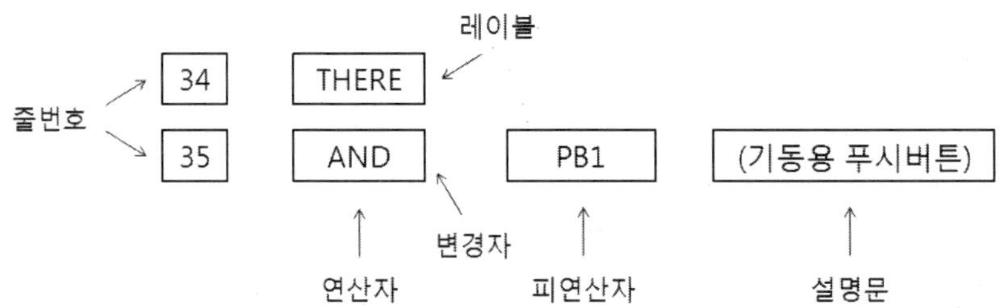

16.2 현재값(Current Result : CR)

IL에는 어느 순간이라도 그때까지의 연산 결과를 가지고 있는 레지스터가 있는데 이를 현재값 CR이라고 하고, IL에서 CR은 단 하나 존재한다. CR은 어떤 데이터 타입도 될 수 있으며 CR에 어떤 값을 넣음과 동시에 CR의 데이터 타입을 정해 주는 연산자가 LD(Load)이다.

예 LD %IX0.0.0이라고 하면 변수 %IX0.0.0값을 CR에 넣는다. 이때 X로 표현된 직접 변수의 데이터 타입이 BOOL이므로 CR의 데이터 타입은 BOOL이 된다. 만약 VAL이라는 변수가 INT로 선언되어 있고 LD VAL이라고 사용하였다면 VAL이라는 변수값을 CR에 넣고 이때 CR의 데이터 타입은 INT가 된다. CR을 어떤 변수에 저장하는 연산자는 ST(Store)이다.

예 VAL이라는 변수가 INT로 선언되어 있고 ST VAL이라고 사용하였다면 CR을 VAL이라는 변수에 넣는다는 의미이다. 이때 CR의 데이터 타입은 INT여야 하며 만약 CR이 INT가 아닌 다른 데이터 타입이면 컴파일시 에러가 발생한다.

```
LD          %IX0.0.0
ST          VAL (이때 VAL 변수는 INT로 선언하였다고 가정)
```

이라고 하였다면 첫째 줄에서는 CR을 BOOL로 지정하였고 둘째 줄에서는 CR을 INT로 사용하려 하였으므로 컴파일시 에러가 발생한다.

```
LD          %IX0.0.0
ST          START
LD          20
ST          VAL (이때 START 변수는 BOOL로, VAL 변수는 INT로 선
                언하였다고 가정)
```

위 예는 각각 지정한 CR을 저장할 때의 데이터 타입이 같으므로 정상적인 프로그램이다.

16.3 명령어

IL은 연속된 명령어로 이루어져 있으며, 각 명령어는 변경자를 가질 수 있는 연산자와 연산자의 대상이 되는 피연산자로 이루어져 있다.

레이블

레이블은 레이블 이름 뒤에 콜론(:)을 붙여 연산자 영역에 표시하며 점프 명령어의 목적지로 사용한다.

▌변경자

변경자는 연산자의 바로 뒤에 붙여서 사용하며 원래의 연산기능을 수정하여 수행한다. 변경자의 종류에는 N, (, C가 있으며, 변경자 "N"은 피연산자의 BOOL 반전(Boolean Negation)을 나타낸다.

예 ANDN %IX2.0.0은 다음과 같이 번역된다.
CR ⇐ CR AND NOT %IX2.0.0

N을 JMP나 CAL, RET와 같이 사용할 때에는 CR이 BOOL 0일 때 그 명령을 수행한다는 의미이다.

변경자 "("는 연산자의 연산을 ")" 연산자를 만날 때까지 지연시키며, IL에는 CR이 하나만 있기 때문에 CR을 잠시 보관하였다가 다른 연산을 행하고, 그 결과와 보관한 CR값의 연산을 행하는 지연 연산을 할 수 있다.

종 류	성 격	의 미
(	변경자	연산이 지연됨을 가리킨다.
)	연산자	지연된 연산을 수행한다.

예

```
AND(        %IX1.0.0
OR          %IX2.0.0
)
CR ⇐ CR AND (%IX1.0.0 OR %IX2.0.0)
```

즉 AND의 수행을)가 나올 때까지 연기한다는 것이다. 결과적으로 괄호 안에 있는 연산인 %IX1.0.0 OR %IX2.0.0을 먼저 수행하고 나서 그 결과와 연산을 행한다는 의미이다.

변경자 "C"는 현재 연산 된 CR이 BOOL 1인 경우에만 지정된 명령이 수행됨을 나타낸다.

> 예　JMPC　THERE
>
> CR이 BOOL 1이면 THERE로 점프

❙ 기본 연산자

번호	연산자	변경자	피연산자	의　미
1	LD	N	데이터	피연산자를 현재값(CR)에 넣는다.
2	ST	N	데이터	현재값을 피연산자에 저장한다.
3	S	BOOL		현재값이 BOOL 1이면 BOOL 피연산자를 1로 한다.
	R	BOOL		현재값이 BOOL 1이면 BOOL 피연산자를 0으로 한다.
4	AND	N,(	데이터	로직 AND 연산
5	OR	N,(	데이터	로직 OR 연산
6	XOR	N,(	데이터	로직 XOR 연산
7	ADD	(	데이터	산술 더하기 연산
8	SUB	(	데이터	산술 빼기 연산
9	MUL	(	데이터	산술 곱하기 연산
10	DIV	(	데이터	산술 나누기 연산
11	GT	(	데이터	비교 연산 : 〉 (크다)
12	GE	(	데이터	비교 연산 : 〉= (같거나 크다)
13	EQ	(	데이터	비교 연산 : = (같다)
14	NE	(	데이터	비교 연산 : 〈〉 (같지 않다)
15	LE	(	데이터	비교 연산 : 〈= (같거나 작다)
16	LT	(	데이터	비교 연산 : 〈 (작다)
17	JMP	C,N	레이블	레이블로 점프
18	CAL	C,N	이　름	펑션 블록 호출
19	RET	C,N		펑션이나 펑션 블록에서 복귀
20	)			'(' 변경자와 같이 사용하여 지연된 연산을 행한다.

4번부터 16번까지의 연산자는 "CR ⇐ CR 연산 피연산자" 기능을 수행한다. 즉, CR과 피연산자의 값을 연산자의 연산 기능으로 연산한 후 그 결과를 다시 CR에 저장하는 것이다.

예 AND %IX1.0.0은 다음과 같이 번역된다.

CR ⇐ CR AND %IX1.0.0

비교 연산자는 왼쪽의 CR과 오른쪽의 피연산자를 비교 연산하여 그 BOOL 결과를 CR에 저장한다.

예 GT %MW10은 CR이 내부 메모리 워드10의 값보다 크면 CR의 값은 BOOL 1이 되고, 그렇지 않으면 0으로 된다.

연산 명령의 대부분은 연산이 끝난 후에도 CR의 데이터 타입이 변하지 않는다. 그러나 이와는 달리 비교 명령어들은 CR의 데이터 타입이 달라진다.

예

```
LD      VAL       (a)
EQ      GROSS     (b)
AND     %IX0.0.0  (c)
ST      START     (d)
```

(이때 START 변수는 BOOL로, VAL 변수와 GROSS 변수는 INT로 선언하였다고 가정)

(a)줄에서 VAL이라는 INT값을 CR에 넣고, (b)줄에서 이 CR과 GROSS라는 INT값을 비교하여 같을 경우 BOOL 1의 값을, 다를 경우에는 BOOL 0의 값을 CR에 넣는다. 이때 CR의 데이터 타입은 INT에서 BOOL로 바뀌므로 (c)줄과 (d)줄의 명령어 사용도 컴파일 에러를 발생하지 않는 정상적인 것이다.

16.4 펑션과 펑션 블록의 호출

연산자로 펑션 이름을 사용하여 펑션을 호출하며, 펑션을 호출할 때 CR은 그 펑션의 첫번째 입력으로 들어간다. 펑션의 입력이 하나 이상일 때에는 나머지 입력값들을 지정하고 펑션을 호출한며, 펑션의 출력값은 CR로 들어간다. CR의 데이터 타입은 펑션의 출력값 데이터 타입이 된다.

예

```
LD      VAL
SIN
ST      RESULT (단 VAL과 RESULT는 REAL 데이터 타입이라
               고 간주)
```

첫줄에서 CR에 VAL 변수 값을 넣고 둘째 줄에서 SIN 펑션을 부르면, 그때의 CR이 SIN 펑션의 첫번째 입력으로 들어간다. SIN 펑션은 입력이 하나밖에 안되므로 더 이상 입력값이 필요 없으며, SIN 펑션을 수행 후 그 출력값은 CR에 대입된다. 셋째 줄에서 CR이 RESULT 변수에 저장된다.

```
LD      %IX0.0.0
SEL     G : = CURRENT RESULT
IN0 : = VAL1
IN1 : = VAL2
ST      VAL3
```

여러 개의 입력이 있는 펑션의 예이다. 첫째 줄에서 CR이 설정되었으며, SEL 펑션의 첫째 입력값으로 그 CR이 들어간다. 나머지 입력에 대해서는 각각 그 값을 정해주고 SEL 펑션을 부르면 역시 그 수행 결과가 CR로 들어오며 그 CR을 VAL3 변수에 보관한다. 펑션의 호출을 조건부로 하기 위해서는 JMP(JMPN, JMPC) 명령을 사용한다.

예

```
LD        %IX0.0.0
JMPN      THERE
LD        I_VAL1
ADD       IN1 : = CURRENT RESULT
          IN2 : = I_VAL2
          IN3 : = I_VAL3
ST        I_VAL4
THERE :
```

첫째 줄에서 CR에 데이터 타입이 BOOL인 %IX0.0.0값을 넣고 두번째 줄에서 그 값이 1인가 0인가를 판단하여 0이면 THERE : 레이블로 수행을 이동한다. %IX0.0.0값이 1이면 JMP 명령을 수행하지 않고 그 다음 줄의 펑션을 수행한다.

펑션 블록의 호출에는 CAL이라는 연산자를 사용하며, 피연산자에는 미리 선언된 펑션 블록의 인스턴스 이름을 사용한다.

```
CAL       INSTANCE    /* 무조건 펑션 블록을 부른다. */
CALN      INSTANCE    /* CR값이 BOOL 0이면 펑션 블록을 부른
                         다. */
CALC      INSTANCE    /* CR값이 BOOL 1이면 펑션 블록을 부른
                         다. */
```

이때 INSTANCE는 미리 펑션 블록의 인스턴스로 선언되어 있어야 한다. 펑션 블록은 CR이 펑션 블록의 입력으로 들어가지 않는다. 따라서 펑션 블록에서 필요한 모든 입력값을 지정하여야 한다. 또한 출력값도 CR로 나오지 않는다.

예

```
On-Delay Timer 펑션 블록
LD        %IX0.0.0
CALC      TON   TIMER0
IN : = %IX0.1.2
PT : = T#200S
LD        TIMER0.Q
ST        %QX1.0.2
```

(이때 TIMER0는 TON의 인스턴스로 선언되어 있다고 가정)

On-Delay Timer의 입력은 두개이며, 각각 입력값을 지정하고 펑션 블록을 부른다. 그 결과는 TIMER0.Q와 TIMER0.ET에 보관되어 있으므로 그 값을 사용하고자 할 때에는 위의 다섯째 줄처럼 사용한다.

제1장에서 다루었던 시퀀스 제어회로 중에서 아래의 계수회로에 대한 IL프로그램을 작성하였다.

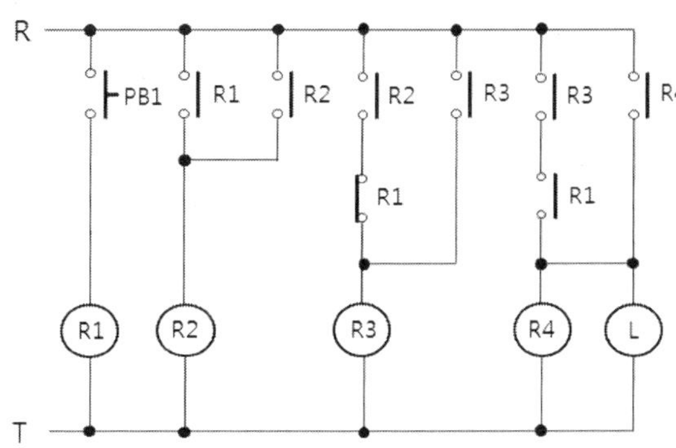

	변수 명	변수 값	데이터 타입	메모리 할당	초기 값	변수 종류
1	L	1	BOOL	%QX0.3.0		VAR
2	PB1	1	BOOL	%IX0.0.0		VAR
3	R1	1	BOOL	<자동>		VAR
4	R2	1	BOOL	<자동>		VAR
5	R3	1	BOOL	<자동>		VAR
6	R4	1	BOOL	<자동>		VAR

번호	명령어	입력 파라미터	변수	사용자 정의	값	행 설명
0	LD		PB1	%IX0.0.0	1	
1	ST		R1		1	
2	LD		R1		1	
3	OR		R2		1	
4	ST		R2		1	
5	LD		R2			
6	ANDN		R1		1	
7	OR		R3		1	
8	ST		R3		1	
9	LD		R3		1	
10	AND		R1		1	
11	OR		R4		1	
12	ST		R4		1	
13	ST		L	%QX0.3.0	1	
14	END					
15	NOP					

아래와 같이 7개의 문자를 차례대로 점멸하는 광고보드를 제어하는 PLC프로그램을 IL로 작성하여 보자.

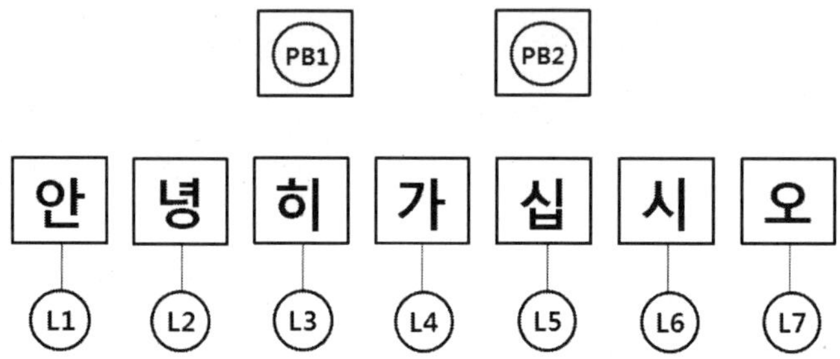

번호	명령어	입력파라미터	변수	사용자정의
0	LD		PB1	%IX0.0.0
1	S		R1	
2	LD		PB2	%IX0.0.1
3	R		R1	
4	LD		R1	
5	ANDN		T7.Q	
6	ST		AX1	
7	CAL	TP	T1	
8		IN:=	AX1	
9		PT:=	T#1S	
10	LDN		T1.Q	
11	ST		AX2	
12	CAL	TP	T2	
13		IN:=	AX2	
14		PT:=	T#1S	
15	LDN		T2.Q	
16	ST		AX3	
17	CAL	TP	T3	
18		IN:=	AX3	
19		PT:=	T#1S	
20	LDN		T3.Q	
21	ST		AX4	
22	CAL	TP	T4	
23		IN:=	AX4	

번호	명령어	입력파라미터	변수	사용자정의
24		PT:=	T#1S	
25	LDN		T4.Q	
26	ST		AX5	
27	CAL	TP	T5	
28		IN:=	AX5	
29		PT:=	T#1S	
30	LDN		T5.Q	
31	ST		AX6	
32	CAL	TP	T6	
33		IN:=	AX6	
34		PT:=	T#1S	
35	LDN		T6.Q	
36	ST		AX7	
37	CAL	TP	T7	
38		IN:=	AX7	
39		PT:=	T#1S	
40	LD		T1.Q	
41	ST		L1	%QX0.3.0
42	LD		T2.Q	
43	ST		L2	%QX0.3.1
44	LD		T3.Q	
45	ST		L3	%QX0.3.2
46	LD		T4.Q	
47	ST		L4	%QX0.3.3
48	LD		T5.Q	
49	ST		L5	%QX0.3.4
50	LD		T6.Q	
51	ST		L6	%QX0.3.5
52	LD		T7.Q	
53	ST		L7	%QX0.3.6
54	NOP			

제17장 PLC 실습

여기서는 LS산전의 PLC장비인 GLOFA-GM4를 기본으로 하는 실습장비(ED-4260계열)를 대상으로 PLC 입출력(I/O) 등 총 20가지의 실습 예제를 제시하였다. 전동기 구동회로를 비롯한 13가지의 실습과제와 퀴즈프로그램을 비롯한 7가지의 응용실습을 수행함으로써 PLC 프로그래밍뿐만 아니라 하드웨어의 연결 및 전기부하 작동원리를 이해할 수 있도록 하였으며, 응용실습의 경우 창의력 향상을 위하여 과제를 부과하였다.

실습 목차

실습과제 1. PLC I/O (ED-4260 TRAINER) 실험실습

1. 실험목적

1) PLC의 입·출력 장치의 원리를 이해한다.
2) PLC의 기본원리를 익힐 수 있다.
3) 시퀀스와 PLC의 차이점을 구별할 수 있다.
4) PLC TRAINER(ED-4260)의 구조와 원리를 이해할 수 있다.

2. 준비사항

1) ED-4260 PLC TRAINER ····· 1EA
2) PC(GLOFA 구동용) ·················· 1EA
3) RS-232 CABLE ······················ 1EA
4) 연결 케이블 ····························· 1SET

3. 관계지식

1) 전기적인 신호의 흐름을 이해할 수 있어야 한다.
2) 기본적인 시퀀스 회로를 보고 이해할 수 있어야 한다.

4. 동작조건

1) INPUT 16point와 OUTPUT 16point가 1:1로 구동할 수 있도록 프로그램을 구성한다.
2) PLC TRAINER(ED-4260)의 본체와 입력스위치 모듈(IM-4260-2) 및 출력 램프 모듈(OM-4260-3)을 이용하여 INPUT 000번지에 입력을 주면 OUTPUT 300 번지로 출력 LAMP가 켜지도록 아래와 같이 조건에 맞도록 동작 회로를 구성한다.(TRAINER 기준)

INPUT 000 → OUTPUT 300　　INPUT 001 → OUTPUT 301
INPUT 002 → OUTPUT 302　　INPUT 003 → OUTPUT 303
INPUT 004 → OUTPUT 304　　INPUT 005 → OUTPUT 305
INPUT 006 → OUTPUT 306　　INPUT 007 → OUTPUT 307

INPUT 008 → OUTPUT 308　　INPUT 008 → OUTPUT 309
INPUT 010 → OUTPUT 310　　INPUT 011 → OUTPUT 311
INPUT 012 → OUTPUT 312　　INPUT 013 → OUTPUT 313
INPUT 014 → OUTPUT 314　　INPUT 015 → OUTPUT 315

3) INPUT 000은 입력모듈의 "0"번 스위치에 접속하여 입력회로를 구성한다.(이하 동일 구성)
4) OUTPUT 300은 출력모듈의 "0"번 램프에 접속하여 출력회로를 구성한다.(이하 동일 구성)
5) 전원은 DC 24V로 구성하며 참고 사항을 참조하여 전원을 구성한다.

> ※ 참고 사항 : 입력모듈과 출력모듈의 전원
>
> PLC 입력모듈 전원 : FIX 24V 고정 전원을 사용하여 PLC COM은 DC 0V(-)에, 스위치 COM은 DC 24V(+)로 전원을 연결한다. 단 센서의 종류에 따라 NPN, PNP 형을 고려하여야 한다. NPN형 센서를 사용할 경우 PLC COM은 DC 24V(+)를 연결해야 한다.
>
> PLC 출력모듈 전원 : 가변전원 DC 0~24V를 사용한다. 가변전원을 출력으로 사용하는 이유는 입력전원과 출력전원의 분리사용 실습을 하기 위함이며, 제어 대상에 따라 전압을 임의로 조정해야 할 필요가 있다. 주의사항은 current VR을 최대로 놓고 전압을 조정해야 한다.

5. PLC와의 접속

PLC와의 접속방법은 메뉴의 프로젝트창→옵션→접속방식에서 RS-232C와 로컬을 선택한 후 통신포트를 COM1~C0M4중 PC의 접속형태에 따라 선택한다.

6. 프로그램 실습

1) GMWIN PROGRAM을 실행시킨다.
2) 프로젝트 메뉴에서 새 프로젝트를 선택한다.

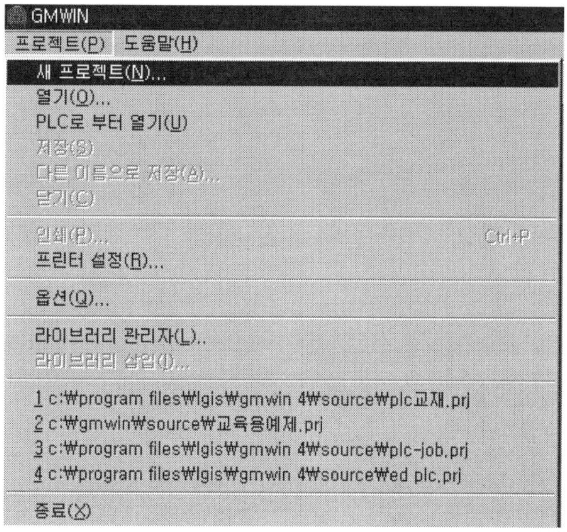

3) 새 프로젝트의 대화상자에서 프로젝트 파일 이름은 본인이 쉽게 찾을 수 있도록 정의하며 PLC 종류는 GM4를 선택하고, 저자와 설명문은 주석 형태로 작성한다.

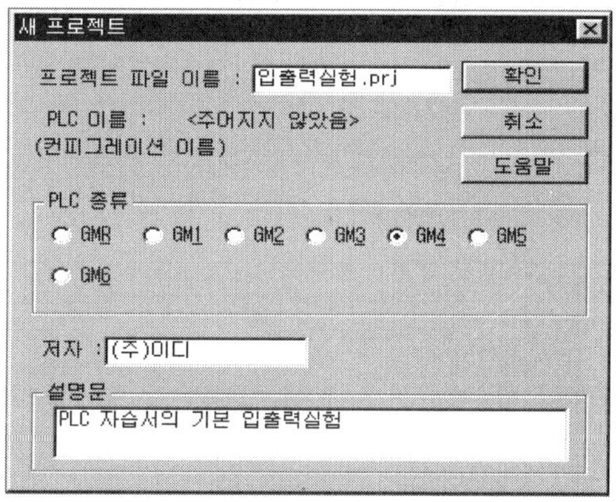

4) 프로젝트 작성이 완료된 후 확인 버튼을 누르면 프로그램 정의 창이 아래와 같이 나타나며, 인스턴트(프로그램)이름은 입·출력제어(가칭)라고 입력한다. 수행조건은 스캔 프로그램을 선택하고 확인 버튼을 누른다.

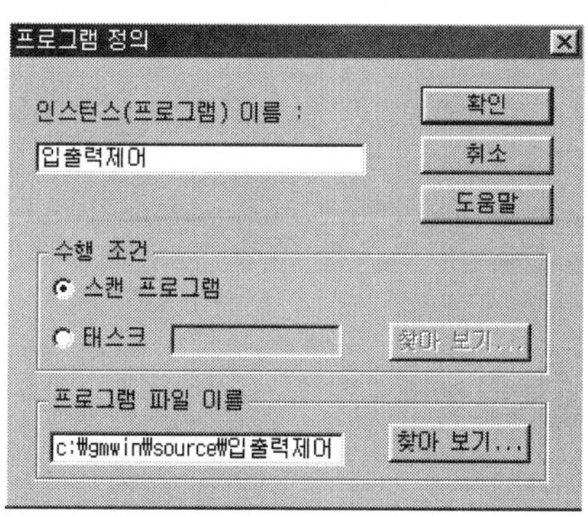

• 스캔 프로그램은 일반적으로 작성하는 래더, 니모닉 등의 프로그램을 칭한다.
• 태스크 프로그램은 인터럽트의 우선순위를 정하는 것으로 자세한 사항은 자습서를 참고한다.
• 프로그램 파일 이름은 프로그램을 작성한 후 저장할 때 사용되는 파일 이름이며, 기존 프로그램을 편집하거나 실행을 할 때는 찾아보기를 선택하여 프로그램 파일을 선택하면 된다.
• 인스턴스(프로그램)이름은 프로젝트 구조의 하부에 속하며(다수의 프로그램을 프로젝트는 수행할 수 있다.) 확장자는 *.SRC로 Source의 약어이다.

5) 아래 그림과 같이 새 프로그램 창이 나타나면 사용언어는 LD(Ladder diagram), 프로그램 종류는 프로그램 블록이 선택되었는지 확인한 후 확인버튼을 누르면 프로그램(LD) 창이 나타난다.
• 사용언어에 관해서는 자습서에서 PLC의 표준화와 언어의 특징구조를 참고한다.

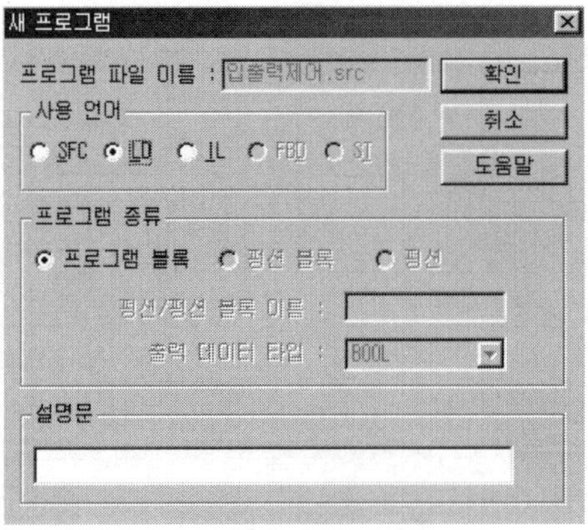

6) 프로그램의 작성
① INPUT “000”을 누르면 OUTPUT “300”이 동작하기 위해서는 도구상자에서 평상시 열린 접점을 선택한 후 LD 창에 회로가 구현될 영역에 마우스를 클릭하면 아래의 그림처럼 나타난다.

② 시퀀스 회로와 마찬가지로 입력 스위치를 눌렀을 때(ON) 출력 램프가 켜지기

위해서는 회로와 직렬로 연결되어야 하며, 도구상자의 코일을 선택한 후 회로가 구현될 영역에 마우스를 클릭하면 아래 그림처럼 나타난다.

③ 입력 스위치 및 출력 코일에 변수를 정의하는 방법에는 직접변수와 간접변수의 두 가지의 형태로 분류가 되나 여기서는 간접변수로 선언하기로 한다. 간접변수를 지정하려면 지정하려는 영역에 도구상자의 ↖를 선택하여 마우스를 더블클릭(마우스의 왼쪽버튼)하면 아래의 그림처럼 변수창이 나타난다.

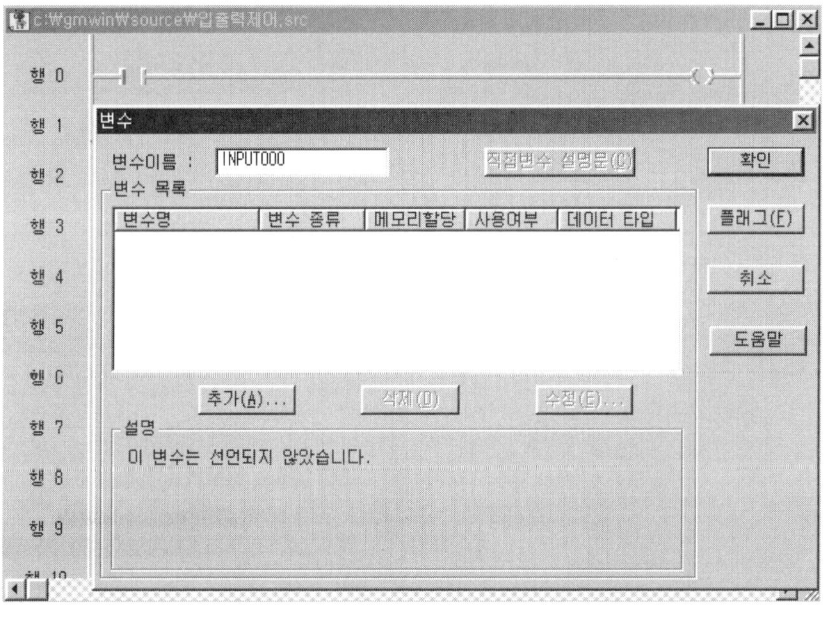

- 변수이름을 INPUT000으로 정의한다. (예 : 스위치, 센서 등)
- 변수이름 정의 후 메모리 할당은 사용자 정의를 선택한 후 “INPUT000”이라는 변수가 PLC 입력카드의 접점 0번과 연결되어야 하므로 직접변수로 %IX0.0.0을 입력한다. 아래 그림은 변수를 추가하거나 변수를 수정할 때 나타나는 화면으로 직접 변수입력에서는 나타나지 않고 간접변수 지정일 경우 나타나며, 변수이름과 연결할 PLC의 어드레스를 메모리 할당할 때 사용자 정의를 선택하여 직접변수를 입력하고, 별도로 어드레스 메모리 할당이 필요

치 않을 경우는 자동으로 메모리 할당을 처리한다.

• 변수 입력 방식과 데이터 타입에 관해서는 자습서에 자세히 표현되어 있다.

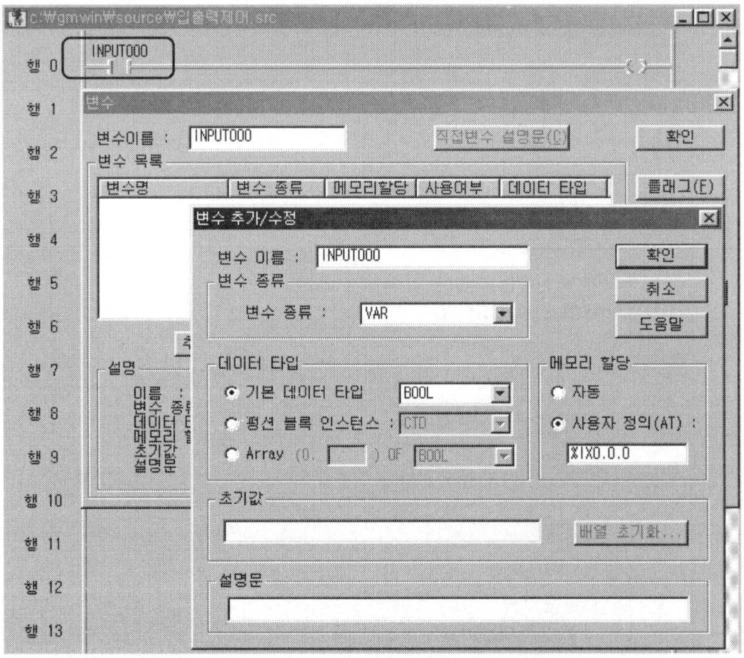

• 출력코일을 입력 스위치에서 작성했던 것과 마찬가지로 변수명(OUTPUT 300)과 어드레스(%QX0.3.0)를 작성하면 아래 그림처럼 나타난다.

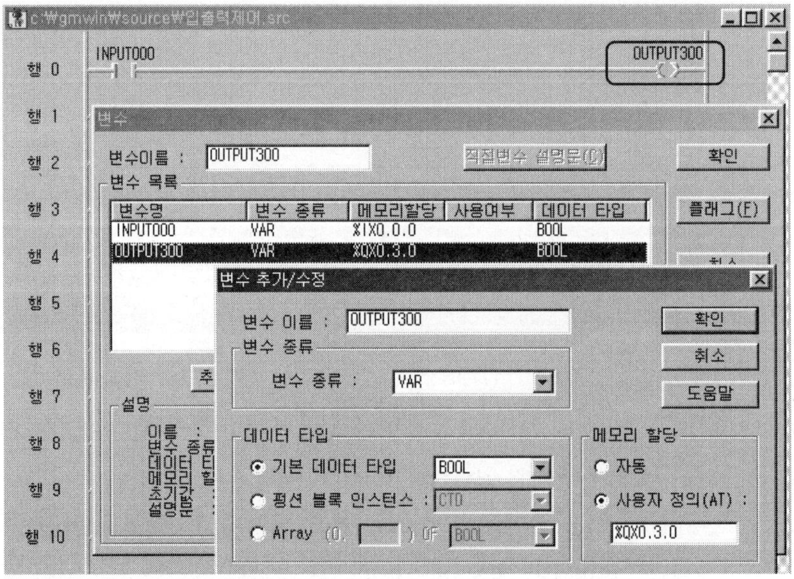

④ 위 사항을 반복하여 프로그램을 완성하면 아래 그림처럼 완성된다.

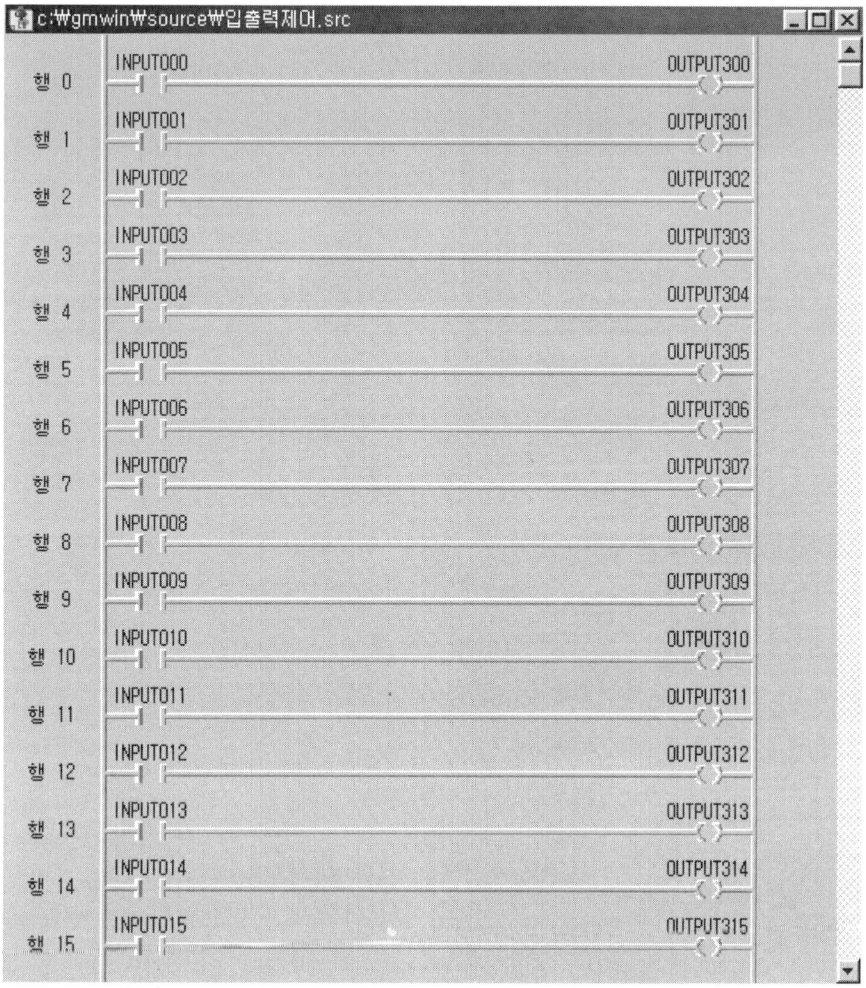

• MOVE 명령어를 사용하여 아래와 같이 조건에 맞는 회로를 작성

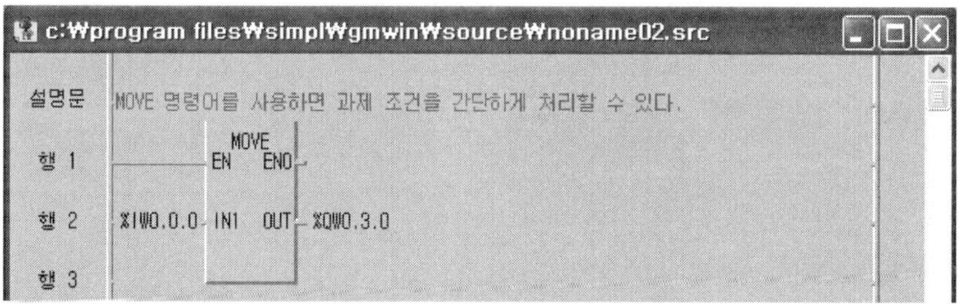

7) 프로그램의 실행(시뮬레이션)

① 상기사항을 확인하기 위하여 GLOFA의 특징인 시뮬레이터를 이용하여 회로의 이상유무 및 동작을 실험하기로 한다.

② 메뉴의 프로젝트를 선택하고 시뮬레이터 시작을 선택하면 실행파일이 생성되고 확인 버튼을 누르면 아래 화면처럼 시뮬레이터 그림이 나타난다.

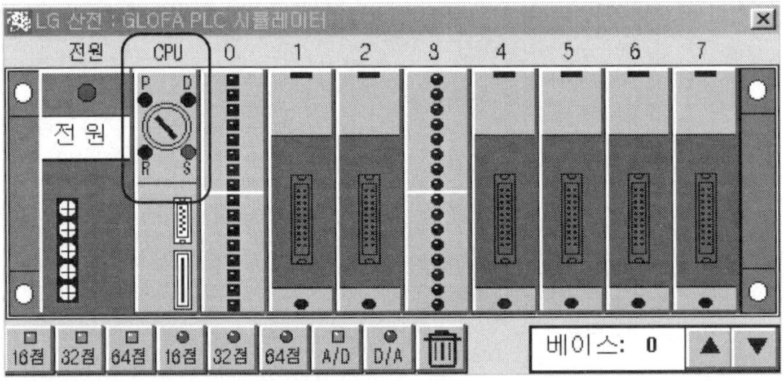

③ 상기 그림에서 베이스 번호와 슬롯의 형태는 INPUT/OUTPUT의 작성된 프로그램 설정 변수에 따라 자동으로 생성된다.

④ 상기 시뮬레이터의 실험은 시뮬레이터상의 CPU를 STOP(S) 모드에서 RUN(R) 모드로 설정한 뒤 슬롯번호 "0"의 입력 스위치를 선택하면 그에 따라 출력이 슬롯번호 "3"에서 적색의 램프로 출력이 확인된다.(아래 실행 그림 참조)

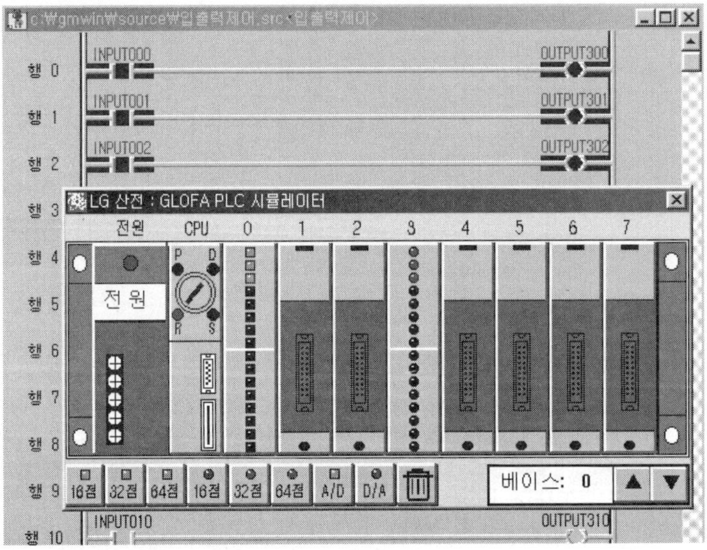

8) PC에서 PLC로의 데이터 전송

① 메뉴의 온라인에서 접속 + 쓰기 + 모드전환 + 모니터시작을 선택하면 RS-232 케이블의 접속 상태와 PLC 기종을 확인한 후 접속된다.

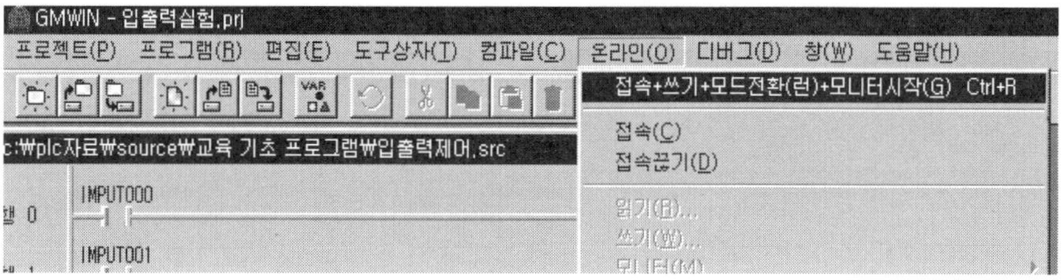

② 접속을 종료하려면 접속 끊기 단축아이콘()을 선택하면 된다.

9) 장비와의 결선도

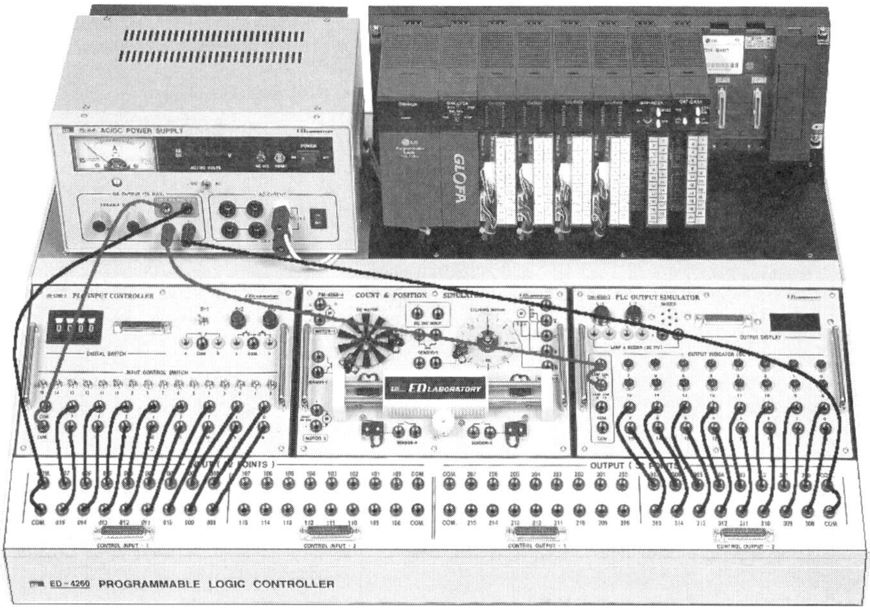

실습과제 2. 서브루틴 명령어를 이용한 프로그램 실습

1. 실험목적

서브루틴 명령어를 이용하여 보조프로그램 및 호출에 대해서 익힐 수 있다.

2. 준비사항

1) ED-4260 PLC TRAINER ·········· 1EA
2) PC(GLOFA 구동용) ······················ 1EA
3) RS-232 CABLE ························· 1EA
4) 연결 케이블 ································· 1SET

3. 관계지식

1) 서브루틴의 기본 지식을 이해할 수 있어야 한다.
2) 주 프로그램과 보조프로그램의 의미를 이해할 수 있어야 한다.

4. 동작조건

1) 주 스위치가 동작하면 주 출력램프가 동작하고(주 프로그램 종료), 보조 스위치에 의해 보조출력이 동작하며, 스톱 스위치에 의해 주 출력램프 및 보조출력이 초기화 된다.
2) 주 출력램프가 동작하지 않으면 보조 스위치에 의한 보조출력도 동작하지 않는다.
3) PLC I/O MAP의 구성은 아래와 같이 구성한다.

구 분	간접 변수 명	I/O할당	비 고
입 력	주 스위치	%IX0.0.1	토글스위치 1
	보조 스위치	%IX0.0.2	토글스위치 2
	스톱 스위치	%IX0.0.0	토글스위치 0
출 력	주 출력램프	%QX0.2.0	램프 L-2
	보조 출력	%QX0.2.1	램프 L-1

4) 전원은 DC 24V로 구성하며 PLC COM은 DC 0V(-)에, 스위치 COM과 LAMP는 DC 24V(+)로 전원을 연결한다.

5. 프로그램 실습

1) GMWIN을 기동하여 프로젝트 및 프로그램 창을 연다.
2) PLC I/O MAP을 이용하여 프로그램을 구성한다.
3) 프로그램을 작성하는 방법은 전 과제를 참고한다.
4) 아래 그림은 서브루틴 명령어를 이용하여 회로를 구현한 프로그램이다.

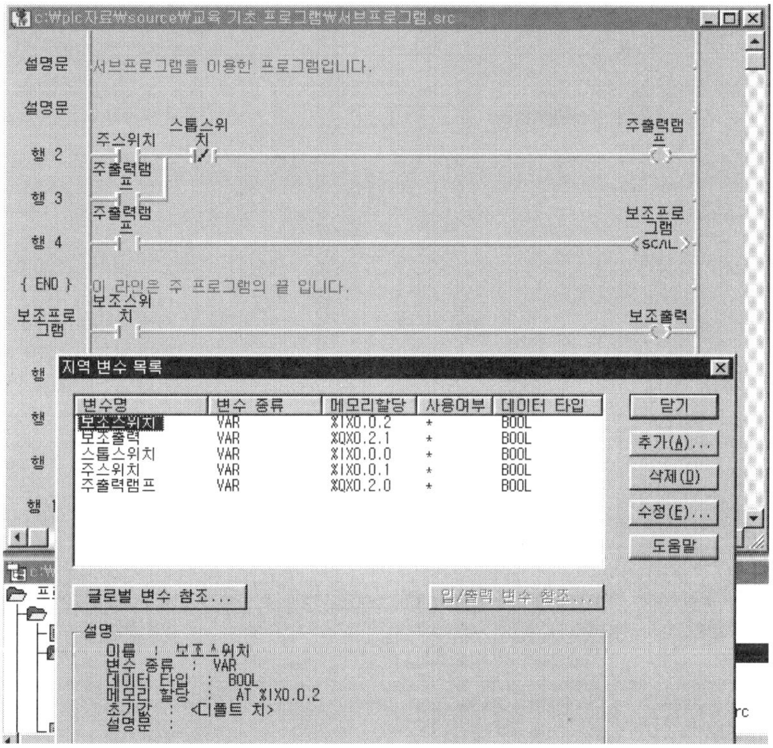

5) 설명문과 레이블의 사용법

① 설명문 또는 레이블을 삽입하고자 하는 행에서 마우스의 왼쪽버튼을 더블클릭하면 아래의 왼쪽화면이 나타난다.

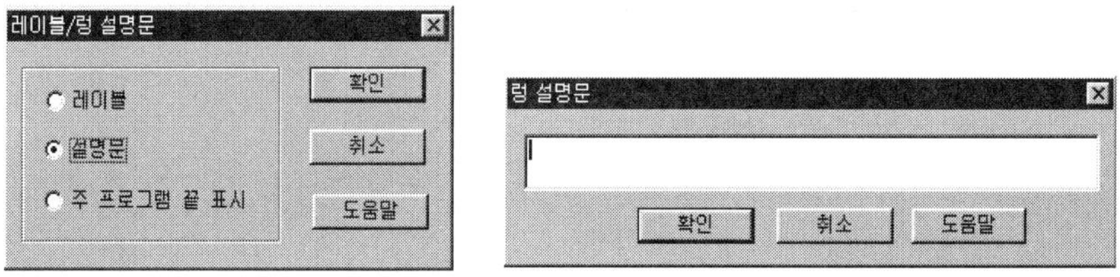

② 설명문을 선택하면 오른쪽 화면처럼 설명문에 삽입할 내용을 작성할 메시지 상자(렁 설명문 창)가 나타난다. 설명문에 "서브프로그램을 이용한 프로그램입니다."라고 작성하면 아래 그림처럼 나타난다.

③ 서브프로그램을 작성하려면 작성하려는 프로그램에 [<SC>]을 선택하고 레이블을 작성하면 된다.(아래 그림 참조)

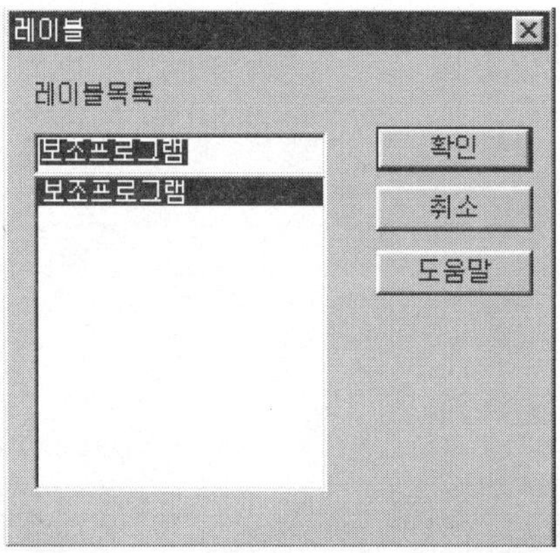

레이블 작성 시 설명문 작성과 마찬가지로 서브프로그램을 작성하면 된다.(호출시 사용할 명을 상기 프로그램에서는 "보조프로그램"이라 지칭하였음) 작성된 후 설명문에는 프로그램 종료에 사용될 레이블/렁 설명문 메뉴 중 "주 프로그램 끝 표시"를 선택하면 LD 프로그램에 END라고 기입되면서 설명문은 "이 라인은 주 프로그램의 끝입니다"라고 기입된다.

보조프로그램(서브루틴 프로그램)을 선택받으려면 서브프로그램을 작성할 9행에 "레이블"을 선택하여 레이블 목록에 있는 "보조프로그램"을 선택하면 호출 프로그램의 작성이 완료된다.(아래의 그림 참조)

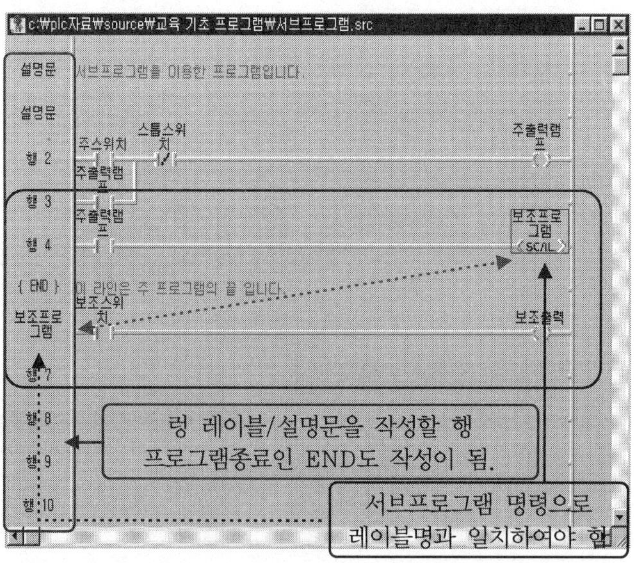

6. 프로그램의 실행(시뮬레이터 이용)

1) 상기사항을 확인하기 위하여 GLOFA의 특징인 시뮬레이터를 이용하여 회로의 이상유무 및 동작을 실험하기로 한다.(그림 참조)

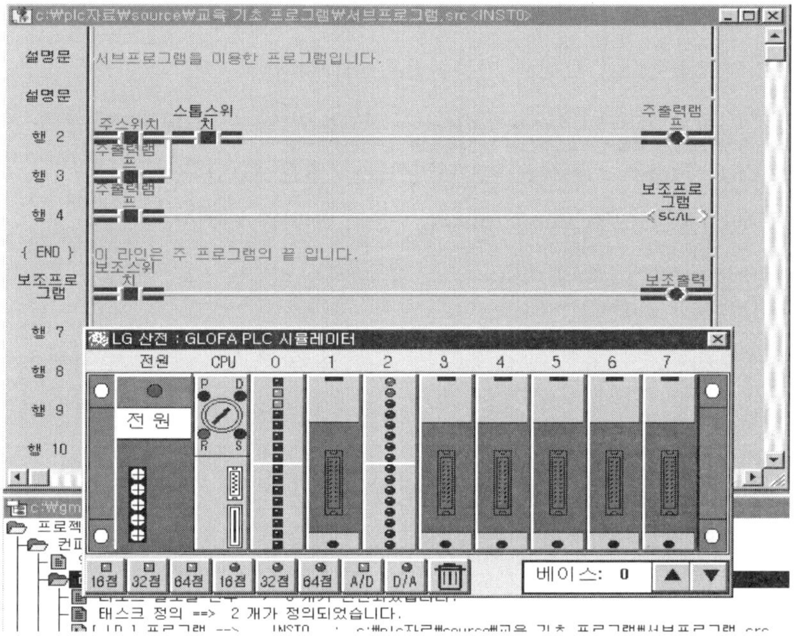

① 상기 그림은 시뮬레이터를 선택하고 CPU를 RUN 모드로 실행하여 주 스위치를 ON 하여 주 출력램프를 동작시키고, 주 출력램프에 의해 보조프로그램으로 점프하며(서브루틴), 이때 보조 스위치를 ON 하여 보조출력이 점등된 경우이다.

② 시뮬레이터를 종료하려면 시뮬레이터 우측 상단의 단축아이콘 ☒을 선택

2) 장비와의 결선도

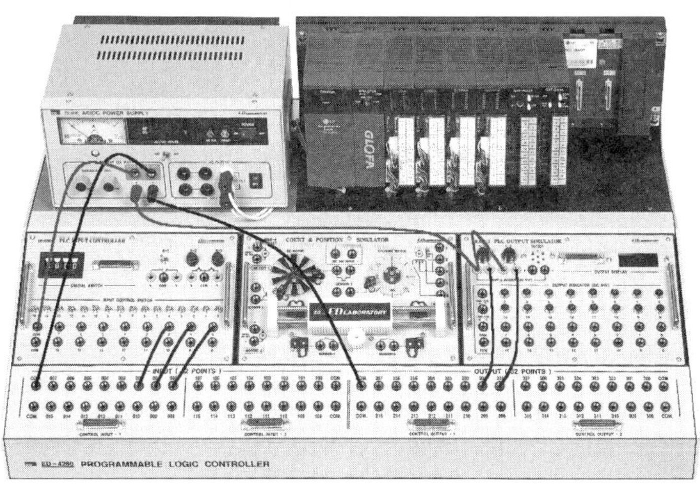

실습과제 3. 모터의 기동 정지회로 실습

1. 실험목적

1) PLC를 이용하여 모터의 기동원리를 이해한다.
2) PLC의 I/O(INPUT/OUTPUT) MAP을 익힐 수 있다.
3) 시퀀스 제어와 PLC 제어의 차이점을 구별할 수 있다.
4) PLC TRAINER(ED-4260)의 구조와 원리를 이해할 수 있다.

2. 준비사항

1) ED-4260 PLC TRAINER … 1EA
2) PC(GLOFA 구동용) ……………… 1EA
3) RS-232 CABLE ………………… 1EA
4) 연결 케이블 ……………………… 1SET

3. 관계지식

1) 모터의 기동 방식을 이해할 수 있어야 한다.
2) 기본적인 시퀀스 회로를 이해할 수 있어야 한다.
3) 자기유지 회로를 이해하여야 한다.
4) PLC I/O MAP을 작성할 수 있어야 한다.

4. 동작조건

1) 입력 스위치 2개(기동, 정지)를 이용하여 모터 기동 회로를 구성한다.
   (출력은 전자접촉기용 출력코일과 운전램프 그리고 정지램프로 구성)
2) 기동 입력 스위치를 ON 하면 모터가 기동하며, 이때 운전램프가 점등한다.
3) 운전 중에 정지 스위치를 ON 하면 모터가 정지되며 정지램프가 점등하고, 운전램프는 소등된다.
4) PLC I/O MAP의 구성은 아래와 같이 구성한다.

구 분	간접 변수 명	I/O할당	비 고
입 력	기동 스위치	%IX0.0.1	푸시스위치 S-2
	정지 스위치	%IX0.0.0	푸시스위치 S-3
출 력	모터(MC)	%QX0.2.0	MOTOR-1(-)
	운전 램프	%QX0.2.1	램프 L-2
	정지 램프	%QX0.2.2	램프 L-1

5) PLC 입력전원은 DC 24V로 구성하며 PLC COM은 DC 0V(-)에, 스위치 COM은 DC 24V(+)로 전원을 연결한다. 모터의 전원과 LAMP는 DC 12V로 구성하고 COM 단자에 DC 0V(-)를 모터(+)와 LAMP COM은 DC 12V(+)가변전원을 연결한다.

6) PLC I/O MAP을 구성하는 일은 대단히 중요한 일이다. PLC I/O MAP이 입·출력 점수를 산정하는 일이며 입·출력 구성과 컨트롤을 의미한다.

5. 프로그램 실습

1) GMWIN을 실행시킨다.
2) 프로젝트 및 프로그램 창을 연다.
3) 평상시 열린 접점과 평상시 닫힘 접점, 출력코일을 이용하여 프로그램을 작성
4) 프로그램을 작성하는 방법은 전 과제를 참고 한다.
5) 아래 그림은 모터의 기동, 정시회로의 직접변수와 간접변수의 예를 나타낸 프로그램이다. (LD 프로그램에서 직접변수와 간접변수의 의미를 잘 이해해야 한다.)

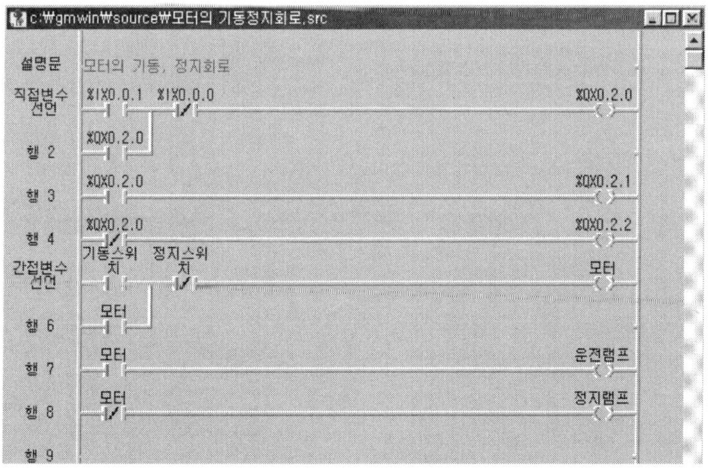

6) 프로그램의 저장

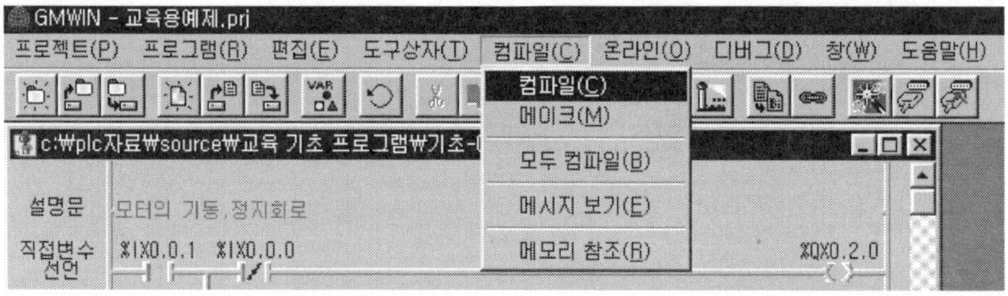

① 상기 그림은 프로그램을 저장하기 위해서 메뉴의 컴파일의 컴파일을 선택

② 컴파일이란 버퍼에 임시저장을 뜻하며 메이크를 통해 실행파일을 생성한다.

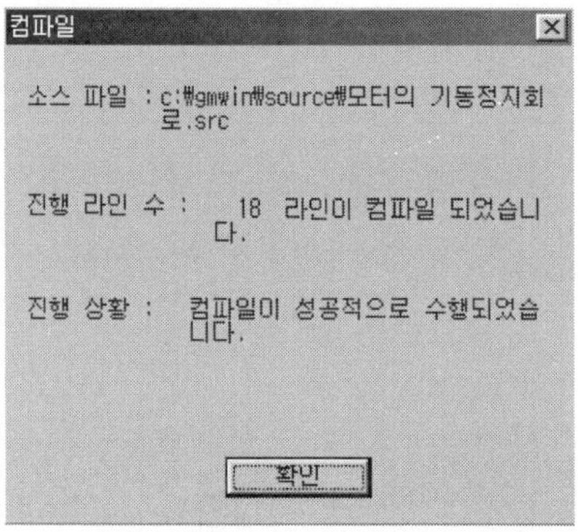

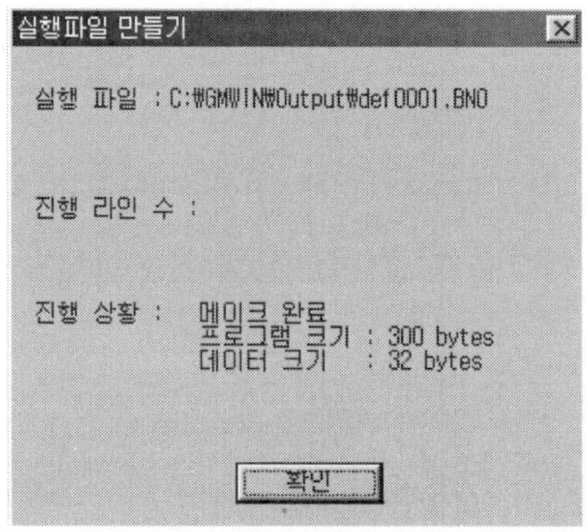

6. 프로그램의 실행(시뮬레이터 이용)

1) 상기사항을 확인하기 위하여 GLOFA의 특징인 시뮬레이터를 이용하여 회로의 이상유무 및 동작을 실험하기로 한다.(그림 참조)

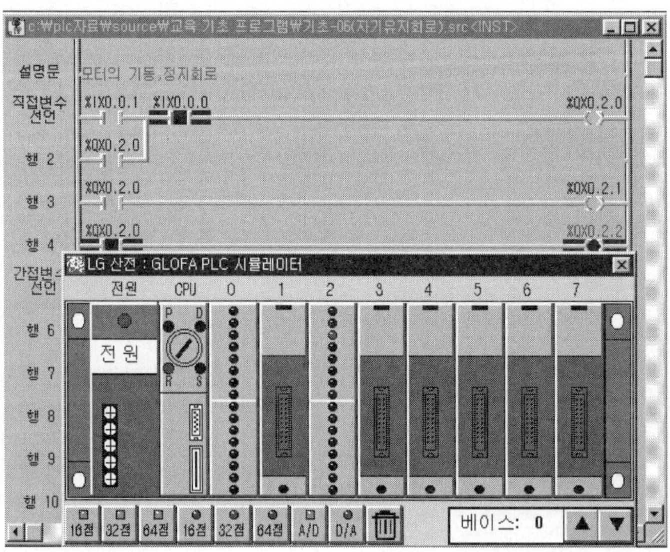

① 상기 그림은 시뮬레이터를 선택하고 CPU를 RUN 모드로 실행하면 슬롯 "2"의 2번 (%QX0.2.2) 출력램프인 정지램프가 점등된다.

② 기동 스위치(%IX0.0.1) 슬롯 "0"의 1번(%IX0.0.1)버튼을 누르면 모터(%QX0.2.0)가 동작하고 운전램프(%QX0.2.1)가 점등된다. 이때 정지램프는 소등된다.

> ※ 자기유지 접점이란
> 기억회로로써 OFF 우선회로와, ON 우선회로의 두 가지 회로가 있는데 상기 그림의 경우는 기동 스위치와 정지 스위치를 동시에 눌렀을 때 모터가 정지상태이므로 OFF 우선 회로이다. 반대로 모터가 운전상태가 되면 ON 우선회로가 된다.)

③ 모터의 자기유지 접점에 의해 정지 스위치(%IX0.0.0)를 ON 하기 전까지 모터는 계속 운전된다.

④ 시뮬레이터를 종료하려면 시뮬레이터 우측 상단의 단축아이콘 ☒을 선택하면 된다.

2) 장비와의 결선도

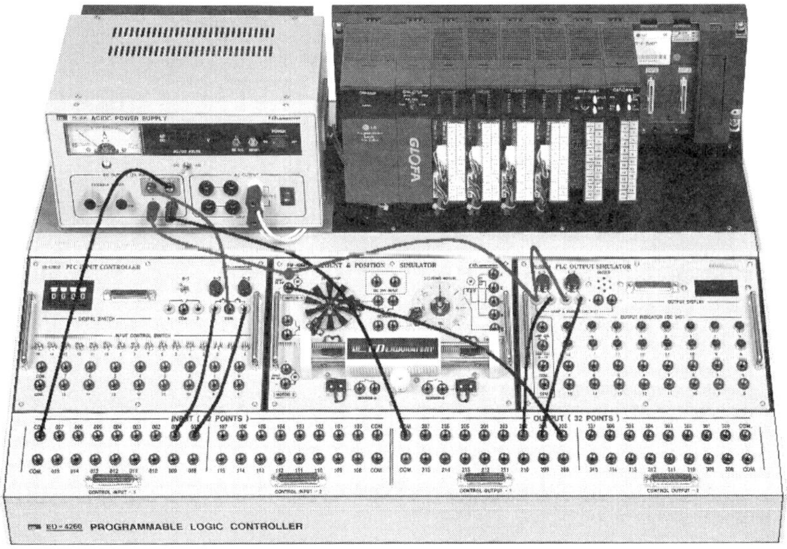

실습과제 4. 모터의 정·역 제어 프로그램 실습(인터록 회로)

1. 실험목적

1) PLC를 이용하여 모터의 정·역 회로를 이해한다.
2) PLC의 I/O(INPUT/OUTPUT) MAP을 익힐 수 있다.
3) 시퀀스 제어와 PLC 제어의 차이점을 구별할 수 있다.
4) PLC TRAINER(ED-4260)의 구조와 원리를 이해할 수 있다.

2. 준비사항

1) ED-4260 PLC TRAINER ……… 1EA
2) PC(GLOFA 구동용) …………………… 1EA
3) RS-232 CABLE ……………………… 1EA
4) 연결 케이블 ……………………………… 1SET

3. 관계지식

1) 모터의 정·역 회로를 이해할 수 있어야 한다.
2) 기본적인 시퀀스 회로를 이해할 수 있어야 한다.
3) 인터록 회로를 이해하여야 한다.
4) PLC I/O MAP을 작성할 수 있어야 한다.

4. 동작조건

1) 2개(정 회전, 역회전)의 입력 스위치와 정지 스위치를 사용하여 모터의 정·역 구동회로를 구성 한다.
2) PLC I/O MAP의 구성은 아래와 같이 구성한다.

구 분	간접 변수 명	I/O할당	비 고
입 력	정회전 스위치	%IX0.0.1	토글스위치 1
	역회전 스위치	%IX0.0.2	토글스위치 2
	정지 스위치	%IX0.0.0	토글스위치 0
출 력	모터 운전램프	%QX0.3.0	램프 L-2
	정회전 모터 A	%QX0.2.0	MOTOR-1 (+)
	정회전 모터 B	%QX0.3.2	MOTOR-1 (-)
	역회전 모터 A	%QX0.2.1	MOTOR-1 (-)
	역회전 모터 B	%QX0.3.3	MOTOR-1 (+)
	모터 정지램프	%QX0.3.1	램프 L-1

2) 정회전 스위치가 ON이 되면 모터가 정회전 운전을 하고, 역회전 스위치가 ON이 되면 모터가 역회전 운전한다. 단 정지 스위치를 ON/OFF 시킨 후 모터가 운전이 되게 구성한다.

3) 모터가 운전을 할 때는 모터 운전램프에 불이 들어오고, 모터가 정지상태에 있을 때는 모터 정지램프에 불이 들어오도록 구성한다.

4) 정회전 스위치를 ON하면 모터는 정회전으로 운전하며 모터의 운전램프가 점등된다.

5) 역회전 운전을 하려면 정지 스위치로 모터를 OFF시키면 모터 정지램프가 점등되고, 역회전 스위치를 ON하면 모터는 역회전으로 운전하며 모터의 운전램프가 점등된다. 모터의 정·역 회로는 인터록 회로로 구성되어 있다.

> ※ 인터록 회로란
> 기기의 보호나 작업자의 안전을 위하여 2개의 회로기기 사이에 출력이 동시에 나오는 경우가 없도록 하기 위해 기기의 동작상태를 나타내는 접점을 사용하여 관련된 기기의 동작을 금지하는 회로를 인터록 회로라 하며, 다른 말로 선행 우선동작회로 또는 상대동작금지 회로라고도 한다.

6) 정회전 스위치를 ON 하면 모터는 정회전으로 운전하며 모터의 운전램프(%QX0.2.0)가 점등된다.

7) PLC 입력전원은 DC 24V로 구성하며 PLC COM은 DC 0V(-)에, 스위치 COM은 DC 24V(+)로 전원을 연결한다. 모터의 전원과 LAMP는 DC 12V로 구성하고 2슬롯 COM 단자에 DC 12V(+)를 연결하고 3슬롯 COM 단자에는 DC 0V(-)를 연결한다. LAMP COM은 DC 12V(+)를 연결해야 한다.

5. 프로그램 실습

1) GMWIN을 기동한다.
2) 프로젝트 및 프로그램 창을 연다.
3) PLC I/O MAP을 이용하여 프로그램을 구성한다.
4) 프로그램을 작성하는 방법은 전 과제를 참고 한다.
5) 아래 그림은 모터의 정·역 회로를 나타낸 프로그램이다.

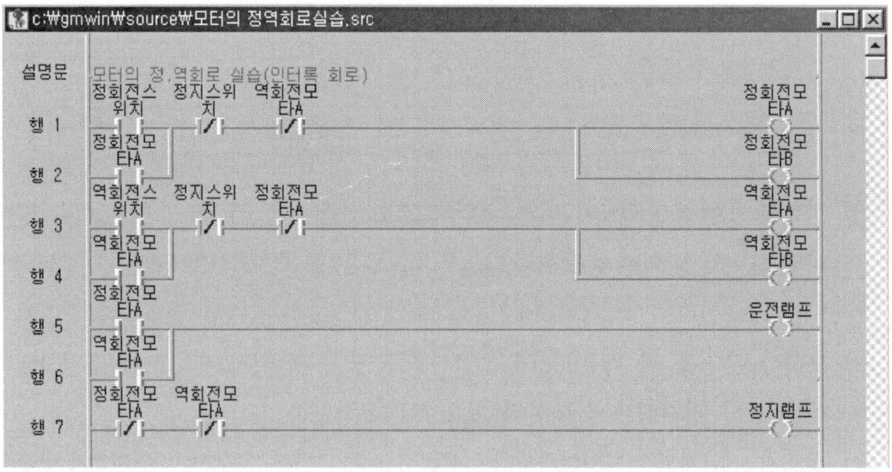

6) 변수확인 창

변수명	변수 종류	메모리할당	사용여부	데이터 타입
역회전모타A	VAR	%QX0.2.1		BOOL
역회전모타B	VAR	%QX0.3.3		BOOL
역회전스위치	VAR	%IX0.0.2		BOOL
운전램프	VAR	%QX0.3.0		BOOL
정지램프	VAR	%QX0.3.1		BOOL
정지스위치	VAR	%IX0.0.0		BOOL
정회전모타A	VAR	%QX0.2.0		BOOL
정회전모타B	VAR	%QX0.3.2		BOOL
정회전스위치	VAR	%IX0.0.1		BOOL

상기 프로그램에서 적용되는 지역변수(간접변수 선언 시)는 그림에서처럼 메뉴의 프로그램에서 지역변수를 선택하면 지역변수목록이 그림처럼 나타난다. 그림에서 메모리 할당은 I/O MAP과 일치하는 것을 알 수 있을 것이다.

6. 프로그램의 실행(시뮬레이터 이용)

1) 상기사항을 확인하기 위하여 GLOFA의 특징인 시뮬레이터를 이용하여 회로의 이상유무 및 동작을 실험하기로 한다.(그림 참조)

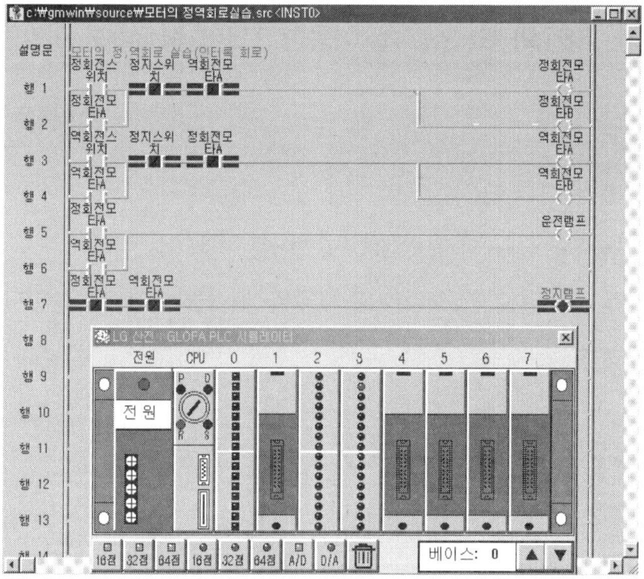

① 상기 그림은 시뮬레이터를 선택하고 CPU를 RUN 모드로 실행하면 슬롯 "3"의 1번(%QX0.3.1) 출력램프인 정지램프가 점등된다.

② 정회전 스위치(%IX0.0.1)를 ON 하면 정회전 모타 A(%QX0.2.0), B(%QX0.3.2)가 동작하고 운전램프(%QX0.3.0)가 점등된다. 이때 정지램프는 소등된다.

③ 역회전을 하려면 정지스위치로 모터를 정지한 후 역회전 스위치(%IX0.0.0)를 ON 하면 역회전 모타 A(%QX0.2.1), B(%QX0.3.3)의 동작이 이루어지며 운전램프가 점등된다.(인터록으로 상호 보호되어 있기에 정회전시 역회전스위치를 ON 해도 역회전이 되지 않는다.)

④ 시뮬레이터를 종료하려면 시뮬레이터 우측 상단의 단축아이콘 ☒을 선택

2) 장비와의 결선도

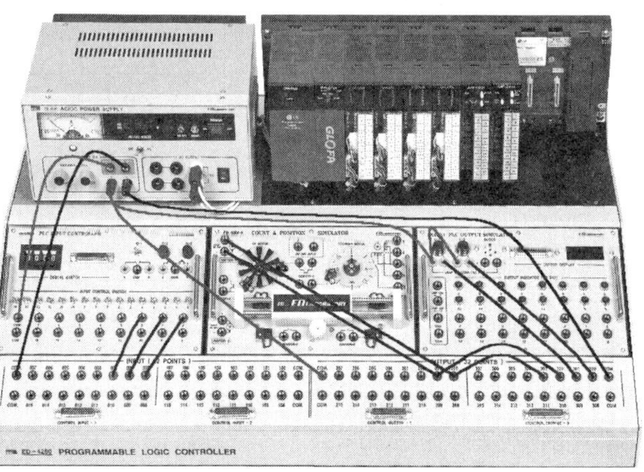

실습과제 5. SET와 RESET를 이용한 프로그램 실습

1. 실험목적

1) PLC의 명령어 SET과 RESET 명령어를 익힐 수 있다.
2) PLC TRAINER(ED-4260)의 구조와 원리를 이해할 수 있다.

2. 준비사항

1) ED-4260 PLC TRAINER ·········· 1EA
2) PC(GLOFA 구동용) ······················ 1EA
3) RS-232 CABLE ························· 1EA
4) 연결 케이블 ································ 1SET

3. 관계지식

1) PLC의 기본 명령어를 이해할 수 있어야 한다.
2) SET와 RESET의 의미를 이해할 수 있어야 한다.

4. 동작조건

1) 2개의 스위치(운전, 정지)를 이용하여 모터의 기동 및 정지회로를 구성한다.
2) PLC I/O MAP의 구성은 아래와 같이 구성한다.

구 분	간접 변수 명	I/O할당	비 고
입 력	기동 스위치	%IX0.0.2	푸시스위치 S-2
	정지 스위치	%IX0.0.1	푸시스위치 S-3
	스위치 A	%IX0.0.0	토글스위치 0
출 력	모터(MC)	%QX0.2.2	MOTOR-1 (-)
	운전 램프	%QX0.2.1	램프 L-1
	정지 램프	%QX0.2.0	램프 L-2

3) PLC 입력전원은 DC 24V로 구성하며 PLC COM은 DC 0V(-)에, 스위치 COM은 DC 24V(+)로 전원을 연결한다. 모터의 전원과 LAMP는 DC 12V로 구성하

고 COM 단자에 DC 0V(-)를 모터(+)와 LAMP COM은 DC 12V(+)가변전원을 연결

4) 기동 스위치를 ON 하면 모터의 SET가 동작되어 운전하며 운전램프가 점등한다.
5) 정지 스위치를 ON 하면 모터의 RESET가 동작되며 운전이 정지되고 운전램프가 소등되며 정지램프가 점등한다.
6) 기동 스위치로 운전 시 스위치 A로 회로를 차단하여도 모터의 SET가 RESET될 때까지 계속 동작한다.
7) SET 명령어는 RESET 명령이 동작될 때까지 계속 동작하는 것이 특징이다.

5. 프로그램 실습

1) GMWIN을 기동하여 프로젝트 및 프로그램 창을 연다.
2) PLC I/O MAP을 이용하여 프로그램을 구성한다.
3) 프로그램을 작성하는 방법은 전 과제를 참고한다.
4) 아래 그림은 모터의 기동 정지를 SET 명령어와 RESET 명령어를 이용하여 나타낸 프로그램이다.

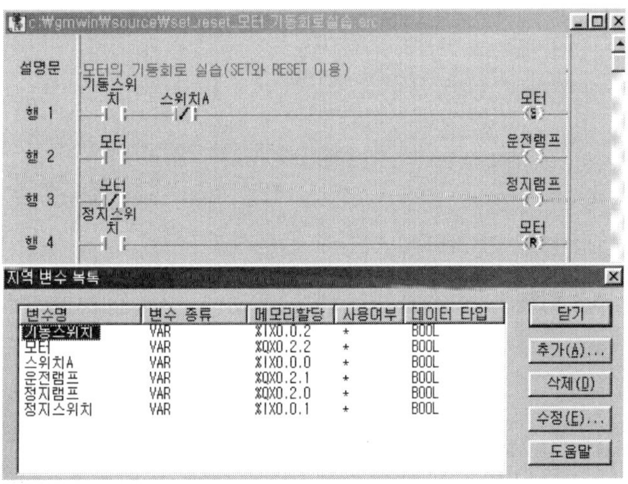

5) 상기 프로그램을 실습과제 3 모터의 기동 정지회로와 비교하여 보면 여러 가지의 차이점을 구별할 수 있을 것이다. 각각의 차이점을 구별하시오.
6) PLC로 전송 시 업로드를 이용하여 전송하여 보시오.(MASTER-K와 다른 특징)
7) PLC로 전송 시 업로드 프로그램을 선택하지 아니하면 PLC로부터 프로그램을 역으로 전송받을 수가 없다.(PLC로부터 PC로 전송을 받는 경우)

6. 프로그램의 실행(시뮬레이터 이용)

1) 상기사항을 확인하기 위하여 GLOFA의 특징인 시뮬레이터를 이용하여 회로의 이상유무 및 동작을 실험하기로 한다.(그림 참조)

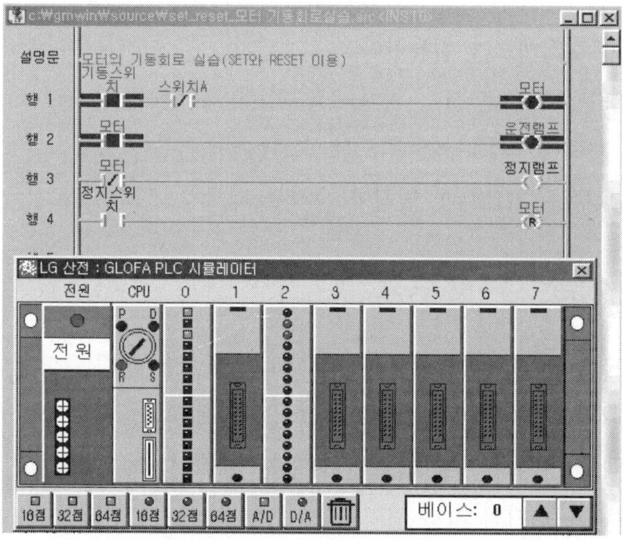

① 상기 그림은 시뮬레이터를 선택하고 CPU를 RUN 모드로 실행하여 기동 스위치를 ON할 경우 모터의 SET가 동작되면서 운전램프가 점등된 경우이다.

② 정지 스위치에 의해서 모터 RESET가 동작되어야만 모터는 정지한다.

③ 기동 스위치에 의해 운전된 경우 스위치 A를 ON 하여도 상기의 그림처럼 모터는 RESET가 동작하지 않았으므로 계속 운전 상태를 유지한다.

④ SET 명령어는 RESET 명령어에 의해서만 CLEAR 된다.

⑤ 시뮬레이터를 종료하려면 시뮬레이터 우측 상단의 단축아이콘 [X]을 선택

2) 장비와의 결선도

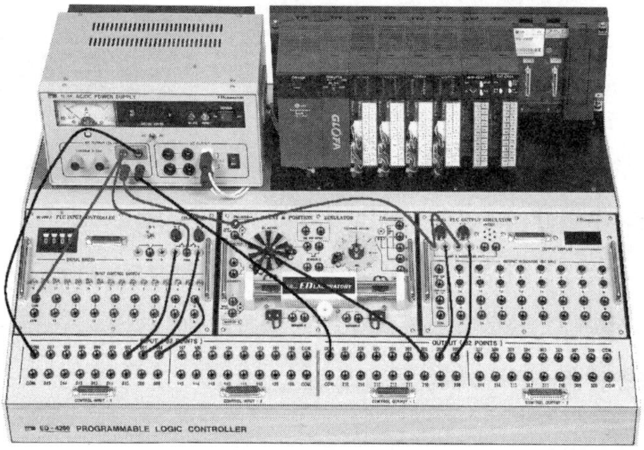

7. PC의 데이터(프로젝트 및 source파일 포함)를 PLC로 전송하려면 다음과 같이 정의되어야 한다.(PLC 업로드 프로그램)

1) RS-232 케이블을 접속한다.(PC와 PLC의 CPU와 서로 연결)
2) 메뉴의 프로젝트에서 옵션을 선택한다.(아래 그림 참조)
3) 메이크 옵션에서 출력파일을 선택하여 업로드 프로그램을 선택하고 설명문은 필요에 따라 포함 또는 제외하면 된다.
4) 업로드 프로그램을 미설정하고 전송할 경우 PLC로부터 데이터를 전송받을 수가 없기 때문이다.(MASTER-K과 다른 기능임.)
5) PLC의 프로그램을 PC로 전송을 받으려면 메뉴의 온라인에서 읽기(PC를 기준으로 읽기는 PLC에서 PC로 전송을 받는 것을 의미)를 선택하면 된다.

* 온라인 메뉴에서 쓰기는 PC를 기준으로 PC에서 PLC로 전송하는 것을 의미

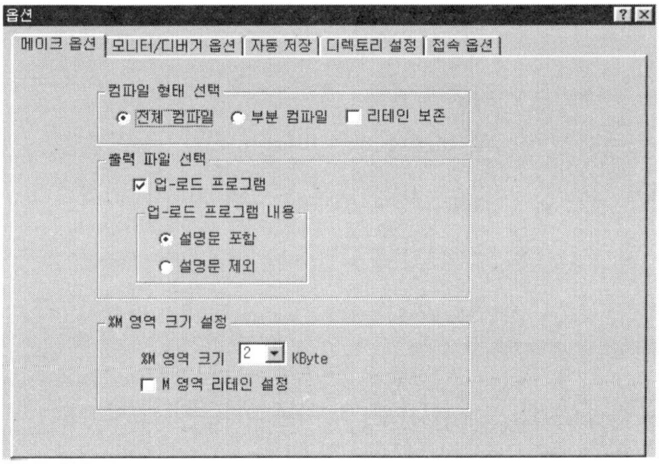

‖ 업로드 프로그램을 설정하기 위한 그림 ‖

실습과제 6. 변환 검출 코일 프로그램 실습

1. 실험목적

PLC의 명령어 양 변환 검출 코일 및 음 변환 검출 코일 명령어를 익힐 수 있다.

2. 준비사항

1) ED-4260 PLC TRAINER ·········· 1EA
2) PC(GLOFA 구동용) ······················ 1EA
3) RS-232 CABLE ·························· 1EA
4) 연결 케이블 ································· 1SET

3. 관계지식

1) PLC의 기본 명령어를 이해할 수 있어야 한다.
2) 양 변환 검출 코일 및 음 변환 검출 코일의 의미를 이해할 수 있어야 한다.
3) 스캔타임의 의미를 이해하여야 한다.

4. 동작조건

4) 3개의 스위치(기동 1, 기동 2, 정지)를 이용하여 모터 기동 및 정지회로를 구성
5) PLC 메모리 할당은 아래와 같이 구성한다.

구 분	간접 변수 명	I/O할당	비 고
입 력	기동 스위치 1	%IX0.0.2	푸시스위치 S-2
	기동 스위치 2	%IX0.0.1	푸시스위치 S-3
	정지 스위치	%IX0.0.0	토글스위치 0
출 력	모 터	%QX0.2.2	MOTOR-1 (-)
	양변환 검출	자동	
	음변환 검출	자동	
	운전 램프	%QX0.2.1	램프 L-1
	정지 램프	%QX0.2.0	램프 L-2

6) PLC 입력전원은 DC 24V로 구성하며 PLC COM은 DC 0V(-)에, 스위치 COM은 DC 24V(+)로 전원을 연결. 모터의 전원과 LAMP는 DC 12V로 구성하고 COM 단자에 DC 0V(-)를 모터(+)와 LAMP COM은 DC 12V(+)가변전원을 연결한다.
7) 기동 스위치 1을 ON 하면 양 변환 검출코일이 기동 스위치 1이 OFF에서 ON이 될 때(상승 시) 1스캔 동안만 동작하여 모터를 운전하며(자기유지에 의해 계속 운전) 정지 스위치에 의해 모터가 정지한다.
8) 기동 스위치 2를 ON 하면 음 변환 검출코일이 기동 스위치 2가 ON에서 OFF로 될 때(하강 시) 1스캔 동안만 동작하여 모터를 운전하며(자기유지에 의해 계속 운전) 정지 스위치에 의해 모터가 정지한다.

5. 프로그램 실습

1) GMWIN을 실행시켜 프로젝트 및 프로그램 창을 연다.
2) PLC I/O MAP을 이용하여 프로그램을 구성한다.
3) 프로그램을 작성하는 방법은 전 과제를 참고한다.
4) 아래 그림은 양 변환 검출코일과 음 변환 검출코일 명령어를 이용하여 모터의 기동 정지 회로를 나타낸 프로그램이다.

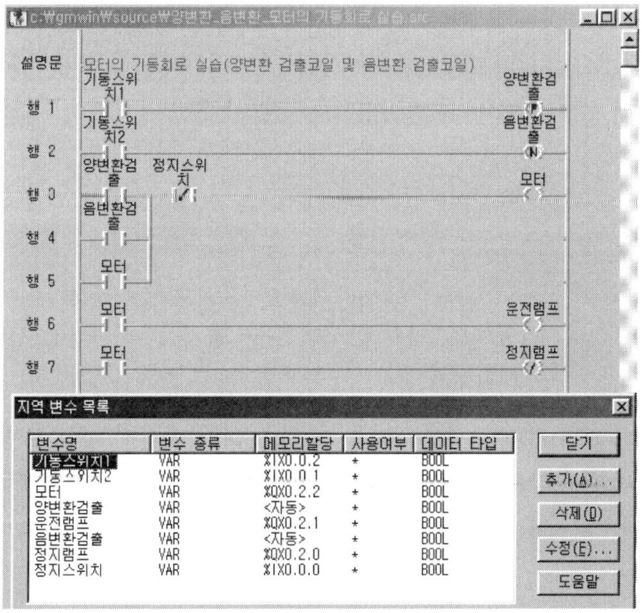

5) 상기 프로그램을 실습과제 3 모터의 기동 정지회로와 비교하여 차이점을 구별할 수 있을 것이다.(상승출력 접점과 하강출력 접점의 차이점을 구별)

6. 프로그램의 실행(시뮬레이터 이용)

1) 상기사항을 확인하기 위하여 GLOFA의 특징인 시뮬레이터를 이용하여 회로의 이상유무 및 동작을 실험하기로 한다.(그림 참조)

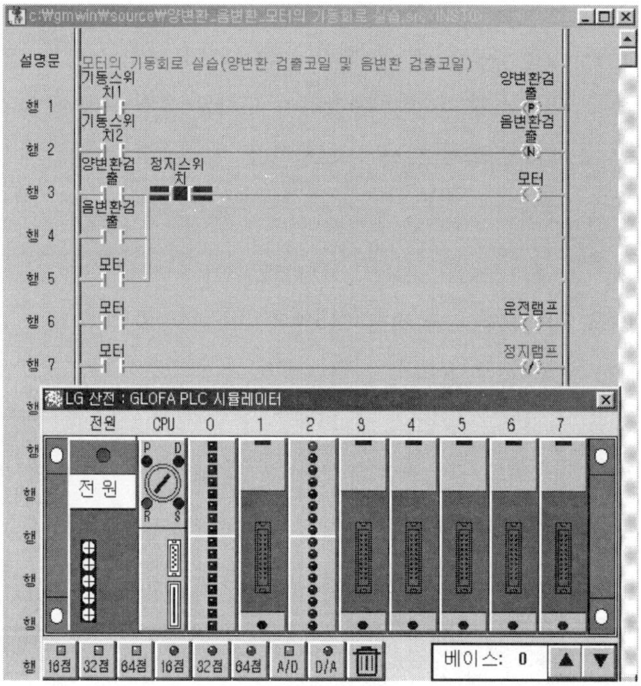

① 상기 그림은 시뮬레이터를 선택하고 CPU를 RUN(R) 모드로 실행하여 기동스위치를 ON 한 경우 정지램프가 점등된 경우이다.(정지 램프 출력 도구는 역코일을 사용한 예임)

② 기동 스위치 1을 ON 함과 동시에 상승 출력검출이 되어 모터가 운전하고 정지스위치에 의해 정지한다.

③ 기동 스위치 2를 ON 했다가 OFF로 되는 순간에 하강 출력검출이 되어 모터가 운전하고 정지 스위치에 의해 정지한다.

④ 시뮬레이터를 종료하려면 시뮬레이터 우측 상단의 단축아이콘 을 선택

2) 장비와의 결선도

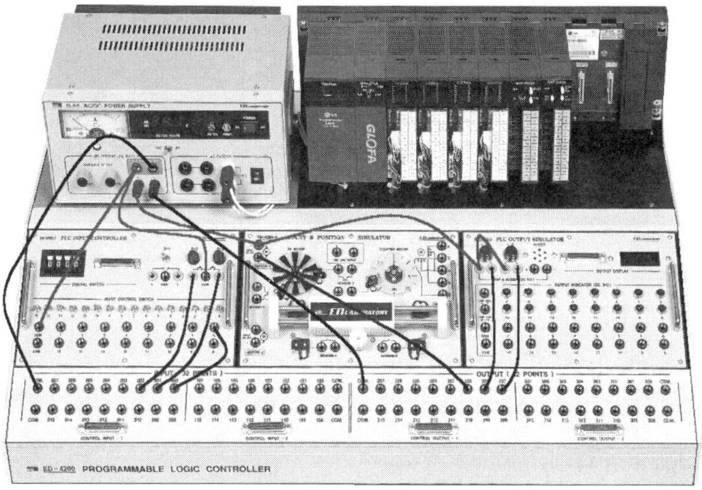

실습과제 7. 유도전동기의 Y-△ 기동회로 프로그램 실습

1. 실험목적

타이머 명령어를 이용하여 3상 유도전동기의 Y-△ 기동회로를 익힐 수 있다.

2. 준비사항

1) ED-4260 PLC TRAINER ……… 1EA
2) PC(GLOFA 구동용) …………………… 1EA
3) RS-232 CABLE …………………… 1EA
4) 연결 케이블 ……………………………… 1SET

3. 관계지식

1) 타이머의 기본 지식을 이해할 수 있어야 한다.
2) 3상 유도전동기의 기동방식을 이해할 수 있어야 한다.
3) 펑션블록을 이해할 수 있어야 한다.

4. 동작조건

1) 운전 스위치와 정지 스위치를 이용하여 3상 유도전동기의 기동 및 정지회로를 구성한다. (Y-△ 운전)
2) PLC I/O MAP의 구성은 아래와 같이 구성한다.

구 분	간접 변수 명	I/O할당	비 고
입 력	기동 스위치	%IX0.0.1	푸시스위치 S-2
	정지 스위치	%IX0.0.0	푸시스위치 S-3
출 력	Y 운전(MC)	%QX0.2.1	램프 1
	△ 운전(MC)	%QX0.2.2	램프 2
	정지 램프	%QX0.2.0	램프 0

3) 전원은 DC 24V로 구성하며 PLC COM은 DC 0V(-)에, 스위치 COM과 LAMP는 DC 24V(+)로 전원을 연결한다. 입력전원과 출력 전원은 구분하여 사용한다.

4) 기동 스위치를 ON하면 Y 운전(MC)이 동작하여 Y 결선으로 3상 유도전동기가 운전하며 타이머가 동작한다.

5) 타이머의 설정시간(본 실습에서는 5초로 설정한다) 후 Y 운전(MC)이 OFF되고 △ 운전(MC)이 동작하여 △ 결선으로 3상 유도전동기가 운전된다. 정지 스위치에 의해 3상유도 전동기가 정지한다. (※ 본 실습에서의 Y 운전과 △ 운전의 MC출력은 램프로 대치하여 결선한다)

5. 프로그램 실습

1) GMWIN을 실행시켜 프로젝트 및 프로그램 창을 연다.

2) PLC I/O MAP을 이용하여 프로그램을 구성한다.

3) 프로그램을 작성하는 방법은 전 과제를 참고한다.

4) 아래 그림은 타이머를 이용하여 3상 유도전동기의 Y-△ 기동회로를 나타낸 프로그램이다.

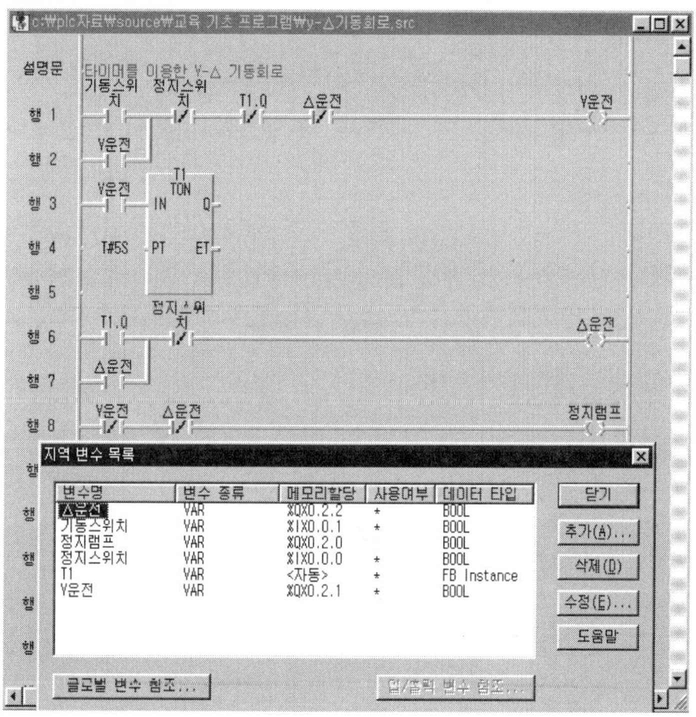

5) 타이머를 실행하려면 기존의 PLC와는 다른 명령어 체계를 구사하므로 주의해야 한다. 참고로 MASTER-K 같은 경우는 일반 출력코일을 그대로 적용하는 반면 GLOFA는 펑션과 펑션블록이라는 명령어 체계를 사용한다.

※ 펑션과 펑션블록의 차이점

- 펑션 : 프로그램의 1 STEP부터 마지막 STEP까지 걸리는 시간을 1 SCAN이라고 하는데 1SCAN TIME 내에 동작하는 경우와 연산결과를 명령어 내부에 보관하지 않고 즉시 실행하는 경우에 적용되는 것이 펑션이다.
(예 : 연산 펑션, 시간/날짜 펑션, 선택/비교 펑션, 타입 변환 펑션)
- 펑션블록 : 프로그램이 여러 SCAN에 걸쳐 기억된 연산결과를 출력하는 경우에 적용되는 것이 펑션블록이다. (예 : 타이머, 카운터)

6) 펑션블록의 사용법

① 타이머를 사용하려면 도구상자의 펑션블록( )을 선택하여 프로그램의 해당 위치에 놓으면 아래 그림처럼 펑션블록 목록이 나타난다.

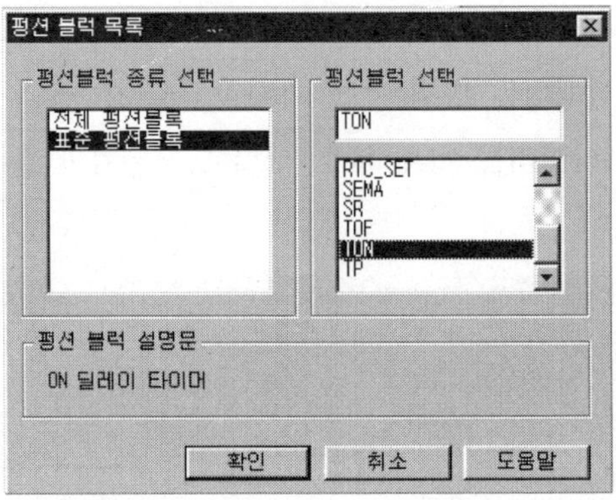

② 펑션블록의 종류 선택에서 표준 펑션블록을 선택하고, 표준 펑션블록의 종류 중에서 TON(ON 딜레이 타이머)을 선택하여 타이머의 변수이름을 지정한다. (TIMER의 약자를 써서 T1이라 지정한다. 카운터는 COUNTER의 약자 C를 사용하는 것이 일반적이다.)

③ 아래 그림은 Y운전 접점이 ON 되어 T1이 동작을 하고 있으며, 설정시간(PT)이 5초로 설정되어 있는 프로그램의 동작상태를 나타낸다.

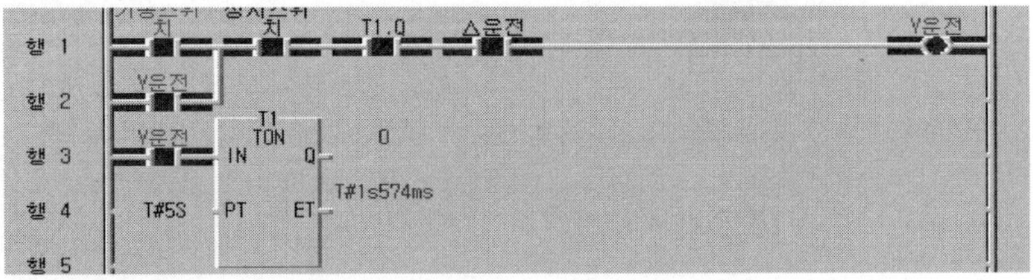

④ ON 딜레이 타이머(TON)의 펑션블록을 살펴보면 다음과 같다.

- 타이머 명은 T1(인스턴트 네임)
- IN : 타이머가 동작할 수 있는 동작 개시 입력신호이며 BOOL 형태이다.

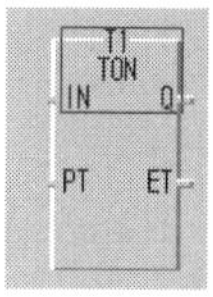

- PT : 타이머의 설정 시간(TIME)이 된다.
- Q : 출력(설정 시간이 되었을 때 출력을 낸다.)
- ET : 타이머의 경과시간(현재 값)을 나타낸다.

⑤ OFF 딜레이 타이머와 펄스 타이머 펑션블록

- OFF 딜레이 타이머 (TOF)

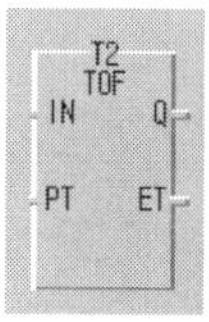

- IN에 입력신호가 ON이 되면 출력도 ON이 되고, 입력신호가 OFF가 되는 시점부터 타이머가 동작하여 설정된 시간이 되었을 때 출력이 OFF 된다.
- IN, PT, Q, ET는 ON 딜레이 타이머와 동일한 구조

- 펄스 타이머 (TP)

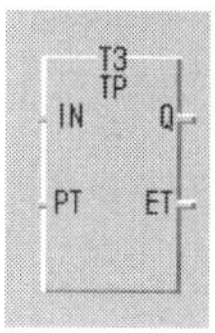

- IN에 입력신호가 ON이 되는 순간부터 출력이 ON이 되며 입력 신호가 OFF가 되어도 설정 시간이 될 때까지 출력이 ON이 되며 설정된 시간이 되면 출력은 OFF가 된다.
- IN, PT, Q, ET는 ON딜레이 타이머와 동일한 구조

6. 프로그램의 실행(시뮬레이터 이용)

1) 상기사항을 확인하기 위하여 GLOFA의 특징인 시뮬레이터를 이용하여 회로의 이상유무 및 동작을 실험하기로 한다.(그림 참조)

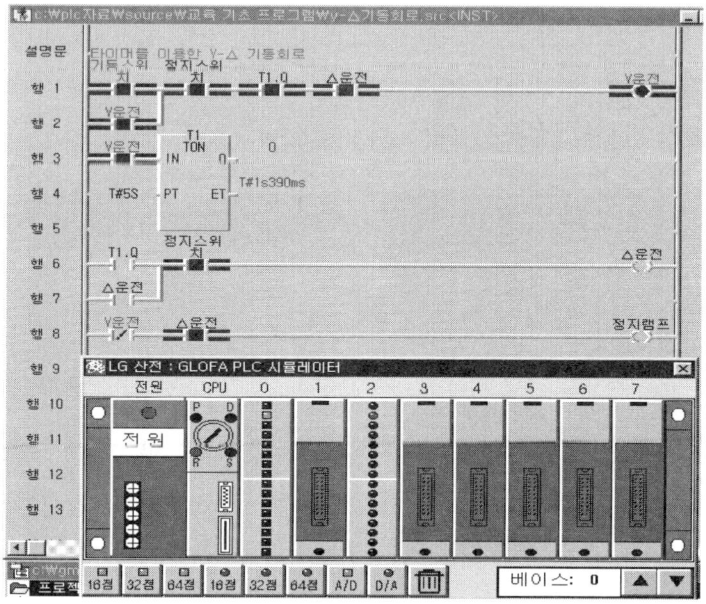

① 상기 그림은 시뮬레이터를 선택하고 CPU를 RUN 모드로 실행하여 기동 스위치를 ON 한 경우 Y운전 출력이 점등된 경우이다.

② Y운전 접점에 의해 타이머가 동작하고 설정시간 5초 후 △운전 출력이 동작된다.

③ 운전을 종료하려면 정지 스위치에 의해 정지되며 정지램프가 점등한다.

④ 시뮬레이터를 종료하려면 시뮬레이터 우측 상단의 단축아이콘 ☒을 선택

2) 장비와의 결선도

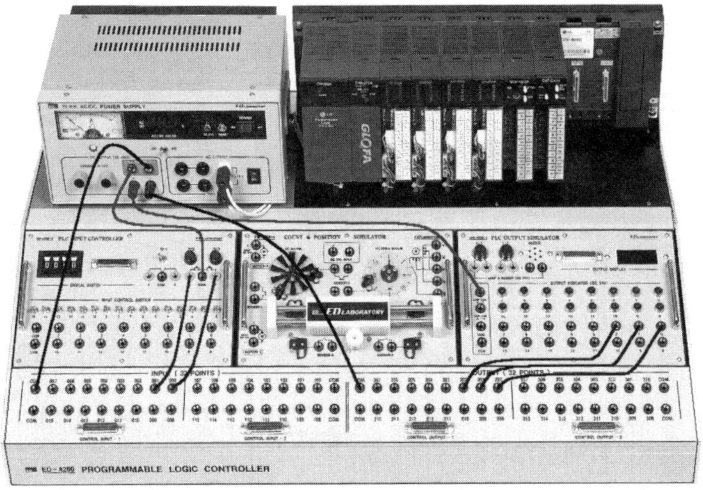

실습과제 8. 카운터(UP)를 이용한 프로그램 실습

1. 실험목적

카운터 명령어를 이용하여 카운터의 종류와 특징을 익힐 수 있다.

2. 준비사항

1) ED-4260 PLC TRAINER ·········· 1EA
2) PC(GLOFA 구동용) ······················ 1EA
3) RS-232 CABLE ························ 1EA
4) 연결 케이블 ································· 1SET

3. 관계지식

1) 카운터의 기본 지식을 이해할 수 있어야 한다.
2) 펑션블록을 이해할 수 있어야 한다.

4. 동작조건

1) 스타트 스위치를 ON 하면 특수 레지스터 _T1S가 1초 간격으로 ON, OFF를 반복하는 회로를 구성하고 타이머의 ON된 횟수가 5번이면 카운터에 의해 모터가 운전하며 운전램프가 점등된다.
2) 카운터 출력에 의해 타이머가 동작하면서 5초 후 모터가 정지하고 운전램프가 소등되는 동작을 정지 스위치가 ON 될 때까지 모터는 반복 운전되도록 한다.
3) 정지 스위치를 ON 시키면 카운터도 현재값이 초기화되어야 한다.
4) PLC 메모리 할당은 아래와 같이 구성한다.

구 분	간접 변수 명	메모리 할당	비 고
입 력	스타트 스위치	%IX0.0.1	푸시스위치 S-2
	정지 스위치	%IX0.0.0	푸시스위치 S-3
출 력	모터	%QX0.3.3	MOTOR-1 (-)
	스타트 램프	%QX0.3.2	램프 2
	운전 램프	%QX0.3.1	램프 1

	정지 램프	%QX0.3.0	램프 0
출 력	카 운 터	자동	
	타 이 머	자동	

3) PLC 입력전원은 DC 24V로 구성하며 PLC COM은 DC 0V(-)에, 스위치 COM은 DC 24V(+)로 전원을 연결한다. 모터의 전원과 LAMP는 DC 12V로 구성하고 COM 단자에 DC 0V(-)를 모터(+)와 LAMP COM은 DC 12V(+)가변전원을 연결한다.

5. 프로그램 실습

1) GMWIN을 실행시켜 프로젝트 및 프로그램 창을 연다.
2) PLC I/O MAP을 이용하여 프로그램을 구성한다.
3) 프로그램을 작성하는 방법은 전 과제를 참고한다.
4) 아래 그림은 카운터를 이용하여 상기회로를 구현한 지역변수 목록과 프로그램이다.

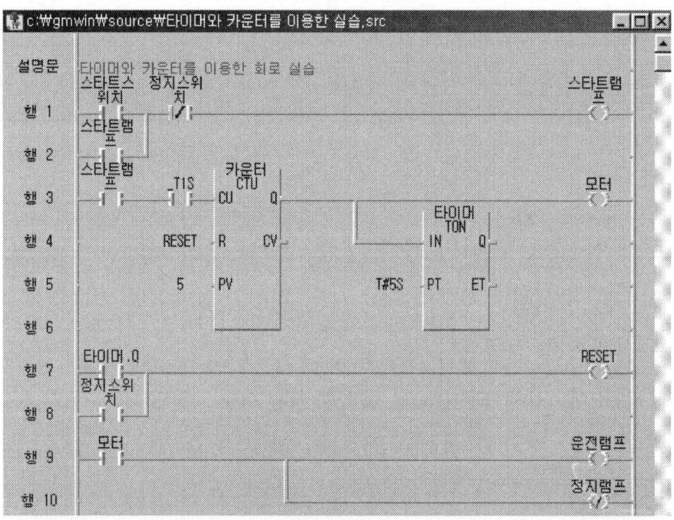

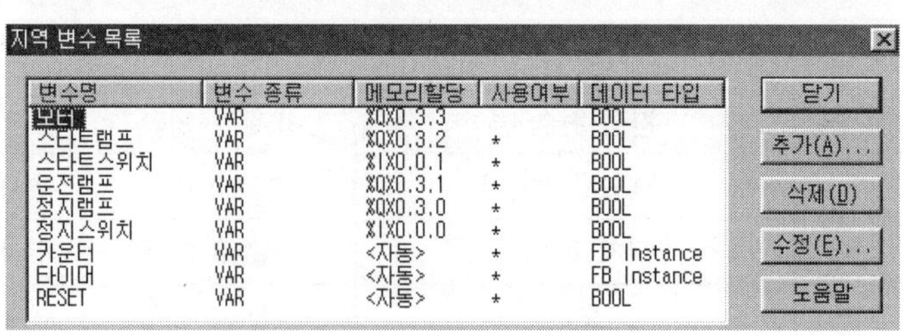
지역 변수 목록

변수명	변수 종류	메모리할당	사용여부	데이터 타입
모터	VAR	%QX0.3.3		BOOL
스타트램프	VAR	%QX0.3.2	*	BOOL
스타트스위치	VAR	%IX0.0.1	*	BOOL
운전램프	VAR	%QX0.3.1	*	BOOL
정지램프	VAR	%QX0.3.0	*	BOOL
정지스위치	VAR	%IX0.0.0	*	BOOL
카운터	VAR	<자동>	*	FB Instance
타이머	VAR	<자동>	*	FB Instance
RESET	VAR	<자동>	*	BOOL

닫기 추가(A)... 삭제(D) 수정(E)... 도움말

5) 펑션블록의 사용법(CTU : 가산카운터)

① 카운터를 사용하려면 도구상자의 펑션블록( )을 선택한다.
(타이머 사용법 참조)

② 펑션블록의 종류중 표준 펑션블록을 선택하고 표준 펑션블록의 종류 중 CTU (가산카운터)를 선택하고 카운터의 변수이름을 지정한다.(임의로 카운터라 지정)

③ 카운터의 종류를 살펴보면 다음과 같다.

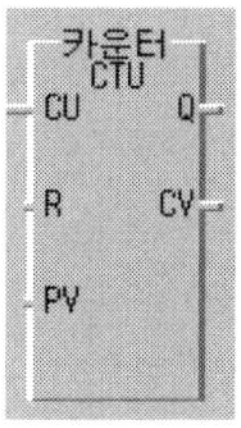

• 가산카운터로 CU의 입력이 “1”이 될 때마다 “1”씩 증가
 * 설정값(PV)에 도달하면 출력(Q)이 동작한다.
 - CU는 UP-카운터 입력, 반드시 왼쪽 모선에 연결
 - R은 카운터의 RESET(현재값 CV를 초기화시킨다)
 - PV는 카운터의 설정값(최대 32767)
 - Q는 UP-카운터의 출력(BOOL)
 - CV는 카운터의 현재값

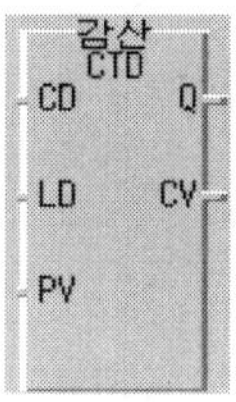

• 감산카운터로 CD의 입력이 “1”이 될 때마다 “1”씩 감소
 * 설정값(PV)에 도달하면 출력(Q)이 동작한다.
 - CD는 DOWN-카운터 입력, 반드시 왼쪽모선에 연결
 - LD가 “1”이 되면 현재값 CV에는 설정값 PV값이 로드됨
 - PV는 카운터의 설정값(최대 32767)
 - Q는 DOWN-카운터 출력(BOOL)
 - CV는 카운터의 현재값

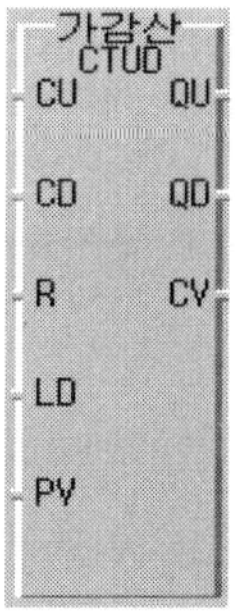

• 가감산카운터로 CU의 입력이 “1”이 될 때마다 “1”씩 증가하고, CD의 입력이 “1”이 될 때마다 “1”씩 감소
 * 출력 QU는 CV가 PV보다 크면 “1”이 되고, QD는 CV가 “0” 이하일 때 “1”이 된다.
 - CU/CD는 가감산 카운터 입력 시 왼쪽모선에 연결
 - R은 카운터의 RESET(설정값 PV는 클리어)
 - PV는 카운터의 설정값(최대 32767)
 - QU는 UP-카운터의 출력
 - QD는 DOWN-카운터의 출력
 - CV는 카운터의 현재값

6. 프로그램의 실행(시뮬레이터 이용)

1) 상기사항을 확인하기 위하여 GLOFA의 특징인 시뮬레이터를 이용하여 회로의 이상유무 및 동작을 실험하기로 한다.(그림 참조)

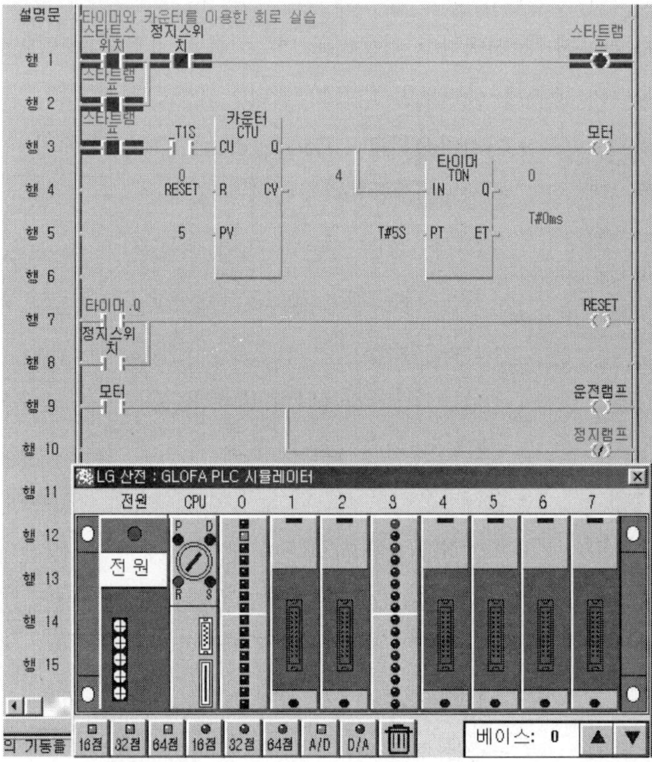

① 상기 그림은 시뮬레이터를 선택하고 CPU를 RUN 모드로 실행하여 스타트 스위치를 ON 하여 스타트램프를 동작시키고 PLC의 특수 레지스터인 _T1S에 의해 1초 간격으로 카운터에 입력신호가 전달되며 카운터가 계수된다.

② 카운터의 계수가 설정된 값(PV=5)이 되면 카운터 출력Q가 동작하여 모터가 운전하고, 모터에 의해서 운전램프가 점등된다.

③ 카운터의 출력에 의해서 타이머가 동작하고 설정된 시간(PT=5초)이 되면 RESET가 동작하여 카운터를 초기화시키며 모터가 정지하고 운전램프가 소등되며 정지램프는 점등된다.

④ 반복적으로 ②와 ③을 실행하다가 정지 스위치를 ON 시키면 모든 동작이 중지하고 스타트 램프가 소등된다. 카운터의 진행값도 초기화된다.

⑤ 시뮬레이터를 종료하려면 시뮬레이터 우측 상단의 단축아이콘 ☒을 선택

2) 장비와의 결선도

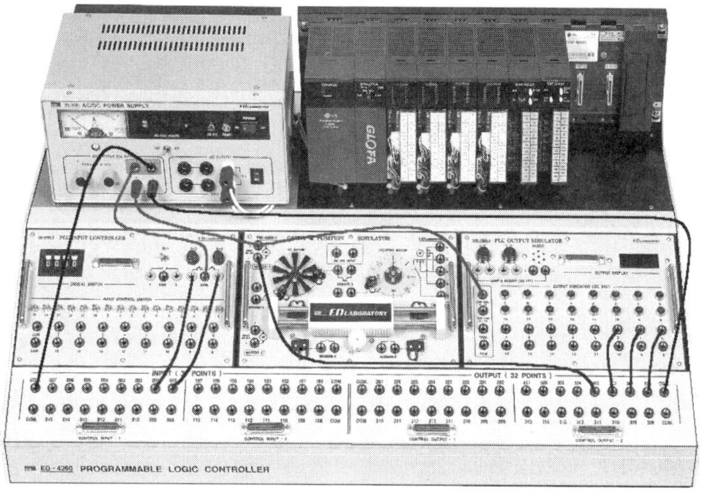

실습과제 9. 분기 JUMP 명령어를 이용한 프로그램 실습

1. 실험목적

점프 명령어를 이용하여 LD 프로그램 내에 프로그램 점프(서브프로그램)에 대해서 익힐 수 있다.

2. 준비사항

1) ED-4260 PLC TRAINER ·········· 1EA
2) PC(GLOFA 구동용) ······················ 1EA
3) RS-232 CABLE ························· 1EA
4) 연결 케이블 ································· 1SET

3. 관계지식

1) 점프와 콜의 기본 지식을 이해할 수 있어야 한다.
2) 서브루틴 프로그램을 이해할 수 있어야 한다.

4. 동작조건

1) 스위치 1은 출력 1을 제어하고, 스위치 2는 출력 2를 제어한다. 단 분기(점프) 명령어를 사용했을 때 출력 1은 스위치 1에 의해서 제어되지 않도록 회로를 구성한다. 출력 2는 스위치 2에 의해서 분기(점프) 명령에 관계없이 동작되어야 한다.
2) PLC I/O MAP의 구성은 아래와 같이 구성한다.

구 분	간접 변수 명	I/O할당	비 고
입 력	스위치 1	%IX0.0.1	토글스위치 1
	스위치 2	%IX0.0.0	토글스위치 0
	분기 스위치	%IX0.0.2	토글스위치 2
출 력	출력 1	%QX0.2.1	램프 L-1
	출력 2	%QX0.2.0	램프 L-2

3) 전원은 DC 24V로 구성하며 입력과 출력의 전원은 구분하여 사용한다. PLC

COM은 DC 0V(-)에, 스위치 COM과 LAMP는 DC 24V(+)로 전원을 연결한다.

5. 프로그램 실습

1) GMWIN을 실행시켜 프로젝트 및 프로그램 창을 연다.
2) PLC I/O MAP을 이용하여 프로그램을 구성한다.
3) 프로그램을 작성하는 방법은 전 과제를 참고한다.
4) 아래 그림은 점프 명령어를 이용하여 상기조건을 구현한 프로그램이다.

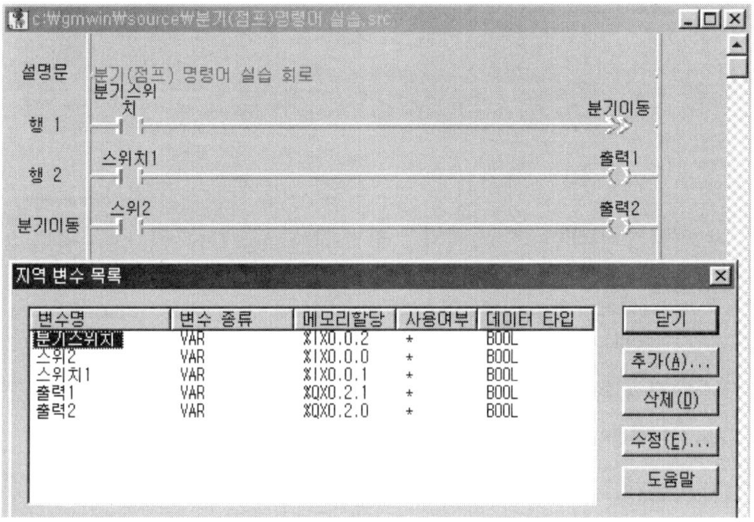

5) 점프 명령어의 사용법

① 분기 명령어를 사용하려면 작성하려는 프로그램에 >> 을 선택하고 레이블을 작성하면 된다.(설명문 또는 레이블 작성은 서브루틴 명령어 참조)

② 분기 명령어는 위 예제 프로그램에서 보는 바와 같이 분기 명령어는 분기 명령 실행 이후 프로그램은 동작하지 않고 점프될 지점의 레이블까지 이동한다.

6. 프로그램의 실행(시뮬레이터 이용)

1) 상기사항을 확인하기 위하여 GLOFA의 특징인 시뮬레이터를 이용하여 회로의 이상유무 및 동작을 실험하기로 한다.(그림 참조)

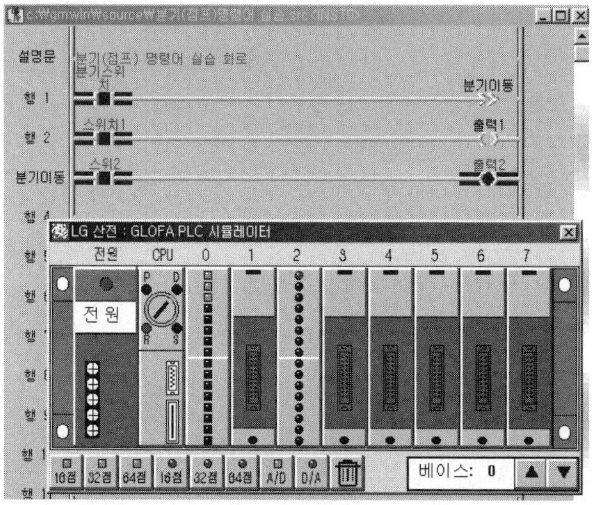

① 상기 그림은 시뮬레이터를 선택하고 CPU를 RUN(R) 모드로 실행하여 분기 스위치를 실행한 후 스위치 1과 스위치 2를 ON 한 경우 출력 2가 점등된 경우이다.

② 분기 스위치의 접점이 동작하면 점프 목적지인 레이블 분기이동으로 점프되어 스위치 1의 접점을 동작시켜도 출력 1은 동작하지 않는다. 단 점프 명령이 없는 상태에서는 출력 1의 출력이 동작하고, 출력 1이 동작 중인 상태에서 점프 명령이 떨어지면 스위치 1의 접점이 OFF 되어도 출력은 유지되며, 점프 명령이 해제될 때 스위치 1에 의해 제어된다. 출력 2의 출력은 점프 명령에 관계없이 스위치 2에 의해 동작한다.

③ 시뮬레이터를 종료하려면 시뮬레이터 우측 상단의 단축아이콘 ☒을 선택

2) 장비와의 결선도

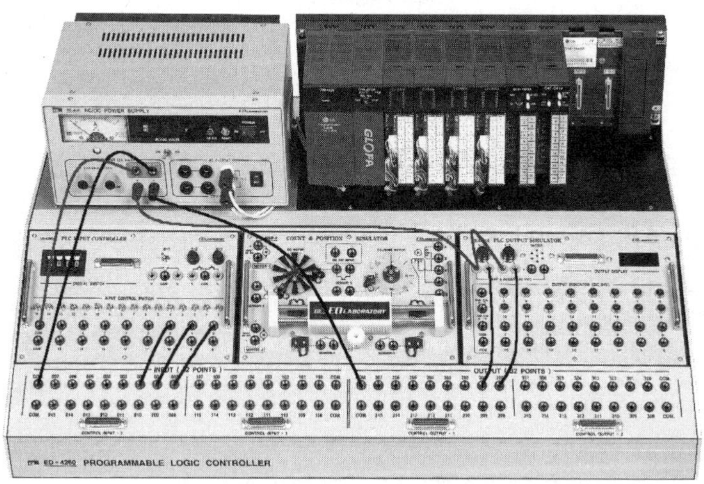

7. 서브루틴과 점프의 차이점

1) 서브루틴은 명령어의 END 이후에 사용된다.
2) 점프는 프로그램 내에 분기하고자 하는 곳까지 점프한다.
3) 분기는 분기 이후부터 점프되는 부분까지의 프로그램은 동작되지 않는다.

실습과제 10. 리턴 명령어를 이용한 프로그램 실습

1. 실험목적

리턴 명령어(RETURN)에 대해서 익힐 수 있다.

2. 준비사항

1) ED-4260 PLC TRAINER ·········· 1EA
2) PC(GLOFA 구동용) ······················ 1EA
3) RS-232 CABLE ························· 1EA
4) 연결 케이블 ································· 1SET

3. 관계지식

1) PLC의 기본기능을 이해할 수 있어야 한다.
2) 프로그램 종료에 대하여 이해할 수 있어야 한다.

4. 동작조건

1) 스위치 1의 접점이 동작하면 출력 1이 동작하고 [Return]을 만나면 프로그램이 종료되며, [Return] 이후의 프로그램인 스위치 2의 접점에 의해 출력되는 출력 2는 동작하지 않는다.
2) PLC I/O MAP의 구성은 아래와 같이 구성한다.

구 분	간접 변수 명	I/O할당	비 고
입 력	스위치 1	%IX0.0.1	토글스위치 1
	스위치 2	%IX0.0.0	토글스위치 0
출 력	출력 1	%QX0.2.1	램프 L-1
	출력 2	%QX0.2.0	램프 L-2

3) 전원은 DC 24V로 구성하고 입력과 출력의 전원을 분리하여 사용한다. PLC COM은 DC 0V(-)에, 스위치 COM과 LAMP는 DC 24V로 전원을 연결한다.

5. 프로그램 실습

1) GMWIN을 실행시켜 프로젝트 및 프로그램 창을 연다.

2) PLC I/O MAP을 이용하여 프로그램을 구성한다.

3) 프로그램을 작성하는 방법은 전 과제를 참고한다.

4) 아래 그림은 리턴 명령어를 이용하여 상기조건을 구현한 프로그램이다.

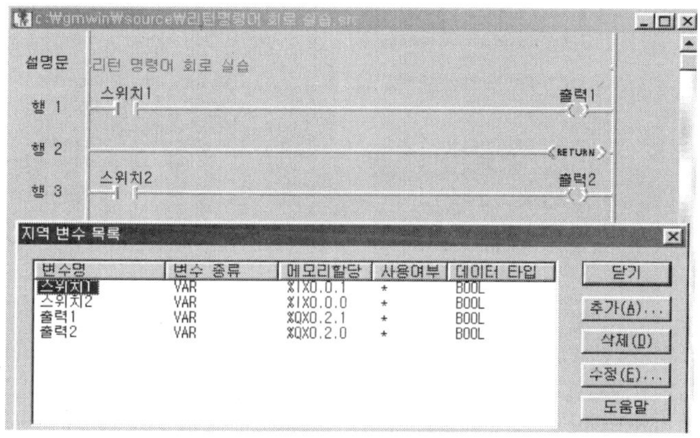

5) 리턴 명령어의 사용법

리턴 명령어를 사용하려면 도구상자에서 [RET]을 선택하고 작성하려는 위치에 커서를 놓고 마우스의 왼쪽버튼을 누르면 되며, [Return] 이후의 프로그램은 [Return]에 의해 동작되지 않고 프로그램이 종료된다.

6. 프로그램의 실행(시뮬레이터 이용)

1) 상기사항을 확인하기 위하여 GLOFA의 특징인 시뮬레이터를 이용하여 회로의 이상유무 및 동작을 실험하기로 한다.(그림 참조)

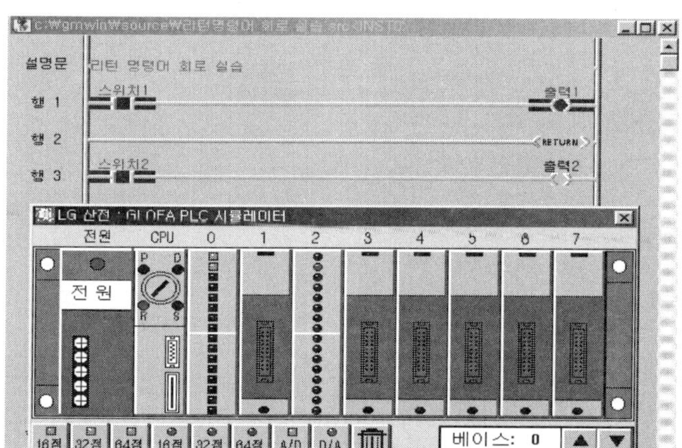

① 상기 그림은 시뮬레이터를 선택하고 CPU를 RUN(R) 모드로 실행하여 스위치 1을 ON 하면 출력 1이 점등된다. 2행의 [Return] 명령에 의해 프로그램은 종료함으로 2행 이후의 프로그램은 실행하지 않는다. 따라서 3행에 있는 스위치 2를 ON 시켜도 출력 2가 점등되지 않는 것을 나타낸다.

② 시뮬레이터를 종료하려면 시뮬레이터 우측 상단의 단축아이콘 ☒을 선택

2) 장비와의 결선도

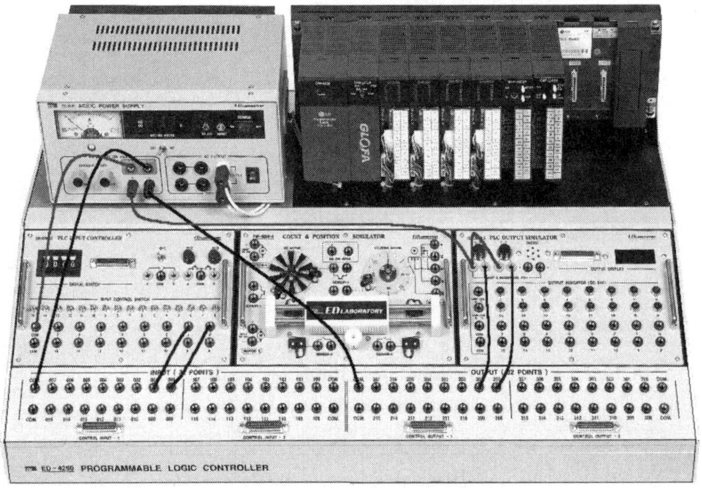

실습과제 11. 전송(MOVE) 명령어를 이용한 프로그램 실습

1. 실험목적

전송 명령어(MOVE)를 이용하여 데이터의 이동에 대해서 익힐 수 있다.

2. 준비사항

1) ED-4260 PLC TRAINER ·········· 1EA
2) PC(GLOFA 구동용) ····················· 1EA
3) RS-232 CABLE ························· 1EA
4) 25P 연결 케이블 ·························· 2EA
5) 연결 케이블 ·································· 1SET

3. 관계지식

1) 데이터의 유형을 이해할 수 있어야 한다.
2) 진수의 표현과 진법을 이해할 수 있어야 한다.

4. 동작조건설명

1) 디지털 스위치 입력을 DISPLAY에 MOVE 명령어를 사용하여 스위치 1번으로 %QW0.2.0으로 전송하고, 입력 BCD값을 BYTE 단위로 각각 스위치 2번과 3번을 사용하여 %QB0.3.0(LAMP 0 ~ LAMP 7), %QB0.3.1(LAMP 8 ~ LAMP15)로 구분하여 전송하여 해당 LAMP가 점등되도록 구성한다.
2) PLC I/O MAP의 구성은 아래와 같이 구성한다.

구 분	간접 변수 명	메모리할당	비 고
입 력	스위치 1	%IX0.1.15	토글스위치 2
	스위치 2	%IX0.1.14	토글스위치 1
	스위치 3	%IX0.1.13	토글스위치 0
출 력	DATA 1	%QW0.2.0	OUT DISPLAY
	DATA 2	%QB0.3.0	램프 0~7
	DATA 3	%QB0.3.1	램프 8~15

3) 전원은 DC 24V로 구성하며 입력과 출력은 구분하여 사용한다. PLC COM은 DC 0V(-)에, 스위치 COM과 LAMP는 DC 24V(+)로 전원을 연결한다.

5. 프로그램 실습

1) GMWIN을 실행시켜 프로젝트 및 프로그램 창을 연다.
2) PLC I/O MAP을 이용하여 프로그램을 구성한다.
3) 프로그램을 작성하는 방법은 전 과제를 참고한다.
4) 아래 그림은 MOVE를 이용하여 상기조건을 구현한 프로그램이다.

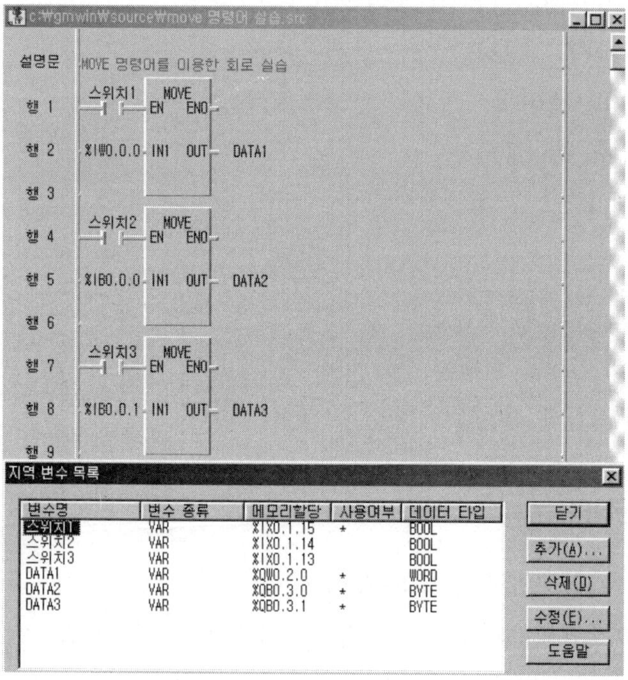

5) MOVE 명령어의 사용법

① MOVE 명령어를 사용하려면 도구상자에서 을 선택하고 작성하려는 위치에 커서를 놓고 마우스의 왼쪽버튼을 누르면 펑션의 메뉴가 나타나며, 펑션은 펑션블록(타이머와 카운터 사용 시 적용)과 마찬가지로 기존의 PLC에서 적용되는 것과는 다른 체계의 구조이다. 펑션이라 함은 기존의 PLC에서 여러 가지 명령어들의 집합체라 보면 된다.

② MOVE 명령어를 사용하려면, 우선 아래 그림처럼 펑션 목록 중 펑션에서 MOVE를 선택하면 아래 그림처럼 구성된다.

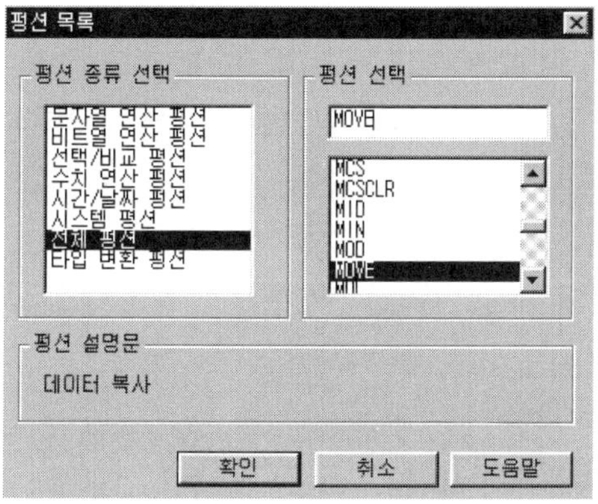

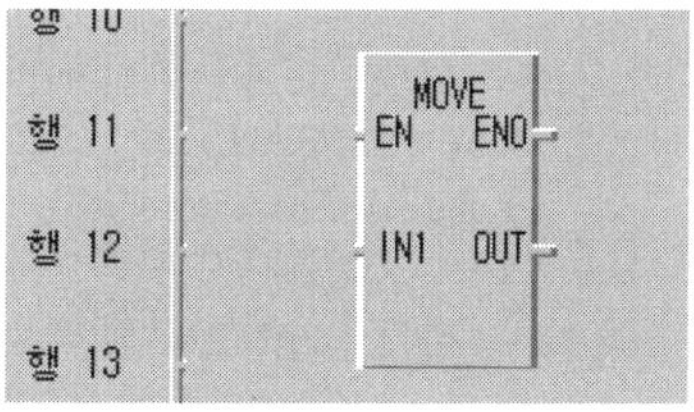

③ MOVE에는 EN, ENO, IN1, OUT의 입·출력 구조를 가지고 있다.
MOVE의 명령어를 살펴보면 MOVE란 데이터를 복사하는 기능을 가진 펑션(일명 명령어라 보면 쉽다.)이며 구조는 다음과 같다.

- EN : MOVE의 펑션을 실행하기 위한 입력 접점
- ENO : MOVE의 출력상태를 의미(BIT 형태)
- IN1 : 데이터를 복사할 값
- OUT : 데이터가 복사된 값

④ 진수와 진법 그리고 데이터의 유형은 상당히 중요하다.

- 16#1111의 의미 : 16진수, 즉 WORD 개념으로 하위 BIT부터 상위 BIT까지의 BIT의 수가 16개로 4개의 BIT씩 구분하여 표현되어 있다.

%QW0.2.	0	0	0	1	0	0	0	1	0	0	0	1	0	0	0	1

- 위 그림을 살펴보면 16#1111H는 데이터의 표현은 16진수이며 값은 1111을 의미한다. 즉, 16진수를 4개의 BIT(경우의 수가 16가지)씩 구분하여(니블 단위) 표현하면, %QX0.2.0, %QX0.2.4, %QX0.2.8, %QX0.2.12가 ON이 되며 나머지 BIT는 OFF이다.

⑤ 데이터의 유형을 구분해보면 지금까지는 BIT의 개념(ON, OFF)으로 사용되었으나 ON, OFF의 2진 데이터로 조합하면 그림처럼 0001 0001 0001 0001로 볼 수 있으며, 16진수로 1111H라고도 표현할 수 있다.(1111H에서 H는 16진수를 의미하며 프로그램을 할 때는 H를 삭제하고 변수를 입력한다.)

⑥ 또한, 16#FFFFH는 1111 1111 1111 1111로 프로그램을 적용하면 %QX0.2.0에서 %QX0.2.15까지의 모든 접점(BIT)이 ON 된 상태를 알 수 있다.

6. 프로그램의 실행(시뮬레이터 이용)

1) 상기사항을 확인하기 위하여 GLOFA의 특징인 시뮬레이터를 이용하여 회로의 이상유무 및 동작을 실험하기로 한다.(그림 참조)

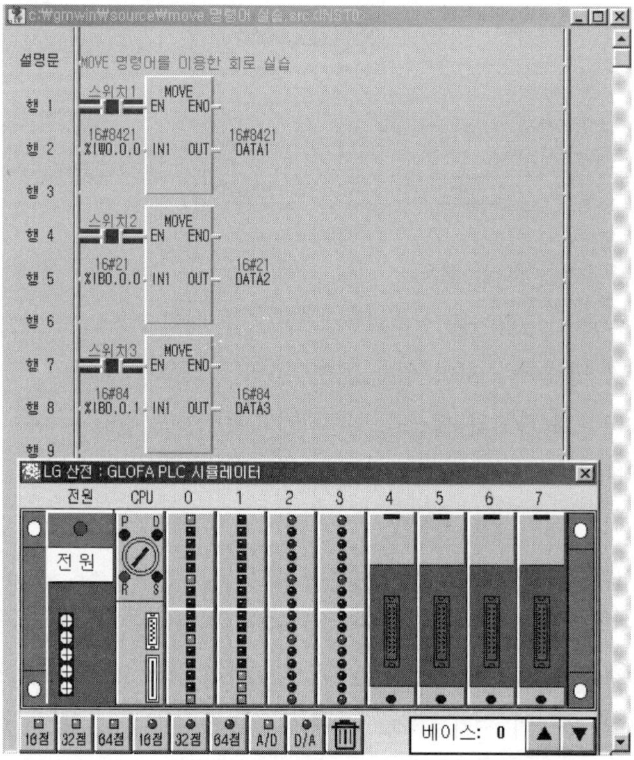

① 상기 그림은 시뮬레이터를 선택하여 CPU를 RUN 모드로 실행하고 스위치 1,2,3을 ON 하여 데이터 8421을 DATA1(%QW0.2.0)과 DATA2(%QB0.3.0), DATA3(%QB0.3.1)으로 전송된 것을 나타내고 있다. (출력들은 각 스위치에 의해서 제어된다.)

② 16#8421H를 2진수로 표기하면 (8)1000 (4)0100 (2)0010 (1)0001와 같이 나타낼 수 있고 출력도 1, 6, 11, 15접점에 램프가 점등되어 있다. 여기서 WORD와 BYTE 단위로 전송이 되지는데 스위치 2에 의해서 16#??21이 전송되고 스위치 3에 의해서 16#84??가 전송된다. 데이터의 입력은 디지털스위치를 사용하여 실습을 하도록 하고 스위치로 입력을 주고자 할 때는 25P 케이블을 제거하고 사용해야 한다.

③ 시뮬레이터를 종료하려면 시뮬레이터 우측 상단의 단축아이콘 ☒을 선택

2) 장비와의 결선도

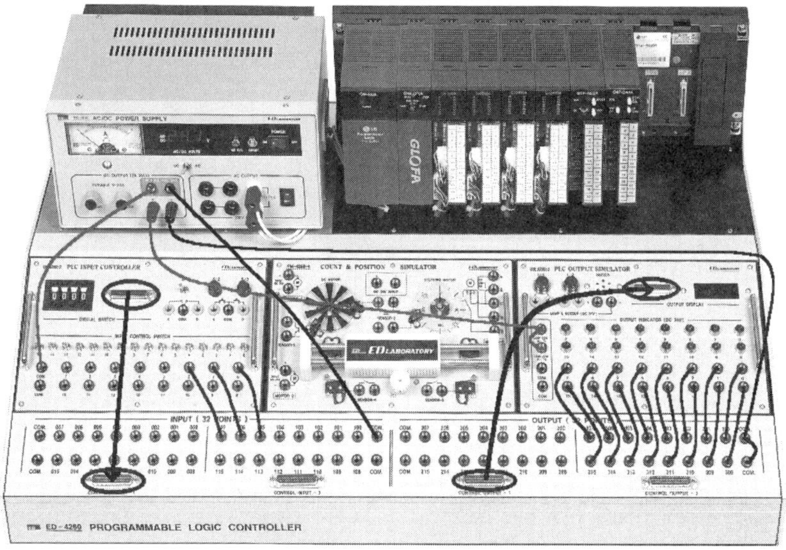
GLOFA
ED LABORATORY
ED-4260 PROGRAMMABLE LOGIC CONTROLLER

실습과제 12. 모터의 상·하한 직선 운동 회로 실습

1. 실험목적

1) PLC를 이용하여 Position 제어에 대한 모터의 정·역 회로를 이해한다.
2) PLC의 I/O(INPUT/OUTPUT) MAP을 익힐 수 있다.
3) Limit switch를 이용하여 동작원리를 이해한다.
4) PLC TRAINER(ED-4260)의 구조와 원리를 이해할 수 있다.

2. 준비사항

1) ED-4260 PLC TRAINER ·········· 1EA
2) PC(GLOFA 구동용) ······················ 1EA
3) RS-232 CABLE ························· 1EA
4) 연결 케이블 ································· 1SET

3. 관계지식

1) 모터의 기동 방식을 이해할 수 있어야 한다.
2) 기본적인 시퀀스 회로를 이해할 수 있어야 한다.
3) 자기유지 회로를 이해하여야 한다.
4) Limit Switch를 이용하여 위치제어를 할 수 있어야 한다.
4) PLC I/O MAP을 작성할 수 있어야 한다.

4. 동작조건

1) Limit Switch를 이용하여 기구가 좌우로 이동할 때 상한(sensor-4)과 하한(sensor-5)의 위치를 검출하여 모터의 정·역 회로를 구성한다.
2) 스타트 스위치를 ON 하면 모터가 기동하여 기구가 하한으로 이동을 하며, 하한의 위치에서 위치가 검출이 되면 모터는 상한으로 이동하고 상한의 위치가 검출되면 다시 하한으로 이동하여 반복 운전한다.
3) 운전 중에 정지스위치를 ON 하면 모터가 정지된다.
4) PLC I/O MAP의 구성은 아래와 같이 구성한다.

구 분	간접 변수 명	I/O할당	비 고
입 력	START	%IX0.0.0	푸시스위치 S-2
	STOP	%IX0.0.1	푸시스위치 S-3
	LS01	%IX0.0.3	SENSOR-5
	LS02	%IX0.0.2	SENSOR-4
출 력	OUT 20	%QX0.2.0	MOTOR-2 (+)
	OUT 21	%QX0.2.1	MOTOR-2 (-)
	OUT 30	%QX0.3.0	MOTOR-2 (-)
	OUT 31	%QX0.3.1	MOTOR-2 (+)

5) PLC 입력전원은 DC 24V로 구성하며 PLC COM은 DC 0V(-)에, 스위치 COM은 DC 24V(+)로 전원을 연결한다. 모터는 가변전원 DC 12V로 연결한다.

6) PLC I/O MAP을 구성하는 일은 대단히 중요한 일이다. PLC I/O MAP이 입·출력 점수를 산정하는 일이며 입·출력 구성과 컨트롤을 의미한다.

5. 프로그램 실습

1) GMWIN을 실행시킨다.
2) 프로젝트 및 프로그램 창을 연다.
3) 평상시 열린 접점과 평상시 닫힘 접점, 출력코일을 이용하여 프로그램을 작성한다.
4) 프로그램을 작성하는 방법은 전 과제를 참고 한다.
5) 아래 그림은 모터의 상·하한 직선 운동 회로의 직접변수와 간접변수의 예를 나타낸 프로그램이다. (LD 프로그램에서 직접변수와 간접변수의 의미를 잘 이해해야 한다.)

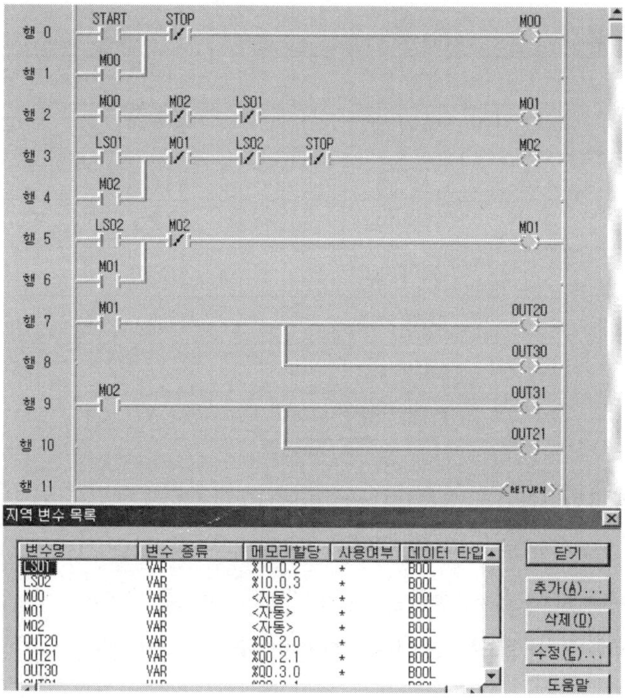

6. 프로그램의 실행(시뮬레이터 이용)

1) 위 상기사항을 확인하기 위하여 GLOFA의 특징인 시뮬레이터를 이용하여 회로의 이상유무 및 동작을 실험하기로 한다.(그림 참조)

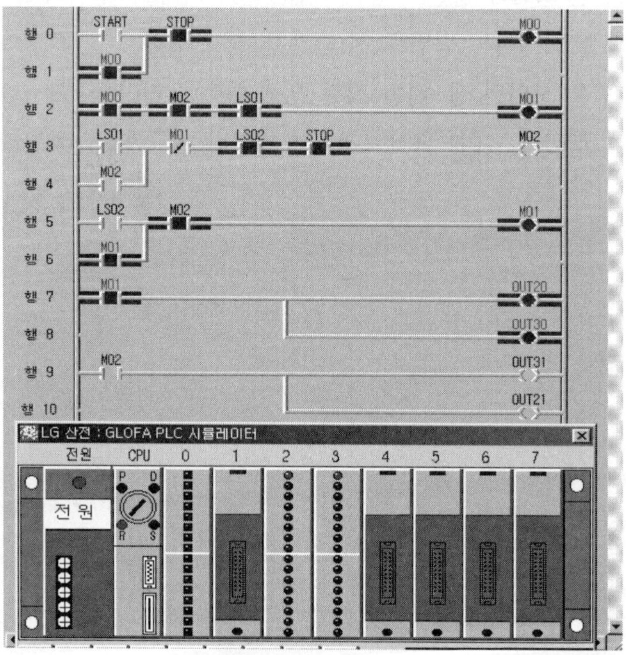

① 상기 그림은 시뮬레이터를 선택하고 CPU를 RUN 모드로 실행하고 START 입력 슬롯 “0”의 0번(%IX0.0.0)을 ON 하면 출력 OUT20(%QX0.2.0)과 OUT30(%QX0.3.0)이 동작하여 모터가 기동하도록 하고 있다.

② START 스위치(%IX0.0.0)을 ON 시키면 MOO에 의해서 자기유지되며 M01이 동작하고 M01에 의해서 출력 OUT20(%QX0.2.0)과 OUT30(%QX0.3.0)이 동작하므로 모터는 하한 위치로 이동한다. 하한 위치에서 LSO1이 검출되면 M01은 OFF 되고 M02가 동작하여 출력 OUT21(%QX0.2.1)과 OUT31(%QX0.3.1)이 동작하면서 모터는 상한 위치로 이동한다. 상한 위치에서 LS02가 검출되면 M02가 OFF 되고 다시 M01에 의해서 기구는 하한의 위치로 이동을 하게 되며 STOP 스위치를 누를 때까지 반복하여 운전한다.

③ 시뮬레이터를 종료하려면 시뮬레이터 우측 상단의 단축아이콘 ☒을 선택

2) 장비와의 결선도

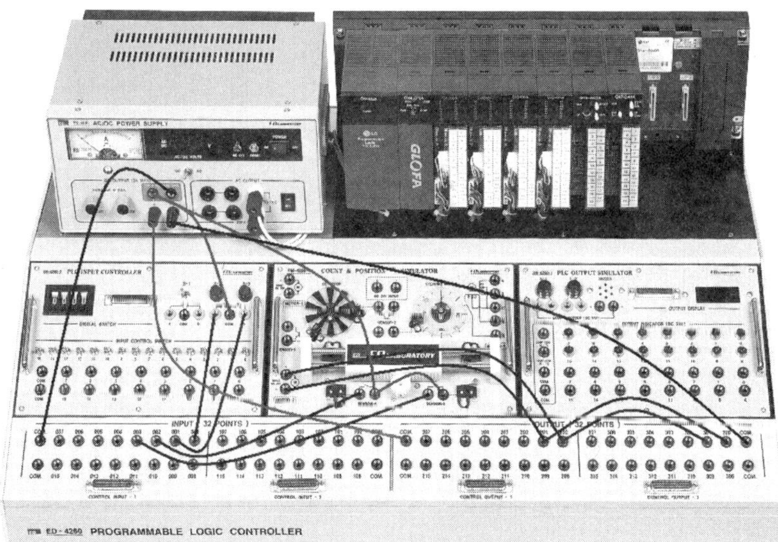

실습과제 13. 타이머를 이용한 스탭핑 모터 회로 실습

1. 실험목적

1) PLC를 이용하여 위치 제어에 대한 스탭핑 모터 회로를 이해한다.
2) PLC의 I/O(INPUT/OUTPUT) MAP을 익힐 수 있다.
3) 센서(무접점 스위치)에 대한 동작원리를 이해한다.
4) PLC TRAINER(ED-4260)의 구조와 원리를 이해할 수 있다.

2. 준비사항

1) ED-4260 PLC TRAINER ·········· 1EA
2) PC(GLOFA 구동용) ······················ 1EA
3) RS-232 CABLE ························· 1EA
4) 연결 케이블 ································ 1SET

3. 관계지식

1) 스탭핑 모터의 동작 방식을 이해할 수 있어야 한다.
2) 기본적인 시퀀스 회로를 이해할 수 있어야 한다.
3) 타이머 회로를 이해하여야 한다.
4) 센서에 대해 이해할 수 있어야 한다.
5) PLC I/O MAP을 작성할 수 있어야 한다.

4. 동작조건

1) START 스위치와 STOP 스위치를 이용하고 스탭핑 모터가 정해진 위치에서 정지하도록 센서를 이용하여 구성한다.
2) START 스위치를 ON 하면 스탭핑 모터가 회전하기 시작하고 스탭핑 모터가 360° 회전했을 때 센서에 의해서 정지하게 구성한다.
3) 운전 중에 STOP 스위치를 ON 하면 스탭핑 모터가 정지된다.
4) PLC I/O MAP의 구성은 아래와 같이 구성한다.

구 분	간접 변수 명	I/O할당	비 고
입 력	START	%IX0.0.0	푸시스위치 S-2
	STOP	%IX0.0.1	푸시스위치 S-3
	SN_1	%IX0.0.2	SENSOR-3
출 력	OUT 0	%QX0.2.0	MOTOR-3 (B)
	OUT 1	%QX0.2.1	MOTOR-3 (A)
	OUT 2	%QX0.2.2	MOTOR-3 (B1)
	OUT 3	%QX0.2.3	MOTOR-3 (A1)

5) PLC 입력전원은 DC 24V로 구성하며 PLC COM은 DC 0V(-)에, 스위치 COM은 DC 24V(+)로 전원을 연결한다. 출력은 가변 전원DC 24V로 사용하고 스탭핑 모터의 CT는 (+)를 연결하고 PLC 출력 COM 단자에 (-)를 연결한다.

6) PLC I/O MAP을 구성하는 일은 대단히 중요한 일이다. PLC I/O MAP이 입·출력 점수를 산정하는 일이며 입·출력 구성과 컨트롤을 의미한다.

5. 프로그램 실습

1) GMWIN을 실행시킨다.
2) 프로젝트 및 프로그램 창을 연다.
3) 평상시 열린 접점과 평상시 닫힘 접점, 출력코일, 타이머를 이용하여 프로그램을 작성한다.
4) 프로그램을 작성하는 방법은 전 과제를 참고 한다.
5) 아래 그림은 모터의 상·하한 직선 운동 회로의 직접변수와 간접변수의 예를 나타낸 프로그램이다. (LD 프로그램에서 직접변수와 간접변수의 의미를 잘 이해해야 한다.)

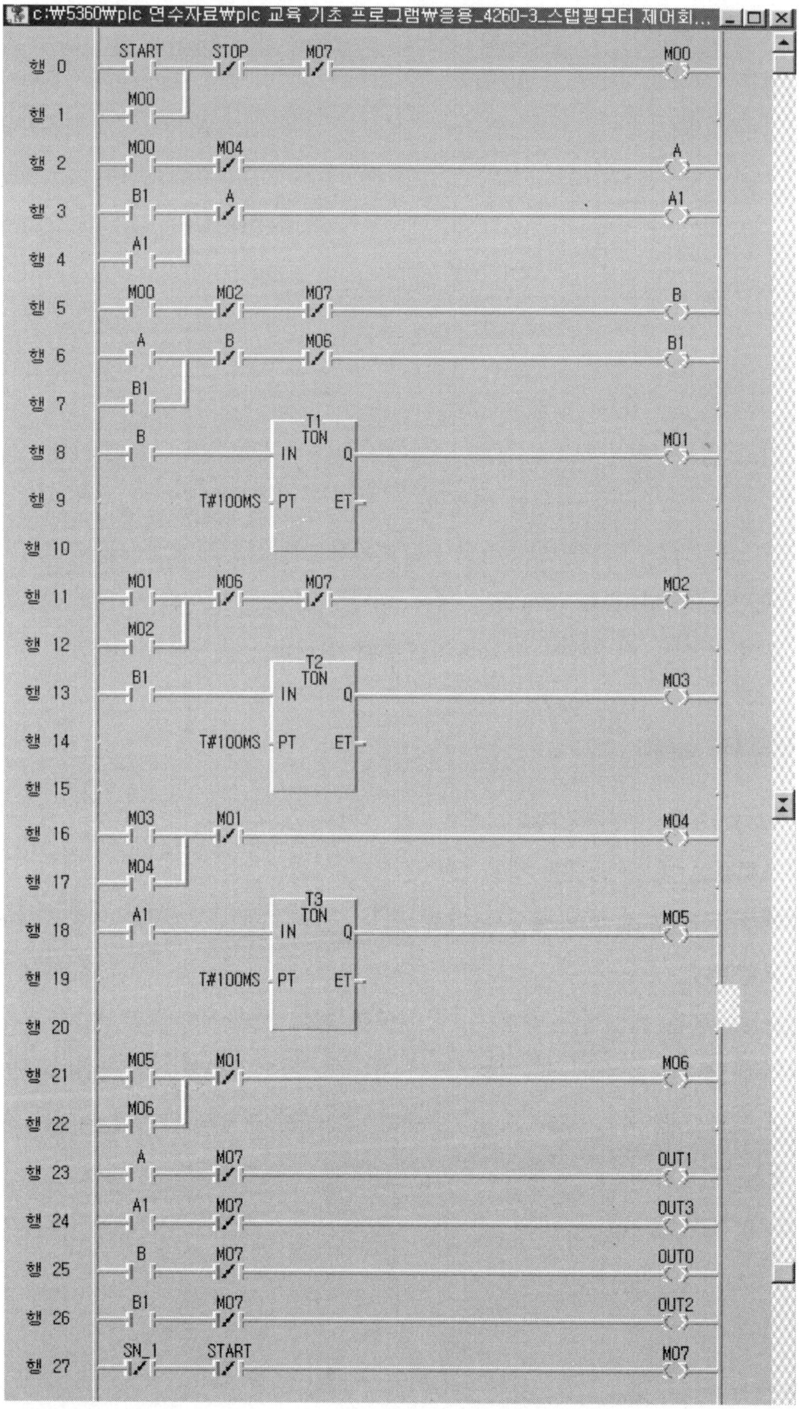
c:₩5360₩plc 연수자료₩plc 교육 기초 프로그램₩응용_4260-3_스탭핑모터 제어회...
행 0 START STOP M07 M00
행 1 M00
행 2 M00 M04 A
행 3 B1 A A1
행 4 A1
행 5 M00 M02 M07 B
행 6 A B M06 B1
행 7 B1
행 8 B T1 TON IN Q M01
행 9 T#100MS PT ET
행 10
행 11 M01 M06 M07 M02
행 12 M02
행 13 B1 T2 TON IN Q M03
행 14 T#100MS PT ET
행 15
행 16 M03 M01 M04
행 17 M04
행 18 A1 T3 TON IN Q M05
행 19 T#100MS PT ET
행 20
행 21 M05 M01 M06
행 22 M06
행 23 A M07 OUT1
행 24 A1 M07 OUT3
행 25 B M07 OUT0
행 26 B1 M07 OUT2
행 27 SN_1 START M07

6. 프로그램의 실행(시뮬레이터 이용)

1) 상기사항을 확인하기 위하여 GLOFA의 특징인 시뮬레이터를 이용하여 회로의 이상유무 및 동작을 실험하기로 한다.(그림 참조)

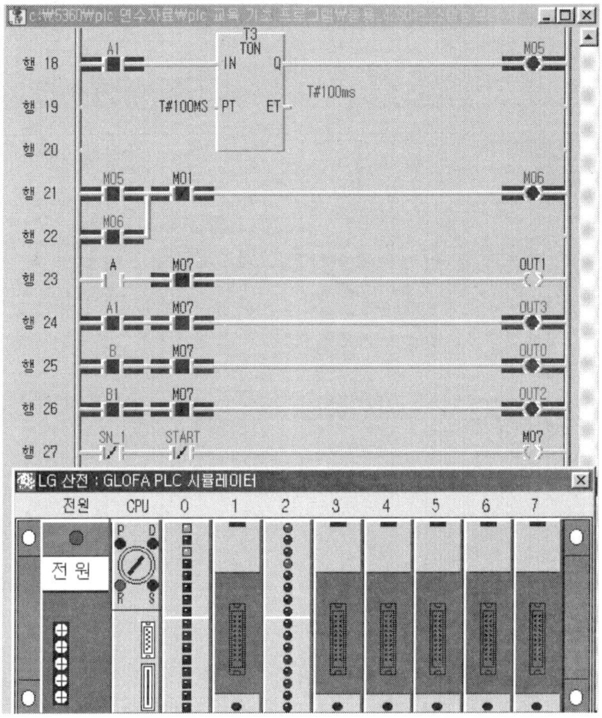

① 상기 그림은 시뮬레이터를 선택하고 CPU를 RUN 모드로 실행한 다음 SN_1을 ON 시키고 START 스위치 입력 슬롯 "0"의 0번(%IX0.0.0)을 ON 하면 타이머가 동작하여 OUT0, OUT1, OUT2, OUT3을 차례대로 반복 동작하여 스탭핑 모타가 회전을 하게 되고 SN_1이 동작하면 M07이 동작하여 자기유지가 해제 되며 스탭핑 모타는 정지한다.

② STOP 스위치에 의해 스탭핑 모타는 정지한다.

③ 시뮬레이터를 종료하려면 시뮬레이터 우측 상단의 단축아이콘 [X]을 선택

2) 장비와의 결선도

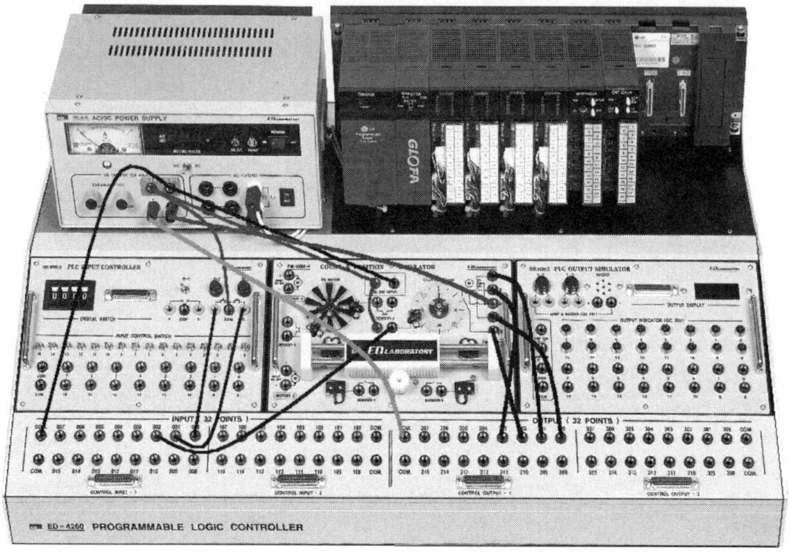
AC/DC POWER SUPPLY
GLOFA
PLC INPUT CONTROLLER
PLC OUTPUT SIMULATOR
INPUT (32 POINTS)
OUTPUT (32 POINTS)
ED-4260 PROGRAMMABLE LOGIC CONTROLLER

실습과제 14. 응용실습 Ⅰ(퀴즈 프로그램 실습)

1. 실험목적

여러 가지 명령어를 이용하여 PLC의 응용력을 배양할 수 있다.

2. 준비사항

1) ED-4260 PLC TRAINER ········· 1EA
2) PC(GLOFA 구동용) ····················· 1EA
3) RS-232 CABLE ························ 1EA
4) 연결 케이블 ································ 1SET

3. 관계지식

1) PLC의 기본기능을 이해할 수 있어야 한다.
2) 데이터의 표현 방법을 이해할 수 있어야 한다.

4. 동작조건

1) 퀴즈프로그램을 보면 진행자와 참여자가 나오며, 진행자가 문제를 내고 참여자가 그 문제를 푸는데 먼저 스위치를 누른 사람의 불이 켜지면서 버저가 울려야 우선권이 주어진다. 그에 맞는 프로그램을 설계하시오.(단, 먼저 스위치를 누른 사람의 램프는 사회자가 리셋버튼으로 해제하기까지 점등되며, 버저는 1초 동안만 울리게 한다.)
2) PLC I/O MAP의 구성은 아래와 같이 구성하여 프로그램을 설계하시오.

구 분	간접 변수 명	I/O할당	비 고
입 력	참여자 1	%IX0.0.0	토글스위치 0
	참여자 2	%IX0.0.1	토글스위치 1
	참여자 3	%IX0.0.2	토글스위치 2
	사회자	%IX0.0.3	푸시스위치 S-2

출 력	부 저	%QX0.2.0	BUZZER (-)
	참여자 LAMP1	%QX0.2.1	LAMP 1
	참여자 LAMP2	%QX0.2.2	LAMP 2
	참여자 LAMP3	%QX0.2.3	LAMP 3

3) 전원은 DC 24V로 구성하며 PLC COM은 DC 0V에, 스위치 COM과 LAMP은 DC 24V로 전원을 연결하시오.

5. 프로그램 실습

1) GMWIN을 실행시켜 프로젝트 및 프로그램 창을 연다.
2) PLC I/O MAP을 이용하여 프로그램을 구성한다.
3) 프로그램 작성 시 이해가 안 되는 부분은 전 과제나 또는 PLC 자습서를 참고

6. 모니터링 및 시뮬레이션을 활용하여 시운전하고 동작이 되는가를 확인한다. (만약 동작이 되지 않을 경우 프로그램을 수정하여 완성토록 한다.)

실습과제 15. 응용실습 Ⅱ(전자타이머 프로그램 실습)

1. 실험목적

여러 가지 명령어를 이용하여 PLC의 응용력을 배양할 수 있다.

2. 준비사항

1) ED-4260 PLC TRAINER ········· 1EA
2) PC(GLOFA 구동용) ······················ 1EA
3) RS-232 CABLE ························· 1EA
4) 연결 케이블 ································ 1SET

3. 관계지식

1) PLC의 기본기능을 이해할 수 있어야 한다.
2) 데이터의 표현 방법을 이해할 수 있어야 한다.

4. 동작조건

1) OUTPUT 모듈의 DISPLAY를 이용하여 전자 타이머(스톱워치)를 만들어보자.
2) START 스위치를 ON 하면 타이머가 동작하며 진행되는 TIME값은 DISPLAY에 출력된다.
3) STOP 스위치를 ON 하면 타이머는 정지한다.
4) START 스위치를 누르면 현재의 값은 초기화되며 반복 실행한다.
5) PLC I/O MAP의 구성은 아래와 같이 구성하여 프로그램을 설계하시오.

구 분	간접 변수 명	메모리할당	비 고
입 력	시 작	%IX0.0.0	푸시스위치 S-2
	정 지	%IX0.0.1	푸시스위치 S-3
출 력	TIME	%QW0.2.0	OUT DISPLAY

6) 전원은 DC 24V로 구성하며 PLC COM은 DC 0V에, 스위치 COM과 LAMP는 DC 24V로 전원을 연결하시오.

5. 프로그램 실습

1) GMWIN을 실행시켜 프로젝트 및 프로그램 창을 연다.
2) PLC I/O MAP을 이용하여 프로그램을 구성한다.
3) 프로그램 작성 시 이해가 안 되는 부분은 전 과제나 또는 PLC 자습서를 참고하시오.

6. 모니터링 및 시뮬레이션을 활용하여 시운전하고 동작이 되는가를 확인한다. (만약 동작이 되지 않을 경우 프로그램을 수정하여 완성토록 한다.)

실습과제 16. 응용실습 Ⅲ(시프트 점등 프로그램 실습)

1. 실험목적

여러 가지 명령어를 이용하여 PLC의 응용력을 배양할 수 있다.

2. 준비사항

1) ED-4260 PLC TRAINER ·········· 1EA
2) PC(GLOFA 구동용) ······················ 1EA
3) RS-232 CABLE ·························· 1EA
4) 연결 케이블 ································· 1SET

3. 관계지식

1) PLC의 기본기능을 이해할 수 있어야 한다.
2) 데이터의 표현 방법을 이해할 수 있어야 한다.

4. 동작조건

1) 시작 스위치를 ON 하면 LAMP0~LAMP15번의 램프가 1초 간격으로 차례로 점등이 되어야 하며 이때 정지 스위치를 ON하면 초기화되도록 한다.
2) PLC I/O MAP은 아래의 표를 이용하여 프로그램을 설계하시오.(간접변수 사용)

구 분	간접 변수 명	메모리 할당	비고
입 력	시 작	%IX0.0.0	푸시스위치 S-2
	정 지	%IX0.0.1	푸시스위치 S-3
출 력	LAMP0	%QX0.2.0	램프 0
	LAMP1	%QX0.2.1	램프 1
	:	:	:
	LAMP14	%QX0.2.14	램프 14
	LAMP15	%QX0.2.15	램프 15

3) 전원은 DC 24V로 구성하며 PLC COM은 DC 0V에, 스위치 COM과 LAMP는 DC 24V로 전원을 연결하시오.

5. 프로그램 실습

1) GMWIN을 실행시켜 프로젝트 및 프로그램 창을 연다.
2) PLC I/O MAP을 이용하여 프로그램을 구성한다.
3) 프로그램 작성 시 이해가 안 되는 부분은 전 과제나 또는 PLC 자습서를 참고하시오.

6. 모니터링 및 시뮬레이션을 활용하여 시운전하고 동작이 되는가를 확인한다. (만약 동작이 되지 않을 경우 프로그램을 수정하여 완성토록 한다.)

실습과제 17. 응용실습 Ⅳ(타이머 외부제어 프로그램 Ⅰ)

1. 실험목적

여러 가지 명령어를 이용하여 PLC의 응용력을 배양할 수 있다.

2. 준비사항

1) ED-4260 PLC TRAINER ········· 1EA
2) PC(GLOFA 구동용) ······················ 1EA
3) RS-232 CABLE ·························· 1EA
4) 25P 연결 케이블 ·························· 2EA
5) 연결 케이블 ································· 1SET

3. 관계지식

1) PLC의 기본기능을 이해할 수 있어야 한다.
2) 데이터의 표현 방법을 이해할 수 있어야 한다.

4. 동작조건

1) 디지털 스위치를 이용하여 타이머의 설정값(TP)을 입력하고, 시작 스위치를 ON 하면 타이머가 동작하여 실징값이 되었을 때 램프가 점등되는 회로를 구성한다.

구 분	간접 변수 명	메모리 할당	비 고
입 력	시 작	%IX0.0.0	토글스위치 0
	P T	%IW0.1.0	DIGITAL SW
출 력	LAMP	%QX0.3.0	램프 L-1
	DISPLAY	%QW0.2.0	DISPLAY OUT

5. 프로그램 실습

1) GMWIN을 실행시켜 프로젝트 및 프로그램 창을 연다.
2) PLC I/O MAP을 이용하여 프로그램을 구성한다.

3) 프로그램 작성 시 이해가 안 되는 부분은 전 과제나 또는 PLC 자습서를 참고한다.

6. 모니터링 및 시뮬레이션을 활용하여 시운전하고 동작이 되는가를 확인한다. (만약 동작이 되지 않을 경우 프로그램을 수정하여 완성토록 한다.)

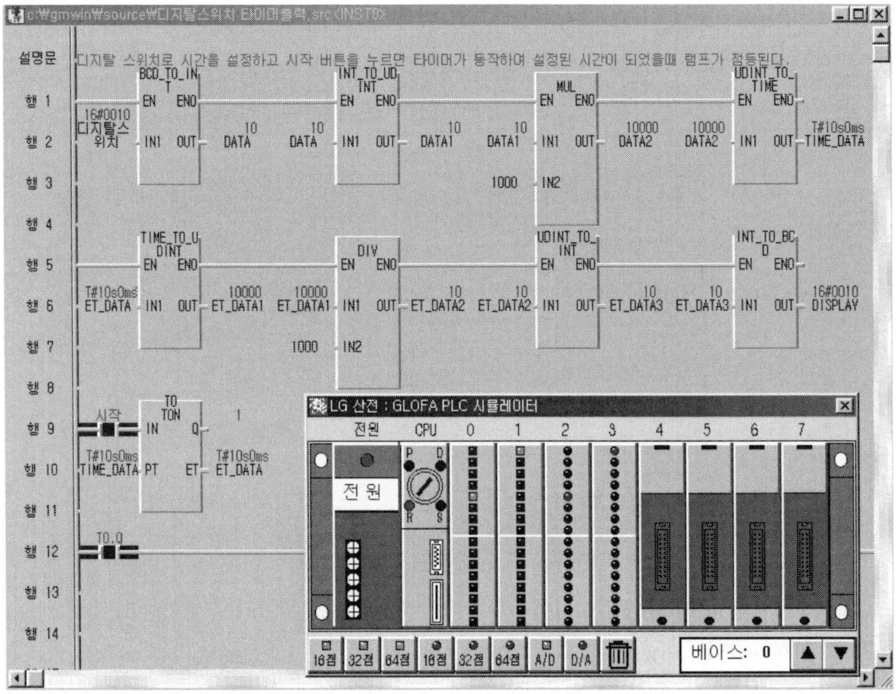

실습과제 18. 응용실습 V(타이머 외부제어 프로그램 II)

1. 실험목적

여러 가지 명령어를 이용하여 PLC의 응용력을 배양할 수 있다.

2. 준비사항

1) ED-4260 PLC TRAINER ·········· 1EA
2) PC(GLOFA 구동용) ······················ 1EA
3) RS-232 CABLE ························ 1EA
4) 연결 케이블 ································· 1SET

3. 관계지식

1) PLC의 기본기능을 이해할 수 있어야 한다.
2) 데이터의 표현 방법을 이해할 수 있어야 한다.

4. 동작조건

1) 디지털 입력 스위치를 이용하여 타이머의 설정값(TP)을 입력하고 푸시버튼 스위치를 ON 하여 타이머가 동작하면 타이머의 동작 Time값을 Display해야 한다. 이때 타이머가 동작이 완료되면 램프가 점등된다. 그리고 정지 스위치에 의해 초기화되도록 구성한다.

5. 프로그램 실습

1) GMWIN을 실행시켜 프로젝트 및 프로그램 창을 연다.
2) PLC I/O MAP을 이용하여 프로그램을 구성한다.
3) 프로그램 작성 시 이해가 안 되는 부분은 전 과제나 또는 PLC 자습서를 참고

구 분	간접 변수 명	메모리 할당	비 고
입 력	시작	%IX0.0.0	푸시스위치 S-2
	정지	%IX0.0.1	푸시스위치 S-3
	PT	%IW0.1.0	DIGITAL SW
출 력	ET	%QW0.2.0	OUT DISPLAY
	LAMP0	%QX0.3.0	램프 L-1

6. 모니터링 및 시뮬레이션을 활용하여 시운전하고 동작이 되는가를 확인한다.
(만약 동작이 되지 않을 경우 프로그램을 수정하여 완성토록 한다.)

실습과제 19. 응용실습 Ⅵ(주사위 프로그램 실습)

1. 실험목적

- 여러 가지 명령어(카운터, MOVE)를 이용하여 PLC의 응용력을 배양할 수 있다.
- BCD 코드를 십진수로 변환하는 응용력을 배양할 수 있다.

2. 준비사항

1) ED-4260 PLC TRAINER ········· 1EA
2) PC(GLOFA 구동용) ····················· 1EA
3) RS-232 CABLE ························ 1EA
4) 연결 케이블 ································· 1SET

3. 관계지식

1) PLC의 기본기능을 이해할 수 있어야 한다.
2) 데이터의 표현 방법을 이해할 수 있어야 한다.

4. 동작조건

1) 카운터(TON)와 변환 펑션(INT_TO_BCD), 플래그 명령어를 이용하여 프로그램을 작성한다.
2) START 스위치를 누르면 준비 상태, 즉 카운터가 카운터를 하기 시작하여 설정값(PT)이 되면 다시 카운트를 하도록 한 다음, STOP 스위치를 누르면 카운터가 동작을 정지하도록 하여 카운터의 현재값을 OUTPUT DISPLAY에 표시되도록 주사위 회로를 설계하시오.
3) 반복적인 실행은 START 스위치를 다시 누르도록 설계하시오.

5. 프로그램 실습

1) GMWIN을 실행시켜 프로젝트 및 프로그램 창을 연다.
2) PLC I/O MAP을 이용하여 프로그램을 구성한다.

3) 프로그램 작성 시 이해가 안 되는 부분은 전 과제나 또는 PLC 자습서를 참고

구 분	간접 변수 명	메모리 할당	비 고
입 력	START	%IX0.0.0	푸시스위치 S-2
	STOP	%IX0.0.1	푸시스위치 S-3
출 력	(INT_TO_BCD OUT)	%QW0.2.0	OUT DISPLAY

6. 모니터링 및 시뮬레이션을 활용하여 시운전하고 동작이 되는가를 확인한다. (만약 동작이 되지 않을 경우 프로그램을 수정하여 완성토록 한다.)

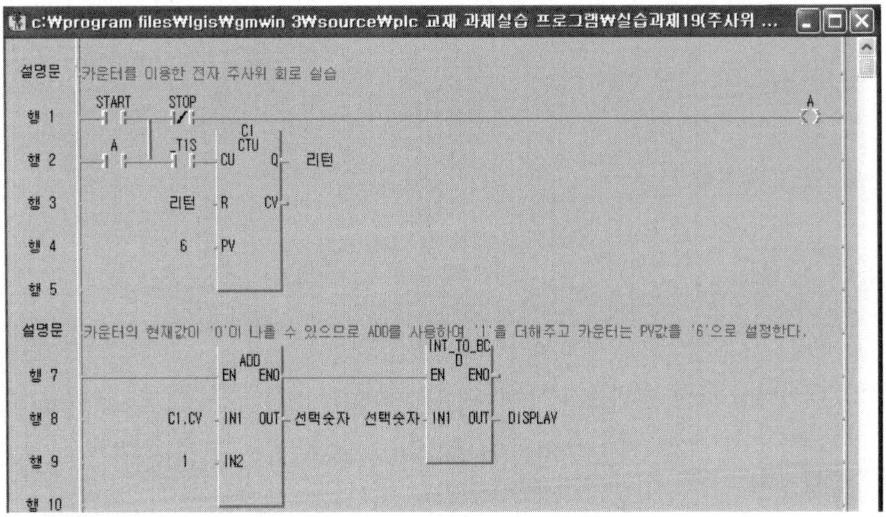

실습과제 20. 응용실습 Ⅶ(TP타이머 이용 ONE-SHOT회로)

1. 실험목적

- 여러 가지 펑션 블록 명령어를 이용하여 PLC의 응용력을 배양할 수 있다.
- 양 변환 검출 접점과 음 변환 코일을 사용한 응용력을 배양할 수 있다.

2. 준비사항

1) ED-4260 PLC TRAINER ·········· 1EA
2) PC(GLOFA 구동용) ······················ 1EA
3) RS-232 CABLE ························ 1EA
4) 연결 케이블 ································· 1SET

3. 관계지식

1) PLC의 기본 기능을 이해할 수 있어야 한다.
2) 데이터의 표현 방법을 이해할 수 있어야 한다.

4. 동작조건

1) TP 타이머와 양 변환 검출 접점, 음 변환 검출 코일을 이용하여 프로그램을 작성한다.
2) PB 스위치를 누르면 LAMP가 점등되고 3초 후에 LAMP가 소등되도록 회로를 설계하시오.

5. 프로그램 실습

1) GMWIN을 실행시켜 프로젝트 및 프로그램 창을 연다.
2) PLC I/O MAP을 이용하여 프로그램을 구성한다.
3) 프로그램 작성 시 이해가 안 되는 부분은 전 과제나 또는 PLC 자습서를 참고

구 분	간접 변수 명	메모리 할당	비 고
입 력	PB 스위치	%IX0.0.0	푸시스위치 S-2
출 력	LAMP	%QW0.2.0	LAMP L-1

6. 모니터링 및 시뮬레이션을 활용하여 시운전하고 동작이 되는가를 확인한다. (만약 동작이 되지 않을 경우 프로그램을 수정하여 완성토록 한다.)

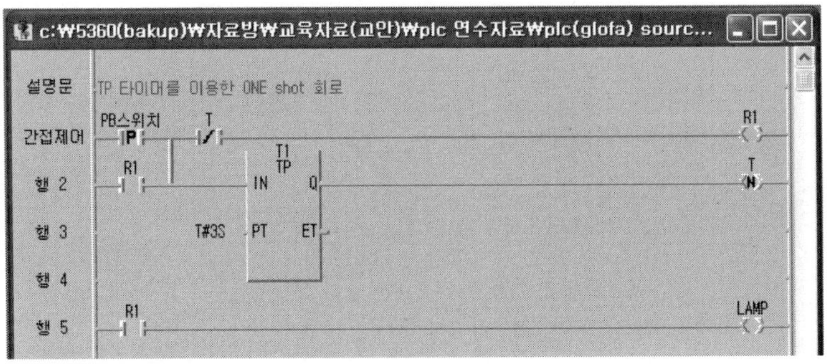

참고문헌

[1] 현근호 외 1인, "무접점 시퀀스 제어를 위한 디지털 논리회로", 경문사, 2013

[2] 현근호 외 1인, "시퀀스 제어 및 PLC 실무", 경문사, 2014

[3] 강응석, "시퀀스 제어 이론 및 실습", Ohm사, 2017

[4] 오선호, "전기기초 실기/실습", 일진사, 2018

[5] 현근호 외 1인, "CEMTool을 활용한 제어공학", 경문사, 2007

[6] 김성중, "처음 만나는 자동제어공학", 한빛아카데미, 2016

[7] 김기우, "MELSEC-Q 시리즈 중심 PLC 실무 클래스", 일진사, 2016

[8] 정완보, "기초부터 시작하는 PLC (지멘스 S7-1500)", 한빛아카데미, 2016

[9] 정완보, "기초부터 시작하는 PLC (멜섹Q)", 한빛아카데미, 2016

[10] 김태평, "PLC 응용 제어기술", 도서출판 기다리, 2006

[11] 황병원, "릴레이 무접점 순서제어", Ohm사, 1994

[12] 윤대용 외 1인, "시퀀스 제어회로", 동일출판사, 1995

찾아보기

전기설비자동화 I

지은이 현근호 · 이주환 유장환
펴낸이 조경희
펴낸곳 경문사
펴낸날 2018년 12월 31일 1판 1쇄
등 록 1979년 11월 9일 제313-1979-23호
주 소 04057, 서울특별시 마포구 와우산로 174
전 화 (02)332-2004 팩스 (02)336-5193
이메일 kyungmoon@kyungmoon.com
facebook facebook.com/kyungmoonsa

값 28,000원

ISBN 979-11-6073-208-5

★ 경문사 홈페이지에 오시면 즐거운 일이 생깁니다.
http://www.kyungmoon.com

한국과학기술출판협회 회원사